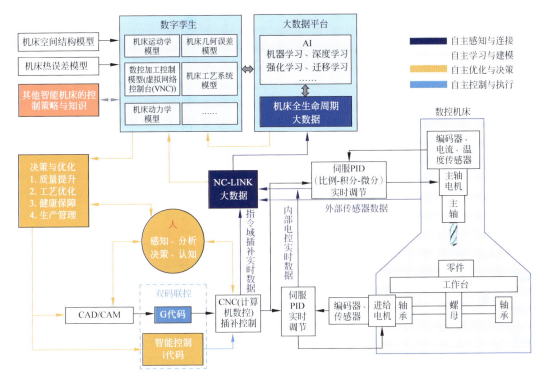

图 1-11 智能机床控制原理

智能制造系列教材

智能车间与工厂

基于数字孪生智能制造产线的理论与实践

SMART WORKSHOP AND FACTORY
THEORY AND PRACTICE OF DIGITAL TWIN-DRIVEN INTELLIGENT
MANUFACTURING PRODUCTION LINES

罗学科　曹建树　王建康　编著

清华大学出版社
北京

版权所有,侵权必究。举报: 010-62782989, beiqinquan@tup.tsinghua.edu.cn。

图书在版编目(CIP)数据

智能车间与工厂: 基于数字孪生智能制造产线的理论与实践 / 罗学科, 曹建树, 王建康编著. -- 北京: 清华大学出版社, 2025.1. -- (智能制造系列教材). -- ISBN 978-7-302-67884-7

Ⅰ. TH166

中国国家版本馆 CIP 数据核字第 20258WA568 号

责任编辑: 刘　杨
封面设计: 李召霞
责任校对: 薄军霞
责任印制: 沈　露

出版发行: 清华大学出版社
网　　址: https://www.tup.com.cn, https://www.wqxuetang.com
地　　址: 北京清华大学学研大厦 A 座　　邮　编: 100084
社 总 机: 010-83470000　　邮　购: 010-62786544
投稿与读者服务: 010-62776969, c-service@tup.tsinghua.edu.cn
质量反馈: 010-62772015, zhiliang@tup.tsinghua.edu.cn
印 装 者: 三河市科茂嘉荣印务有限公司
经　　销: 全国新华书店
开　　本: 185mm×260mm　　印　张: 21.25　　插　页: 1　　字　数: 515 千字
版　　次: 2025 年 3 月第 1 版　　　　　　　　　　印　次: 2025 年 3 月第 1 次印刷
定　　价: 69.00 元

产品编号: 106901-01

智能制造系列教材编审委员会

主任委员

　　李培根　雒建斌

副主任委员

　　吴玉厚　吴　波　赵海燕

编审委员会委员（按姓氏首字母排列）

　　陈雪峰　邓朝晖　董大伟　高　亮
　　葛文庆　巩亚东　胡继云　黄洪钟
　　刘德顺　刘志峰　罗学科　史金飞
　　唐水源　王成勇　轩福贞　尹周平
　　袁军堂　张　洁　张智海　赵德宏
　　郑清春　庄红权

秘书

　　刘　杨

丛书序1
FOREWORD

多年前人们就感叹,人类已进入互联网时代;近些年人们又惊叹,社会步入物联网时代。牛津大学教授舍恩伯格(Schönberger)心目中大数据时代最大的转变,就是放弃对因果关系的渴求,转而关注相关关系。人工智能则像一个幽灵徘徊在各个领域,兴奋、疑惑、不安等情绪分别蔓延在不同的业界人士中间。今天,5G 的出现使作为整个社会神经系统的互联网和物联网更加敏捷,使宛如社会血液的数据更富有生命力,自然也使人工智能未来能在某些局部领域扮演超级脑力的作用。于是,人们惊呼数字经济的来临,憧憬智慧城市、智慧社会的到来,人们还想象着虚拟世界与现实世界、数字世界与物理世界的融合。这真是一个令人咋舌的时代!

但如果真以为未来经济就"数字"了,以为传统工业就"夕阳"了,那可以说我们就真正迷失在"数字"里了。人类的生命及其社会活动更多地依赖物质需求,除非未来人类生命形态真的变成"数字生命"了,不用说维系生命的食物之类的物质,就连"互联""数据""智能"等这些满足人类高级需求的功能也得依赖物理装备。所以,人类最基本的活动便是把物质变成有用的东西——制造!无论是互联网、物联网、大数据、人工智能,还是数字经济、数字社会,都应该落脚在制造上,而且制造是其应用的最大领域。

前些年,我国把智能制造作为制造强国战略的主攻方向,即便从世界上看,也是有先见之明的。在强国战略的推动下,少数推行智能制造的企业取得了明显成效,更多企业对智能制造的需求日盛。在这样的背景下,很多学校成立了智能制造等新专业(其中有教育部的推动作用)。尽管一窝蜂地开办智能制造专业未必是一个好现象,但智能制造的相关教材对高等院校与制造关联的专业(如机械、材料、能源动力、工业工程、计算机、控制、管理……)都是刚性需求,只是侧重点不一。

教育部高等学校机械类专业教学指导委员会(以下简称"机械教指委")不失时机地发起编著这套智能制造系列教材。在机械教指委的推动和清华大学出版社的组织下,系列教材编委会认真思考,在 2020 年新型冠状病毒感染疫情正盛之时进行视频讨论,其后教材的编写和出版工作有序进行。

编写本系列教材的目的是为智能制造专业以及与制造相关的专业提供有关智能制造的学习教材,当然教材也可以作为企业相关的工程师和管理人员学习和培训之用。系列教材包括主干教材和模块单元教材,可满足智能制造相关专业的基础课和专业课的需求。

主干教材,即《智能制造概论》《智能制造装备基础》《工业互联网基础》《数据技术基础》《制造智能技术基础》,可以使学生或工程师对智能制造有基本的认识。其中,《智能制造概论》给读者一个智能制造的概貌,不仅概述智能制造系统的构成,而且还详细介绍智能制造的理念、意识和思维,有利于读者领悟智能制造的真谛。其他几本教材分别论及智能制造系统的"躯干""神经""血液""大脑"。对于智能制造专业的学生而言,应该尽可能必修主干课程。如此配置的主干课程教材应该是本系列教材的特点之一。

本系列教材的特点之二是配合"微课程"设计了模块单元教材。智能制造的知识体系极为庞杂,几乎所有的数字-智能技术和制造领域的新技术都和智能制造有关,不仅涉及人工智能、大数据、物联网、5G、VR/AR、机器人、增材制造(3D打印)等热门技术,而且像区块链、边缘计算、知识工程、数字孪生等前沿技术都有相应的模块单元介绍。本系列教材中的模块单元差不多成了智能制造的知识百科。学校可以基于模块单元教材开出微课程(1学分),供学生选修。

本系列教材的特点之三是模块单元教材可以根据各所学校或者专业的需要拼合成不同的课程教材,列举如下。

♯课程例1——"智能产品开发"(3学分),内容选自模块:
- 优化设计
- 智能工艺设计
- 绿色设计
- 可重用设计
- 多领域物理建模
- 知识工程
- 群体智能
- 工业互联网平台

♯课程例2——"服务制造"(3学分),内容选自模块:
- 传感与测量技术
- 工业物联网
- 移动通信
- 大数据基础
- 工业互联网平台
- 智能运维与健康管理

♯课程例3——"智能车间与工厂"(3学分),内容选自模块:
- 智能工艺设计
- 智能装配工艺
- 传感与测量技术
- 智能数控
- 工业机器人
- 协作机器人
- 智能调度
- 制造执行系统(MES)
- 制造质量控制

总之,模块单元教材可以组成诸多可能的课程教材,还有如"机器人及智能制造应用""大批量定制生产"等。

此外,编委会还强调应突出知识的节点及其关联,这也是此系列教材的特点。关联不仅体现在某一课程的知识节点之间,也表现在不同课程的知识节点之间。这对于读者掌握知识要点且从整体联系上把握智能制造无疑是非常重要的。

本系列教材的编著者多为中青年教授,教材内容体现了他们对前沿技术的敏感和在一线的研发实践的经验。无论在与部分作者交流讨论的过程中,还是通过对部分文稿的浏览,笔者都感受到他们较好的理论功底和工程能力。感谢他们对这套系列教材的贡献。

衷心感谢机械教指委和清华大学出版社对此系列教材编写工作的组织和指导。感谢庄红权先生和张秋玲女士,他们卓越的组织能力、在教材出版方面的经验、对智能制造的敏锐性是这套系列教材得以顺利出版的最重要因素。

希望本系列教材在推进智能制造的过程中能够发挥"系列"的作用!

2021 年 1 月

丛书序2
FOREWORD

制造业是立国之本,是打造国家竞争能力和竞争优势的主要支撑,历来受到各国政府的高度重视。而新一代人工智能与先进制造深度融合形成的智能制造技术,正在成为新一轮工业革命的核心驱动力。为抢占国际竞争的制高点,在全球产业链和价值链中占据有利位置,世界各国纷纷将智能制造的发展上升为国家战略,全球新一轮工业升级和竞争就此拉开序幕。

近年来,美国、德国、日本等制造强国纷纷提出新的国家制造业发展计划。无论是美国的"工业互联网"、德国的"工业 4.0",还是日本的"智能制造系统",都是根据各自国情为本国工业制定的系统性规划。作为世界制造大国,我国也把智能制造作为推进制造强国战略的主攻方向,并于 2015 年发布了《中国制造 2025》。《中国制造 2025》是我国全面推进建设制造强国的引领性文件,也是我国实施制造强国战略的第一个十年的行动纲领。推进建设制造强国,加快发展先进制造业,促进产业迈向全球价值链中高端,培育若干世界级先进制造业集群,已经成为全国上下的广泛共识。可以预见,随着智能制造在全球范围内的孕育兴起,全球产业分工格局将受到新的洗礼和重塑,中国制造业也将迎来千载难逢的历史性机遇。

无论是开拓智能制造领域的科技创新,还是推动智能制造产业的持续发展,都需要高素质人才作为保障,创新人才是支撑智能制造技术发展的第一资源。高等工程教育如何在这场技术变革乃至工业革命中履行新的使命和担当,为我国制造企业转型升级培养一大批高素质专门人才,是摆在我们面前的一项重大任务和课题。我们高兴地看到,我国智能制造工程人才培养日益受到高度重视,各高校都纷纷把智能制造工程教育作为制造工程乃至机械工程教育创新发展的突破口,全面更新教育教学观念,深化知识体系和教学内容改革,推动教学方法创新,我国智能制造工程教育正在步入一个新的发展时期。

当今世界正处于以数字化、网络化、智能化为主要特征的第四次工业革命的起点,正面临百年未有之大变局。工程教育需要适应科技、产业和社会快速发展的步伐,需要有新的思维、理解和变革。新一代智能技术的发展和全球产业分工合作的新变化,必将影响几乎所有学科领域的研究工作、技术解决方案和模式创新。人工智能与学科专业的深度融合、跨学科网络以及合作模式的扁平化,甚至可能会消除某些工程领域学科专业的划分。科学、技术、经济和社会文化的深度交融,使人们可以充分使用便捷的软件、工具、设备和系统,彻底改变或颠覆设计、制造、销售、服务和消费方式。因此,工程教育特别是机械工程教育应当更加具有前瞻性、创新性、开放性和多样性,应当更加注重与世界、社会和产业的联系,为服务我国新的"两步走"宏伟愿景做出更大贡献,为实现联合国可持续发展目标发挥关键性引领作用。

需要指出的是，关于智能制造工程人才培养模式和知识体系，社会和学界存在多种看法，许多高校都在进行积极探索，最终的共识将会在改革实践中逐步形成。我们认为，智能制造的主体是制造，赋能是靠智能，要借助数字化、网络化和智能化的力量，通过制造这一载体把物质转化成具有特定形态的产品（或服务），关键在于智能技术与制造技术的深度融合。正如李培根院士在丛书序1中所强调的，对于智能制造而言，"无论是互联网、物联网、大数据、人工智能，还是数字经济、数字社会，都应该落脚在制造上"。

经过前期大量的准备工作，经李培根院士倡议，教育部高等学校机械类专业教学指导委员会（以下简称"机械教指委"）课程建设与师资培训工作组联合清华大学出版社，策划和组织了这套面向智能制造工程教育及其他相关领域人才培养的本科教材。由李培根院士和雒建斌院士、部分机械教指委委员及主干教材主编，组成了智能制造系列教材编审委员会，协同推进系列教材的编写。

考虑到智能制造技术的特点、学科专业特色以及不同类别高校的培养需求，本套教材开创性地构建了一个"柔性"培养框架：在顶层架构上，采用"主干教材＋模块单元教材"的方式，既强调了智能制造工程人才必须掌握的核心内容（以主干教材的形式呈现），又给不同高校最大程度的灵活选用空间（不同模块教材可以组合）；在内容安排上，注重培养学生有关智能制造的理念、能力和思维方式，不局限于技术细节的讲述和理论知识的推导；在出版形式上，采用"纸质内容＋数字内容"的方式，"数字内容"通过纸质图书中列出的二维码予以链接，扩充和强化纸质图书中的内容，给读者提供更多的知识和选择。同时，在机械教指委课程建设与师资培训工作组的指导下，本系列书编审委员会具体实施了新工科研究与实践项目，梳理了智能制造方向的知识体系和课程设计，作为规划设计整套系列教材的基础。

本系列教材凝聚了李培根院士、雒建斌院士以及所有作者的心血和智慧，是我国智能制造工程本科教育知识体系的一次系统梳理和全面总结，我谨代表机械教指委向他们致以崇高的敬意！

赵　继

2021年3月

前言
PREFACE

本书基于高等工程应用型智能制造领域技术人才培养目标,得到"北京市属高等学校高水平教学创新团队建设支持计划项目——高水平应用型智能制造类专业工程教育团队"项目资助,也是北京市教育科学"十四五"规划重点课题"面向北京高精尖产业的智能制造应用型本科人才工程能力培养路径及评价研究"(课题批准号:CDAA23050)的研究成果,结合笔者多年从事先进制造技术、智能制造相关技术的研究与教学成果精心编著而成。

制造业是一个国家的立国之本、强国之基,历来是世界各主要工业国高度重视和发展的重要领域。党的二十大报告中,习近平总书记指出,"建设现代化产业体系,要坚持把发展经济的着力点放在实体经济上,推进新型工业化,加快建设制造强国、质量强国、航天强国、交通强国、网络强国、数字中国。""推动战略性新兴产业融合集群发展,构建新一代信息技术、人工智能、生物技术、新能源、新材料、高端装备、绿色环保等一批新的增长引擎。"由新一代人工智能技术与先进制造技术深度融合所形成的智能制造,促使我国从制造大国转向制造强国,促进我国产业迈向全球价值链中高端,是新时代中国工业发展的新方向,也是促使中国制造业占据全球优势的主要路径。

智能车间与工厂是智能制造的核心载体和智能生产的核心环节,是现代工业、制造业的大势所趋,代表了生产流程的数字化、自动化和智能化,对我国制造业转型升级具有重要意义。《"十四五"智能制造发展规划》提出:"建设智能制造示范工厂。加快新一代信息技术与制造全过程、全要素深度融合,推进制造技术突破和工艺创新,推行精益管理和业务流程再造,实现泛在感知、数据贯通、集成互联、人机协作和分析优化,建设智能场景、智能车间和智能工厂。"这些政策为智能工厂行业提供了良好的政策环境,使我国智能工厂迎来大发展时期。

本书秉持系统性、科学性、先进性和实用性的原则。从智能车间与工厂的基础概念与发展历程开始,逐步深入其核心技术体系,包括关键使能技术、核心系统、规划及布局设计,典型数字孪生智能产线设计,生产计划制订及制造过程优化、智能运维技术,智能车间与工厂管理、安全技术,数据思维与工程伦理等多方面技术内容与应用。通过实际案例与深入浅出的讲解,帮助读者构建起完整的智能车间与工厂知识体系,清晰地理解各个技术环节是如何协同运作的,从而实现车间与工厂智能化的高效运作模式。同时,本书一方面广泛收集和整理了国内外最新的研究成果和实践经验,确保书中的内容能够反映智能车间与工厂领域的前沿动态;另一方面,注重理论与实践的紧密结合,通过实际案例分析,培养读者的实际操作能力和解决问题的能力。

在本书编写之前,笔者阅读了大量相关的文献资料,其中包括丰富的网络资源,借此机会向这些作者深表敬意。

全书由北京石油化工学院罗学科、曹建树和王建康编著,同时通过校企合作,得到上海悍蒙机电科技有限公司的大力支持,为本书的编著提供了很多素材。

由于编者水平有限,时间仓促,书中难免有错误和疏漏之处,敬请读者批评指正。

编　者

2024 年 8 月

目录
CONTENTS

第 1 章　智能车间与工厂概述 ………………………………………………………… 1

  1.1　智能制造与制造车间 ……………………………………………………………… 1
    1.1.1　制造业发展历程 ………………………………………………………… 1
    1.1.2　世界主要发达国家智能制造战略发展规划 …………………………… 8
    1.1.3　制造企业智能化战略转型发展 ………………………………………… 13
    1.1.4　智能制造的概念及核心内涵 …………………………………………… 14
    1.1.5　下一代智能制造 ………………………………………………………… 26
  1.2　智能车间的理论与实践 …………………………………………………………… 31
    1.2.1　智能车间的定义与特点 ………………………………………………… 31
    1.2.2　智能车间的结构组成 …………………………………………………… 32
    1.2.3　智能车间的基本特征 …………………………………………………… 35
    1.2.4　智能车间的实施规划 …………………………………………………… 35
  1.3　智能工厂的理论与实践 …………………………………………………………… 37
    1.3.1　智能工厂的定义与特点 ………………………………………………… 37
    1.3.2　智能工厂的结构组成 …………………………………………………… 40
    1.3.3　智能工厂的系统架构 …………………………………………………… 40
    1.3.4　智能工厂的基本特征 …………………………………………………… 45
    1.3.5　智能工厂的实施规划 …………………………………………………… 46
  本章小结 …………………………………………………………………………………… 47
  习题 ………………………………………………………………………………………… 48

第 2 章　智能车间与工厂关键使能技术 …………………………………………… 49

  2.1　数字化技术 ………………………………………………………………………… 49
    2.1.1　数据驱动的产品设计与展示技术 ……………………………………… 49
    2.1.2　生产系统建模与仿真技术 ……………………………………………… 55
    2.1.3　智能工艺设计 …………………………………………………………… 69
    2.1.4　智能生产计划管理与制造技术 ………………………………………… 80
    2.1.5　智能生产过程控制技术 ………………………………………………… 88
    2.1.6　智能质量检测技术 ……………………………………………………… 97
  2.2　智能装备与工程应用 ……………………………………………………………… 105

2.2.1 工业机器人 …………………………………………………………… 105
2.2.2 协作机器人 …………………………………………………………… 105
2.2.3 智能产线 ……………………………………………………………… 106
2.2.4 智能加工设备 ………………………………………………………… 107
2.2.5 智能仓储设备 ………………………………………………………… 108
2.2.6 智能检测设备 ………………………………………………………… 109
2.2.7 增材制造设备与技术 ………………………………………………… 109
2.2.8 智能装配工艺与装备 ………………………………………………… 110
2.2.9 智能数控设备与技术 ………………………………………………… 111
2.3 工业互联网技术 …………………………………………………………… 112
2.3.1 工业互联网概述 ……………………………………………………… 112
2.3.2 工业互联网基础技术 ………………………………………………… 113
2.3.3 工业互联网平台使能技术 …………………………………………… 113
2.3.4 工业互联网应用 ……………………………………………………… 114
2.3.5 网络协同制造 ………………………………………………………… 115
2.3.6 云制造 ………………………………………………………………… 116
2.4 工业物联网 ………………………………………………………………… 117
2.4.1 工业物联网体系框架 ………………………………………………… 117
2.4.2 工业物联网大数据 …………………………………………………… 118
2.4.3 工业物联网云计算 …………………………………………………… 119
2.5 人工智能技术 ……………………………………………………………… 120
2.5.1 人工智能的概念 ……………………………………………………… 120
2.5.2 人工智能关键技术 …………………………………………………… 121
2.5.3 人工智能应用案例 …………………………………………………… 126
2.6 大数据技术 ………………………………………………………………… 129
2.6.1 工业大数据 …………………………………………………………… 129
2.6.2 数据分析与处理 ……………………………………………………… 129
2.6.3 数据因果分析与关联分析 …………………………………………… 130
2.6.4 数据驱动 ……………………………………………………………… 131
2.6.5 预测分析 ……………………………………………………………… 132
2.7 云计算与边缘计算技术 …………………………………………………… 133
2.7.1 云计算的概念及作用 ………………………………………………… 133
2.7.2 云计算案例分析 ……………………………………………………… 134
2.7.3 边缘计算的概念及作用 ……………………………………………… 136
2.7.4 边缘计算案例分析 …………………………………………………… 137
2.7.5 云计算与边缘计算的融合发展 ……………………………………… 139
2.8 智能传感与测量技术 ……………………………………………………… 140
2.8.1 智能传感器 …………………………………………………………… 140
2.8.2 误差分析 ……………………………………………………………… 142

	2.8.3 信号采样	142
	2.8.4 数字信号处理	143
	2.8.5 信息物理系统	145

2.9 智能控制技术 146
    2.9.1 智能控制的基本概念、理论和主要方法 146
    2.9.2 智能控制应用案例 146
2.10 数字孪生技术 149
    2.10.1 数字孪生的软件定义制造 149
    2.10.2 数字孪生制造技术原理 151
    2.10.3 面向复杂产品研发的数字孪生 152
    2.10.4 面向智能装备工艺执行的数字孪生 153
    2.10.5 面向智能制造资源优化配置的数字孪生 154
    2.10.6 面向产品研制全生命周期过程集成的数字孪生 155
    2.10.7 基于西门子 UG NX MCD 的虚拟调试技术 155
2.11 智能运维技术 157
    2.11.1 智能运维技术概述 157
    2.11.2 智能运维技术应用案例 158
2.12 智能优化技术 160
    2.12.1 智能优化技术概述 160
    2.12.2 智能优化技术应用案例 161
2.13 智能决策技术 164
    2.13.1 智能决策技术概述 164
    2.13.2 智能决策技术应用案例 165
2.14 区块链技术 167
    2.14.1 区块链技术概述 167
    2.14.2 区块链技术应用案例 168
2.15 深度学习 169
    2.15.1 深度学习概述 169
    2.15.2 深度学习应用案例 170
本章小结 172
习题 172

第3章 智能车间与工厂核心系统 174

3.1 PLM 产品生命周期管理 175
    3.1.1 PLM 基本概念 175
    3.1.2 PLM 主要功能 176
    3.1.3 PLM 体系结构 177
    3.1.4 PLM 系统构建 178
    3.1.5 PLM 应用实例 179

3.2 ERP 企业资源计划 ... 180
3.2.1 ERP 基本概念 ... 180
3.2.2 ERP 主要功能 ... 180
3.2.3 ERP 体系结构 ... 182
3.2.4 ERP 系统构建 ... 183
3.2.5 ERP 应用实例 ... 184
3.3 SCM 供应链管理 ... 185
3.3.1 SCM 基本概念 ... 185
3.3.2 SCM 主要功能 ... 186
3.3.3 SCM 体系结构 ... 187
3.3.4 SCM 系统构建 ... 188
3.3.5 SCM 应用实例 ... 189
3.4 CRM 客户关系管理 ... 190
3.4.1 CRM 基本概念 ... 190
3.4.2 CRM 主要功能 ... 191
3.4.3 CRM 体系结构 ... 193
3.4.4 CRM 系统构建 ... 193
3.4.5 CRM 应用实例 ... 195
3.5 MES 制造企业生产过程执行管理系统 ... 195
3.5.1 MES 系统集成 ... 195
3.5.2 MES 生产建模 ... 197
3.5.3 MES 可重构平台 ... 199
3.5.4 MES 生产调度 ... 199
3.5.5 生产过程优化 ... 200
3.5.6 MES 数据采集 ... 201
3.5.7 MES 生产监控 ... 202
本章小结 ... 203
习题 ... 204

第 4 章 智能车间与工厂规划及布局设计 ... 205
4.1 智能车间与工厂方案规划 ... 205
4.1.1 构建模式 ... 205
4.1.2 顶层设计 ... 206
4.1.3 实施步骤 ... 208
4.1.4 评价体系 ... 209
4.2 智能车间与工厂布局设计 ... 210
4.2.1 布局设计 ... 210
4.2.2 布局优化 ... 212
4.2.3 效益优化 ... 213

4.3 智能车间与工厂仿真设计 ··· 214
    4.3.1 建模与可视化技术 ··· 214
    4.3.2 建模与可视化软件 ··· 216
    4.3.3 建模与可视化软件应用 ··· 217
    4.3.4 价值流分析与仿真 ··· 218
    4.3.5 智能车间与工厂仿真设计实例 ····································· 219
本章小结 ·· 221
习题 ·· 221

第 5 章 典型数字孪生智能产线设计 ·· 223

5.1 数字孪生智能产线概述 ·· 223
    5.1.1 打印喷头组件 ··· 225
    5.1.2 装配流程设计 ··· 228
    5.1.3 数字孪生智能产线总体结构 ······································· 228
5.2 智能产线结构组成与工作过程 ·· 230
    5.2.1 自动化立体仓库 ··· 230
    5.2.2 柔性环形生产线 ··· 235
    5.2.3 上料工位 ··· 237
    5.2.4 高度传感器 CR-TOUCH 自动调平套件组装工位 ····················· 238
    5.2.5 基座翻转定位工位 ··· 239
    5.2.6 PCB 上料组装工位 ·· 240
    5.2.7 背板 CNC 加工工位 ··· 240
    5.2.8 PCB 与背板自动装配拧紧工位 ···································· 241
    5.2.9 视觉检测及激光打标工位 ··· 242
    5.2.10 下料驳接台工位 ·· 243
    5.2.11 自动导引复合机器人 ·· 243
    5.2.12 MES ·· 250
本章小结 ·· 252
习题 ·· 252

第 6 章 生产计划制订及制造过程优化 ······································ 254

6.1 生产计划制订 ··· 254
    6.1.1 生产计划概述 ··· 254
    6.1.2 智能制造中的生产计划 ··· 256
6.2 制造过程优化 ··· 262
    6.2.1 生产流程优化方法 ··· 262
    6.2.2 智能工厂中的智能调度与生产计划优化 ····························· 264
本章小结 ·· 265
习题 ·· 265

第7章 智能运维技术 266

7.1 智能运维技术概述 266
- 7.1.1 数字化运维现状 267
- 7.1.2 智能运维主要内容 268
- 7.1.3 智能工厂运维 269
- 7.1.4 设备维修策略的主要类型 270
- 7.1.5 智能运维技术的组成 272
- 7.1.6 智能运维的关键技术 276

7.2 远程运维 277
- 7.2.1 远程运维技术概述 277
- 7.2.2 远程运维解决方案 278

本章小结 279

习题 280

第8章 智能车间与工厂管理 281

8.1 企业商务管理 281

8.2 智能物流与供应链管理 282
- 8.2.1 智能物流与供应链的特点和功能 282
- 8.2.2 智慧供应链的层次 283
- 8.2.3 供应链与区块链双链融合 284
- 8.2.4 供应链金融 285
- 8.2.5 绿色供应链 286

8.3 智能调度 287
- 8.3.1 智能调度概述 288
- 8.3.2 智能调度问题的表示方法 288
- 8.3.3 单机智能调度问题及其智能优化 289
- 8.3.4 并行机智能调度问题及其智能优化 289
- 8.3.5 开放车间智能调度问题及其智能优化 290
- 8.3.6 流水车间智能调度问题及其智能优化 291
- 8.3.7 作业车间智能调度问题及其智能优化 292

本章小结 292

习题 292

第9章 智能车间与工厂安全技术 294

9.1 智能制造安全风险分析 294
- 9.1.1 智能制造安全本源分析 294
- 9.1.2 智能制造安全风险分析 295

9.2 智慧工厂的安全风险 295

  9.2.1 设备安全风险 ··· 295
  9.2.2 数据安全风险 ··· 297
 9.3 数据安全与隐私保护 ··· 297
  9.3.1 数据安全法律与标准 ·· 298
  9.3.2 大数据与云计算安全 ·· 300
  9.3.3 数据安全管理 ··· 300
 本章小结 ·· 301
 习题 ··· 301

第 10 章 数据思维与工程伦理 ··· 303

 10.1 数据思维 ·· 303
  10.1.1 数据思维概述 ··· 304
  10.1.2 数据思维的建立与培养 ··· 310
 10.2 智能制造中的工程伦理 ·· 312
  10.2.1 工程伦理概述 ··· 312
  10.2.2 智能制造中的伦理挑战 ··· 312
  10.2.3 智能制造工程伦理规范 ··· 315
 本章小结 ·· 316
 习题 ··· 317

参考文献 ·· 318

第1章

智能车间与工厂概述

1.1 智能制造与制造车间

1.1.1 制造业发展历程

制造业(manufacturing industry)是指机械工业时代利用某种资源(物料、能源、设备、工具、资金、技术、信息和人力等),按照市场要求,通过制造过程,转化为可供人们使用和利用的大型工具、工业品与生活消费产品的行业。制造业是国民经济的主体,是立国之本、兴国之器、强国之基。制造业是产业链、供应链体系的重要构成,外部与农业、服务业等产业领域关联互动,内部涵盖从原材料、中间产品到最终产品生产与流通的一系列环节。制造业健康发展是产业链、供应链安全稳定的主要标志和基本前提。制造业为产业链、供应链循环提供源源不断的产品和要素,为经济社会稳定运行和健康发展提供了不可或缺的物质保障。

人类社会现代化过程的本质就是工业化过程。哪个国家掌握了工业,掌握了现代制造业,哪个国家就拿到了进入现代社会的钥匙。就我国而言,在新中国成立之前,虽然已有些许制造业的萌芽,但整体上还停留在传统经济社会阶段。中国真正大规模工业化的起步和发展,还是在新中国成立之后。

1. 全球制造业发展阶段概述

如表1-1所示,全球制造业发展大致经历了机械化、电气化、自动化和智能化四个阶段。

表1-1 全球制造业发展历程

发展阶段	年 份	里 程 碑	主要成果
机械化	1760—1860	水力和蒸汽机	机器生产代替手工劳动,社会经济基础从农业向以机械制造为主的工业转移
电气化	1861—1950	电力和电动机	采用电力驱动的大规模生产,产品零部件生产与装配环节成功分离,开创了产品批量生产的新模式
自动化	1951—2010	电子技术和计算机	电子计算机与信息技术的广泛应用,使机器逐渐代替人类作业
智能化	2011年至今	网络和智能化	实现制造的智能化与个性化、集成化

1) 第一阶段：机械化时代

18世纪后期，以蒸汽机的发明和应用为标志，这既是技术飞跃，也是社会深刻变革，对人类历史影响深远。这次工业革命的结果是机械生产代替了手工劳动，经济社会从以农业、手工业为基础转型为以工业以及机械制造带动经济发展的模式，促成了制造企业的雏形，企业形成了作坊式的管理模式。

2) 第二阶段：电气化时代

19世纪后期，随着科学技术的快速进步，尤其是电磁感应现象的发现（由法拉第在1831年发现），为发电机和电动机的发明奠定了理论基础。这使人们能够将其他形式的能源（如机械能、化学能等）有效地转换为电能，并通过电网进行传输和分配。与之前的机械化时代相比，电气化时代的能源利用更加高效、清洁，而且电能更便于控制和传输，为后续的自动化时代奠定了基础。20世纪初期至60年代，工业领域发生第二次大变革，形成生产线生产阶段。福特、斯隆开创了流水线、大批量生产模式，泰勒创立了科学管理理论，导致制造技术的过细分工和制造系统的功能分解，形成以科学管理为核心，推行标准化、流程化的管理模式，使企业的人与"工作"得以匹配。

3) 第三阶段：自动化时代

在升级工业2.0的基础上，广泛应用电子与信息技术，使制造过程自动化控制程度进一步提高。生产效率、良品率、分工合作、机械设备寿命都得到了前所未有的提高。在此阶段，工厂大量采用由PC、PLC/单片机等真正电子、信息技术自动化控制的机械设备进行生产。自此，机器能够逐步替代人类作业，不仅接管了相当比例的"体力劳动"，还接管了一些"脑力劳动"。企业在深化标准化管理5S（整理（seiri）、整顿（seiton）、清扫（seiso）、清洁（seiketsu）和素养（shitsuke））、QC（quality control，品质管理）等的基础上，推行精益管理看板、JIT（just in time，准时化生产）等，使得岗位得以标准化细分。

第二次世界大战后，微电子技术、计算机技术、自动化技术得到迅速发展，推动制造技术向高质量生产和柔性生产的方向发展。从20世纪70年代开始，受市场多样化、个性化的牵引及商业竞争加剧的影响，制造技术面向市场、柔性生产的新阶段，引发了生产模式和管理技术的革命，出现了计算机集成制造、丰田生产模式（精益生产）。

4) 第四阶段：智能化时代

从21世纪开始，第四次工业革命步入"分散化"生产的新时代。将互联网、大数据、云计算、物联网等新技术与工业生产相结合，最终实现工厂智能化生产，让工厂直接与消费需求对接。企业的生产组织形式从现代大工厂转变为虚实融合的工厂，建立柔性生产系统，提供个性化生产，智能制造典型场景如图1-1所示。管理特点是从大生产变为个性化产品的生产组织，实现柔性化、智能化。

2. 中国制造业发展历程

1) 第一阶段：1978年至20世纪80年代末，中国制造业的复苏

1978年，刚刚从"文革"中解脱出来的中国百废待兴。新中国成立29年来，中国模仿苏联的计划经济体系建立了较为完整的制造业体系，能够制造各类工业和消费产品，通过"三线建设"，军工制造业具有了一定基础。但是，当时的中国制造业更多的是制造工业产品，在消费品制造方面，只能提供基本的生活保障。在当时人民生活水平还非常低的情况下，消费水平很低，从粮票到布票、肉票，产品种类非常匮乏。

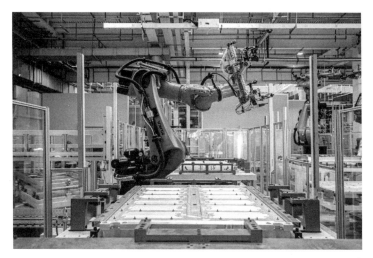

图 1-1 智能制造典型场景

20 世纪 80 年代中叶,中国的制造业开始崛起,很多家庭开始购买国产的电子产品和轻工产品,电视上开始有了各类产品广告。在这个十年中,国营企业还是中国制造业的绝对主流,一些军工企业开始生产民用产品。在经济改革中初步尝到实惠的中国人,开始接触各种新鲜产品,"三大件"不断变迁,电视机、洗衣机、电冰箱逐渐成为所有家庭的必备电器。中国人的穿着也有了更多的选择,食品和各类消费产品的品种逐渐丰富。这十年,中国市场的特点是供不应求。

2) 第二阶段:20 世纪 90 年代初至 20 世纪末,民营制造业的崛起和外资制造业进入中国

随着国家政策的不断放开,以及沿海地区开放程度的逐渐提高,民营企业逐渐崛起。"苏南模式"和"温州模式"成为两种体制改革的模式。一些沿海地区制造"假冒伪劣"产品的企业逐渐开始打造自己的品牌。经济特区的建设、海南的发展、股市的建立、商品房的出现,使中国基本实现了计划经济向市场经济的转型,而中国市场也逐渐由供不应求转向供大于求。

在改革开放的第二个十年中,随着民营经济的崛起和外资制造业进入中国,中国沿海地区的制造业得到迅速发展。内地和沿海地区的制造业,乃至整个区域经济实力的差距逐渐拉大。

3) 第三阶段:21 世纪初至今,中国制造业融入世界,"中国制造"闻名全球

这十年,外资进入中国的趋势随着中国改革开放的深入而逐渐凸显,尤其是中国加入 WTO 之后,在中国积极引进外资的政策吸引下,以及全球制造企业降低制造成本,并占领中国及亚太市场的战略推动下,大量外资涌进中国,形成了今天中国数以万计的外资与合资制造企业。长三角地区,随着浦东的开发逐渐成为中国改革开放的龙头。

中国改革开放四十多年来,使"中国制造"全球闻名的,是中国沿海地区众多出口导向型制造企业。这些企业充分发挥低成本优势,逐渐形成了国际竞争力,赢得了大量原始设备制造商的订单,成为国际制造业的生产外包基地。而支撑这些企业实现低成本优势的,是来自中国农村的大量低成本劳动力和沿海地区逐渐形成的专业化产业集群,尤其是在 IT 产品、

玩具、服装、制鞋等产业。

互联网的蓬勃发展改变了人类的生活方式。中国在基础建设方面的投入飞速增长,跨越全国的高速公路网络全面建设,铁路一次又一次大提速,航空载客量和货运量增长神速,而中国的电信,尤其是无线通信的发展突飞猛进。中国的城市化进程也呈现出蓬勃发展的态势,中国城市成为全球最大的工地,建筑业的发展也带动了对制造业产品的需求。农民工像潮水一般涌向沿海地区,支撑了民营制造企业,尤其是外向型企业的发展。随着中国的基础设施建设投资、国内消费需求的提升和国际贸易的迅速增长,2003年后,整个中国制造业进入了新一轮迅速发展期。尤其是中国的船舶、机床、汽车、工程机械、电子与通信等产业发展迅速,带动了重型机械、模具,以及钢铁等原材料需求的海量增长,进而带动了整个制造业产业链的发展。国家对军工行业的投入增大,在航天领域的成就举世瞩目。大型国有企业的效益显著提升,烟草、钢铁等行业开始迅速整合。资本市场为中国大中型制造企业的发展带来了充足的资金。

3. 全球制造业的迁移史

当前,全球制造业正经历深刻变革,受逆全球化和保护主义抬头、国际经贸规则重构、发达国家推动产业链回迁、新一轮科技革命加速推进等多重因素影响,未来全球制造业和产业链、供应链格局将朝着区域化、本土化、多元化、数字化等方向加速调整和重塑。各国需要加强合作、互学互鉴,共同把握新一轮科技和产业革命机遇,增强制造业技术创新能力,推动制造业质量变革、效率变革和动力变革。

制造业发展和格局演化对世界经济具有重要影响。第二次世界大战以来,全球制造业经历多次转移,形成了以"三大中心"为主导的全球产业链供应链分工格局。受逆全球化、贸易保护主义加剧、新冠病毒感染疫情冲击、乌克兰危机等多重因素影响,全球制造业产业链、供应链正朝着区域化、本土化、多元化、数字化等方向加速调整。

1) 第一次制造业大迁移,发生在20世纪初,由美国接棒英国承接全球制造业

20世纪初英国制造业依然繁荣并占据欧洲地区第一的位置。1950年,英国依然有900万人从事制造业,占总人口的20%,制造业对国内生产总值(gross domestic product,GDP)的贡献达到1/3。1970年被德国抢走欧洲制造业霸主地位后,随着国内经济衰退,英国积极推行"去工业化战略",向服务和金融业转型。制造业的GDP占比迅速下降,2010年仅占不到10%,而制造业的从业人员更是减少了70%,大部分转型到服务业。

受益于第二次工业革命的美国,当时国内工业发达程度已超过英国,而劳动力更充沛(美国1亿人口,英国4000万人口),地域面积更广阔(美国963万平方千米,英国24万平方千米),这些优势使美国的流水线批量、标准化生产得到高速发展。

2) 第二次制造业大迁徙,发生在20世纪50年代,由日本接棒美国承接全球制造业

美国将低端制造业向日本、德国迁移后,制造业仍持续繁荣20年,一直到1970年美国的钢产量依然是世界第一。钢产量在1970年被日本超越后,美国与英国一起向服务业转型。1980年到现在,美国将大部分劳动密集型产业进行外包,仅保留价值链高端的制造业,如汽车、航天航空、芯片等,而信息技术和金融作为新的增长点占GDP的比重越来越高。如果从制造业附加值来看,美国目前仍是世界第一,并且在汽车、航空航天、医疗器械、芯片、制药、工程机械等领域处于绝对领先位置,著名品牌有福特、波音、英特尔等。

第二次世界大战前日本已是全球前十的工业强国,第二次世界大战结束后日本作为战

败国被美国一国独占,当时日本很多工业设施都在战争中损毁,基于复兴日本工业化的考虑,美国决定将日本作为西方的"亚洲工厂"加以改造。在美国的支持下,日本的制造业以年均13.2%的速度发展,该速度是德国和法国的2倍、英国和美国的3倍。日本以高效完备的国家工业协作体系承接全球制造业转移,并在1968年成为GDP全球第二的经济强国。

20世纪70年代日本将制造业向"亚洲四小龙"转移后,汽车取代钢铁成为第一大产业。1998年,汽车产量已占世界总产量的20%,主要出口美国,与美国品牌展开激烈竞争。除了汽车,在打印机、数码相机领域,日本也占据领先地位,著名品牌佳能在全球数码相机和打印机市场分别占据30%和27%的份额。

在某些配件方面,日本的制造业也能做到极致,例如,图像传感器、轴承等一些关键配件,其他国家都要依赖日本进口。

3) 第三次制造业大迁徙,发生在20世纪70年代,由"亚洲四小龙"(韩国、中国台湾、中国香港和新加坡)接棒日本承接全球制造业

朴正熙集权政府主导下的韩国,20世纪六七十年代举国之力发展工业,在日本的支持下从纺织、鞋类等轻工业到钢铁、造船等重工业都有了快速发展,成为世界上造船业最发达的国家。中国台湾在60年代美苏冷战时期是美国制约亚洲的前线,在其经济援助下大力发展工业。70年代中期,中国台湾承接了美日相当一部分劳动密集型产业,逐渐成为电子代工业的巨头。中国香港在1950年前仅是个转口贸易港,制造业只占GDP的5%。随着朝鲜战争的爆发,英国追随美国切断了中国香港与内地的经济往来,香港转而发展制造业,首当其冲的是纺织业。1960年,香港的纺织业占全港就业人数的40%以上,在纺织业带动下塑胶、钟表、灯泡等制造业也得到快速发展。1970年,香港的制造业占比达到30%。与中国香港一样,60年代的新加坡制造业十分薄弱,在李光耀的推动下,通过一系列工业法案,成立裕廊工业园,招商引资,率先发展纺织、玩具等产业,制造业占比在1964年攀升至14%。70年代,着重发展资本和技术密集型产业的新加坡,通过税收优惠成功吸引了一批计算机配件制造和石化加工的跨国企业落户。90年代,新加坡已经成为全球集成电路、芯片和磁盘的重要生产基地,同时成为世界第三大炼油中心。

4) 第四次制造业大迁移,发生在20世纪90年代,由中国接棒"亚洲四小龙"承接全球制造业

中国的工业化进程与众不同。一般出口型经济的国家是先发展纺织等轻工业,再发展重工业;而20世纪60年代中国优先发展重工业,70年代才开始发展轻工业。80年代起,中国的工业总产值以每年15.3%的速度增长,同时港资和台资制造企业开始进入内地(大陆)。自80年代起,港商在内地的投资金额就稳居内地招商外来资金之首,珠江三角洲是香港转移劳动密集型制造业的首选之地。刚开始主要是玩具、服装、塑胶、五金等低端制造业,90年代中期,电器、电子零配件等也迁移过来。截至2003年,95%的服装和皮革制造业、90%的塑胶制造业、85%的电子制造业和90%以上的手表和玩具制造业均从香港迁出。1980年香港有100万工人,2003年仅剩20万。台商于80年代初期进入大陆,经过十几年时间,一水之隔的福建和广东沿海地区,已成为台湾传统产业的聚集地。其中,专营半导体和电子设备的富士康于1988年在深圳龙华建立工厂。随着工厂规模和数量的一再扩大,高峰期在大陆招收的工人超过100万。

大量外资制造业涌入，一方面大大提升了中国的商品出口，1980年外贸依存度仅为12.6%，2002年迅速提高到50.2%；另一方面创造了大量工厂流水线岗位，截至2002年年底，共批准外商投资企业近50万家，这些企业的就业人员接近2000万人。中国制造业在2010年的GDP比重达40.1%，而1952年仅为17.6%，有200多种商品产量居世界第一，钢、水泥、煤炭、家电、手机、计算机等行业的产量世界占比超50%，中国成为名副其实的"世界工厂"。

综上可以发现一些共同点：①迁出劳动密集型制造业，保留及发展技术密集的高附加值制造业；②转型服务业，服务业占GDP的比例逐渐增大，制造业的比例逐渐减小。可以预见中国制造业的未来也会朝着这个方向前进。

但我国制造业面临更加复杂和严峻的形势：一方面劳动密集型制造业的订单被印度、越南、印尼等人工成本更低的国家抢走；另一方面机器人和自动化发展速度很快，欧美和日本等国家开始倡导制造业回归本土。而中国过往依靠人口红利的制造业增长还尚未在高端制造业有引以为傲的产品，虽然军工、家电、路由器、PC等行业领先世界，但实际上这些产品的基础材料和高精度配件，以及加工这些产品的机床，很多自国外进口。

中国的制造业产业发展与很多国家的发展路径有所差异。一般国家发展制造业都是从轻工业起步，随着技术和资金实力等的积累，逐渐进入重工业领域。而新中国成立初期发展工业，基于我国当时的计划经济体制和赶超发展战略，再加上当时苏联对我国的大力援助，我国选择优先发展重工业。1953—1957年是新中国的第一个五年计划，也是我国工业化的起点，奠定了工业化的基本布局。在这一时期，我国建设的主要项目是苏联帮助我国的"156项"工业项目，使我国在能源、原材料、机械等重工业发展上跨出了一大步，而以此为"核心"的其他900多个非小型项目则勾画了我国工业体系的雏形。

我国改革开放前的制造业发展完成了从无到有的伟大突破。但是，产业的发展有其自身的逻辑和规律。由于种种原因，改革开放前，我国的经济发展（包括制造业的发展）还是遇到了极大的困难。在当时的困难时刻，我国再次展现出克服困难和突破桎梏的勇气和智慧，推动改革开放，在经济体制上为市场经济正名，使我国制造业再次迎来腾飞的契机。改革开放初期，我国圈定的5个经济特区位于中国南部沿海区域，一方面是因为其地理位置更靠近港澳台，有利于吸引港澳台投资；另一方面，经济特区都是沿海港口城市，开展对外物流交通便利，有利于发展来料加工制造业，也有利于中国制造业融入世界经济体系。改革开放以来，我国轻工业、非公有制经济取得很大发展。1990年，异军突起的乡镇集体企业实现利润265.3亿元，超过了国有企业的246亿元。截至2006年，国有及国有控股工业企业、民营工业企业和"三资"工业企业已是"三分天下"，分别占当年工业总产值的31.2%、37.2%和31.6%。同时，我国一些现代化重工业也得到发展，如改革开放初期的重点工业建设项目宝钢，引进了当时日本先进的钢铁冶炼技术，得到迅速发展，如今已经成长为世界级的钢铁集团企业。

在我国改革开放的前20年间，广东、上海、浙江、江苏、福建等南方省份的工业在全国占比显著上升，使我国制造业产业形成南强北弱的格局。20世纪末，一方面党和国家基于国家平衡发展，有意识推动中西部地区经济发展，于2000年正式推出西部大开发战略，随后又推出中部崛起战略；另一方面，南方经济强省原有制造产业发展遇到瓶颈，有意进行产业升级，进行"腾笼换鸟"，将一些初级制造产业向外转移。这些都促进随后的十年里中国制造业开始向中西部转移发展。但是，西部拥有丰富的土地资源和各类自然资源，再加上中国最新的"一带一路"发展战略，使西部由对外开放的后队变为前沿，其发展潜力不可限量。况且，西部是我国少数民族主要聚居地,实施西部大开发,是关系国家经济社会发展大局、关系民族团结和边疆稳定的重大战略部署。中国中部地区,东接沿海,西接内陆,连通南北,是我国人口大区、交通枢纽、经济腹地和重要市场。随着全国交通物流基础设施的进一步完善,东部产业外溢和转移,紧靠东部中部地区的产业发展,尤其是制造产业,有望实现"承接型崛起"。2003—2013年是东部沿海产业向中西部转移的10年,也是西部大开发与中部崛起的10年。在此期间,中西部地区工业经济快速发展,经济实力显著增强。在这10年中,西部年人均GDP从6507元增长至34392元,全国平均水平占比从60%增长至73.98%。因此,这10年的产业转移,显著改变了西部地区经济发展严重落后的现状,并很大程度上弥合了东西发展不平衡的差距。

党的十八大以来,党中央高度重视我国区域协调发展问题,明确提出要拓展发展新空间,形成以沿海沿江沿线经济带为主的纵横经济轴带,培育壮大若干经济区,先后提出一系列新观点和新举措,大体可概括为"四大板块、三个支撑带和三大经济带"战略。"四大板块"是指东部、中部、西部和东北,这种区域划分的目的在于调控区域差距,促进区域协调发展。例如,我国的东北地区作为我国重工业早期发展的重点区域,在近几十年的发展中由于资源枯竭、市场变化等因素,面临产业衰退和塌陷等问题。近些年,振兴东北老工业基地始终是我国政府重要的发展课题之一。"三个支撑带"是指环渤海支撑东北、华北和西北经济带,长三角支撑长江经济带,珠三角支撑西南、中南以及华南经济带,这三个支撑带可促进区域间合作和互助。"三大经济带"是指京津冀经济带、长江经济带和"一带一路"经济带,这三大经济带有助于东中西地区协调发展,建立面向全球化的开放体系。

党的二十大召开之际,我国工业增加值由23.5万亿元增加到31.3万亿元,中国连续11年成为世界最大的制造业国家。"十三五"时期高技术制造业增加值平均增速达到10.4%。信息传输软件和信息技术服务业的增加值由约1.8万亿元增加到3.8万亿元,占GDP比重由2.5%提升到3.7%。综合实力进一步增强,重点领域的开拓创新取得新的进步,发展动能持续增强,发展环境持续优化,为促进实体经济乃至整个国民经济平稳健康发展提供了有力支撑。

党的二十大报告提出,"建设现代化产业体系。坚持把发展经济的着力点放在实体经济上,推进新型工业化,加快建设制造强国、质量强国、航天强国、交通强国、网络强国、数字中国"。这为制造业高质量发展提供了根本遵循、指明了前进方向。

综上所述,全球制造业形成了"三大中心",即以美国为中心的北美供应链、以德国为中心的欧洲供应链和以中国、日本与韩国为中心的亚洲供应链网络。全球制造业围绕美德中日韩等制造业大国,通过与周边国家产业链供应链合作,形成了各具特色和优势的全球制造业"三大中心"。

(1)以美国为核心,辐射带动加拿大和墨西哥的北美制造业中心。作为世界上最发达的工业国家之一,美国2021年制造业增加值为2.50万亿美元,占GDP的比重为10.7%,占全球制造业增加值比重为15.3%,位居全球第二。美国在东北部、南部和太平洋沿岸地区形成了横跨钢铁、汽车、航空、石油、计算机、芯片等多个领域的制造业区域集群,并与加拿大、墨西哥形成了紧密的产业链供应链合作关系。美国经济分析局统计数据显示,美国对加拿大和墨西哥货物进口额占全球进口额的1/4左右,对加拿大和墨西哥货物出口额占全球出口额的1/3。

(2) 以德国为核心,辐射带动法国、英国等老牌发达国家的欧洲制造业中心。这一制造业中心不仅是近代工业革命的发源地,制造业历史底蕴雄厚,同时因为拥有数量众多的中小企业,为欧洲制造业的创新发展注入了充足活力。2021年,德国制造业增加值占全球制造业增加值的比重为4.7%,位列全球第四。法国和英国制造业增加值的全球占比分别为1.5%和1.7%。同时,欧盟制造业增加值的全球占比为15.6%,整体与美国规模实力相当。

(3) 以中日韩为核心,辐射带动东南亚、南亚等国家的亚洲制造业中心。近年来,凭借人口红利和正在快速崛起的消费市场,以及蓬勃的经济活力,亚洲制造业中心形成了全球最完整的产业链,并逐步向中高端制造业领域发展,甚至在部分制造技术方面已经相对欧美等国家形成一定竞争优势。自2001年中国加入世界贸易组织以来,中国制造业增加值占全球比重逐步提升,并分别于2001年超过德国、2007年超过日本、2010年超过美国,连续12年成为世界第一制造业大国。2021年,中国制造业增加值达到31.4万亿元,占全球比重由2010年的18.2%提高到29.8%。日本、韩国制造业增加值占全球比重分别为5.9%和2.8%,在亚洲制造业产业链、供应链体系中占据重要地位。同时,在东南亚地区,越南凭借劳动力成本优势,积极承接产业转移,实现制造业增加值的快速增长,从2010年的150.1亿美元增长到2021年的481.6亿美元,但其占全球比重目前仅为0.3%左右。在南亚地区,印度制造业增加值也有所增长,从2010年的2853.5亿美元增长到2021年的4465.0亿美元,占全球制造业增加值比重一直维持在2.7%左右。

1.1.2　世界主要发达国家智能制造战略发展规划

当中国制造正在向中国智造大步迈进之时,传统的生产和供应链体系面临重塑,依托自有制造,通过投入,可以对研发、制造、供应链等各环节进行把控,实现高质量生产。而标准化、自动化、数字化和智能化成为传统制造业升级的必由之路。纵观全球,世界各国也正在积极布局智能制造的发展。

智能制造是基于新一代信息通信技术与先进制造技术深度融合,贯穿设计、生产、管理、服务等制造活动的各环节,具有自感知、自学习、自决策、自执行、自适应等功能的新型生产方式。与传统固定式生产相比,智能制造采用单元化制造的生产方式,通过分散控制实现自律生产,并通过无线通信实现实时追踪位置信息,解决了传统固定式生产模式中流程化、人与机器通信受限、无法监控位置信息等问题。

智能制造在全球范围内快速发展,已成为制造业重要的发展趋势,为产业发展和分工格局带来深刻影响,推动形成新的生产方式、产业形态、商业模式。发达国家实施"再工业化"战略,不断推出发展智能制造的新举措,通过政府、行业组织、企业等协同推进,积极培育制造业未来竞争优势。

智能制造作为先进制造技术与信息技术深度融合的成果,已经成为制造业的发展趋势。20世纪80年代末,Wright和Bourne合著的《智能制造》一书的出版标志着智能制造概念的提出。经过了数十年的发展,智能制造的内涵逐渐丰富。目前一般认为智能制造的含义是,在新一代信息技术的基础上,将产品制造流程和生命周期作为对象,实现系统层级上的实时优化管理,是成熟阶段的制造业智能化。相比数字化和网络化阶段,智能制造全面使用计算机自动控制,并实现工业互联网、工业机器人、大数据的全面综合应用。智能制造可以大大缩短产品研发时间、提质增效、降低成本,体现了实体物理与虚拟网络的深度融合特征。

当今世界的很多工业强国都将人工智能看作下一个发展风口。日本、德国、美国自不必说,巴西、印度等新兴经济体同样把人工智能看作一个新兴领域不断加持。它作为全球下一轮科技革命与产业革命的关键领域,对整个世界的发展具有重大意义。

新一代信息技术与制造业深度融合,正在引发影响深远的产业变革,形成新的生产方式、产业形态、商业模式和经济增长点。各国都在加大科技创新力度,推动3D打印、移动互联网、云计算、大数据、生物工程、新能源、新材料等领域取得新突破。基于信息物理系统的智能装备、智能工厂等智能制造正在引领制造方式变革;网络众包、协同设计、大规模个性化定制、精准供应链管理、全生命周期管理、电子商务等正在重塑产业价值链体系;可穿戴智能产品、智能家电、智能汽车等智能终端产品不断拓展制造业新领域。我国制造业转型升级、创新发展迎来重大机遇。

当前,智能制造已经成为全球价值链重构和国际分工格局调整背景下各国的重要选择。各发达国家纷纷加大制造业回流力度,提升制造业在国民经济中的战略地位。德国工业4.0、美国工业互联网战略、日本《机器人新战略》、法国新工业法国方案,均在积极部署自动化、智能化。

1. 欧盟

欧盟委员会2020年3月发布了面向2030年的《欧盟新工业战略》,与《欧盟数据战略》《人工智能白皮书》共同构成欧盟"数字化转型计划"的重要组成部分。《欧盟新工业战略》旨在推动欧盟工业在气候中立和数字化的双重转型中保持领先,意图抢占数字化工业主导地位、提升全球数字竞争力、释放数字经济潜力,以应对全球经济前景的不确定性,其三大愿景与三大策略如图1-2所示。《欧盟新工业战略》提出,绿色、循环、数字化是工业转型的关键驱动因素,并提出一系列具体行动计划,强调借助数字基础设施、数字技术等手段提高欧盟工业竞争力和战略自主性至关重要,值得深入思考。

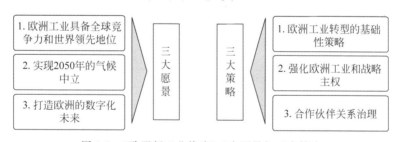

图1-2 《欧盟新工业战略》三大愿景与三大策略

2. 美国

美国是智能制造的重要发源地之一。早在2005年,美国国家标准与技术研究所提出"聪明加工系统研究计划"。这一系统实质就是智能化,研究的内容包括系统动态优化、设备特征化、下一代数控系统、状态监控和可靠性、在加工过程中直接测量刀具磨损和工件精度的方法。2006年,美国国家科学基金委员会提出了智能制造概念,核心技术是计算、通信、控制。

2017年,美国清洁能源智能制造创新机构(CESMII)发布的智能制造2017—2018技术路线图指出,智能制造是一种制造方式,2030年前后就可以实现,是一系列涉及业务、技术、基础设施及劳动力的实践活动,通过整合运营技术和信息技术的工程系统,实现制造的持续优化。该定义认为智能制造包括四个维度,"业务"位于第一位,智能制造的最终目标是持续优化。该路线图的目标之一就是在工业中推动智能制造技术的应用。

2018年,美国发布《先进制造业美国领导力战略》,提出三大目标,开发和转化新的制造技术,教育、培训和集聚制造业劳动力,扩大国内制造业供应链的能力。具体目标之一就是大力发展未来智能制造系统,如智能和数字制造、先进工业机器人、人工智能基础设施、制造业的网络安全,如表1-2所示。

表1-2 先进制造业美国领导力战略

三大目标	战略目标	优先计划事项
开发和转化新的制造技术	大力发展未来智能制造系统	智能和数字制造
		先进工业机器人
		人工智能基础设施
		制造业的网络安全
	开发世界领先的材料和加工技术	高性能材料
		增材制造
		关键材料
	确保通过国内制造获得医疗产品	低成本、分布式药物制造
		连续制造
		组织和器官的生物制造
	保持电子设计和制造领域的领导地位	半导体设计工具和制造
		新材料、器件和结构
	增加粮食和农业制造业的机会	食品安全中的加工、测试和可追溯性
		粮食安全生产和供应链
		改善生物基产品的成本和功能
教育、培训和集聚制造业劳动力	吸引和发展未来的制造业劳动力	以制造业为重点的科学、技术、工程、数学(science,technology,engineering,mathematics,STEM)教育
		制造工程教育
		工业界和学术界的伙伴关系
	更新和扩大职业及技术教育途径	职业和技术教育
		培养技术熟练的技术人员
	促进学徒和获得行业认可的证书	制造业学徒计划
		学徒和资格认证计划登记制度
	将熟练工人与需要他们的行业相匹配	劳动力多样性
		劳动力评估
扩大国内制造业供应链的能力	加强中小型制造商在先进制造业中的作用	供应链增长
		网络安全外展和教育
		公私合作伙伴关系
	鼓励制造业创新的生态系统	制造业创新生态系统
		新业务的形成与发展
		研发转化
	加强国防制造业基础	军民两用
		购买"美国制造"
		利用现有机构
	加强农村社区的先进制造业	促进农村繁荣的先进制造业
		资本准入、投资和商业援助

2019年,美国发布《人工智能战略:2019年更新版》,为人工智能的发展制定了一系列的目标,确定了八大战略重点。

3. 德国

德国作为全球制造业中最具竞争力的国家之一,其西门子、奔驰、博世、宝马等品牌以高品质享誉世界。为保持德国制造的世界影响力,推动德国制造业的智能化改造,在德国工程院及产业界共同推动下,德国2013年正式推出了德国工业4.0战略,如图1-3所示。工业4.0的内涵是凭借智能技术,融合虚拟网络与实体的信息物理系统,降低综合制造成本,联系资源、人员和信息,提供一种由制造端到用户端的生产组织模式,从而推动制造业智能化的进程。德国智能制造以信息物理系统为中心,促进高端制造等战略性新兴产业的发展,大幅降低产品生产成本,构建德国特色的智能制造网络体系。德国工业4.0战略的智能化战略主要包括智能工厂、智能物流和智能生产三种类别。总而言之,德国制造业的智能化过程以工业4.0战略为依托,顺应第四次工业革命的历史机遇,通过标准化规范战略部署,重视创新驱动,实现制造业智能化转型升级的战略目标,使德国在全球化生产中保持科研先发优势。

工业4.0发布后,德国各大企业积极响应,不断完善产业链,已经形成工业4.0生态系统。德国的工业4.0平台还发布了工业4.0参考架构。

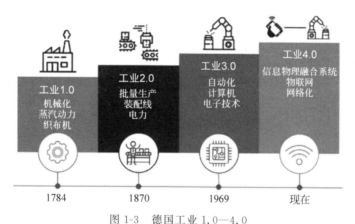

图1-3 德国工业1.0—4.0

2014年8月,德国出台《数字议程(2014—2017)》,这是德国《高技术战略2020》的十大项目之一,旨在将德国打造为数字强国。其议程包括网络普及、网络安全及"数字经济发展"等方面内容。

2016年,德国发布《数字化战略2025》,目的是将德国建成现代化程度较高的工业化国家。该战略指出,德国数字未来计划由12项内容构成:工业4.0平台、未来产业联盟、数字化议程、重新利用网络、数字化技术、可信赖的云、德国数据服务平台、中小企业数字化、进入数字化等。

2019年11月,德国发布《国家工业战略2030》,主要内容包括改善工业基地的框架条件、加强新技术研发和调动私人资本、在全球范围内维护德国工业的技术主权。德国认为当前最重要的突破性创新是数字化,尤其是人工智能的应用。要强化对中小企业的支持,尤其是在数字化进程方面。

4. 日本

日本在智能制造领域积极部署，积极构建智能制造的顶层设计体系，实施机器人新战略、互联工业战略等措施，巩固日本智能制造在国际上的领先地位。

日本提出以工业互联网和物联网为核心的协同制造发展策略。事实上，日本的智能生产起步很早，在20世纪七八十年代，日本就提出柔性制造系统（flexible manufacturing system，FMS）。1989年，日本率先提出了智能制造系统（intelligent manufacturing system，IMS）的概念，主要关注工厂内部系统智能化，并没有加入互联网因素。2015年起，日本开始发力智能制造。2015年1月发布"新机器人战略"，其三大核心目标分别为世界机器人创新基地、世界第一的机器人应用国家、迈向世界领先的机器人新时代。2015年10月，日本设立物联网（IoT）推进组织，推动全国的物联网、大数据、人工智能等技术开发和商业创新。之后，由METI（Ministry of Economy，Trade and Industry，日本经济贸易产业省）和JSME（Japan Society of Mechanical Engineers，日本机械工程师协会）发起产业价值链计划，基于宽松的标准，支持不同企业间制造协作。2016年，日本提出IVR（industrial value chain reference architecture，工业价值链参考架构），开始推动信息技术在工业领域的应用，并发布相应的体系架构。2017年3月，日本明确提出"互联工业"的概念，安倍晋三发表"互联工业：日本产业新未来的愿景"的演讲，其中三个主要核心是：人与设备和系统相互交互的新型数字社会，通过合作与协调解决工业新挑战，积极推动培养适应数字技术的高级人才。互联工业已经成为日本国家层面的愿景。在《制造业白皮书（2018）》中，日本经产省调整了工业价值链计划是日本战略的提法，明确了"互联工业"是日本制造的未来。为推动"互联工业"，日本提出支持实时数据的共享与使用政策；加强基础设施建设，提高数据有效利用率，如培养人才、网络安全等；加强国际、国内的各种协作。2019年，日本决定开放限定地域的无线通信服务，通过推进地域版5G，鼓励智能工厂的建设。

5. 中国

2015年5月19日，国务院正式印发《中国制造2025》，其主要纲领如下。"一"个目标：从制造业大国向制造业强国转变。"两"化融合：信息化和工业化深度融合。"三"步走战略目标：第一步，力争用十年时间，迈入制造强国行列；第二步，到2035年，我国制造业整体达到世界制造强国阵营中等水平；第三步，新中国成立一百年时，制造业大国地位更加巩固，综合实力进入世界制造强国前列。"四"项原则：市场主导、政府引导，立足当前、着眼长远，全面推进、重点突破，自主发展、合作共赢。"五"条方针：创新驱动、质量为先、绿色发展、结构优化、人才为本。"五"大工程：制造业创新中心建设工程、工业强基工程、智能制造工程、绿色制造工程、高端装备创新工程。"十"个重点领域突破：新一代信息技术、高档数控机床和机器人、航空航天装备、海洋工程装备及高技术船舶、先进轨道交通装备、节能与新能源汽车、电力装备、新材料、生物医药及高性能医疗器械、农业机械装备。在《中国制造2025》基础上，国家又相继推出关于工业互联网、工业机器人、两化融合等政策，智能制造成为"十四五"规划的重点。

2021年12月28日，工业和信息化部等八部门联合印发了《"十四五"智能制造发展规划》。该规划提出："十四五"及未来相当长一段时期，推进智能制造，要立足制造本质，紧扣智能特征，以工艺、装备为核心，以数据为基础，依托制造单元、车间、工厂、供应链等载体，构建虚实融合、知识驱动、动态优化、安全高效、绿色低碳的智能制造系统,推动制造业实现数字化转型、网络化协同、智能化变革。

到 2025 年,规模以上制造业企业大部分实现数字化、网络化,重点行业骨干企业初步应用智能化;到 2035 年,规模以上制造业企业全面普及数字化、网络化,重点行业骨干企业基本实现智能化。其中,到 2025 年的具体目标:一是转型升级成效显著,70%的规模以上制造业企业基本实现数字化、网络化,建成 500 个以上引领行业发展的智能制造示范工厂;二是供给能力明显增强,智能制造装备和工业软件市场满足率分别超过 70%和 50%,培育 150 家以上专业水平高、服务能力强的系统解决方案供应商;三是基础支撑更加坚实,完成 200 项以上国家、行业标准的制定或修订,建成 120 个以上具有行业和区域影响力的工业互联网平台。

1.1.3 制造企业智能化战略转型发展

制造企业向先进的数字化、智能化转型,成为企业界和学界普遍关注的议题,转型成功与否决定了企业未来生存和发展的命运,也决定了未来制造业持续发展的态势。全球制造业变革的过程如图 1-4 所示。

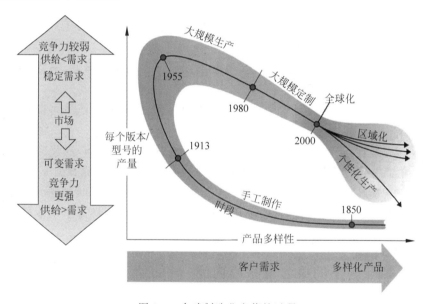

图 1-4　全球制造业变革的过程

在新一轮科技革命和产业变革加速演进的过程中,大数据、物联网、人工智能、3D 打印等对产业链、供应链各环节的逐步渗透,将从根本上改变原有的研发方式、制造方式、贸易方式、产业组织形态。

(1) 随着客户需求的个性化和制造技术的发展进步,制造模式已经从大批量生产转向大批量定制和个性化定制。

(2) 产品的复杂程度不断提高,发展为机电软一体化的智能互联产品,嵌入式软件在其中发挥着越来越重要的作用。

(3) 制造企业的业务模式正在从单纯销售产品转向销售产品加维护服务,甚至完全按产品使用的绩效付费。

（4）制造企业全面依托数字化技术支撑企业的业务运作、信息交互和内外协同，工业软件应用覆盖企业全价值链和产品全生命周期。

（5）制造企业之间的分工协作越来越多，供应链管理和协同创新能力已成为企业的核心竞争力之一。

（6）多种类型的工业机器人在制造业广泛应用，结合机器视觉等传感器技术，发展进化为协作机器人，甚至是可移动的协作机器人，实现人机协作。

（7）制造企业开始广泛应用柔性制造系统和柔性自动化生产线，实现少人化。

（8）增材制造技术，尤其是金属增材制造技术的应用和增材制造服务的兴起，制造模式演化为应用多种增材、减材和等材制造技术的混合制造。

（9）精益生产、六西格玛（6Sigma）、5S管理等先进管理理念在实践中不断发展进化。

（10）制造业广泛应用各种具有优异性能的新材料和复合材料，其制造模式将发生本质变化。

（11）制造业高度重视绿色制造、节能环保、循环经济和可再生能源应用。

（12）制造企业越来越关注实现生产、检测、试验等各种设备的数据采集和互联互通，以实现工厂运行的透明化。

（13）全球进入物联网时代，制造企业开始应用工业物联网技术对工厂的设备和已销售的高价值产品进行远程监控和预测性维护。

（14）虚拟仿真、虚拟现实和增强现实等技术在制造业的产品研发、制造、试验、维修维护和培训等业务中得到广泛应用。

（15）5G无线通信技术为制造企业实现设备联网、数据采集和产品远程操控等应用带来新的机遇。

（16）制造企业在运营过程中，各种设备、仪表、企业生产的产品，以及应用的信息系统和自动化系统都在不断产生各种异构的海量数据，业务决策更加依靠数据驱动。

（17）人工智能技术已经广泛应用于制造业的质量检测与分析和设备故障预测等方面。

（18）制造企业广泛的应用信息系统和自动化控系统，正在逐渐基于工业标准实现互联互通。

1.1.4 智能制造的概念及核心内涵

1. 智能制造的概念

智能制造中的"制造"指的是广义的制造，智能制造不仅仅包括生产制造环节的智能化，还包括制造业价值链各环节的智能化，即涵盖从研发设计、生产制造、物流配送到销售与服务整个价值链。

关于智能制造的研究大致经历了三个阶段：起始于20世纪80年代人工智能在制造领域中的应用，智能制造概念正式提出，发展于20世纪90年代智能制造技术、智能制造系统的提出，成熟于21世纪以来新一代信息技术条件下的"智能制造"。智能制造技术的发展如图1-5所示。

（1）20世纪80年代：概念的提出。1998年，美国Wright、Bourne正式出版了智能制造研究领域的首本专著《制造智能》，就智能制造的内涵与前景进行了系统描述，将智能制造

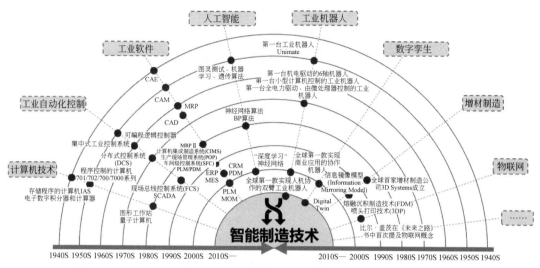

图1-5 智能制造技术的发展

定义为:"通过集成知识工程、制造软件系统、机器人视觉和机器人控制来对制造技工们的技能与专家知识进行建模,以使智能机器能够在没有人工干预的情况下进行小批量生产。"在此基础上,英国技术大学 Williams 对上述定义做了更广泛的补充,认为"集成范围还应包括贯穿制造组织内部的智能决策支持系统"。《麦格劳-希尔科技大词典》将智能制造界定为"采用自适应环境和工艺要求的生产技术,最大限度减少监督和操作,制造物品的活动"。

(2) 20世纪90年代:概念的发展。20世纪90年代,在智能制造概念提出后不久,智能制造的研究获得欧、美、日等工业化发达国家的普遍重视,围绕智能制造技术(intelligent manufacturing technology,IMT)与智能制造系统(intelligent manufacturing system,IMS)开展国际合作研究。1991年,日、美、欧共同发起实施的"智能制造国际合作研究计划"提出:"智能制造系统是一种在整个制造过程中贯穿智能活动,并将这种智能活动与智能机器有机融合,将整个制造过程从订货、产品设计、生产到市场销售等各环节以柔性方式集成起来的能发挥最大生产力的先进生产系统。"

(3) 21世纪以来:概念的深化。21世纪以来,随着物联网、大数据、云计算等新一代信息技术的快速发展及应用,智能制造被赋予了新的内涵,即新一代信息技术条件下的智能制造。2010年9月,在美国华盛顿举办的"21世纪智能制造研讨会"指出,智能制造是对先进智能系统的强化应用,使新产品的迅速制造、产品需求的动态响应,以及对工业生产和供应链网络的实时优化成为可能。德国正式推出工业4.0战略,虽未明确提出智能制造概念,但包含了智能制造的内涵,即将企业的机器、存储系统和生产设施融入虚拟网络-实体物理系统(cyber-physical systems,CPS),即信息物理系统。在制造系统中,这些实体物理系统包括智能机器、存储系统和生产设施,能够相互独立地自动交换信息、触发动作和控制。《智能制造发展规划(2016—2020年)》中提到,智能制造是基于新一代信息通信技术与先进制造技术深度融合,贯穿设计、生产、管理、服务等制造活动的各环节,具有自感知、自学习、自决策、自执行、自适应等功能的新型生产方式。2019年周济院士指出,智能制造是面向新一代智能制造的人-信息-物理系统(human-cyber-physical system,HCPS)。

综上所述,智能制造是将物联网、大数据、云计算等新一代信息技术与先进自动化技术、传感技术、控制技术、数字制造技术结合,实现工厂和企业内部、企业之间和产品全生命周期的实时管理和优化的新型制造系统,其基本架构如图1-6所示。

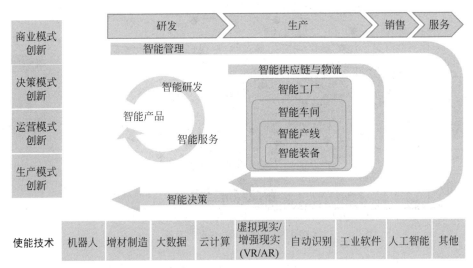

图1-6 智能制造基本架构

2. 智能制造的核心内涵

智能制造的本质和真谛是利用物联网、大数据、人工智能等先进技术认识制造系统的整体联系,并控制和驾驭系统中的不确定性、非结构化和非固定模式问题以实现更高的目标。

智能制造涵盖整个价值链的智能化,包括研发、工艺规划、生产制造、采购供应、销售、服务、决策等各环节,通过智能产品、智能服务、智能装备与产线、智能车间与工厂、智能研发、智能管理、智能供应链与物流及智能决策等不同环节的应用,相互融合和支撑,实现商业模式创新、生产模式创新、运营模式创新及科学决策创新,如图1-7所示。

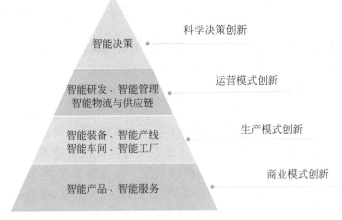

图1-7 智能制造的核心内涵

1)智能产品(smart product)

智能产品是智能制造核心技术之一。智能产品通常具有自主决策、自适应工况、人机交互等特点。自主决策需要环境感知、自预测性、智能识别及自主决策的技术支撑;自适应工况需要工况识别感知、控制算法及策略等关键技术;人机交互需要借助多功能感知、语音识别或图像识别、智能体、信息融合、参数自动反馈的关键技术等。围绕产品的智能化出现了智能互联产品、软件定义产品等不同的智能产品类型。智能产品通常包括机械、电气和嵌入式软件,具有记忆、感知、计算和传输功能。典型的智能产品包括智能手机,智能可穿戴设备、无人机、智能汽车、智能家电、智能售货机等。企业应思考如何在产品中融入智能化单元,以提升产品的附加值。

无人驾驶汽车是一种智能汽车,主要依靠车内以计算机系统为主的智能驾驶系统来实现无人驾驶。无人驾驶汽车集自动控制、环境交互、视觉识别等众多人工智能技术于一体,是计算机科学、模式识别和智能控制技术高度发展的产物。无人驾驶汽车是通过车载传感系统感知道路环境,自动规划行车路线并控制车辆到达预定目标的智能汽车。它利用车载传感器感知车辆周围环境,并根据感知获得的道路、车辆位置和障碍物信息,控制车辆的转向和速度,从而使车辆能够安全、可靠地在道路上行驶。汽车产品的智能化进程如图1-8所示。

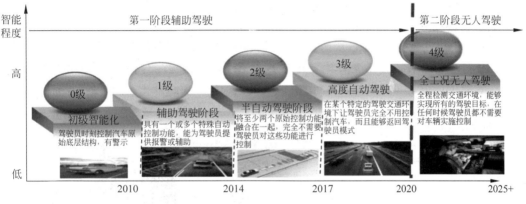

图 1-8 汽车产品的智能化进程

2)智能服务(smart service)

智能服务是指以用户为中心的产品全生命周期的各种服务。基于传感器和物联网(internet of things,IoT),可以感知产品的状态,从而进行预防性维修维护,及时帮助客户更换备品备件,甚至可以通过了解产品运行的状态,为客户带来商业机会。还可以采集产品运营的大数据,辅助企业进行市场营销的决策。此外,企业开发面向客户服务的APP,也是一种智能服务的手段,可以针对企业购买的产品提供有针对性的服务,从而锁定用户,开展服务营销。

德国在提出工业4.0的概念之后,也提出了Smart Service Welt的概念(Smart Service Welt实际上是Smart Service World,Welt是英语World的德文),是德国国家工程院Acatech于2015年提出的。德国的Smart Service Welt 2025愿景是在工业4.0概念的智能工厂愿景之后提出的。在智能工厂中,生产流程和供应链网络取决于客户的个性化订单,智能工厂生产智能产品;智能服务世界提供的服务,加强了智能的、可连接的产品功能、设备功能、机器功能;而智能服务是用户驱动的。

根据该报告中的数字商业模型成熟度曲线(图1-9),智能服务和商业模型(smart services & business models)是商业增值最高模型。

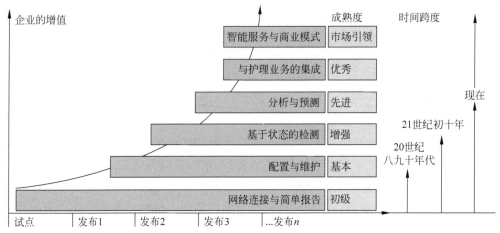

图 1-9 数字商业模型成熟度曲线

3）智能装备（smart equipment）

制造装备经历了机械装备到数控装备，目前正在逐步发展为智能装备。智能装备具有检测功能，可以实现在机检测，从而补偿加工误差、提高加工精度，还可以对热变形进行补偿。以往一些精密装备对环境的要求很高，现在有了闭环的检测与补偿，可以降低对环境的要求。智能生产设备包括智能机床（图1-10～图1-13）、工业机器人、增材制造设备等。

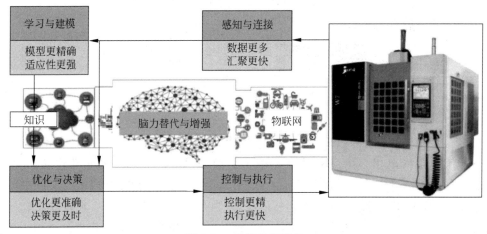

图 1-10 智能机床定义

4）智能产线（smart production line）

很多行业的企业高度依赖自动化生产线和智能产线，如钢铁、化工、制药、食品饮料、烟草、芯片制造、电子组装、汽车整车和零部件制造等，实现自动化、智能化的加工、装配和检测，一些机械标准件生产也应用了自动化生产线，如轴承。智能产线的架构示意图如图 1-14 所示。

为了提高生产效率，工业机器人、吊挂系统在自动化生产线上的应用越来越广泛，并且广泛应用 RFID，将其作为标识自动切换工装夹具，实现柔性自动化。对于批量较大的产品，可以采用流水线式生产和装配；对于小批量、多品种的产品，一般采用单元式组装的方式；对于机加工、钣金加工等工艺，可以采用柔性制造系统（flexible manufacturing system，FMS），实现多种产品的全自动柔性化生产。

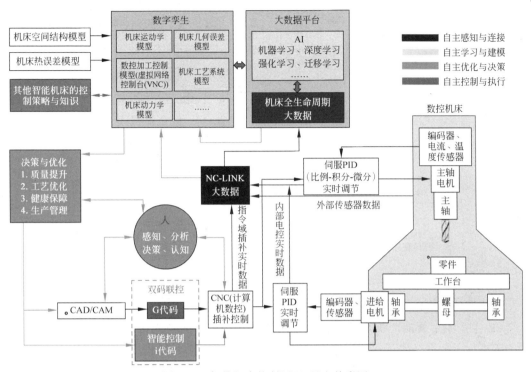

图 1-11 智能机床控制原理(见文前彩图)

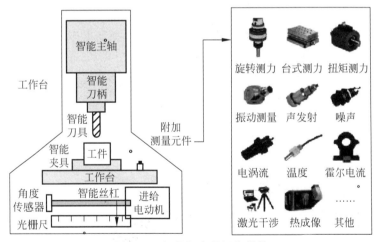

图 1-12 智能机床的智能部件

图 1-13 智能立式加工中心 BM8i

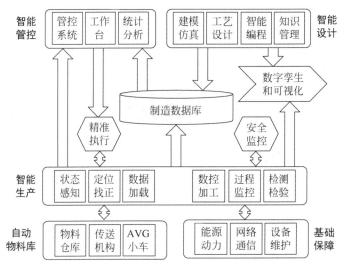

图 1-14 智能产线的架构示意图

智能产线具有以下特点。

(1) 自动化：智能产线通过使用机器人和自动化设备代替人力,实现生产过程的自动化。这不仅可以提高生产效率,还可以减少人为错误和事故的发生。

(2) 数字化：智能产线采用数字化技术,对生产过程中的数据进行实时收集、分析和应用。通过实时监控和数据分析,可以及时调整和优化生产过程,提高产品质量和生产效率。

(3) 柔性化：智能产线具备柔性生产的能力,可以根据需求灵活调整产品的种类、规格和生产数量。这使企业能够更好地适应市场需求的变化,提高生产的灵活性。

(4) 互联化：智能产线实现了设备之间的互联和数据共享,通过物联网技术实现了设备的远程监控和管理。这使生产过程更加高效、可控,同时为工艺改进和产品升级提供了支持。图 1-15～图 1-16 所示为思密达智能产线。

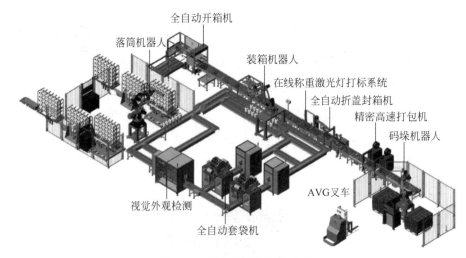

图 1-15 思密达化纤智能产线

5) 智能车间(smart workshop)

要实现车间的智能化,需要对生产状况、设备状态、能源消耗、生产质量、物料消耗等信

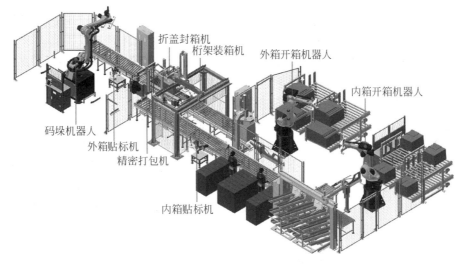

图 1-16 思密达智能家电自动化包装生产线

息进行实时采集和分析,进行高效排产和合理排班,显著提高设备综合效率。因此,无论什么制造行业,制造执行系统(manufacturing execution system,MES)成为企业的必然选择。此外,高级计划与排程(advanced planning and scheduling,APS)软件也已经进入制造企业选型的视野,开始初步实践,实现基于实际产能约束的排产,但 APS 软件对设备产能、工时等基础数据的准确性要求非常高。数字化制造(digital manufacture,DM)技术也是智能车间的支撑工具,可以帮助企业在建设新厂房时,根据设计的产能,科学进行设备布局,提升物流效率,提高工人工作的舒适程度。智能车间典型应用场景如图 1-17 所示。

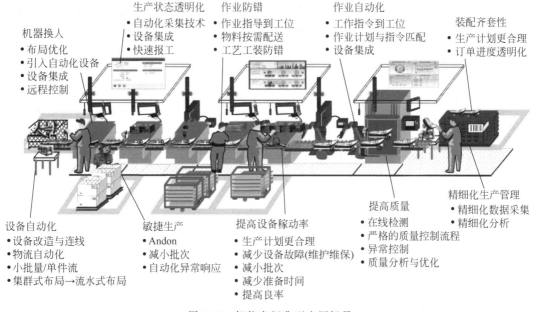

图 1-17 智能车间典型应用场景

6) 智能工厂(smart factory)

智能工厂是智能制造重要的实践领域,已引起制造企业的广泛关注和各级政府的高度重视。近年来,全球各主要经济体都在大力推进制造业的复兴。在工业 4.0、工业互联网、物联网、云计算等热潮下,全球众多优秀制造企业都开展了智能工厂建设实践。

作为智能工厂,不仅生产过程应实现自动化、透明化、可视化、精益化,产品检测、质量检验和分析、生产物流也应当与生产过程实现闭环集成,智能工厂逻辑组成架构如图 1-18 所示。一个工厂的多个车间之间应实现信息共享、准时配送、协同作业。一些离散制造企业也建立了类似流程制造企业那样的生产指挥中心,对整个工厂进行指挥和调度,及时发现和解决突发问题,这也是智能工厂的重要标志。智能工厂必须依赖无缝集成的信息系统支撑,主要包括产品生命周期管理(PLM)、企业资源计划(ERP)、客户关系管理(CRM)、供应链管理(SCM)和制造执行系统(MES)五大核心系统。大型企业的智能工厂需要应用 ERP 系统制订多个车间的生产计划(production planning),并由 MES 根据各车间的生产计划进行详细排产(production scheduling),MES 排产的粒度是天、小时,甚至分钟。

7) 智能研发(smart R&D)

企业要开发智能产品,需要机电软多学科的协同配合;要缩短产品研发周期,需要深入应用仿真技术,建立虚拟数字化样机,实现多学科仿真,通过仿真减少实物试验;需要贯彻标准化、系列化、模块化的思想,以支持大批量客户定制或产品个性化定制;需要将仿真技术与试验管理结合起来,以提高仿真结果的置信度。流程制造企业已开始应用 PLM 系统实现工艺管理和配方管理,实验室信息管理系统(laboratory information management system,LIMS)应用比较广泛。

随着人工智能(AI)技术的飞速发展,AI 技术在研发领域的应用更加广泛和深入。深度学习技术通过模拟人脑处理和解析大量数据的能力,大大加快了研发过程。强化学习在自动化研发测试中的应用,为产品设计和优化提供了高效的解决方案。此外,生成模型的进步使得在设计初期就能自动生成多个高质量的设计方案,从而缩短研发周期,并提升了研发的创新能力。AI 与研发流程的深度融合将成为常态,智能研发平台的崛起将加速研发创新。AI 技术将更加智能化、自动化,能够处理更复杂的研发任务,促进跨学科的创新合作。此外,随着 5G、物联网等技术的发展,AI 辅助研发将更加便捷和高效。尽管 AI 辅助研发带来了显著成效,但也面临技术挑战、伦理问题和数据安全等问题。技术挑战包括提高算法的准确性和可靠性,伦理问题涉及 AI 决策的透明度和公正性,而数据安全则是保护研发数据不被非法获取和利用的重要课题。面对这些挑战,也蕴含着机遇,比如通过改进算法和加强数据保护措施,可以进一步提升 AI 系统的性能和安全性。

智能研发的 8 个要素如下。

(1) 建立统一的多学科协同研发平台。

(2) 建立数字化样机,实现仿真驱动创新。

(3) 采用标准化、模块化设计手段提高产品个性化定制能力。

(4) MBD(model based definition,基于模型的定义)/MBE(model based enterprise,基于模型的企业)设计信息与生产信息高度集成。

(5) 融合增材制造与拓扑优化技术的创新设计。

(6) 应用虚拟现实与增强现实技术的设计评审。

(7) 建立基于云端的广域协同研发。

(8) 基于数字孪生进行闭环产品研发,驱动产品创新。

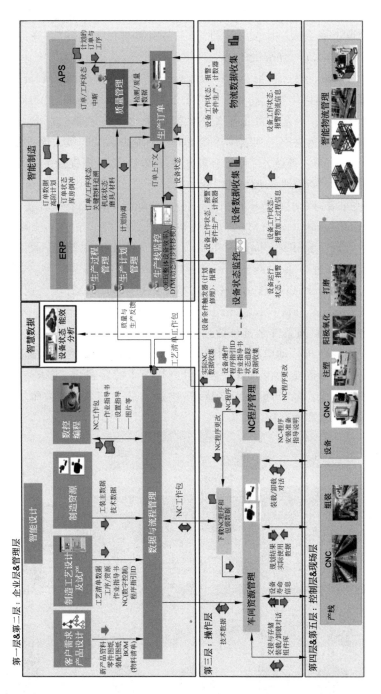

图 1-18 智能工厂逻辑组成架构

作为全球 PLM 领导厂商之一的达索系统公司提出了三维体验的理念，在 VR 和 AR 方面提供了解决方案。仿真巨头 ANSYS 在多学科仿真技术方面已有较大突破，而仿真领域的先驱 MSC.Software 2014 年发布了 APEX，将 CAD 和 CAE 融合，易学、易用性得到极大提升。安世亚太最近提出工业再设计的理念，将仿真技术与精密制造紧密结合，可以将以为需要多个零件分散制造融合为一个复杂零件，从而提升零件的工艺性能，降低零件的重量。

8）智能管理（smart management）

智能管理通过对物流、信息流、资金流和知识流进行控制，从采购原材料开始，制成中间产品及最终产品，最后由销售网络将产品送到客户手中，将供应商、制造商、分销商直至最终客户连成一个整体的网链结构。对企业内部各项业务之间，企业与供应商之间，企业与客户之间进行集成，进行信息共享和智能决策，实现整体利益和各节点企业利益的最大化。智能管理旨在充分调动内部资源，实现各部门、各业务之间的合理分工，高效协作，全面提升企业运营管理水平。

制造企业核心的运营管理系统还包括人力资产管理（human capital management，HCM）系统、客户关系管理（customer relationship management，CRM）系统、企业资产管理（enterprise asset management，EAM）系统、能源管理系统（energy management system，EMS）、供应商关系管理（supplier relationship management，SRM）系统、企业门户（enterprise portal，EP）、业务流程管理（business process management，BPM）系统等，国内企业也把办公自动化（office automation，OA）作为一个核心信息系统。为统一管理企业的核心主数据，近年来主数据管理（master data management，MDM）也开始在大型企业部署应用。实现智能管理和智能决策，最重要的条件是基础数据准确和主要信息系统无缝集成。

智能管理主要体现在与移动应用、云计算和电子商务的结合。例如，移动版的 CRM 系统可以自动根据位置服务确定销售人员是否按计划拜访了特定客户；许多消费品制造企业实现了全渠道营销，实现了多个网店系统与 ERP 系统的无缝集成，从而实现自动派单。图 1-19 为方天 ERP 管理系统架构。

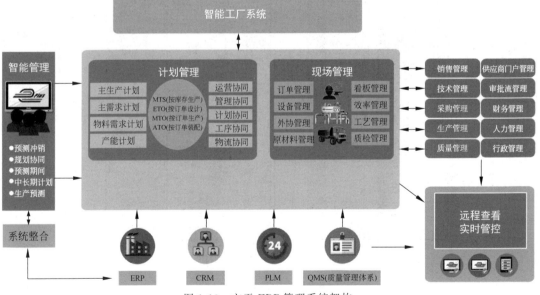

图 1-19　方天 ERP 管理系统架构

9)智能物流与供应链(smart logistics and SCM)

实现智能物流与供应链的关键技术包括自动识别技术,例如,RFID 或条码、GIS(geographic information system,地理信息系统)/GPS(global positioning system,全球定位系统)定位、电子商务、电子数据交换(EDI),以及供应链协同计划与优化技术。其中,EDI 技术是企业间信息集成(B2B Integration)的必备手段。然而我国企业对 EDI 的重视程度非常不够。EDI 技术最重要的价值在于可以通过信息系统实现供应链上下游企业之间的通信,实现整个交易过程无须人工干预,而且不可抵赖。EDI 助力企业实现供应链数据双向交互如图 1-20 所示。

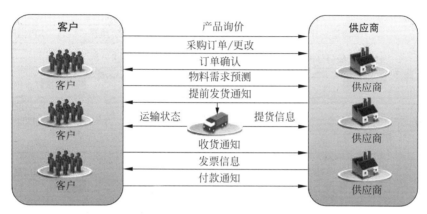

图 1-20　EDI 助力企业实现供应链数据双向交互

历经多年发展,主流的 EDI 技术已经基于互联网传输数据,而我国很多大型企业建立的供应商门户,实际上只是一种 Web EDI,不能与供应商进行信息系统集成,供应商只能手工查询。而供应链协同计划与优化是智能供应链最核心的技术,可以实现供应链同步化,真正消除供应链的"牛鞭效应",帮助企业及时应对市场波动。JDA 公司是该领域的领导厂商,IBM 也有优秀的解决方案,而三星已实现供应链同步化(图 1-21)。三星模式工业园使用强大的信息系统支撑,采取直供模式,其供应商可直接查询三星的原材料、配件等库存信息,甚至根据三星的生产计划,直接把零配件输送至生产线,将三星的本地库存降到最低,同时有效抑制"牛鞭效应",使原材料生产厂商计划性投产,实现供应链的协同计划与优化。

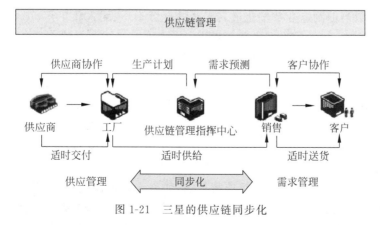

图 1-21　三星的供应链同步化

10）智能决策（smart decision making）

企业在运营过程中会产生大量的数据。一方面是来自各业务部门和业务系统产生的核心业务数据，比如合同、回款、费用、库存、现金、产品、客户、投资、设备、产量、交货期等数据，这些数据一般是结构化数据，可以进行多维度分析和预测，这就是业务智能（business intelligence，BI）技术的范畴，也被称为管理驾驶舱或决策支持系统（图1-22）。

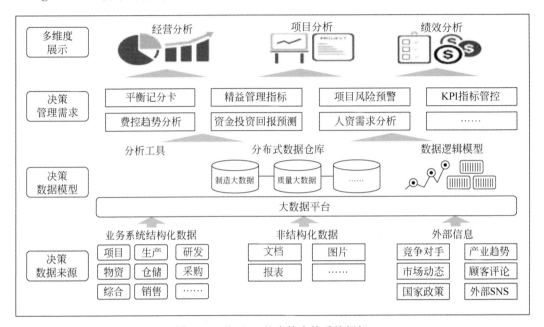

图1-22　基于BI的决策支持系统框架

另一方面，企业可以应用这些数据提炼出企业的KPI（key performance indicator，关键绩效指标），并与预设的目标进行对比。从技术角度来看，内存计算是BI的重要支撑。SAP HANA和QlikView软件在这方面已经先行一步。BI软件的另一个趋势是移动BI，支持在智能手机和PAD上进行分析和应用。而要提升移动BI的应用效果，基于云服务无疑是必由之路。

1.1.5　下一代智能制造

近年来，代表当前制造业数字化最高水平的灯塔工厂、无人化工厂、工业机器人智能工厂在中国大量涌现。包括小米在内的一批高科技企业已经在北京建立了自己的智能工厂示范基地。

1. 人机共融

人机共融是指在同一自然空间内，充分利用人和机器人的差异性与互补性，通过人机个体间的融合、人机群体间的融合、人机融合后的共同演进，实现人机共融共生、人机紧密协调，自主实现感知与计算。实现人机共融后，机器人与人的感知过程、思维方式和决策方法将会紧密耦合。

人机共融是智能机器人发展的重要特征，它代表人与机器人在工作和生活中的紧密合作与互动。人机共融的概念强调机器人与人之间的和谐共处和有效合作，这种合作模式不仅改变了传统的人机关系，还为产业、健康服务、军事、医疗等多领域带来了革命性变化。随着技术的进步,人机共融机器人已经成为现实,它们能够在复杂环境中协同作业,提高工作效率,同时确保人类的安全。人机共融使工业生产具有更高的灵活性,能适应更广泛的工业挑战。人机共融使人类能与机器人协作完成危险或环境恶劣的太空探测任务。人机共融可在医学影像与诊断、精密手术操作等方面发挥重要作用。

人机共融主要包括以下内涵。人机智能融合:人与机器人在感知、思考、决策上有着不同层面的互补。人机协调:人与机器人能够顺畅交流、协调动作。人机合作:人与机器人可以分工明确,高效地完成同一任务。人机共进:人与机器人相处后,彼此间的认知更加深刻。

人机共融面临的挑战主要包括环境、任务、安全和交互等方面。如何在复杂环境中保证机器人的性能和人类的安全,以及如何实现更自然、高效的人机交互,是当前研究和应用中需要解决的关键问题。

协作机器人是当前推广使用最多的一类人机共融机器人,如图 1-23、图 1-24 所示。它们能够适应中小企业的自动化需求,具有重量轻、协作能力强、拖拽示教等特点,有效降低用工成本,提高企业效率。

图 1-23 YuMi 机器人生产插座

图 1-24 达·芬奇 Xi 机器人

2. 云机器人

随着面临的任务与环境日益复杂化,机器人不应局限于机械执行预置程序的自动化装置,还应具备一定的自主能力。这往往意味着机器人需要运行更复杂的算法,保存更庞大的数据,以及接踵而至的更高的能耗、更大的体积以及更昂贵的价格。如何在各种客观限制条件下提高机器人的自主行为能力,解决资源受限与能力提升之间的矛盾,是机器人研究者和实践者当前面临的重要挑战之一。云机器人依靠云端计算机集群强大的运算和存储能力,能够为机器人提供具有感知智能的"大脑"。将机器人与云计算相结合,可以增强单个机器人的能力,执行复杂功能的任务和服务。同时,使分布在世界各地、具有不同能力的机器人通过开展合作、共享信息资源,完成更巨大、更复杂的任务。这将广泛扩展机器人的应用领域,加速和简化机器人系统的开发过程,有效降低机器人的制造和使用成本。这对家庭机器人、工业机器人和医疗机器人的大规模应用具有极其深远的意义。例如,在云端可以建立机器人的"大脑",包括增强学习、深度学习、视觉识别和语音识别、移动机器人未知环境导航(如街道点云数据 3D 重构、SLAM(simultaneous localization and mapping,同时定位与地图构建)、路线导航)、大规模多机器人协作、复杂任务规划等功能。传统机器人借助机载计算机,具备一定的计算和数据存储能力,达到计算智能层级。云机器人借助5G网络、云计算与人工智能技术,达到了感知智能层级。云机器人的基本特征由云上的"大脑"进行控制。云机器人在云端管理与多机器人协作、自主运行能力、数据共享与分析方面有极大优势。

1)云端管理与多机器人协作

在工厂或仓库中使用大量工业机器人时,需要机器人具有多种拓展功能。为保障整个现场各设备的协同运行,需要利用统一的软件平台进行管理,与各种自动化设备通信,如图1-25所示。

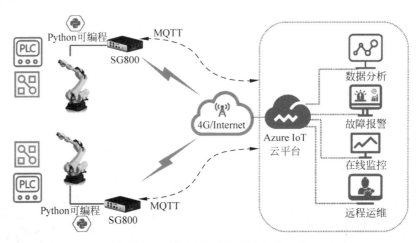

图1-25 云端管理与多机器人协作架构

采用本地的方式管理机器人和自动化设备可能需要更多的服务器,而云端技术能够提供更强大的处理能力,而不需要在本地部署成本高昂的服务器。在云端面对海量机器人,都能实现数据的处理和调度管理。在工厂生产线上,机器人将与许多自动化设备进行协同工作,信息交互和共享将变得极为重要。不同的机器人与云端软件进行通信,云端"大脑"对环境信息进行分析,能更好地将任务分配给正确类型的机器人,系统实时掌握每个机器人的工作状态,指定距离最近的机器人执行任务。管理者不需要现场进行监控,通过云端可以在远方进行操作和管理,从而提升工作效率。

2)自主运行的能力

传统的机器人都是由管理者进行示教后,根据程序完成指定的任务,但传统机器人在面对具有高数据密度的场景,如语音视觉识别、环境感知与运动规划时,由于搭载的处理器性能较低,无法有效应对复杂任务。因此,在工作过程中可能因遇到障碍而停机,甚至发生事故,破坏生产计划。

结合云端计算能力,机器人可在拥有智能和自主性的同时有效降低机器人功耗与硬件要求,使云机器人更轻、更小、更便宜。一个很好的例子是机器人的导航能力,移动机器人在仓库、物流中心和工厂生产线之间运输货物,可以避开人员、叉车和其他设备。通过安装在机器人上的激光雷达,可以对周围环境进行扫描,并将大量数据推送到云端进行处理和构建地图,规划线路,然后向下传输给本地机器人进行导航。同时这些地图和信息可以传输给其他机器人,实现多机器人之间的协作,提高货物的搬运效率。

3) 数据共享和分析

云端的数据服务可以连接到每个机器人和自动化设备,数据共享令机器之间更有默契。系统可以掌握机器设备的状态,向每个机器人下达不同的任务指令,使机器之间互相协作,高效地完成生产任务。

大数据分析是云计算赋予机器人的额外能力,机器人在执行任务过程中会收集大量的运行数据,包括环境信息、机器状态和生产需求等。对这些数据经过整理和分析,可以得出最佳决策方案。机器人每天可能产生几十吉字节的数据,这些数据需要在云端进行存储和管理,机器人产生的数据存储在云端将非常有价值。因为,通过历史数据的分析,系统可以预先判断下一步会发生什么,并做出相应的响应处理。从存储到分析,再到任务的下发,对于机器人整个过程的控制有着巨大意义。同时,云端可以实现人工智能服务,包括语音指令,可以进一步拉近人与机器的距离,实现更便利的控制。

云机器人在智能制造中的应用过程如下:通过敏捷物联网网络管理系统与周边各种自动化设备以及其他机器人互联协同;通过IoT平台以及多种传感器完成数据收集,上传云端平台;在后台云计算的支持下,适应复杂环境,支持复杂行为,完成作业任务的敏捷切换与管控;借助云平台的大数据分析功能,实现智能维护与故障预诊断功能,同时具备进化功能。

云机器人在云端管理与多机器人协作、自主运行能力、数据共享与分析方面有极大优势。云端技术将使机器人效率更高、性能更优,人与机器之间的交互会更轻松。

3. 数字工程师

新一代智能制造系统进一步完善了信息系统的功能,使信息系统具备认知和学习的能力,形成了新一代"人-信息系统-物理系统"。信息系统能够代替人完成部分认知和学习等脑力劳动,促使人和信息系统的关系发生根本性变化。未来的智能制造系统将逐步摆脱对人的依赖,其信息系统将具有更强的知识获取和知识发现能力,能够代替人管理全部或者部分制造领域中的知识。我们将这种具有高度自主决策能力的智能化系统称为数字工程师。数字工程师可定义为:具有知识获取、知识管理、知识分析能力的智能系统,能够处理某些专业领域工程师的工作,并能与人类工程师沟通交流,提供专业咨询等服务。数字工程师是人机协作时代的一个典型产物,是能够自我学习成长的具有灵敏情感反应的人类工作伙伴。

数字工程师能在新一代智能制造的信息系统中发挥自身独特优势,具有强大的感知、计算分析与推理能力,同时具有学习提升、自主决策、知识产生能力。

数字工程师是大数据时代的新型智能系统,其内涵随着人工智能技术的进步不断丰富。智能制造的快速发展离不开对领域知识的获取和利用。数字工程师将为制造系统的新一代智能化发展提供重要的知识支撑,在智能制造领域发挥重要作用。

1) 数字工程师的特点和作用

数字工程师是具有较强知识操作能力的智能系统,属于新一代人工智能时代的产物。其应用于智能制造,能加快企业对市场的反应速度,提高企业的生产效率。智能制造领域的数字工程师应具有以下三方面的特点和作用。

(1) 知识获取:数字工程师能够从外部获取专业知识,扩充自己的知识库。例如,传统的数字化设计过程需要工程人员利用计算机辅助设计(computer aided design,CAD)、计算机辅助工程分析(computer aided engineering,CAE)、计算机辅助工艺规划(computer aided process planning,CAPP)、计算机辅助制造(computer aided manufacturing,CAM)等工软件完成产品的设计。数字工程师可以将制造、检测、装配、工艺、管理、成本核算等专家经验数字化，并扩充到自己的知识库，为人类工程师提供技术咨询、知识管理等服务。另外，数字工程师还能利用网络技术和信息技术，实现不同平台、不同区域的知识集成；利用大数据、云平台实现知识同步或异步共享，为人类工程师的设计、创新等提供全面的知识体系支撑，提升团队的创造力与企业的竞争力。

（2）知识管理：制造系统每时每刻都会产生大量的数据和知识经验，这些知识可能是无序的、重复的、模糊的。数字工程师利用人工智能的原理、方法和技术，设计、构造和维护自身的知识库系统，能够过滤、筛选各种重复的信息，得到最能反映事物本质及自然规律的知识，并以人类工程师可认知、计算机可理解的方式描述事物之间的规律。重新组织相关数据以实现无序知识有序化、隐性知识显性化、泛化知识本体化，使自身知识库向表达清晰化、数据组织有序化、内容存储本体化的方向发展。数字工程师强大的知识管理能力可为自身的知识存储和知识更新提供有利条件，也为人类工程师使用相关知识提供方便。

（3）知识分析：海量的制造数据背后蕴含着广泛的制造规律，这些规律往往能反映问题的本质。数字工程师能获取数据、管理数据，更重要的是能从原始数据中提炼出有效的、新颖的、潜在的有用知识，挖掘数据背后隐藏的规律和关联关系。其主要内容包括知识的分类和聚类、知识的关联规则分析、知识的顺序发现、知识的辨别以及时间序列分析等。数字工程师对数据进行分析的过程体现了自身的智能化程度，决定了它不仅能为人类提供简单的查询、存储等服务，还能与人类工程师深入交流、提供决策咨询，甚至在某些专业领域可以完全取代人类工程师完成工作。

2）数字工程师在智能制造中的应用

数字工程师是新一代的智能系统，是智能制造发展的有力助推器，它拥有超精准的记忆能力和超强的信息处理能力，能够高效率、低失误率地处理海量数据和复杂问题。在企业应用中，数字工程师的一切决策建议和沟通交流均基于数据知识，不存在任何偏见，而且具有更宽广的视野、更深厚的知识储备。然而，并不是所有企业都能引入数字工程师。只有智能自动化程度较高的企业，才有条件考虑引入"数字工程师"这种智能系统。对于制造业来讲，制造企业需要进入新一代智能制造阶段，完成自身的数字化、网络化和智能化进程，这是制造行业引入数字工程师的前提条件。

虽然数字工程师在制造领域的应用还面临着很多困难，但是已有企业迈出了第一步。半导体巨头英飞凌科技在德国工业4.0的实践中，使用协作机器人代替传统工业机器人，通过多样的人机界面，实现了人与机器的顺畅沟通，极大提高了员工的工作效率。生产工艺的智能控制缩短了产品的生产周期，优化算法的使用提高了公司的生产效率。当前，英飞凌已经具有80%的自动化程度，而且高度的自动化降低了对能源的消耗。

值得注意的是，在一些数据完善、规则清晰的其他企业已经开始使用这种智能系统，他们称之为"数字员工"。目前比较有代表性的已经上班的数字员工是Sarah、IBM沃森、Cora。

Sarah是梅赛德斯奔驰公司的一个销售代表。她会为客户计算性价比，挑选最满足客户需求的选装套件；她还可以根据客户的财务状况，帮助客户确定是买车还是租车，并量身定制租赁方案。

IBM沃森提供的肿瘤诊断准确率已经超过最好的医生。沃森能够根据患者的情况查找相关文献,筛选信息。沃森只需要大概15分钟就能提出一份针对患者的深度分析报告,而同样内容的报告人类需要大约两个月。

Cora 是苏格兰皇家银行的一位数字银行家。她能准确识别出客户的脸,叫出客户的名字,并且了解客户的个性和喜好以及上次的谈话内容。

3)数字工程师未来的发展趋势

调查发现,汽车、银行、保险、零售、物流等行业的高管对数字工程师这种高级的智能系统认可度较高,他们能够看到新型智能系统在效率、创新和洞察方面的积极价值。随着新一代智能制造的快速发展,普通的人类员工已经不能满足制造业的要求。可以想象,在不久的将来,新型智能系统的代表——数字工程师也会在制造业中扮演重要角色。

数字工程师可提高制造业对知识的利用能力。数字工程师的应用将使制造系统具备认知和学习能力,具备生成知识和运用知识的能力,从根本上加快工业知识产生的速度,提高利用知识的效率,将人从体力和脑力劳动中极大地解放出来,为其提供更广阔的创新空间。

数字工程师可促进制造业生产方式的改变。在数字工程师的帮助下,智能制造产品具有高度智能化、宜人化的特点,生产制造过程呈现高质、柔性、高效、绿色等特征,产业模式向服务型制造业与生产型服务业转变,形成协同优化和高度集成的新型制造大系统。制造业创新力得到全面释放,价值链发生革命性变化,可极大提升制造业的市场竞争力。

1.2 智能车间的理论与实践

1.2.1 智能车间的定义与特点

1. 智能车间的概念

智能车间是指通过应用先进的信息技术、自动化技术、物联网技术等,实现生产过程的自动化、智能化和网络化的车间。智能车间的核心是实现生产过程的实时监控、优化调度、故障诊断和预测维护等功能。

智能车间是基于生产设备、生产设施等硬件设施,以降本提质增效、快速响应市场为目的,在对工艺设计、生产组织、过程控制等环节优化管理的基础上,通过数字化、网络化、智能化等手段,在计算机虚拟环境中,对人、机、料、法、环、测等生产资源与生产过程进行设计、管理、仿真、优化与可视化等工作,以信息数字化及数据流动为主要特征,对生产资源、生产设备、生产设施及生产过程进行精细、精准、敏捷、高效的管理与控制。智能车间是智能工厂的第一步,也是智能制造的重要基础。

2. 智能车间的特点

(1) 高度自动化:智能车间采用自动化设备和机器人,实现生产过程的自动化,减少人工干预,提高生产效率。

(2) 实时监控:通过传感器、物联网等技术,实时收集生产过程中的各种数据,实现对生产过程的实时监控。

(3) 优化调度:通过对生产过程中的数据进行分析,实现对生产计划、物料供应、设备运行等方面的优化调度。

(4) 故障诊断和预测维护:通过对设备运行数据进行分析,实现对设备故障的诊断和预测,提前进行维护,降低设备故障率。

(5) 信息集成:通过信息系统集成,实现生产过程中各种信息的共享和协同,提高生产管理的效率。

1.2.2 智能车间的结构组成

制造系统是相对的概念,小的如柔性制造单元、柔性制造系统,大至一个车间、企业乃至以某一企业为中心包括其供需链而形成的系统,都可称为"制造系统"。从构成要素而言,制造系统是人、设备、物料流/信息流/资金流、制造模式的一个组合体。制造系统的层级如图1-26所示,从底层到顶层依次为制造装备、制造车间、制造企业/工厂、供需链、生态系统,上层包含下层的所有内容。

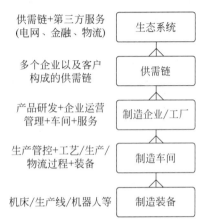

图1-26 制造系统的层级

1. 制造车间

制造车间是制造系统的中间层级。车间(workshop)是企业内部组织生产的基本单位,也是企业生产行政管理的一级组织。由若干工段或生产班组构成。它按企业内部产品生产各阶段或产品各组成部分的专业性质和各辅助生产活动的专业性质而设置,拥有完成生产任务必需的厂房或场地、机器设备、工具和一定的生产人员、技术人员和管理人员。

车间有以下四个特点。

(1) 它是按照专业化原则形成的生产力诸要素的集结地。
(2) 它是介于厂部和生产班组之间的企业管理中间环节。
(3) 车间的产品一般是半成品(成品车间除外)或企业内部制品,而不是商品。
(4) 车间不是独立的商品生产经营单位,一般不直接对外发生经济联系。

制造车间的业务活动示意如图1-27所示,主要包括以下业务活动。

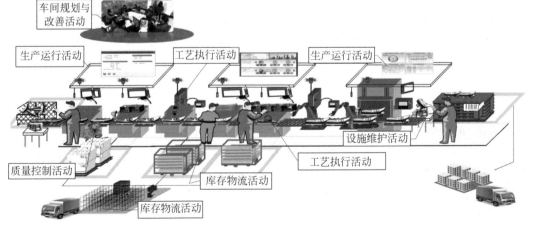

图1-27 制造车间的业务活动示意图

（1）车间规划与改善活动。

（2）生产运行活动。

（3）工艺执行活动。

（4）库存物流活动。

（5）质量控制活动。

（6）设施维护活动。

传统车间到数字化、智能化车间的演化过程，本质上也是自动化和信息化技术的发展和深度融合过程，如图1-28所示。

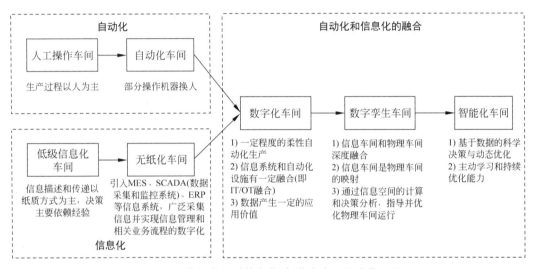

图1-28　传统车间到数字化、智能化车间的演化过程

2. 数字化车间

《数字化车间术语和定义》（GB/T 37413—2019）将数字化车间定义为：以生产对象所要求的工艺和设备为基础，以信息技术、自动化、测控技术等为手段，用数据连接车间不同单位，对生产运行过程进行规划、管理、诊断和优化的实施单元。《数字化车间通用技术要求》（GB/T 37393—2019）给出了数字化车间的体系架构图，如图1-29所示。

3. 数字孪生车间

数字孪生（digital twin）的概念最早由美国密西根大学Grieves教授于2003年提出，其主要思想如下。

（1）应用数字化方式创建与物理实体多种属性一致的虚拟模型。

（2）虚拟世界和物理世界之间彼此关联，可以高效地进行数据和信息的交互，达到虚实融合的效果。

（3）物理对象不仅仅是某一产品，还可延伸到工厂、车间、生产线和各种生产要素。

图1-30是某制造企业数字孪生车间总体框架。

4. 智能车间

与数字车间相比，制造车间的"智能"体现在以下方面（表1-3）。

（1）制造车间具有自适应性，具有柔性、可重构能力和自组织能力，从而高效地支持多

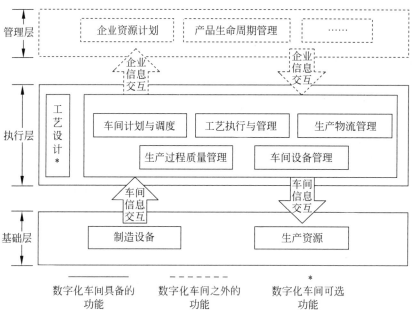

图 1-29 数字化车间的体系架构图

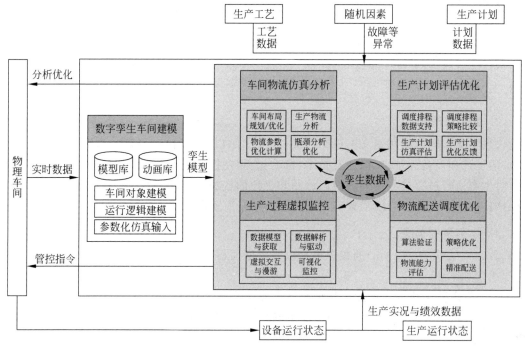

图 1-30 数字孪生车间总体框架

品种、多批量、混流生产。

（2）产品、设备、软件之间实现相互通信，具有基于实时反馈信息的智能动态调度能力。

（3）建有预测制造机制，可实现对未来设备状态、产品质量变化、生产系统性能等的预测，从而提前主动采取应对策略。

表 1-3 车间智能化与数字化的区别

数字化车间	智能化车间
制造装备/生产线/车间基本被动执行外部计划或指令	制造装备/生产线/车间自身在权限分派范围内具备自决策、自执行和自修复能力
人机交互主要基于感知或指令，非实时数据多	基于感知的实时数据交互成为基本配置，基于决策过程的智能交互越来越多
决策主体主要是人	决策主体发生转移，软件可自发要求人协助完成某些高级识别或推理，从而辅助车间进行决策
比较适合于变化较少的制造环境	自适应能力较强，即使环境动态多变，也能通过感知、分析、预测与动态响应机制，实现高效、高质生产

智能车间的业务流程与结构组成如图 1-31 所示。

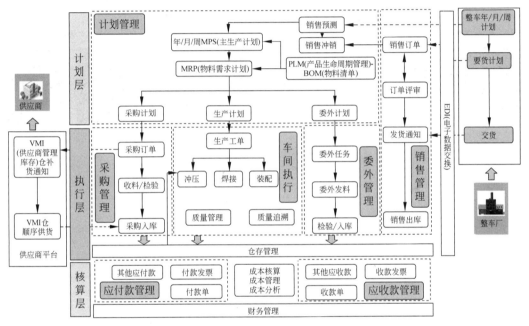

图 1-31 智能车间的业务流程与结构组成

1.2.3 智能车间的基本特征

图 1-32 给出了智能车间的基本特征，图 1-33 是数据驱动的智能化车间实现示意图，它以数字孪生车间为基础，通过数据的感知、接入、存储、分析、可视化、控制与决策的闭环实现智能制造。对于实时性要求较高的环节（如设备工艺参数优化），数据的操作处理在边缘端完成，而对于计算量大、实时性不高的环节（如质量分析与优化），数据可以接入云端，进行处理后再进行离线决策执行。

1.2.4 智能车间的实施规划

数字化、智能化车间的实施路线如图 1-34 所示。

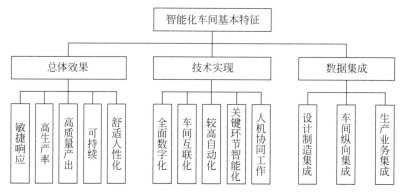

图 1-32 智能车间的基本特征

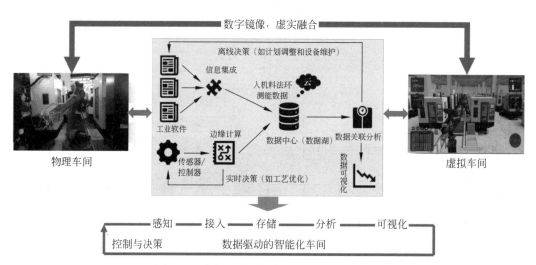

图 1-33 数据驱动的智能化车间实现示意图

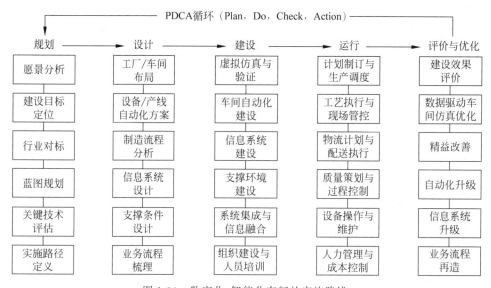

图 1-34 数字化、智能化车间的实施路线

1）规划阶段

本阶段的主要任务是在企业创新发展战略的驱使下,综合评估当前相关技术的发展成熟度,并参考国内外标杆企业的建设经验,开展 SWOT(strengths,weaknesses,opportunities,threats,优势-劣势-机会-威胁)分析,明确本企业的数字化、智能化车间建设目标和愿景,制定蓝图规划和实施路径。规划阶段的三要素是目标、技术、经济性。

2）设计阶段

本阶段通常包括以下主要任务。

(1) 工厂/车间或单元/产线的布局设计。

(2) 设备/生产单元/生产线/车间的自动化方案设计。

(3) 制造流程分析。

(4) 信息系统与集成接口设计。

(5) 支撑条件设计。

(6) 业务流程梳理。

3）建设阶段

车间建设阶段通常包括以下主要任务。

(1) 虚拟仿真与验证。

(2) 车间自动化建设。

(3) 信息系统建设。

(4) 支撑环境建设。

(5) 系统集成和信息融合。

(6) 组织建设和人员培训。

4）运行阶段

车间运行阶段的主要活动通常包括计划制订与生产调度、工艺执行与现场管控、物流计划与配送执行、质量策划与过程控制、设备操作与维护、人力管理与成本控制等。制造车间应该是一个信息物理高度融合的数字孪生车间,即车间层面的信息物理系统。产品的加工、装配、检测和物流过程均在物理车间完成,而制造工艺的验证、生产计划的制订与优化、设备健康诊断和维护决策、质量缺陷识别和溯源分析、物流路径规划与调度等智能决策活动均在信息车间完成。

5）评价与优化阶段

本阶段的任务包括建设效果评价、数据驱动车间仿真优化、精益改善、自动化升级、信息系统升级、业务流程再造等方面。建设效果评价是一个难点,不同行业、不同产品对象都有不同的数字化、智能化车间建设重点,评价指标、指标权重也不一样,因此有必要针对不同行业制定符合行业特征的评价标准。

1.3 智能工厂的理论与实践

1.3.1 智能工厂的定义与特点

1. 智能工厂的定义

根据《智能工厂通用技术要求》的定义:智能工厂是在数字化工厂的基础上,利用物联网技术和监控技术加强信息管理和服务,提高生产过程可控性、减少生产线人工干预,合理计划排程。同时集智能手段和智能系统等新兴技术于一体,构建高效、节能、绿色、环保、舒适的人性化工厂。

智能工厂的核心是实现工厂内各环节的协同、优化和智能化。智能工厂利用各种现代化的技术,实现工厂的办公、管理及生产自动化,达到加强及规范企业管理、减少工作失误、堵塞各种漏洞、提高工作效率、进行安全生产、提供决策参考、加强外界联系、拓宽国际市场的目标。智能工厂实现了人与机器的相互协调合作,其本质是人机交互。

2. 智能工厂的特点

(1) 全面自动化:智能工厂不仅能实现生产过程的自动化,还能实现物流、仓储、质量检测等各环节的自动化,产品生产过程的全面追溯如图1-35所示。智能工厂采用智能化设备和机器人等自动化技术,可实现生产流程的自动化和智能化,减少人工干预,提高生产效率和质量,全面质量管控体系如图1-36所示。

(2) 信息集成:智能工厂通过信息系统集成,实现工厂内各环节的信息共享和协同,提高工厂管理的效率。

(3) 数据化管理和智能化决策:智能工厂通过传感器和数据采集技术,实现对生产过程中各种数据的实时采集和分析,实现对生产计划、物料供应、设备运行等方面的智能化决策,从而实现生产过程的数据化管理,提高决策的科学性和准确性。

(4) 柔性生产和精益生产:智能工厂可以根据市场需求的变化,快速调整生产计划和生产过程,实现柔性生产。智能工厂采用精益生产理念,通过精细化管理和优化流程,减少浪费,提高效率和质量。

(5) 绿色制造和可持续发展:智能工厂注重环保和节能,通过优化生产过程,采用节能技术和清洁生产技术,降低能耗,减少能源消耗和环境污染,实现绿色制造和可持续发展。

(6) 联网协同:智能工厂通过信息化技术实现生产过程中各环节的联网协同,实现生产全过程的实时监控和优化。

(7) 智能化设备管理:智能工厂通过物联网技术实现对设备的监测、预测性维护和故障诊断,提高设备的运行效率并延长其使用寿命。

3. 智能车间与智能工厂的区别

(1) 范围不同:智能车间主要关注生产过程的自动化、智能化和网络化,而智能工厂则关注整个工厂的生产、管理、服务等各环节的数字化、智能化和网络化。

(2) 功能不同:智能车间主要实现生产过程的实时监控、优化调度、故障诊断和预测维护等功能,而智能工厂则实现工厂内各环节的协同、优化和智能化。

(3) 技术应用不同:智能车间主要应用自动化设备、机器人、传感器、物联网等技术,而智能工厂则应用大数据分析、人工智能、云计算等更高级的技术。

(4) 目标不同:智能车间的目标是提高生产效率、降低生产成本、提升产品质量,而智能工厂的目标则是实现工厂内各环节的协同、优化和智能化,提高整体竞争力。

智能车间和智能工厂都是现代制造业的重要发展方向,它们通过应用先进的信息技术、自动化技术、物联网技术等,实现生产过程的优化,提高生产效率,降低生产成本,提升产品质量。虽然它们在很多方面有相似之处,但在范围、功能、技术应用和目标等方面仍存在一

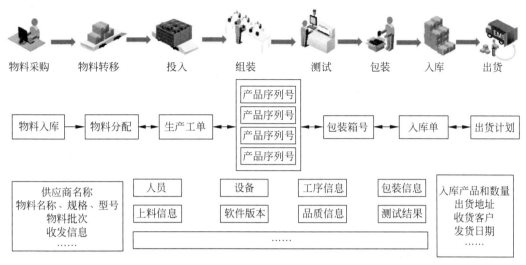

图 1-35 产品生产过程的全面追溯

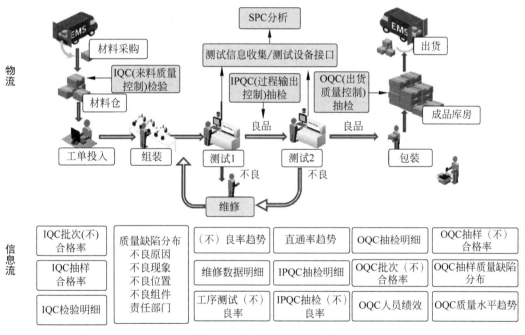

图 1-36 全面质量管控体系

些区别。

德国安贝格的西门子电子工厂,是未来智能制造工厂的雏形,乍看之下如医院手术室一般干净整洁的 EWA(安贝格电子制造工厂)生产车间里,身着蓝色工服的员工走在蓝白相间的 PVC(聚氯乙烯)大理石地板上,灰蓝色的机柜整齐地排成一行,显示器上数据洪流像瀑布一样倾泻而下。一场工业领域的"数字化革命"正在悄然进行。

EWA 是西门子 PLC"数字化智能制造"的典范,在智能制造系统下,可以实现产品设计、生产的规划和高效执行,以最小的资源消耗获得最高的生产效率。智能生产环境中,每个产品都有自己的代码,如同人的身份证,代码中包含着制造信息,产品可以根据代码控制自身的生产流程,实现产品与生产设备及机器之间的相互"通信",如图1-37所示。

在智能制造系统下,EWA员工的工作也发生了天翻地覆的变化:尽管生产过程中的变化因素不计其数,供应链错综复杂,新的生产流程却得到不断优化;在员工数量、生产面积几乎没有变化的情况下,EWA的产能提高了8倍,产品质量比25年前提高了40倍。EWA的负责人表示:"数字化智能制造系统生产的产品合格率高达99.9988%,世界上还没有同类工厂达到如此高的合格率。"EWA每年要生产种类达1000多种、数量达1200万件的Simatic产品,如果按照每年230个工作日计算,EWA平均每秒制造一件产品。

通过"智能算法",可以把过去需要人工完成的大部分工作固化在机器中,使计算机和机器设备完成生产环节中75%的工作量,剩下的部分由人工完成。工人只需要在生产开始阶段把裸电路板放到生产线上,此后的生产环节都将由机器自动完成。

图1-37 EWA生产车间

1.3.2 智能工厂的结构组成

智能工厂实现多个数字化、智能化车间的统一管理与协同生产,对车间各类生产数据进行采集、分析与决策,并整合设计信息与物流信息,再次传送到数字化、智能化车间,实现车间的精准、柔性、高效、节能的生产模式。

如图1-38所示,智能工厂可以实现产品与服务智能化、生产装备智能化、生产方式智能化和供应链仓储智能化,由现场生产设备层、生产执行控制层、业务运营管理层和集团管控层构成,如图1-39所示。从业务流程来看,智能工厂由核算层、执行层、计划层和决策层构成,如图1-40所示。

1.3.3 智能工厂的系统架构

智能工厂的基本系统架构包括三个维度:功能维度、结构维度和范式维度,如图1-41所示。

1) 功能维度:从虚拟设计到物理实现的过程

该维度描述产品从虚拟设计到物理实现的过程,功能维度与工业4.0三大集成中的端

- 智能排程，支持批量为1的生产
- 灵活而柔性化的生产岛
- 拉动式生产，储备最小化
- 生产过程可监控透明化
- 人、机、物、法的有机融合
- 绿色能源，可持续的发展

- 自动运行的物流仓储系统
- 自动化立体库与RFID标签
- 搬运的智能化AGV(自动引导车)
- 从需求到供给的价值链整合
- 库存量最优化
- 更快的流通速度

- 产品的个性化与定制化
- 产品与设备可通信
- 产品与顾客可连接
- 涵盖产品生命周期的服务体系

- 传感器、机器人、PLC (可编程逻辑控制器)
- 接口具备可连接
- 设备直接的对话M2M (机器对机器)
- 存储、预测、执行与自我管理
- 远程维护
- 预防性维护

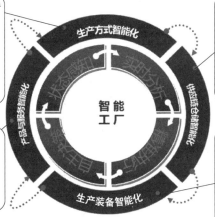

图 1-38　智能工厂的结构组成

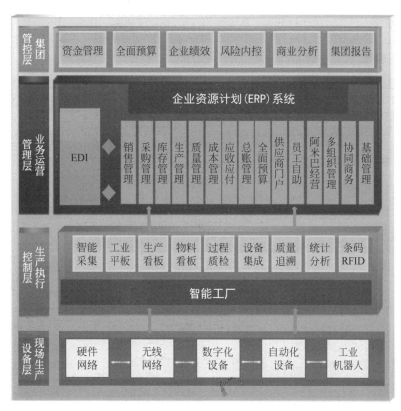

图 1-39　智能工厂的架构

到端的集成相关联。

（1）智能设计：通过大数据智能分析手段精确获取产品需求与设计定位，通过智能创成方法进行产品概念设计，通过智能仿真和优化策略实现产品高性能设计，并通过并行协同

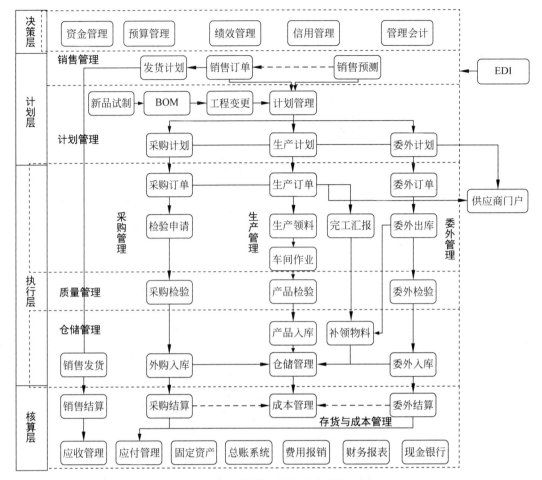

图 1-40 智能工厂的业务流程

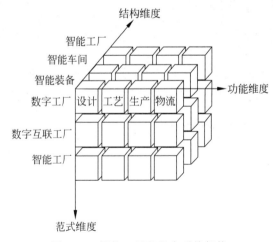

图 1-41 智能工厂的基本系统架构

策略实现设计制造信息的有效反馈。智能设计可保证设计出精良的产品,快速完成产品的开发上市。

(2) 智能工艺:包括工厂虚拟仿真与优化、基于规则的工艺创成、工艺仿真分析与优化、基于信息物理系统的工艺感知、预测与控制等。智能工艺可保证产品质量一致性,降低制造成本。

(3) 智能生产:针对生产过程,通过智能技术手段,实现生产资源最优化配置、生产任务和物流实时优化调度、生产过程精细化管理和智慧科学管理决策。智能制造可保证设备的优化利用,从而提升对市场的响应能力,摊薄每件产品的设备折旧。智能生产可保证敏捷生产,保证生产线的充分柔性,使企业能快速响应市场变化,在竞争中取胜。

(4) 智能物流:通过物联网技术,实现物料的主动识别和物流全程可视化跟踪;通过智能仓储物流设施,实现物料自动配送与配套防错;通过智能协同优化技术,实现生产物流与计划的精准同步。另外,工具流等其他辅助流有时比物料流更复杂,如金属加工工厂中,一种物料就可能需要上百种刀具。

2) 结构维度:从智能制造装备、智能车间到智能工厂的进阶

智能可在不同层次上得以体现,可以是单个制造设备层面的智能、生产线的智能、单元等车间层面的智能,也可以是工厂层面的智能。

(1) 智能制造装备:制造装备作为最小的制造单元,能对自身和制造过程进行自感知,对与装备、加工状态、工件材料和环境有关的信息进行自分析,根据产品的设计要求与实时动态信息进行自决策,依据决策指令进行自执行,通过"感知-分析-决策-执行与反馈"大闭环过程,不断提升性能及其适应能力,实现高效、高品质及安全可靠的加工。

(2) 智能车间(生产线):车间(生产线)由多台(条)智能装备(产线)构成,除了基本的加工/装配活动外,还涉及计划调度、物流配送、质量控制、生产跟踪、设备维护等业务活动。智能生产管控能力体现为通过"优化计划-智能感知-动态调度-协调控制"闭环流程提升生产运作的适应性,以及对异常变化的快速响应能力。

(3) 智能工厂:制造工厂除进行生产活动外,还进行产品设计与工艺、工厂运营等业务活动。智能工厂以打通企业生产经营全部流程为着眼点,实现从产品设计到销售、从设备控制到企业资源管理所有环节的信息快速交换、传递、存储、处理和无缝智能化集成。

3) 范式维度:从数字工厂、数字互联工厂到智能工厂的演变

数字化、网络化、智能化技术是实现制造业创新发展、转型升级的三项关键技术,对应制造工厂层面,体现为从数字工厂、数字互联工厂到智能工厂的演变。数字化是实现自动化制造和互联,实现智能制造的基础。网络化是使原来的数字化孤岛连为一体,并提供制造系统在工厂范围内乃至全社会范围内实施智能化和全局优化的支撑环境。智能化则充分利用这一环境,用人工智能取代人对生产制造的干预,以加快响应速度,提高准确性和科学性,使制造系统高效、稳定、安全地运行。

(1) 数字工厂:数字工厂是工业化与信息化融合的应用体现,它借助信息化和数字化技术,通过集成、仿真、分析、控制等手段,为制造工厂的生产全过程提供全面管控的整体解决方案。它不限于虚拟工厂,更重要的是实际工厂的集成,其内涵包括产品工程、工厂设计与优化、车间装备建设及生产运作控制等。

(2) 数字互联工厂:数字互联工厂是指将物联网技术全面应用于工厂运作的各环节,

实现工厂内部人、机、料、法、环、测的泛在感知和万物互联,互联的范围甚至可以延伸至供应链和客户环节。通过工厂互联化,一方面可以缩短时空距离,为制造过程中"人-人""人-机""机-机"之间的信息共享和工作协同奠定基础;另一方面还可以获得制造过程更全面的状态数据,使数据驱动的决策支持与优化成为可能。

(3) 智能工厂:制造工厂层面的两化深度融合,是数字工厂、互联工厂和自动化工厂的延伸和发展,通过将人工智能技术应用于产品设计、工艺、生产等过程,使制造工厂在其关键环节或过程中体现出一定的智能化特征,即自主性的感知、学习、分析、预测、决策、通信与协调控制能力,能动态地适应制造环境的变化,从而实现提质增效、节能降本的目标。案例如图 1-42、图 1-43 所示。

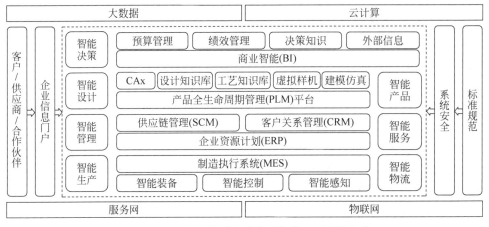

图 1-42 一个移动终端离散制造智能工厂总体架构

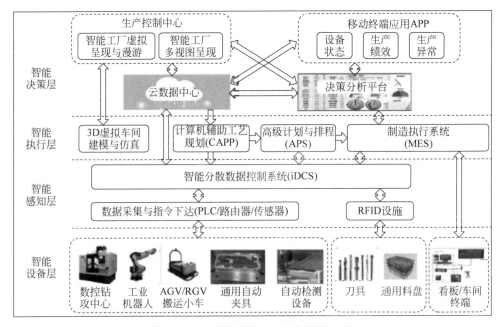

图 1-43 3C 零件数控加工的智能化工厂

1.3.4 智能工厂的基本特征

从集成角度看,智能工厂的基本特征主要体现在 3 个层面。

(1) 目标层面:智能工厂具有敏捷化、高生产率、高质量产出、可持续性和舒适人性化等特征。

(2) 技术层面:智能工厂具有全面数字化、制造柔性化、工厂互联化、高度人机协同和过程智能化(实现智能管控)五大特征,如图 1-44 所示。

(3) 集成层面:智能工厂应具备产品生命周期端到端集成、工厂结构纵向集成和供应链横向集成三大特征,这一层面与工业 4.0 的三大集成理念是一致的。

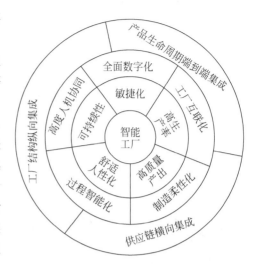

图 1-44 智能工厂的特征

智能工厂在生产活动方面的主要特性如下(图 1-45)。

(1) 互联化:智能工厂的基础。

(2) 最优化:对工厂各层级数字孪生建模、仿真,实现高度可靠且可预测的优化运行。

互联化
- 持续推动传统数据集与基于传感器和位置的新型数据集
- 与供应商和客户进行实时数据启用协作
- 跨部门协作(如从生产到产品开发进行反馈)

最优化
- 可靠且可预测的生产能力
- 资产正常运行时间和生产效率改善
- 高度自动化的生产和原料处理,最低限度的人机交互
- 质量和生产成本降至最低

可视化
- 实时指标及工具,助力进行快速一致的决策
- 实时连接客户需求预测
- 透明的客户订单跟踪

前瞻性
- 预测性异常识别和解析
- 自动化库存进货及补充
- 及早发现供应商质量问题
- 实时安全监控

敏捷性
- 灵活及适应能力强的排产与切换
- 进行产品改造,实时观测影响
- 可动态配置的工厂布局和设备

图 1-45 智能工厂生产活动的主要特性(资料来源:德勤咨询)

（3）可视化：各种数据透明、可视化，将从生产流程以及半成品、成品获取的数据进行分析处理后转换为实施洞察，从而协助人工或自主决策流程，如图 1-46 所示。

（4）前瞻性：员工和系统可预见问题，并提前予以应对，而非静待问题发生再响应。

（5）敏捷性：敏捷性使智能工厂能够以最少的干预来适应计划和产品的变化。

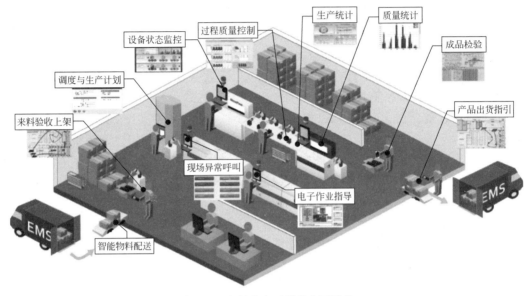

图 1-46　车间生产过程信息可视化

1.3.5　智能工厂的实施规划

智能工厂设计与建设的关键是数字化，只有在数字化的基础上，引入智能设备、制造智能、商业智能等"智能基因"，才能最终打造出真正意义上的智能工厂。因此，数字化工厂的顶层设计与规划对于制造企业推行智能制造显得非常重要。同时，数字化工厂顶层规划需要考虑先进生产管理模式，并结合企业自身的生产特点进行突破和创新，实现生产管理的敏捷制造、准时交货、精益高效和质量至上的目标。制造企业除做好数字化工厂顶层设计与规划外，还应以产品研制为业务主线，以信息集成为技术手段，借助数字化企业套件建设支撑产品生命周期全过程的数字化统一平台，实现研发过程中管理信息、需求信息、设计信息、工艺信息、资源信息、制造信息、质量信息等基于标准化的有效整合和管理，图 1-47、图 1-48 给出了一个智能工厂整体应用参考方案。

打造智能工厂是制造企业实现跨越式发展的战略机遇，做好数字化工厂顶层设计与规划是制造企业迈向智能工厂的基础。数字化工厂解决方案是一个高度集成的自动化、信息化整体解决方案，将工厂自动化底层的各种设备进行统一管理，与顶层的产品生命周期管理（PLM）、ERP 等信息化系统通过中间层的智能化设备实现数据串联与交互，实现从产品设计到生产的自动化和智能化，实现输入物流、制造过程、输出物流、服务等全过程管理，实现运营管理的高效率和人性化。

第1章 智能车间与工厂概述

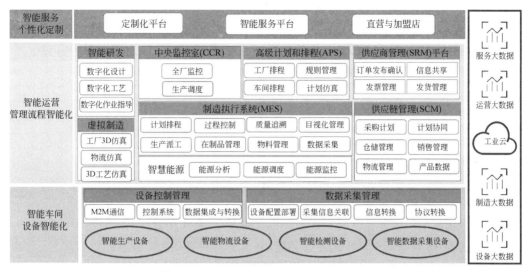

图 1-47 智能工厂整体应用方案

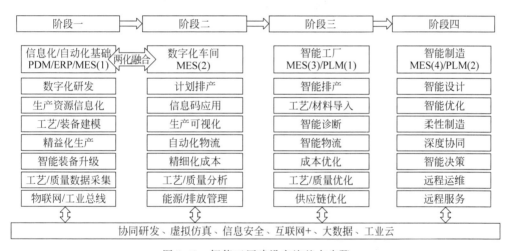

图 1-48 智能工厂建设实施基本步骤

本章小结

本章通过对智能车间与智能工厂进行深入解析，展示了智能技术在制造业中的重要作用和应用前景。随着技术的不断进步和应用的不断拓展，智能车间和智能工厂将成为制造业转型升级的重要推手，为制造业的可持续发展注入新的活力。同时，也为制造业企业提供有力的技术支撑和理论指导，帮助它们更好地应对市场挑战，把握发展机遇。

智能车间是智能制造的进一步延伸和拓展。通过集成先进的信息技术、自动化技术和物联网技术，智能车间实现了生产过程的自动化、智能化和网络化。生产资源的精细、精准、敏捷、高效管理，使车间能够快速响应市场需求，实现柔性化生产。同时，智能车间还通过实时监控、优化调度、故障诊断和预测维护等功能，确保生产过程的稳定性和可靠性。

智能工厂是制造业智能化的最高形态。它着眼于打通企业生产经营的全部流程,实现信息的快速交换、传递、存储、处理和无缝智能化集成。在智能工厂中,各环节都实现了智能化,从而实现了生产过程的全面优化和效率提升。智能工厂不仅提高了产品质量和生产效率,还降低了能源消耗和环境污染,为企业带来了更大的经济效益和社会效益。

习题

1. 解释智能制造、智能车间和智能工厂之间的区别与联系。
2. 描述智能制造装备的主要特点,并举例说明其在实际生产中的应用。
3. 列举智能车间集成的主要技术,并说明其在实现车间智能化中的作用。
4. 描述智能工厂中信息流的主要特点和流动方式,及其在提高生产效率中的作用。
5. 详述 MES 在智能车间中的主要功能,并讨论其对提高生产效率的贡献。
6. 分析 APS 系统在智能车间排产和排班中的应用,并讨论其优势。
7. 讨论数字化制造技术在提高生产效率、降低成本方面的具体效益。
8. 分析智能工厂建设对企业竞争力提升的具体影响,并给出实际案例。
9. 预测智能制造在未来几年的发展趋势,并讨论其可能带来的挑战和机遇。
10. 选择一个具体的智能车间或智能工厂案例,分析其实现智能化的策略、技术和效果,并讨论该案例对制造业转型升级的启示。

第 2 章

智能车间与工厂关键使能技术

　　智能车间与工厂是对工厂内部的设备、材料、生产环节、加工方法及人员等参与产品制造过程的全要素进行有机互联,充分利用自动化、物联网、大数据、云计算、虚拟制造、人工智能和机器学习等新技术,实现具有信息深度自感知、智慧优化自决策、精准控制自执行的高效管控一体化制造过程与系统的总称。智能车间与工厂作为实现智能制造的关键要素之一,是企业物资流、信息流、能源流的枢纽节点,是企业将设计数据、原材料转化为用户所需产品的物化环节,是创造物质财富的工具。当前对产品的制造过程表现出高效、高质量、绿色、环保的需求特征。因此,智能工厂围绕这些关键使能技术实现突破和应用,其发展趋势体现在离散制造过程的物流无人化、制造数据信息的无障碍贯通、制造过程的数字化建模仿真与智能化决策等方面。

2.1 数字化技术

2.1.1 数据驱动的产品设计与展示技术

　　数据驱动是一种基于数据分析和数据决策的方法论,其核心思想是通过收集、分析和利用大量的数据指导决策和行动。在各领域,特别是在商业、科学和技术领域,数据驱动已经成为一种重要的工作方式和思维方式。

　　数据驱动的产品设计与展示技术是指利用数据分析和数据驱动方法指导产品设计和展示过程,以提升产品的用户体验和市场竞争力。这种方法结合了数据科学、用户体验设计和市场营销等领域的理念,旨在通过深入理解用户需求和行为,优化产品设计和展示效果。

　　其包括以下关键特征和原则。

1. 数据收集与分析

　　数据收集与分析是数据驱动的产品设计的核心环节,它涉及从多个来源捕获、整合和解析用户数据,以洞察用户的行为、偏好和需求。这些数据不仅提供用户与产品互动的详细视图,还为产品设计师提供宝贵的洞察,以优化产品设计、提升用户体验。

　　数据收集的过程需要精心策划和执行,确保收集的数据是准确、全面且相关的。数据可以来源于多渠道:网站分析工具,如 Google Analytics(图 2-1),这些工具可以追踪用户在网站或应用中的行为路径、点击率、停留时间等;传感器数据,如来自智能设备的传感器可以捕捉用户与产品的物理互动；用户调查，包括问卷调查、访谈和焦点小组等，可以直接了解用户的意见、感受和期望。

一旦数据被收集，数据分析阶段就开始了。数据分析的目标是识别数据中的模式、趋势和关联性，从而洞察用户行为背后的原因和动机。数据挖掘技术有助于发现隐藏在大量数据中的有用信息，如关联规则、序列模式等。机器学习算法可以训练模型以预测用户行为或分类用户群体。人工智能则可以通过深度学习等技术，进一步解析非结构化数据（如文本、图像、语音），揭示用户的情感和意图。

通过数据收集与分析，产品设计师可以获得对用户的深入理解，从而设计出更符合用户需求，更易于使用且更吸引人的产品。例如，分析显示用户在完成某项任务时经常遇到困难，设计师可以针对这些痛点优化产品界面或流程。如果某些功能很少使用，那么设计师可以考虑重新设计或移除这些功能。

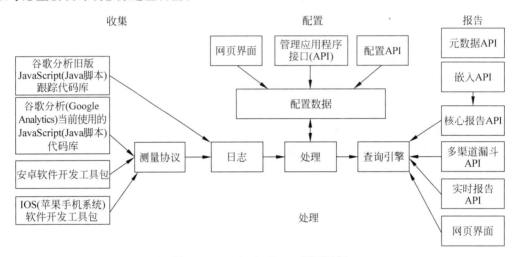

图 2-1　Google Analytics 页面示例

随着技术的不断进步，数据收集与分析的方法也在不断发展。例如，实时数据分析技术可以更快地提供用户反馈，帮助设计师及时调整产品设计。同时，数据隐私和安全性的重要性也日益凸显，因此在进行数据收集和分析时，必须严格遵守相关的数据保护法规和伦理准则，确保用户数据的安全性和合规性。

2．用户画像构建

用户画像构建是一个系统性的过程，它基于数据分析的结果，将用户群体细分为具有共同特征和行为模式的子群体。这些特征可以包括年龄、性别、地域、职业、收入水平等人口统计学信息，也可以包括用户的行为偏好、消费习惯、兴趣点、心理特征等更深层次的信息，如图 2-2 所示。

通过用户画像构建，产品设计团队能够更清晰地认识不同用户群体的需求和期望。这种理解是全方位的，不仅包括用户的基本信息，还包

图 2-2　用户画像构建示意图

括其行为模式、情感需求、价值观等。这样的理解可以帮助团队更准确地把握市场趋势、预测用户行为,并为不同用户群体提供个性化的产品和服务。

用户画像构建不仅是一个静态的过程,还需要随着时间和市场环境的变化进行动态更新。随着新数据的不断加入和技术的不断进步,用户画像的精细度和准确性也在不断提高。

在产品设计过程中,可将用户画像作为一种重要的参考工具。设计师可以根据用户画像制定设计策略,确保产品满足不同用户群体的需求。同时,用户画像也可用于指导产品的优化和迭代,帮助团队及时发现和解决用户在产品使用中遇到的问题和痛点。

总之,用户画像构建是数据驱动的产品设计过程中的重要环节。它能够帮助团队更好地理解用户,为产品设计和优化提供有力的支持,从而提升产品的用户体验和市场竞争力。

3. 个性化推荐

个性化推荐是现代数字化产品不可或缺的一部分,它基于数据驱动的技术,通过深度分析用户的历史行为和偏好,为每个用户提供精准、个性化的内容推荐。这种推荐不仅限于商品,还包括文章、音乐、视频等各种类型的内容。

要实现个性化推荐,首先需要收集并分析用户的行为数据,包括用户对产品的浏览记录、购买记录、搜索记录、点赞、评论等。通过分析这些数据,系统可以了解用户的兴趣、需求和偏好,从而构建出用户的个性化画像。

接下来,利用机器学习、深度学习等先进技术,系统可以自动学习和识别用户的喜好和行为模式。基于这些学习结果,系统可以预测用户可能感兴趣的内容,并为其生成个性化的推荐列表。个性化推荐流程如图 2-3 所示。

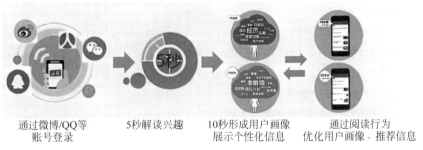

图 2-3 个性化推荐流程

个性化推荐不仅提升了用户的体验,也为企业带来了巨大的商业价值。通过推荐系统,企业可以更好地了解用户需求,优化产品设计和运营策略,提高用户满意度和忠诚度。同时,个性化推荐也有助于提高产品的用户黏性和活跃度,为企业创造更多的商业价值。

然而,个性化推荐也面临一些挑战和问题,如数据隐私、算法偏见等。因此,在实现个性化推荐时,必须充分考虑用户的数据安全和隐私保护,确保算法的公正性和透明度。

总之,个性化推荐是数据驱动的产品设计中的一项重要技术,它为用户带来了更加个性化、精准的内容推荐体验,也为企业带来了巨大的商业价值。随着技术的不断发展和完善,个性化推荐将在未来发挥更重要的作用。

4. A/B 测试

数据驱动的产品设计过程中，A/B 测试是一种常用的技术手段。通过随机将用户分成不同的实验组，分别展示不同的产品设计方案，然后分析实验结果，找出最有效的设计方案。A/B 测试不仅用于评估不同产品设计方案的优劣，还可以用于优化产品功能和用户体验。通过对比不同版本的产品功能或界面设计，A/B 测试可以帮助产品团队了解用户的真实需求和偏好，为产品迭代提供数据支持。

在进行 A/B 测试时，产品团队需要精心设计实验方案，确保实验组和对照组之间的用户特征和行为模式相似，以消除潜在的偏差。同时，团队还需要选择合适的指标来衡量实验效果，如点击率、转化率、用户满意度等，其测试示意图如图 2-4 所示。这些指标应该与产品的核心目标和业务需求紧密相关。

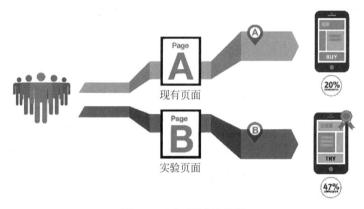

图 2-4　A/B 测试示意图

分析实验结果时，产品团队需要运用统计学原理判断不同设计方案之间的差异是否显著。这通常涉及假设检验、置信区间等概念。通过科学的数据分析方法，团队可以更准确地评估各种设计方案的效果，并找出最有效的方案。

除了用于产品设计和功能优化，A/B 测试还可用于评估营销策略和广告效果。通过对比不同版本的广告创意、落地页设计等，A/B 测试可帮助营销团队了解哪种策略更能吸引目标用户，提高营销效果。

然而，需要注意的是，A/B 测试并不是万能的。它可能受样本量、用户行为变化等多种因素的影响，导致结果不准确或具有局限性。因此，在进行 A/B 测试时，产品团队需要充分考虑各种因素，谨慎设计和分析实验，以获得更准确、可靠的结果。

总之，A/B 测试是数据驱动的产品设计过程中不可或缺的一种技术手段。通过科学的实验设计和分析方法，可以帮助产品团队评估和优化产品设计方案、功能和营销策略，提高产品的成功率和市场竞争力。同时，产品团队也需要谨慎对待 A/B 测试的结果，综合考虑各种因素，做出更加明智的决策。

5. 数据可视化

数据可视化是连接数据与用户的桥梁，尤其是在产品展示方面，发挥着至关重要的作用。通过运用先进的可视化技术，复杂的数据可被转换为直观、易于理解的图形、图表或动画，从而帮助用户更快速地获取关键信息，加深对数据的理解，其示意图如图 2-5 所示。

在产品设计中,数据可视化不仅能提升产品的吸引力,还能显著提高其可用性。当用户面对大量的数据时,如果这些数据以纯文本或数字的形式呈现,他们可能感到困惑和难以理解。而通过数据可视化,这些信息可被转化为条形图、折线图、饼图、散点图等各种图形,这些图形能够直观地展示数据的分布、趋势和关系,使用户能够更快速地把握数据的核心要点。

此外,数据可视化还能帮助用户发现数据中的隐藏模式和趋势。通过交互式的可视化工具,用户可以自由探索数据,对数据进行筛选、排序和比较,从而发现数据之间的关联性和潜在价值。这种探索式的数据分析方式,有助于激发用户的好奇心和洞察力,推动他们做出更明智的决策。

对于产品设计团队来说,数据可视化也是一种有效的沟通工具。通过将复杂的数据以图形化的方式呈现,团队成员可以更容易地理解和解释数据,从而在产品设计、优化和决策过程中达成共识。

图 2-5　数据可视化示意图

然而,在应用数据可视化技术时,也要注意一些原则。首先,可视化设计应该简洁明了,避免过多的视觉元素使用户感到混乱。其次,可视化应该真实反映数据,避免误导用户或夸大事实。最后,可视化应该与用户的背景和需求相匹配,确保用户轻松理解和使用。

总之,数据可视化技术在产品展示方面发挥着重要作用,它能够提升产品的吸引力和可用性,帮助用户更好地理解和使用数据。通过合理运用数据可视化技术,产品设计团队可以为用户创造更加直观、有趣和富有洞察力的产品体验。

6. 实时数据监控与反馈

实时数据监控与反馈(图 2-6)是现代数字化产品不可或缺的一部分,它赋予了产品设计团队一种强大的能力,即能够实时了解用户行为和产品性能,并迅速做出响应。通过实时数据监控,团队可以观察用户的实时互动,捕捉用户的使用习惯、偏好和痛点,以及产品在不同场景下的表现。

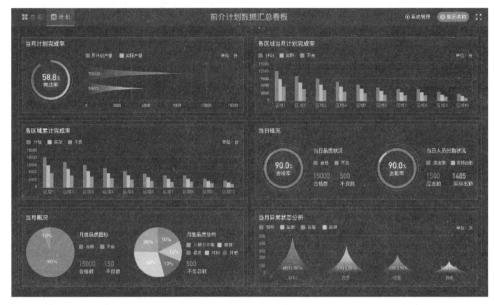

图 2-6　实时数据监控与反馈界面图

这种即时洞察为用户体验的优化提供了宝贵的机会。一旦发现问题或瓶颈,团队可以迅速调整产品策略、优化功能设计,甚至通过实时反馈机制与用户进行即时互动,收集用户的直接反馈和建议。这种快速迭代和持续改进的方式,极大地提高了产品的适应性和竞争力。

实时数据监控与反馈的优势不仅在于发现和解决问题,更在于能够建立起产品设计团队与用户之间的紧密联系。通过实时反馈,用户可感受到他们的声音被重视、他们的需求被关注,这大大增强了用户的参与感和忠诚度。同时,这种互动也可为团队提供宝贵的市场洞察和用户洞察,为产品的持续创新和优化提供源源不断的动力。

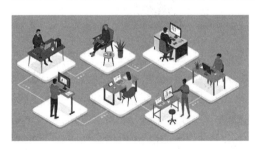

图 2-7　团队成员具备相应的技能

然而,实时数据监控与反馈也带来一定的挑战。首先,团队需要具备处理和分析大量实时数据的能力,这要求团队成员具备相应的数据科学和工程技能(图 2-7)。其次,实时反馈需要团队具备快速响应能力,这要求团队拥有敏捷的开发和决策流程。最后,实时数据监控与反馈也需要团队注重用户隐私和数据保护,确保用户数据的安全性和合规性。

总之,实时数据监控与反馈是数字化产品设计中不可或缺的一环。它赋予产品设计团队实时了解用户行为和产品性能的能力,为产品的优化和创新提供强大的支持。通过实时反馈和持续改进,团队可以更好地满足用户需求,提升用户体验,增强用户忠诚度,为产品的成功打下坚实基础。

7. 用户参与和反馈机制

用户参与和反馈机制在数据驱动的产品设计中扮演着至关重要的角色。用户的参与不仅能为产品设计提供宝贵的数据来源，还是衡量产品成功与否的关键指标。通过积极邀请用户参与产品测试、调研和使用过程，产品设计团队能够更直接地了解用户的真实需求、痛点和期望。

同时，用户反馈数据是产品设计团队不断改进产品的宝贵资源。这些反馈可以来自多种渠道，如用户调查、在线评论、社交媒体互动以及直接的用户反馈工具。通过对这些数据进行收集和分析，团队可以深入洞察用户对产品的感知、使用体验和满意度，从而发现潜在的问题和改进空间。

重要的是，用户反馈不应仅仅被看作对产品问题的反映，它更是一种宝贵的用户洞察。产品设计团队应该将这些反馈转化为具体的产品优化措施，以满足用户的需求，提升产品品质。这种持续的改进循环不仅有助于提升产品的竞争力，还能够增强用户的忠诚度和口碑。

为了最大化用户参与和反馈的效果，产品设计团队需要建立有效的用户沟通渠道和反馈机制。包括设计易于使用的用户反馈工具、定期与用户进行互动、确保用户的反馈得到及时和积极的响应。通过这些方式，团队能够与用户建立起一种紧密的合作关系，共同推动产品的持续改进和发展。

总之，用户参与和反馈机制是数据驱动的产品设计中不可或缺的一环。通过充分利用用户参与和反馈的力量，产品设计团队能够打造出更贴近用户需求、高品质的产品，从而在激烈的市场竞争中脱颖而出。

综上所述，数据驱动的产品设计与展示技术是一种基于数据分析和用户反馈的产品设计方法，通过深入理解用户的需求和行为，优化产品设计，提升产品体验和用户满意度。

2.1.2 生产系统建模与仿真技术

数字化技术在生产系统建模与仿真方面的应用，不仅限于设计、优化和管理生产流程，还广泛涉及生产过程的监控、预测、决策支持等多方面。如图2-8所示，通过数字化技术，企业可以更精确地模拟和预测生产过程中的各种情况，从而制订更加科学、合理的生产计划和调度方案。

图2-8 基于数字化技术的三维数字工厂建模

在生产系统建模方面，数字化技术可以利用先进的数据处理和分析方法，对生产流程中的各环节进行精确建模，包括生产设备的运行状态、物料流动情况、生产计划安排等多方面。通过建立数字化的生产系统模型，企业可以更清晰地了解生产流程中的瓶颈和问题，从而制定更有效的改进措施。

在仿真方面,数字化技术可以模拟生产流程中的各种场景和情况,包括设备故障、物料短缺、市场需求波动等。通过仿真企业可以预测这些情况对生产流程的影响,并提前制定应对措施。这不仅可以提高生产流程的灵活性和适应性,还可以降低生产成本和风险。

此外,数字化技术还可以帮助企业实现生产流程的自动化和智能化。通过集成各种传感器、执行器和控制系统,数字化技术可以实现生产流程的自动化监控和控制。同时,利用人工智能和机器学习等技术,数字化技术还可以对生产流程进行智能分析和优化,进一步提高生产效率和质量。

数字化技术在生产系统建模与仿真方面的应用,可以帮助企业实现生产流程的数字化、自动化和智能化,从而提高生产效率、降低成本并增强竞争力。以下是关于生产系统建模与仿真技术的详细内容。

1. 建模方法

1) 离散事件仿真

离散事件仿真(discrete event simulation,DES)是一种特定的仿真方法,专门用于模拟那些由一系列离散事件驱动的系统。在生产系统中,这种方法尤其适用,因为生产活动往往由一系列离散且按顺序发生的事件组成,如订单的到达、机器的启动与停止、物料的搬运等。运用 Simmer 2019 软件对工厂车间离散时间仿真的应用示例如图 2-9 所示。

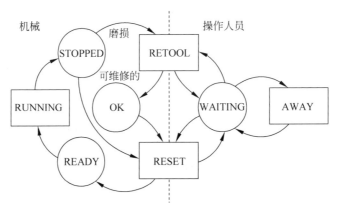

图 2-9 Simmer 2019 对工厂车间离散时间仿真的应用示例

注:圆圈(READY、STOPPED、OK、WAITING)表示机器或操作员的状态;矩形(RUNNING、RETOOL、RESET、AWAY)表示需要一些(随机)时间才能完成的活动;虚线左右侧分别表示机器和操作员特有状态、活动;虚线上的 RETOOL 和 RESET 表示需要共同完成活动。

DES 的核心在于建立一个事件队列,并按照时间顺序处理这些事件。每当一个事件发生时,仿真模型会更新系统的状态,并根据当前状态决定下一个要发生的事件。通过这种方式,DES 可以模拟生产系统在整个运行周期内的行为,并评估其性能。

DES 的主要优势在于其灵活性和精确性。由于事件是离散且按顺序处理的,DES 可以非常精确地模拟生产系统中的各种情况,包括生产设备的故障、生产计划的变更、物料供应的波动等。此外,DES 还可以模拟生产系统的长期行为,以评估其长期性能。

在生产系统建模与仿真中,DES 广泛应用于生产流程的优化、生产能力的评估、生产计划的制订等多方面。通过 DES 企业可以更准确地预测生产系统的性能，从而制订更加科学、合理的生产策略。

然而，DES 也存在一些挑战和限制。首先，DES 需要大量的计算资源来处理大量的事件和状态更新。其次，DES 的准确性在很大程度上取决于模型的详细程度和参数的准确性。因此，在应用 DES 时，企业需要仔细选择和设定模型参数，以确保仿真的准确性和可靠性。

总之，DES 是一种强大的工具，可以帮助企业建模和仿真生产系统中的各种活动，以评估和优化系统性能。未来随着计算能力的提高和仿真技术的进步，DES 在生产系统建模与仿真方面的应用将更加广泛和深入。

2) 连续仿真

连续仿真是一种仿真方法，用于模拟那些具有连续动态行为的系统。与 DES 不同，连续仿真侧重于使用微分方程来描述系统的动态变化过程。这种方法特别适用于模拟连续流程、物理动态、化学反应等连续变化的系统。

在连续仿真中，系统的状态变量通常是连续变化的，如温度、压力、流量等。这些变量随时间的变化可以通过微分方程描述。微分方程是一种数学工具，用于表示变量之间的变化率和关系。通过解这些微分方程，可以预测系统的未来状态，并评估其性能。

连续仿真在生产系统中也有广泛的应用。例如，在化工、制药、食品加工等行业中，生产过程往往涉及连续的物理和化学反应。通过连续仿真，可以模拟这些反应过程，预测产品的质量和产量，优化生产参数和控制策略。

此外，连续仿真还可用于模拟生产设备的动态行为。例如，在机械设备、电力系统等领域，设备的运行状态往往受到连续变化的物理量的影响。通过连续仿真，可以模拟设备的动态特性，预测其性能和寿命，并制定相应的维护和管理策略。

连续仿真的优势在于能够精确地描述系统的连续动态行为，并提供连续的时间响应。这使连续仿真成为分析和优化连续流程生产系统的重要工具。然而，连续仿真也存在一些挑战和限制。例如，建立精确的微分方程模型需要深入的系统知识和数学技能。此外，连续仿真通常需要较高的计算资源以解决复杂的微分方程。

总的来说，连续仿真是一种强大的工具，用于模拟和分析连续流程生产系统的动态行为。通过连续仿真企业可以更深入地了解生产过程的动态特性，优化生产参数和控制策略，提高生产效率和产品质量。随着计算机技术和仿真方法的不断发展，连续仿真在生产系统建模与仿真中的应用将更加广泛和深入。

3) 代理人基建模

代理人基建模（agent-based modeling，ABM）是一种先进的建模方法，它侧重于将系统中的各个个体或实体建模为独立的代理人，并模拟这些代理人之间的互动、决策和行为，以揭示它们对整个系统的影响。ABM 广泛应用于生产系统、社会经济系统、生态系统等领域，以更好地理解系统的复杂性和动态性。

在 ABM 中，每个代理人都被赋予了一定的智能和自主性，能够根据自身的规则、目标和环境状态做出决策和行动。这些代理人可以是生产系统中的工人、机器或物料，也可以是社会经济系统中的个体、家庭或企业。通过设定代理人之间的交互规则和行为逻辑，ABM 可以模拟代理人之间的合作、竞争、信息传递等复杂的社会和经济现象。

ABM 的核心在于其灵活性和可扩展性。由于代理人是独立的实体,可以根据需要添加、删除或修改代理人的行为和规则,以模拟不同的场景和情况。这使 ABM 成为一种非常强大的工具,可用于探索系统的不同方面和层面,并揭示系统中涌现的现象和复杂行为。

在生产系统建模与仿真中,ABM 可以帮助企业更好地理解生产系统中的个体行为和互动,以及它们对整个生产流程的影响。如图 2-10 所示,模拟真实世界中存在的问题时,可以设置"代理人"模型,并通过分析、模拟进一步优化的模型,理解现行问题对真实世界的影响,同时尝试寻求问题的解决方式。此外,ABM 还可用于模拟供应链中的供应商、制造商和消费者之间的互动和影响,以评估供应链的稳定性和韧性。

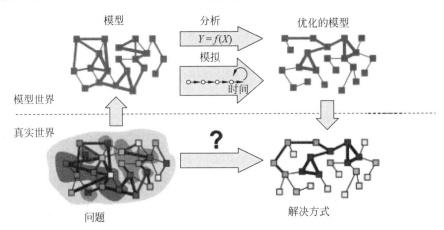

图 2-10 ABM 对现实世界中的问题及其对应解决方式的模拟

然而,ABM 也存在一些挑战和限制。首先,建立精确的代理人模型需要大量的数据和知识。其次,模拟大量的代理人及其之间的互动需要高性能的计算资源。最后,ABM 的结果往往受到代理人行为规则和模型参数的影响,因此需要仔细选择和设定这些参数以确保仿真的准确性和可靠性。

总的来说,ABM 是一种强大的工具,用于模拟和分析系统中的个体行为和互动。通过 ABM,企业可以更好地理解生产系统中的复杂性和动态性,揭示系统中涌现的现象和复杂行为,并制定相应的优化和管理策略。随着计算机技术和建模方法的不断发展,ABM 在生产系统建模与仿真中的应用将更加广泛和深入。

4)混合建模

混合建模是一种综合性的建模方法,它结合多种建模技术,以更全面、更准确地描述生产系统的复杂性。在生产系统建模与仿真中,混合建模通常将离散事件仿真、连续仿真和代理人基建模等方法相结合,以建立一个更完整的生产系统模型,如图 2-11 所示。

混合建模的优势在于能够整合不同建模方法的优点,以更全面地描述生产系统中的各种活动和现象。例如,DES 可以精确地模拟生产系统中的离散事件和决策过程,而连续仿真可以描述生产过程中

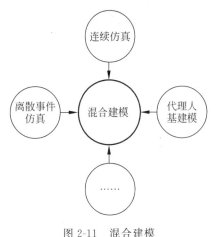

图 2-11 混合建模

的连续动态行为。通过将这些方法相结合,混合建模可以模拟生产系统中的离散事件、连续动态及代理人之间的交互和决策,从而更全面地反映生产系统的复杂性和动态性。

混合建模还可以帮助企业更好地理解和优化生产系统的各层面。通过结合不同类型的建模方法,混合建模可以揭示生产系统中的不同层面和角度,包括生产流程、设备性能、供应链管理等。这为企业提供了更全面的视角,使其更好地理解和应对生产系统中的各种挑战和问题。

然而,混合建模也面临一些挑战和限制。首先,整合多种建模方法需要深厚的建模知识和技术,以确保不同方法之间的兼容性和一致性。其次,混合建模需要更多的计算资源和时间以进行仿真和分析。最后,由于混合建模涉及多种建模方法,因此其建模过程可能更加复杂和烦琐。

总的来说,混合建模是一种强大的工具,能够更全面地描述生产系统的复杂性和动态性。通过将离散事件仿真、连续仿真和代理人基建模等方法相结合,可以揭示生产系统中的多个层面和角度,为企业提供更全面的视角和决策支持。随着计算机技术和建模方法的不断发展,混合建模在生产系统建模与仿真中的应用将更加广泛和深入。

2. 仿真软件

1) Arena

Arena 是一款广泛应用于工业领域的离散事件仿真软件,它为用户提供了一个强大的平台,用于模拟和分析生产系统中的各种离散事件和决策过程。Arena 凭借直观的用户界面和强大的功能,已成为工业界和学术界进行生产系统建模与仿真的首选工具之一。Arena 模拟仿真软件架构如图 2-12 所示。

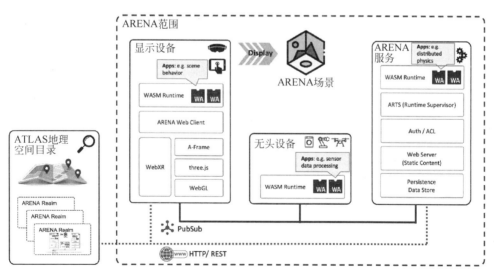

图 2-12　Arena 模拟仿真软件架构

Arena 的核心在于其离散事件仿真引擎,能够精确地模拟生产系统中的离散事件,如订单的到达、机器的启动与停止、物料的搬运等。通过 Arena,用户可以建立详细的生产系统模型,包括设备布局、工艺流程、生产计划等,并模拟整个生产流程的运行情况。

Arena 还提供了丰富的功能和工具,帮助用户进行模型的构建、分析和优化。用户可以通过 Arena 的图形化界面进行模型设计，并定义各种事件、规则和行为。Arena 提供的强大的数据分析工具可以对仿真结果进行深入的分析和比较，帮助用户发现生产系统中的瓶颈和问题，并提出相应的改进措施。

Arena 在工业领域的应用非常广泛。无论是制造业、物流业，还是服务业，Arena 都可以为用户提供强大的仿真支持。

此外，Arena 还支持与其他仿真软件和工具进行集成和扩展，如与 CAD 软件进行模型导入和导出，与数据分析软件进行结果分析等。这使 Arena 在生产系统建模与仿真方面具有更大的灵活性和可扩展性。

总的来说，Arena 是一款功能强大、易于使用的离散事件仿真软件，广泛应用于工业领域。通过 Arena 企业可以更深入地了解生产系统的运行情况和性能，优化生产流程，提高生产效率和质量。随着仿真技术和工业领域的不断发展，Arena 的应用前景将更加广阔。

2）Simul 8

Simul 8 是一款广泛应用于工业领域的离散事件仿真软件，以其直观的用户界面和强大的功能而备受赞誉。Simul 8 为用户提供了一个易于操作且功能丰富的平台，以轻松地建立、分析和优化生产系统的仿真模型。

Simul 8 的用户界面设计得非常直观，即使是没有仿真经验的用户也能快速上手。通过拖放式图形界面，用户可以轻松地创建和编辑各种实体、流程、事件和规则。这使 Simul 8 成为一款非常适合工业界和学术界使用的仿真工具，无论是进行学术研究，还是解决实际生产问题。

除了直观的用户界面外，Simul 8 还提供了丰富的功能和工具，以满足各种生产系统建模与仿真的需求。用户可以利用 Simul 8 建立复杂的生产系统模型，包括生产线布局、工艺流程、设备性能等多方面。同时，Simul 8 还支持多种数据分析和可视化工具，帮助用户深入了解生产系统的性能和瓶颈。

与 Arena 类似，Simul 8 也广泛应用于各种工业领域，如制造业、物流业和服务业等，如图 2-13 所示。此外，Simul 8 还支持与其他软件和工具的集成，以提供更强大的功能，更具灵活性。

随着仿真技术的不断发展和工业需求的不断变化，Simul 8 的应用前景将更加广阔。

3）AnyLogic

AnyLogic 是一款功能强大的仿真软件，它支持多种建模方法，包括离散事件仿真、连续仿真和代理人基建模，为用户提供了一个综合性的平台，以全面描述和模拟生产系统的复杂性。AnyLogic 仿真软件操作界面如图 2-14 所示。

AnyLogic 的强大之处在于其综合性和灵活性。无论是离散事件、连续过程，还是代理人之间的交互，AnyLogic 都提供了相应的建模工具和技术。这使用户可以在一个统一的框架内模拟和分析生产系统的各方面，无须在不同的软件工具之间进行切换或转换。

对于离散事件仿真，AnyLogic 提供了直观的图形界面和强大的事件处理机制，用户可以轻松地定义和模拟生产系统中的各种离散事件和决策过程。对于连续仿真，AnyLogic 支持微分方程和物理建模，能够精确地描述生产过程中的连续动态行为。而对于代理人基建模，AnyLogic 允许用户创建具有智能和自主性的代理人，以模拟它们之间的交互、决策和行为。

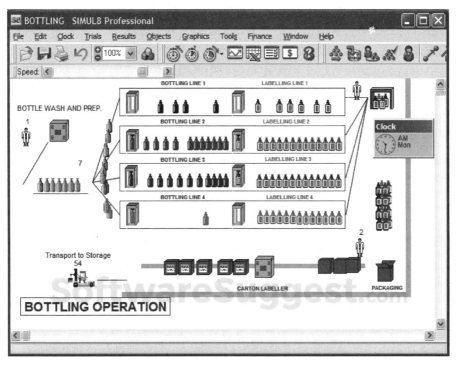

图 2-13　Simul 8 仿真软件在罐装工艺中的应用实例

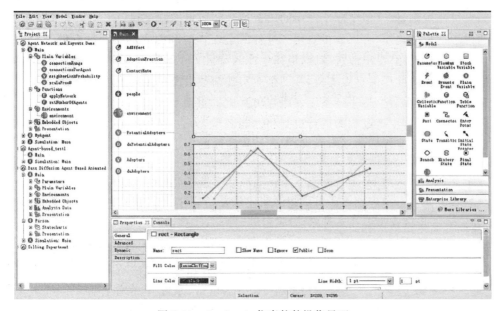

图 2-14　AnyLogic 仿真软件操作界面

除了支持多种建模方法外，AnyLogic 还提供了丰富的功能和工具，如数据分析、可视化、优化等，以帮助用户更深入地理解生产系统的性能和行为。此外，AnyLogic 还支持与其他软件和工具的集成，如 CAD、GIS 等，以提供更强的建模和分析能力。

AnyLogic 在多个工业领域得到广泛应用，包括制造业、物流业、交通运输、医疗保健等。

通过 AnyLogic,企业可以建立全面的生产系统模型,模拟和分析生产流程、设备性能、供应链管理等各方面。这为企业提供了更全面的视角和决策支持,有助于优化生产流程,提高生产效率和质量。

通过 AnyLogic,用户可以全面描述和模拟生产系统的复杂性,为企业的决策和优化提供有力支持。随着仿真技术和工业领域的不断发展,AnyLogic 的应用前景将更加广阔。

3. 建模内容

1)工艺流程

在建模过程中,工艺流程是一个至关重要的环节。它详细描述了生产过程中的步骤和活动,包括物料流动、工序处理、设备使用、质量检测等。通过对工艺流程进行准确建模,可以深入了解生产系统的运行机制和性能表现,进而发现潜在的问题并提出改进措施。

在 AnyLogic、Simul 8 等建模软件中,工艺流程通常通过一系列的操作步骤和流程节点表示。这些步骤和节点包括原材料的输入、加工处理、物料传输、存储、质量检测、成品输出等。通过设定这些步骤和节点的逻辑关系、时间参数和资源需求,可以模拟整个生产过程的运行情况和性能表现。

在工艺流程建模中,还要考虑物料流动和设备使用的情况。物料在生产过程中需要经过不同的工序和设备,而这些工序和设备之间的物料流动和设备使用情况是相互关联的。因此,在建模过程中需要建立物料流动和设备使用的模型,以反映生产过程中的实际情况。

此外,在工艺流程建模过程中还要考虑质量检测和质量控制因素。生产过程中需要对物料和成品进行质量检测,以确保产品质量符合要求。在建模过程中,可以设置质量检测节点和质量控制规则,以模拟实际生产中的质量检测和质量控制过程。

通过工艺流程建模,可以获得对生产过程的全面理解和深入洞察。这有助于发现生产过程中的瓶颈和问题,提出改进措施,提高生产效率和产品质量。同时,工艺流程建模还可以为生产计划和调度提供有力支持,帮助企业实现精益生产和持续改进。

总之,工艺流程建模是生产系统建模与仿真中的重要环节。通过对工艺流程进行准确建模,可以深入了解生产过程的运行机制和性能表现,为企业的决策和优化提供有力支持。随着建模技术和工业领域的不断发展,工艺流程建模的应用前景将更加广阔。

2)资源分配

在生产系统建模中,资源分配是一个核心问题,它涉及人力、设备、物料等资源的有效使用和分配。资源分配建模的目标是确保资源在生产过程中得到合理利用,避免资源浪费和瓶颈,从而提高生产效率和质量。

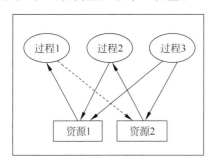

图 2-15 资源分配简图

在资源分配建模中,首先要明确生产系统中涉及的各种资源及其属性。这些资源可能包括生产线上的工人、机器设备、原材料、仓库存储空间等。每种资源都有其特定的能力、可用性和使用成本。

其次要建立资源分配模型,描述资源在生产过程中的使用情况和分配逻辑。这包括确定资源的数量、使用时机、分配方式及其之间的依赖关系,资源分配简图如图 2-15 所示。例如,在制造过程中,工人需要操作机器设备以完成特定的生产任务,而机器设备需要消耗原材料来生产产品。

在资源分配建模中,还要考虑资源的优化利用和调度问题。这包括如何根据生产需求和资源可用性合理分配资源,以确保生产过程的顺利进行。同时,还要考虑如何最小化资源使用成本,提高资源利用率,减少资源浪费。

在 AnyLogic、Simul 8 等建模软件中,可以通过设置资源池、资源队列、资源分配规则等模拟资源的分配和使用情况。这些工具可以帮助用户分析资源分配策略的效果,预测潜在的资源冲突和瓶颈,并提出相应的优化措施。

通过资源分配建模,企业可以更清晰地了解生产系统中资源的使用情况和分配逻辑,为生产计划和调度提供有力支持。同时,资源分配建模还可以帮助企业发现资源使用中的问题和瓶颈,提出改进措施,优化资源分配策略,提高生产效率和资源利用率。

总之,资源分配建模是生产系统建模与仿真中的重要环节。通过建模软件的支持,可以更准确地模拟和分析资源分配情况,为企业的决策和优化提供有力支持。随着建模技术和工业领域的不断发展,资源分配建模的应用前景将更加广阔。

3)排程规划

在生产系统建模中,排程规划是一个至关重要的环节,它涉及生产计划和排程的优化,以最大化生产效率和资源利用率。排程规划建模的目标是确保生产任务能够按时、按质、按量完成,同时实现资源的高效利用并降低生产成本。

排程规划建模通常需要考虑多种因素,包括生产订单、设备能力、工人排班、物料供应等。首先,需要对生产订单进行分析和分解,确定各生产任务的数量、时间要求和质量标准。其次,需要考虑设备的加工能力和运行效率,确保设备在生产过程中得到充分利用,避免设备闲置和浪费。最后,需要考虑工人的排班和工作效率,确保工人按照计划完成生产任务,并且保持合理的工作负荷。

在排程规划建模中,通常使用一些优化算法和仿真技术求解最优排程方案。这些算法可以基于不同的优化目标,如最小化生产时间、最大化资源利用率、最小化生产成本等。通过仿真技术可以模拟生产过程的运行情况,评估排程方案的效果,并进行调整和优化。生产系统建模中的排程规划示例如图 2-16 所示。

AnyLogic、Simul 8 等建模软件提供了丰富的排程规划工具和功能,可以帮助用户进行生产计划和排程的建模与优化。这些工具可以支持多种排程策略,如基于规则的排程、基于优化的排程等,并且可以与资源分配模型、工艺流程模型等进行集成,实现全面的生产系统建模与仿真。

通过排程规划建模,企业可以更准确地预测生产过程中的资源需求和冲突,提前进行调整和优化。这有助于降低生产成本、提高生产效率、缩短交货时间并增强企业的竞争力。同时,排程规划建模还可为企业提供决策支持,帮助企业制订更合理、有效的生产计划,实现资源的最大化利用。

总之,排程规划建模是生产系统建模与仿真中的重要环节。通过优化生产计划和排程,可以最大化生产效率和资源利用率,提高企业的竞争力和盈利能力。随着建模技术和工业领域的不断发展,排程规划建模的应用前景将更加广阔。

4)库存管理

在生产系统建模中,库存管理是一个不可或缺的部分,它涉及原材料和成品的库存流动

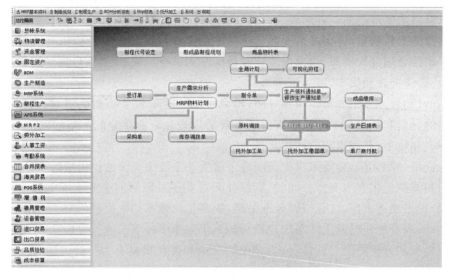

图 2-16 生产系统建模中的排程规划示例

和管理过程。有效的库存管理对于避免库存过剩或不足、降低库存成本、提高生产效率及确保供应链的稳定性至关重要,相关案例如图 2-17 所示。

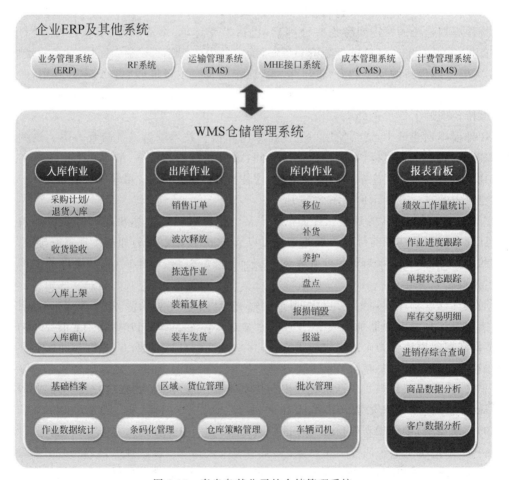

图 2-17 秦皇岛某公司的仓储管理系统

库存管理建模通常包括以下几方面。

（1）库存需求预测：基于历史销售数据、市场需求和生产计划，使用统计方法和机器学习算法预测未来的库存需求。这有助于企业提前准备库存，避免需求波动导致的库存短缺或过剩。

（2）库存控制策略：确定库存水平、再订货点和订货量等关键参数，以平衡库存成本和缺货风险。常见的库存控制策略包括固定订货量策略、固定订货间隔策略、经济订货量策略等。

（3）库存补充策略：根据库存水平和需求预测，制订合适的库存补充计划，确保原材料和成品的及时供应。这包括与供应商的合作、采购计划的制订及物流运输的安排等。

（4）库存监控与报警：建立库存监控机制，实时追踪库存水平，并在库存低于安全库存或超过最大库存时发出报警。这有助于及时发现库存问题并采取相应措施。

AnyLogic、Simul 8等建模软件可以通过设置库存池、库存移动规则、库存控制策略等模拟库存的流动和管理过程。这些工具可以帮助用户分析库存策略的效果，预测库存水平的变化，并优化库存管理策略，以降低库存成本，提高生产效率。

有效的库存管理建模可以为企业带来以下好处。

（1）降低库存成本。优化库存水平和控制策略可以减少库存持有成本、缺货成本和过剩成本。

（2）提高生产效率。合理的库存管理可以确保生产所需的原材料和成品及时供应，避免生产中断和延误。

（3）增强供应链稳定性。稳定的库存管理有助于减少供应链中的不确定性，提高供应链的可靠性和灵活性。

总之，库存管理建模是生产系统建模与仿真中不可或缺的一部分。通过建模软件的支持，企业可以更准确地预测库存需求、制订有效的库存控制策略、优化库存补充计划、实时监控库存水平。这将有助于降低库存成本、提高生产效率、增强供应链稳定性，从而为企业创造更大的价值。

4．应用领域

1）制造业

生产系统建模与仿真技术在制造业中的应用已经成为提升生产效率、优化生产流程的关键手段。通过利用先进的建模和仿真软件，制造企业可以构建一个虚拟的生产环境，模拟生产流程中的各环节，从而识别存在的问题、评估改进措施的效果，并最终实现生产流程的优化和生产效率的提升。

首先，生产系统建模与仿真技术可以帮助企业深入理解生产流程。通过建立详细的工艺流程模型，企业可以清晰地了解每个生产环节的工作原理、物料流动和设备使用情况。这种透明度使企业能够及时发现生产流程中的瓶颈和问题，为后续的优化工作提供有力支持。

其次，仿真技术可以帮助企业评估和优化生产计划和排程。通过模拟生产过程中的资源分配、任务调度和库存管理等环节，企业可以预测生产计划的执行效果，并找出潜在的资源冲突和瓶颈。这有助于企业制订更合理、有效的生产计划，确保生产任务按时、按质、按量完成，从而提高生产效率。

再次，生产系统建模与仿真技术还可以帮助企业进行生产流程的优化。通过对生产流程进行模拟和分析,企业可以找出流程中的冗余环节、不合理的资源配置及潜在的改进空间。在此基础上,企业可以提出针对性的改进措施,如调整设备布局、优化物料流动路径、改进生产工艺等,从而实现生产流程的优化和生产效率的提升。

最后,生产系统建模与仿真技术还可为企业提供决策支持。通过建立全面的生产系统模型,企业可以模拟不同生产策略、资源分配方案和设备配置方案的效果,为企业的决策提供有力依据。这有助于企业制订更科学、合理的生产策略,提高决策的质量和效率。

总之,生产系统建模与仿真技术在制造业中的应用具有广泛的前景和巨大的潜力。通过利用先进的建模和仿真软件,制造企业可以深入理解生产流程、评估和优化生产计划和排程、优化生产流程、提供决策支持,从而实现生产效率的提升和生产成本的降低。这将有助于制造企业在激烈的市场竞争中保持领先地位并实现可持续发展。

2)物流和供应链管理

生产系统建模与仿真技术在物流和供应链管理中的应用,对于优化物流网络和降低运输成本具有显著作用。通过构建精准的供应链模型,企业可以模拟物流过程中的各种场景,识别潜在的成本节约点和效率提升点,从而制定更高效、经济的物流策略。

首先,生产系统建模与仿真技术可以帮助企业深入理解物流网络的结构和运作机制。通过建立详细的物流网络模型,企业可以模拟物料从供应商到最终消费者的整个过程,包括运输、仓储、配送等各环节。这种透明度使企业能够全面掌握物流网络中的瓶颈和问题,为后续的优化工作提供数据支持。

其次,仿真技术可以帮助企业评估和优化物流网络设计。通过模拟不同物流策略下的网络运作情况,企业可以预测各种方案的成本、时间和服务水平等指标,从而找出最优的物流网络设计方案,提高物流效率和降低运输成本。

再次,生产系统建模与仿真技术还可以帮助企业进行物流过程中的资源分配和调度优化。通过模拟物流过程中的车辆调度、仓库管理、人员配置等环节,企业可以预测不同方案下的资源利用情况和成本效益,从而制定更合理的资源分配和调度策略。这有助于企业提高物流资源的利用效率,降低物流成本,并提升物流服务的质量。

最后,生产系统建模与仿真技术还可以为企业的供应链决策提供有力支持。通过建立全面的供应链模型,企业可以模拟不同供应链策略下的物流网络运作情况,为企业的供应链决策提供数据依据。这有助于企业制定更科学、合理的供应链策略,提高供应链的稳定性和竞争力。

综上所述,生产系统建模与仿真技术在物流和供应链管理中的应用具有广泛的前景和巨大的潜力。通过利用先进的建模和仿真软件,企业可以深入理解物流网络的结构和运作机制、评估和优化物流网络的设计、优化物流过程中的资源分配和调度、为供应链决策提供有力支持。这将有助于企业优化物流网络、降低运输成本并提高物流效率从而在激烈的市场竞争中保持领先地位并实现可持续发展。

3)医疗保健

生产系统建模与仿真技术在医疗保健领域的应用,尤其是针对医院流程的优化和资源利用率的提高,正逐渐展现出巨大的潜力和价值。通过构建精确的医疗保健系统模型,医疗机构可以更深入地了解医院内部运营的各环节,识别存在的问题,提出改进措施,最终实现医院流程的优化和资源利用率的提升。

首先，生产系统建模与仿真技术可以帮助医疗机构深入理解医院流程。通过建立详细的医院流程模型，医疗机构可以清晰地了解患者从挂号到出院的整个流程，包括各科室的工作流程、医疗资源的配置、患者流动等方面。这种透明度使医疗机构能够及时发现流程中的瓶颈和问题，为后续的优化工作提供有力支持。

其次，仿真技术可以帮助医疗机构评估和优化医院流程。通过模拟医院流程中的各环节，医疗机构可以预测不同流程方案下的效果，如患者等待时间、医生工作效率、资源利用率等。这有助于医疗机构制定更合理、高效的医院流程，提高医疗服务的质量和效率。

再次，生产系统建模与仿真技术还可以帮助医疗机构优化医疗资源的配置。通过模拟不同资源配置方案下的医院运营情况，医疗机构可以预测各种方案的成本和效益，从而找出最优资源配置方案。这有助于医疗机构提高医疗资源利用效率，减少资源的浪费和闲置，降低医疗成本。

最后，生产系统建模与仿真技术还可以为医疗机构的决策提供有力支持。通过建立全面的医院运营模型，医疗机构可以模拟不同医院策略下的运营情况，为医院的决策提供数据依据。这有助于医疗机构制定更科学、合理的医院策略，提高医院的竞争力和可持续发展能力。

综上所述，生产系统建模与仿真技术在医疗保健领域的应用具有广阔的前景和巨大的潜力。通过利用先进的建模和仿真软件，医疗机构可以深入理解医院流程、评估和优化医院流程、优化医疗资源的配置、为医疗决策提供有力支持。这将有助于医疗机构提高医疗服务的质量和效率、降低医疗成本、优化资源配置，最终实现医院流程的优化和资源利用率的提升，为患者提供更好的医疗服务。

4）服务业

生产系统建模与仿真技术在服务业中的应用，尤其是在优化服务流程和提高客户满意度方面，具有显著的作用。通过构建准确的服务流程模型，企业可以深入了解服务过程中的各环节，识别潜在的问题和改进点，并制定相应的优化策略，从而提升服务质量和客户满意度。

首先，生产系统建模与仿真技术可以帮助服务业企业精确模拟服务流程。通过建立详细的服务流程模型，企业可以清晰地了解客户从进入服务场所到离开的全过程，包括接待、咨询、服务执行、结算等各环节。这种透明度使企业能够发现流程中的瓶颈、冗余环节和服务质量不高的问题，为后续的优化工作提供指导。

其次，仿真技术可以帮助服务业企业评估和优化服务流程。通过模拟不同服务流程方案下的服务时间和效率，企业可以预测各种方案对客户满意度的影响。这有助于企业制定更高效、合理的服务流程，减少客户等待时间，提高服务效率，从而提升客户满意度。

再次，生产系统建模与仿真技术还可以帮助服务业企业优化资源配置、服务人员调度。通过模拟不同资源配置和服务人员调度方案的服务效果，企业可以预测各种方案的成本和效益，从而找出最优的资源配置和服务人员调度方案。这有助于企业提高资源利用效率，减少资源浪费，同时确保服务质量和效率。

最后，生产系统建模与仿真技术还可为服务业企业的服务决策提供有力支持。通过建立全面的服务流程模型，企业可以模拟不同服务策略下的客户满意度和服务效率，为企业的服务决策提供数据依据。这有助于企业制定更科学、合理的服务策略，提高服务质量和客户满意度,从而增强企业竞争力。

综上所述,生产系统建模与仿真技术在服务业中的应用对于优化服务流程和提高客户满意度具有重要作用。通过利用先进的建模和仿真软件,服务业企业可以深入了解服务流程、评估和优化服务流程、优化资源配置和服务人员调度、为服务决策提供有力支持。这将有助于企业提升服务质量和效率,提高客户满意度,增强竞争力,从而在激烈的市场竞争中脱颖而出。

5. 优势与挑战

生产系统建模与仿真技术的优势不仅在于能够提供一种虚拟的实验环境,还在于能够帮助企业在实际操作之前对生产系统进行深入的分析和优化。

1) 该技术的几个核心优势

(1) 方案比较与评估。①多方案测试:建模与仿真技术允许用户在同一模型中测试多种不同的生产策略、资源配置、流程设计等方案。②量化分析:通过对各种方案进行仿真运行,可以收集到生产时间、成本、资源利用率、产出量等关键指标的量化数据。③决策支持:基于这些量化数据,决策者可以对不同方案进行比较和评估,选出最符合企业目标的最优方案。

(2) 预测系统行为。①动态模拟:仿真软件可以模拟生产系统在不同操作条件下的动态行为,包括生产负荷变化、设备故障、原料供应波动等。②性能预测:通过这种动态模拟,企业可以预测生产系统的性能,包括生产效率、质量水平、能源消耗等。③风险分析:预测功能有助于企业进行风险分析,评估潜在的生产风险,并制定相应的风险应对策略。

(3) 瓶颈和问题识别。①可视化分析:通过仿真模型的可视化界面,用户可以直观地观察生产系统的运行情况,包括物料流动、设备状态、人员配置等。②瓶颈识别:基于这些可视化信息,企业可以准确地识别生产流程中的瓶颈环节,如生产延迟、资源冲突、设备利用率不足等。③问题诊断:仿真技术可以帮助企业对生产问题进行诊断,分析问题的根本原因,并提出针对性的改进措施。

(4) 灵活性与可扩展性。①模型调整:随着企业业务的发展和变化,可灵活地对仿真模型进行调整和优化,以适应新的生产需求。②模块化设计:建模与仿真技术通常采用模块化设计,这意味着企业可以根据需要添加或删除模块,以满足特定的分析需求。

(5) 成本节约与时间优化。①减少实验成本:通过仿真实验,企业可以在不投入实际资源的情况下测试多种方案,从而节省大量的实验成本。②时间优化:仿真技术大大缩短了产品开发和生产流程优化的周期,使企业能够更快地适应市场变化。

综上所述,生产系统建模与仿真技术的优势在于能够提供一种高效、经济且灵活的分析工具,帮助企业更好地理解和优化生产系统,从而实现生产效率的提高、成本的降低和竞争力的增强。

生产系统建模与仿真技术虽然具有诸多优势,但在实际应用过程中也面临一些挑战。

2) 该技术面临的主要挑战

(1) 建模过程的复杂性。①系统深入理解:为构建准确的模型,需要对生产系统的各方面有深入的理解,包括生产流程、设备性能、物料流动等。这要求建模人员具备丰富的行业知识和经验。②数据需求:建模过程需要大量的数据支持,包括历史数据、实时数据及预测数据等。数据的收集、整理和分析是一项耗时且复杂的工作。③模型验证:建模完成后,需要对模型进行验证,以确保其准确反映实际系统的行为。这通常需要与实际生产数据进行对比和分析。

(2) 建模和仿真的专业技能需求。①专业知识:建模与仿真涉及多领域的知识,如系统工程、计算机科学、数学等。要求建模人员具备跨学科的知识和技能。②技术更新:随着技术的不断发展,建模和仿真工具也在不断更新换代。建模人员需要不断学习和掌握新技术,以适应不断变化的需求。③团队协作:建模过程通常需要多部门和团队协作,如生产部门、技术部门、数据分析部门等。因此,建模人员需要具备良好的沟通和协作能力。

(3) 模型准确性的挑战。①模型简化:为降低建模的复杂性,通常会对实际系统进行一定程度的简化。这可能导致模型与实际系统之间存在一定的偏差。②参数不确定性:模型中的参数往往存在不确定性,如设备性能参数、物料流动参数等。这些不确定性会影响模型的准确性。③动态变化:生产系统是一个动态变化的过程,受到多种因素的影响,如市场需求、原料供应等。这些因素的变化可能导致模型与实际系统之间出现偏差。

(4) 为应对这些挑战,企业可以采取以下措施。①加强培训和技能提升:为建模人员提供必要的培训和支持,提高其专业技能和知识水平。②强化数据管理和分析:建立完善的数据管理和分析体系,确保建模过程有充足且准确的数据支持。③持续改进和优化模型:通过不断验证和调整模型,提高其准确性和适应性。同时,关注新技术和新方法的发展,及时将其应用于建模和仿真工作。

总之,生产系统建模与仿真技术虽然面临一些挑战,但不断克服这些挑战后,企业可以充分发挥该技术的优势,实现生产系统的优化和升级。

2.1.3 智能工艺设计

智能工艺设计作为数字化技术在制造领域的核心应用之一,正逐渐改变着传统制造业的生产模式和效率。它不仅是一个单纯的技术应用,还是一种引领制造业向智能化、高效化转型的重要力量。

1. 智能工艺设计关键技术

1) 数据采集与处理

在智能工艺设计中,数据采集与处理是非常关键的一环。这是因为智能工艺设计依赖大量的、准确的、实时的生产数据进行分析和优化。这些数据不仅能帮助企业了解生产过程中的各种情况,还能为智能工艺设计系统提供必要的输入,从而指导生产过程的优化和改进。其主要包含以下三种关键技术。

(1) 传感器技术:在智能工艺设计中,传感器技术扮演着至关重要的角色,尤其是在数据采集与处理过程中。传感器是一种能够检测并转换物理量或化学量为电信号的设备,这些物理量或化学量可能包括温度、压力、流量、振动、位移、光照强度等。在生产过程中,通过安装各种传感器,可以实时、准确地收集这些关键的生产数据。智能人型机器人中高精度传感器的应用及分布示例如图 2-18 所示。

首先,传感器可为智能工艺设计提供丰富的数据源。在生产线上,各种传感器被安装于关键设备和工艺环节,实时监测并记录各种生产参数。这些数据不仅为智能工艺设计提供必要的输入,还为后续的数据分析提供丰富的素材。

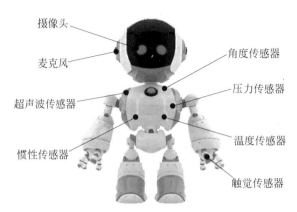

图 2-18 智能人型机器人中高精度传感器的应用及分布示例

其次,传感器技术可提高数据采集的准确性和实时性。相较于传统的人工记录或定期检测方式,传感器可以实时、连续地监测生产过程中的各种参数,从而确保数据的准确性和实时性。这对于智能工艺设计来说至关重要,因为只有准确、及时的数据才能指导生产过程的优化和改进。

再次,随着传感器技术的不断发展,现在的传感器不仅可以检测单一参数,还可以实现多参数同时检测和数据融合。这意味着企业可以更全面地了解生产过程中的各种情况,从而更准确地把握生产状态和问题所在。

最后,传感器技术还可以与物联网技术相结合,实现生产过程的智能化和远程监控。通过将传感器与网络连接,企业可以实现对生产过程的远程监控和管理,及时发现并解决生产问题,提高生产效率和质量。

综上所述,传感器技术在智能工艺设计的数据采集与处理过程中发挥着至关重要的作用。通过安装和应用各种传感器,企业可以实时、准确地收集生产过程中的各种数据,为智能工艺设计提供有力的数据支持,从而推动生产过程的优化和改进。

(2)物联网:在智能工艺设计中,物联网技术的引入为数据采集与处理过程带来了革命性变革。物联网是一个庞大的网络,它将各种智能设备、传感器、系统和人连接在一起,通过互联网进行信息交换和通信。在智能工艺设计中,物联网技术发挥着至关重要的作用,使数据采集与处理更高效、实时和智能。物联网在智能工厂中的应用案例如图 2-19 所示。

首先,物联网技术使各种设备和系统能够实时连接到互联网,从而实现数据的实时监测和远程控制。这意味着企业可以随时随地获取生产过程中的各种数据,无须人工干预或定期巡检。同时,通过对这些数据进行实时监测和分析,企业可以及时发现生产过程中的问题,采取相应的措施进行调整和优化,从而提高生产效率和质量。

其次,物联网技术还促进了设备之间的互联互通和协同工作。通过物联网平台,各种设备和系统可以实现信息的共享和交互,从而形成一个高度集成和协同的生产环境。这种协同工作环境可以提高生产效率,减少资源浪费,并使生产过程更加灵活、可控。

再次,物联网技术还可以与云计算、大数据等先进技术结合,实现更高效、智能的数据处理和分析。通过将采集的数据上传至云端,企业可以利用强大的计算能力和先进的数据分析算法,对数据进行深度挖掘和处理,从而得到更准确、有价值的信息。这些信息可以为智能工艺设计提供有力的支持,帮助企业优化生产流程,提高产品质量,降低生产成本。

应用方案 数采物联采集方案架构

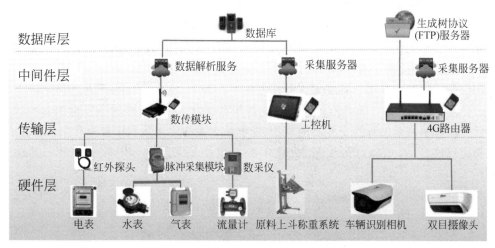

图 2-19 物联网在智能工厂中的应用案例

最后,物联网技术还可为企业提供更灵活、智能的生产管理方式。通过物联网平台,企业可以实现对生产过程的远程监控和管理,无须人工现场干预。这种远程管理方式可以提高生产效率,降低管理成本,并使企业更灵活地应对市场变化和需求变化。

综上所述,物联网技术在智能工艺设计的数据采集与处理过程中发挥着至关重要的作用。通过实现设备的实时监测和远程控制,促进设备之间的互联互通和协同工作,以及与云计算、大数据等技术的结合,物联网技术可为智能工艺设计提供强大的数据支持和管理手段,推动生产过程的智能化和高效化。

(3) 大数据分析:在智能工艺设计中,大数据分析技术的引入可使数据采集与处理过程变得更深入、精细。大数据分析技术能够从海量的生产数据中提取有价值的信息和规律,为工艺设计提供决策支持和优化指导。

首先,大数据技术具有海量数据处理能力。在生产过程中,传感器和物联网技术不断产生大量的实时数据,这些数据包含丰富的生产信息和潜在价值。通过大数据技术,企业可以高效地存储、管理和处理这些数据,从中挖掘有价值的信息,为工艺设计提供数据支持。

其次,大数据分析技术能够帮助企业发现生产过程中的问题和瓶颈。通过对生产数据进行深入分析,可以发现设备故障、生产异常等问题,并及时采取相应的措施进行调整和优化。这不仅可以提高生产效率和质量,还可以降低生产成本和风险。

再次,大数据分析技术可以帮助企业预测未来的生产趋势和市场需求。通过对历史数据进行分析和建模,可以预测未来的生产情况和市场变化,从而为企业制订更合理、科学的生产计划和市场策略提供决策支持。

最后,大数据分析技术可以与其他技术相结合,如机器学习、人工智能等,实现更智能、高效的数据处理和分析。通过机器学习算法,可以自动地从数据中学习并优化工艺参数和生产流程,提高生产效率和产品质量。通过人工智能技术,可以实现自动化的数据采集、处理和分析,进一步提高生产过程的智能化和自动化水平。

综上所述,大数据分析技术在智能工艺设计的数据采集与处理过程中发挥着至关重要的作用。通过处理和分析海量生产数据,挖掘其中的潜在信息和规律,大数据技术可为智能工艺设计提供强大的数据支持和决策依据,推动生产过程的优化和改进。

2) 智能建模与优化

智能建模与优化是智能工艺设计中的关键环节,它利用先进的人工智能和机器学习技术,对生产过程进行数学建模,并通过优化算法寻找最优工艺参数和操作策略,从而实现生产过程的智能化和高效化。其主要关键技术如下。

(1) 机器学习:在智能工艺设计的智能建模与优化环节中,机器学习扮演着至关重要的角色。机器学习是一种基于数据的算法,能够从大量的生产数据中提取有用的信息,自动建立和优化模型,以预测产品质量、优化工艺参数等。机器学习中的学习地图如图 2-20 所示。

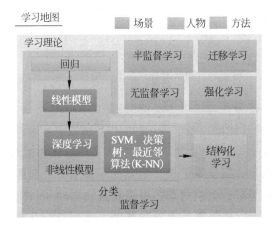

图 2-20 机器学习中的学习地图

① 机器学习在智能建模中的应用:智能建模是智能工艺设计的基础,而机器学习算法则是实现智能建模的关键工具。通过机器学习算法,企业可以利用生产数据建立精确的预测模型,这些模型能够预测产品质量、设备性能、能源消耗等关键指标。例如,通过回归分析、决策树、随机森林等算法,可以建立产品质量与工艺参数之间的映射关系,从而实现对产品质量的准确预测。

此外,机器学习算法还可用于模型的自适应和更新。随着生产过程的不断变化,生产数据也在不断更新。机器学习算法可以自动调整模型参数和结构,以适应新的数据环境,保持模型的准确性和有效性。这种自适应和更新能力使智能模型能够更好地适应生产过程的变化,提高生产效率和产品质量。

② 机器学习在优化工艺参数中的应用:机器学习算法也可用于优化工艺参数。通过优化算法(如遗传算法、粒子群算法等)与机器学习算法的结合,可以实现对工艺参数的自动优化。这些算法能够自动搜索最优工艺参数组合,以提高生产效率,降低生产成本,提高产品质量。

例如,在制造业中,可以利用机器学习算法建立产品质量与工艺参数之间的预测模型,然后通过优化算法搜索最优工艺参数组合,以提高产品质量。在能源领域,可以利用机器学习算法建立能源消耗与设备运行状态之间的预测模型,然后通过优化算法调整设备运行策略,以实现节能减排。

③ 挑战与展望:虽然机器学习在智能工艺设计的智能建模与优化中取得了显著的成果和应用价值,但仍面临一些挑战和问题。例如,数据的获取和处理是一个重要的问题。生产过程中的数据往往存在噪声、异常值等问题,需要进行有效的数据清洗和预处理。此外,模型的泛化能力也需要关注。如何保证模型在新的数据环境下仍然保持准确性和稳定性是一个亟待解决的问题。

未来,随着机器学习技术的不断发展和完善,相信其在智能工艺设计的智能建模与优化中将发挥更重要的作用。同时,随着数据获取和处理技术的提高以及模型泛化能力的提升,机器学习在智能工艺设计中的应用将更加广泛和深入。这将推动制造业的智能化、高效化发展,为企业带来更大的经济效益和社会效益。

(2) 人工智能优化算法:在智能工艺设计的智能建模与优化过程中,人工智能优化算法发挥着关键作用。这些算法,如遗传算法、粒子群算法等,通过模拟自然界的进化过程或群体行为,以迭代的方式在搜索空间中寻找最优解,从而实现对工艺参数的优化。

① 遗传算法在工艺参数优化中的应用:遗传算法是一种基于自然选择和遗传学原理的优化算法。如图 2-21 所示,它通过模拟生物进化过程中的遗传、交叉、变异等机制,在搜索空间中逐步逼近最优解。在智能工艺设计中,遗传算法可用于优化工艺参数,如生产流程、设备配置、操作策略等。

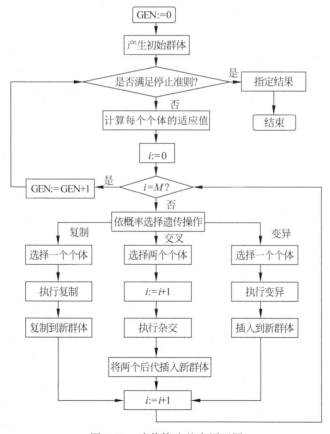

图 2-21　遗传算法基本原理图

在应用遗传算法时,首先需要定义问题的适应度函数,该函数用于评估每个工艺参数组合的优劣。其次,随机生成一组初始的工艺参数作为"种群",并计算它们的适应度值。最后,算法通过选择、交叉、变异等操作,生成新一代的种群,重复上述过程,直到找到满足要求的最优解或达到预设的迭代次数。

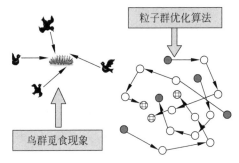

图 2-22 模拟鸟群觅食现象的粒子群优化算法示例

② 粒子群算法在工艺参数优化中的应用:粒子群算法是一种模拟鸟群、鱼群等群体行为的优化算法(图 2-22)。它通过模拟群体中个体的信息共享和协作过程,实现对搜索空间的快速搜索。在智能工艺设计中,粒子群算法同样可用于优化工艺参数。

在应用粒子群算法时,每个工艺参数组合都被视为一个"粒子",每个粒子都有一个速度向量和位置向量。算法通过不断更新粒子的速度和位置,使粒子向最优解方向移动。粒子的速度和位置更新过程基于粒子的历史最优解和群体的历史最优解。通过不断迭代,粒子群算法可以找到最优的工艺参数组合。

③ 其他人工智能优化算法:除了遗传算法和粒子群算法外,还有许多其他人工智能优化算法可用于智能工艺设计中的工艺参数优化,如模拟退火算法、蚁群算法、神经网络优化算法等。这些算法各有特点,适用于不同的优化问题和场景。

④ 挑战与展望:尽管人工智能优化算法在智能工艺设计的工艺参数优化中取得了显著成果,但仍面临一些挑战和问题。例如,算法的计算效率、全局搜索能力、收敛速度等方面仍有待提高。此外,如何选择合适的优化算法、如何设置算法参数也是实际应用中需要解决的问题。

未来,随着人工智能技术的不断发展,相信会有更多高效、稳定、易用的优化算法涌现。同时,随着智能工艺设计的不断深入和应用领域的不断拓展,人工智能优化算法将在更多领域发挥重要作用,推动制造业的智能化和高效化发展。

(3) 仿真技术:在智能工艺设计的智能建模与优化过程中,仿真技术扮演着至关重要的角色。仿真技术通过利用数字化仿真软件,能够模拟和评估不同的工艺方案,帮助工程师在真实实施前预测和评估工艺的效果,从而选择最佳工艺方案。

① 仿真技术在工艺方案模拟中的应用:仿真技术能够利用数学模型、物理定律和工程知识,在计算机环境中模拟整个生产过程。通过仿真软件,工程师可以创建虚拟的生产线、设备和工艺参数,模拟不同工艺方案的生产过程和结果。这种模拟过程可以帮助工程师预测产品质量、生产效率、能源消耗等关键指标,从而评估工艺方案的可行性和优劣。

② 仿真技术在工艺方案评估中的作用:仿真技术不仅可以模拟生产过程,还可以对工艺方案进行全面的评估。通过仿真软件,工程师可以模拟不同工艺参数下的生产情况,分析其对产品质量和生产效率的影响。同时,仿真技术还会考虑设备故障、生产异常等因素,评估工艺方案的鲁棒性和稳定性。通过比较不同工艺方案的模拟结果,工程师可以选出最佳工艺方案,提高生产效率和产品质量。

③ 仿真技术与实际生产的结合:仿真技术虽然能够提供虚拟的生产环境和结果,但仍

然需要与实际生产相结合。在实际应用中,工程师需要利用实际生产数据对仿真模型进行验证和校准,确保仿真结果的准确性和可靠性。同时,仿真技术还要与实时监测和控制系统相结合,实现对实际生产过程的监控和优化。通过不断进行数据反馈和调整,仿真技术可以帮助企业不断完善工艺方案,提高生产效率和产品质量。

④ 挑战与展望:尽管仿真技术在智能工艺设计的智能建模与优化中取得了显著的应用价值,但仍面临一些挑战和问题。例如,仿真模型的准确性和复杂性之间的平衡、仿真软件与实际生产环境的匹配度、仿真结果与实际生产结果的差异等问题都要进行进一步研究和改进。

未来,随着仿真技术的不断发展和完善,相信其在智能工艺设计中的应用将更加广泛和深入。同时,随着数字化、智能化技术的普及和应用,仿真技术将与实时监测、数据分析等技术相结合,实现更高效、准确的工艺方案设计和优化。这将为制造业带来更大的经济效益和社会效益,推动制造业的智能化和高效化发展。

3)实时监控与调整

实时监控与调整包含实时监控和调整与优化两部分内容。实时监控是指通过传感器、仪表、摄像头等设备,对生产过程中的关键参数、设备状态、产品质量等进行实时数据采集和传输。这些数据可以反映生产过程的实时状态,帮助工程师和管理人员了解生产情况,及时发现潜在问题。调整与优化则基于实时监控获取的数据,对工艺参数、设备状态等进行及时调整和优化,以确保生产过程的稳定性和产品质量的一致性。实时监控系统在口罩机生产中的应用示例如图 2-23 所示。

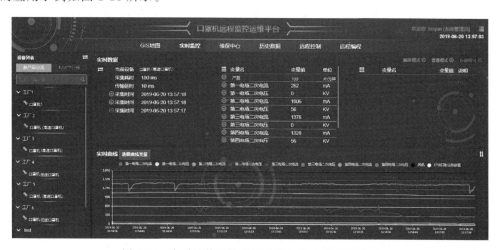

图 2-23 实时监控系统在口罩机生产中的应用示例

(1) 智能控制系统:在智能工艺设计中,实时监控与调整是确保生产过程稳定、高效和产品质量一致性的关键环节。而智能控制系统则在这一环节中发挥着核心作用。智能控制系统通过结合传感器数据和机器学习模型,实现对生产过程的实时监控和自动调整,可极大地提高生产效率和产品质量。

(2) 智能控制系统的作用:智能控制系统是实时监控与调整的核心组成部分,它负责接收来自各种传感器的实时数据,并通过机器学习模型进行分析和预测。基于这些分析结果,智能控制系统可以自动调整工艺参数、控制设备状态,以确保生产过程的稳定和产品质量的一致性。

（3）传感器数据与机器学习模型的结合：在智能控制系统中，传感器数据是实时监控的基础。通过安装在生产线上的各种传感器，可以实时采集温度、压力、流量、速度等关键参数数据。这些数据被传输至智能控制系统，并与机器学习模型进行结合。

机器学习模型是智能控制系统的核心。通过对历史数据进行训练和学习，机器学习模型可以建立起工艺参数与产品质量之间的映射关系。当接收到实时传感器数据时，机器学习模型可以迅速进行分析和预测，判断当前工艺参数是否适合，以及是否需要进行调整。

（4）实时监控与自动调整：基于传感器数据和机器学习模型的分析结果，智能控制系统可以实现对生产过程的实时监控和自动调整。当监测到某个工艺参数偏离设定范围时，智能控制系统可以自动调整相应的设备或执行机构，将工艺参数恢复到正常范围。这种自动调整过程可以减少人工干预的需要，提高生产效率，并减少因人为操作失误而导致的产品质量问题。

同时，智能控制系统可以根据实时数据分析结果，预测未来可能出现的问题和瓶颈。通过提前预警和自动调整，避免生产过程中的突发问题，确保生产过程的连续性和稳定性。

4）异常检测与预警

在智能工艺设计中，实时监控与调整不仅关注优化生产过程，更着重预防和应对潜在的风险和异常。异常检测与预警系统作为这一环节的重要组成部分，通过利用机器学习技术，能够准确监测生产过程中的异常情况，并及时发出预警，从而显著减少不良率和损失。

（1）异常检测与预警系统的作用：异常检测与预警系统基于机器学习算法，通过对生产过程中采集的大量数据进行分析和学习，构建能够识别异常模式的模型。这些模型能够自动监测生产线上的各种参数和指标，一旦检测到与正常模式不符的异常数据，系统会立即触发预警机制，通知相关人员及时进行处理。

（2）机器学习技术在异常检测中的应用：机器学习技术在异常检测中发挥着关键作用。常见的机器学习算法如支持向量机（SVM）、随机森林、深度学习等，都可用于训练异常检测模型。这些算法能够从历史数据中学习到正常的生产模式，并将与这些模式显著不同的数据标记为异常。

此外，一些先进的机器学习技术，如时间序列分析、自编码器等，还能处理连续的生产数据，检测出时间序列数据中的异常波动或突变。这些技术对于实时监测生产线的稳定性和预测潜在问题非常有效。

（3）预警机制的建立：当异常检测模型检测到异常情况时，预警机制会立即启动。预警可以通过多种方式实现，如发送电子邮件、短信通知、触发声光报警等。这些预警信息通常包含异常的类型、位置、严重程度等信息，以便相关人员迅速作出响应。

此外，预警机制还可与智能控制系统相结合，实现自动或半自动的异常处理。例如，系统可以自动调整工艺参数、暂停生产线、触发紧急修复程序等，以减少异常对生产过程的影响。

2. 智能工艺设计的应用领域（包括但不限于以下几种）

1）制造业

智能工艺设计在制造业中的应用已经越来越广泛，其对于提高产品质量和降低成本具有显著的作用。其在制造业中的主要作用如下。

(1) 提高产品质量。①精准控制：智能工艺设计可通过精确的传感器和先进的控制系统，实现对生产过程的精准控制。以确保每个生产环节都按照最优的工艺参数进行，从而大大提高产品的质量和一致性。②减少人为错误：传统的生产工艺中，人为操作往往容易出现误差，导致产品质量不稳定。而智能工艺设计可通过自动控制和智能化调整减少人为错误，进一步提高产品质量。③预测和预防：智能工艺设计可以结合机器学习技术，对生产过程中的异常情况进行预测和预防。通过提前发现潜在问题，及时进行调整和优化，避免生产出现质量问题，确保产品合格率。

(2) 降低成本。①提高生产效率：智能工艺设计可通过优化生产流程和工艺参数，提高生产效率，减少生产时间和资源消耗。这不仅可以降低生产成本，还可以提高企业竞争力。②减少浪费：传统的生产工艺中往往存在大量的材料浪费和能源消耗。而智能工艺设计可以通过精确控制和优化工艺参数减少浪费，降低生产成本。③降低维护成本：智能工艺设计可通过实时监测和预警系统，及时发现设备故障和异常，避免设备损坏和停机。这可以降低设备的维护成本，提高设备的可靠性并延长其使用寿命。

2) 化工工业

智能工艺设计在化工工业中的应用具有巨大的潜力和价值，特别是在优化化工过程和提高生产效率方面。其在化工工业中的主要作用如下。

(1) 优化化工过程。①反应过程优化：化工生产中的化学反应过程往往涉及复杂的反应动力学和热力学。智能工艺设计可通过机器学习算法和数据分析，对反应过程进行建模和优化，确定最佳反应条件（如温度、压力、反应物浓度等），从而提高反应速率和产物的选择性，减少副产物的生成。②流程控制优化：化工生产过程中各生产环节之间的衔接和控制至关重要。智能工艺设计可通过先进的控制系统和算法，实现生产流程的自动化和智能化，确保物料平衡、能量利用和产品质量的最优化。③资源利用优化：化工工业中的原料和能源成本占生产成本的很大部分。智能工艺设计可通过优化原料配比、减少能源消耗和废弃物排放提高资源利用效率，降低生产成本。

(2) 提高生产效率。①预测性维护：化工生产设备往往处于高温、高压等恶劣环境下，设备的故障和停机对生产效率产生严重影响。智能工艺设计可通过实时监测和数据分析预测设备的维护需求和故障风险，实现预测性维护，减少设备停机时间，提高生产效率。②生产调度优化：化工工业中的生产调度涉及多个生产单元和工序的协调。智能工艺设计可通过优化生产调度计划确保生产过程的连续性和稳定性，减少生产中的等待和延误，提高整体生产效率。③自动化和智能化生产：智能工艺设计可与自动化设备和机器人技术相结合，实现化工生产的自动化和智能化。可通过减少人工干预、提高生产过程的自动化水平，显著提高生产效率，降低生产成本。

3) 生物制药

智能工艺设计在生物制药领域的应用正逐渐显现其重要性，尤其是在优化药品生产工艺和提高产品品质方面。其在生物制药中的主要作用如下。

(1) 优化药品生产工艺。①工艺参数优化：生物制药过程中涉及多个复杂的生物化学反应和单元操作。智能工艺设计能够通过机器学习算法和数据分析对工艺参数进行优化，如温度、pH值、搅拌速度等，以提高生产效率、减少副产物的生成，并降低能源消耗。②生产流程自动化：生物制药的生产流程往往烦琐且需要高度精确的控制。智能工艺设计可以结合自动化设备和控制系统，实现生产流程的自动化，减少人为干预，提高生产的一致性和稳定性。③原料与辅料的优化选择：生物制药中，原料和辅料的选择对产品质量和生产效率具有重要影响。智能工艺设计可以分析不同原料和辅料对产品质量的影响，为企业提供优化选择建议，从而提高产品质量和生产效率。

（2）提高产品品质。①过程监控与质量控制：智能工艺设计可通过实时监测和数据分析对生物制药过程进行全程监控，确保产品质量的稳定性和一致性。同时，结合质量控制标准和方法，及时发现和解决潜在的质量问题。②产品纯度与活性的提高：生物制药中，产品的纯度和活性是衡量产品品质的关键指标。智能工艺设计可通过优化生产工艺和参数提高产品的纯度和活性，从而提高产品的疗效和安全性。③降低杂质和污染的风险：生物制药过程中，杂质和污染是影响产品品质的重要因素。智能工艺设计可通过精确控制生产环境和工艺条件降低杂质和污染的风险，提高产品的安全性和可靠性。

4）食品加工

智能工艺设计在食品加工领域的应用日益广泛，尤其是在控制生产过程确保食品安全和品质方面发挥着重要作用。其在食品加工中的主要作用如下。

（1）控制生产过程。①自动化与精准控制：食品加工过程中，温度、湿度、时间等参数的控制至关重要。智能工艺设计通过集成自动化设备和传感器，实现生产过程的自动化和精准控制，确保每个生产环节都按照最优工艺参数进行。②连续生产监控：智能工艺设计通过实时监测生产过程中的关键参数和指标，如温度、湿度、pH 值等，确保生产过程的稳定性和连续性。同时，通过数据分析可以及时发现生产过程中的异常和偏差，并采取相应措施进行调整。③优化生产调度：食品加工企业通常面临多品种、小批量的生产需求。智能工艺设计可以根据订单和生产计划优化生产调度，确保生产过程的顺畅、高效。

（2）确保食品安全和品质。①食品安全追溯：智能工艺设计可以建立食品安全追溯系统，记录原料采购、生产过程、产品检测等关键信息。一旦发生食品安全问题，可以迅速追溯源头，采取相应措施，保障消费者的权益。②质量控制与检测：智能工艺设计可通过集成质量检测和控制系统，对食品的质量进行全面监控。可通过自动化检测和数据分析及时发现不合格产品，避免不合格产品流入市场，保障消费者的健康。③减少人为错误：传统的食品加工过程中，人为操作往往容易出现误差，导致产品质量不稳定。而智能工艺设计可以通过自动化和智能化调整，减少人为错误，进一步提高产品质量和安全性。

3．智能工艺设计在实际使用过程中的优势与挑战

1）优势

智能工艺设计在制造业中的优势不仅体现在提高生产效率和产品质量上，还体现在实时调整、减少资源浪费及优化工艺参数等多方面。

（1）提高生产效率：智能工艺设计可通过自动化和智能化手段显著提高生产效率。首先，可通过精确的工艺参数和流程控制，减少生产中的无效时间和等待时间。其次，智能工艺设计可以优化生产线的布局和设备配置，实现生产过程的快速切换和灵活调整，进一步提高生产效率。

（2）提高产品质量：智能工艺设计可通过精确的工艺参数控制和实时的质量监测，显著提高产品质量。首先，可通过精确控制生产过程中的关键参数，减少产品的缺陷率和不良率。其次,可及时发现生产过程中的异常和偏差,并采取相应的措施进行调整,从而避免不合格产品的产生。

(3) 实时调整:智能工艺设计可通过集成传感器和数据分析系统,实时监测生产过程中的关键参数和指标。一旦发现异常情况或偏差,系统可以立即进行自动调整或向操作人员发出警报,以便及时采取措施进行处理。这种实时调整的能力可以确保生产过程的稳定性和可控性,提高生产效率和产品质量。

(4) 减少资源浪费:智能工艺设计可通过优化生产流程和工艺参数,显著降低资源浪费。首先,可通过精确控制生产过程中的物料消耗和能源消耗,减少浪费。其次,可优化生产计划和调度,避免生产过程中的过度生产和库存积压,进一步降低资源浪费。

(5) 优化工艺参数:智能工艺设计可通过数据分析和机器学习算法,优化工艺参数,提高生产线的灵活性和适应性。首先,可通过对历史数据的分析,发现生产过程中的瓶颈和问题,并采取相应的措施进行优化。其次,可根据不同的产品和生产需求,灵活调整工艺参数和流程,以适应不同的生产场景和需求。这种灵活性和适应性可以显著提高生产线的效率。

综上所述,智能工艺设计的这些优势可以帮助企业实现智能化、高效和可持续发展,提高竞争力和市场地位。

2) 挑战

(1) 需要大量的数据支持和专业知识:智能工艺设计依赖大量的生产数据和专业知识实现其优化和自动化功能。首先,收集和处理大量的生产数据是一个复杂而烦琐的过程,需要专业的数据分析和处理技能。其次,智能工艺设计依赖专业的工艺知识和经验进行模型建立和参数优化。因此,缺乏足够的数据和专业知识可能限制智能工艺设计的实际效果和应用范围。

(2) 模型的准确性和稳定性需要不断验证和改进:智能工艺设计通常基于机器学习和数据分析算法建立工艺模型和优化参数。然而,模型的准确性和稳定性是一个持续的过程,需要不断验证和改进。在实际应用中,由于生产环境的复杂性和多变性,模型可能出现偏差或不稳定的情况。因此,需要定期对模型进行验证和调整,以确保其准确性和稳定性。

(3) 需要投入大量的人力、物力和财力进行技术升级和改造:智能工艺设计的实施需要投入大量的人力、物力和财力进行技术升级和改造。首先,需要购买和安装先进的生产设备和传感器,以实现生产过程的自动化和实时监测。其次,需要建立和维护一个庞大的数据处理和分析系统,以支持智能工艺设计的实施和运行。最后,需要培养和引进专业的技术人员和工程师,以支持智能工艺设计的研发和应用。这些投入可能会对企业的财务状况和运营效率产生一定的影响。

(4) 安全和隐私问题:随着智能工艺设计的普及,数据安全和隐私问题也日益凸显。生产数据往往包含企业的核心机密和客户的敏感信息,因此如何确保数据的安全性和隐私性成为一个重要挑战。需要采取一系列安全措施和技术手段,如数据加密、访问控制、安全审计等。

(5) 技术更新和迭代的速度:智能工艺设计涉及的技术和算法在不断发展和更新。企业需要保持对新技术和新算法的敏感性,并及时进行技术更新和迭代。这要求企业具备持续的技术创新能力和学习能力,以适应不断变化的市场和技术环境。

综上所述,智能工艺设计在实际应用中面临多方面的挑战。为克服这些挑战并充分发挥智能工艺设计的优势，企业需要充分认识这些挑战，并采取相应的措施和策略应对并解决这些问题。同时，政府和社会应加强对智能工艺设计的支持和引导，推动其在制造业中的广泛应用和发展。

2.1.4 智能生产计划管理与制造技术

智能生产计划管理与制造技术作为数字化技术在制造业中的重要应用领域，确实为企业带来了前所未有的变革。如图 2-24 所示，结合人工智能、大数据分析、物联网等尖端技术，这些先进手段不仅助力企业实现生产计划的智能化，还可优化制造过程，从而大幅提升生产效率和产品质量。

图 2-24 智能生产技术管理与制造技术的结合示例

1. 智能生产计划管理

1）实时数据采集与监控

智能生产计划管理中，实时数据采集与监控是确保生产计划顺利执行的关键环节。通过利用传感器和物联网技术，企业能够实时采集生产现场的各种数据，包括设备状态、生产进度、库存情况等，从而实现对生产过程的全面掌控和优化。

（1）实时数据采集的重要性：实时数据采集是智能生产计划管理的基础。传感器部署在生产设备的关键部位，能够实时感知设备的运行状态、温度、压力等关键参数，并将这些数据传输到中央管理系统。同时，物联网技术将这些数据实时传输到云端或本地服务器，供生产计划管理系统进行分析和处理。

（2）监控与预警机制：通过实时数据采集，智能生产计划管理系统能够建立起有效的监控与预警机制。系统可以对采集的数据进行分析，识别出生产过程中的异常情况或潜在风险，如设备故障、生产瓶颈等。一旦发现异常情况，系统可以立即触发预警机制，通知相关人员进行处理，从而避免生产中断或质量问题。

(3) 数据驱动的决策支持：实时数据采集和监控还为企业提供了数据驱动的决策支持。通过对大量生产数据进行分析，企业可以发现生产过程中的规律和问题，从而制订更科学合理的生产计划。同时，这些数据还可用于生产优化和改进，帮助企业提升生产效率，降低成本，提高产品质量。

(4) 整合与协同：实时数据采集与监控还能实现生产现场与管理层之间的整合与协同。管理层可以通过系统实时了解生产现场的情况，对生产计划进行动态调整和优化。生产现场人员也可通过系统及时获取管理层的指令和要求，确保生产计划的顺利执行。这种整合与协同机制有助于提高企业的整体运营效率和响应速度。

综上所述，实时数据采集与监控在智能生产计划管理中发挥着至关重要的作用。企业可通过利用传感器和物联网技术实现实时数据采集和传输，建立起有效的监控与预警机制，实现数据驱动的决策支持，促进生产现场与管理层之间的整合与协同。这些优势有助于企业更好地应对市场变化，提高生产效率，降低成本，提升产品质量，从而在激烈的市场竞争中脱颖而出。

2) 大数据分析与预测

智能生产计划管理中，企业可通过对采集的大量生产数据、市场数据及其他相关信息进行分析和挖掘，揭示隐藏在数据背后的规律和趋势，为生产计划的制订提供更精准、科学的支持。

(1) 大数据分析的深度与广度：在智能生产计划管理中，大数据分析不仅关注生产现场的数据，还涵盖市场、供应链、销售等多领域。这种跨领域的数据分析使企业能够更全面地了解市场需求、生产能力和资源状况，为生产计划的制订提供更全面的信息支持。

(2) 机器学习与统计模型的应用：为了进行准确的生产需求预测和市场趋势分析，智能生产计划管理系统通常会结合机器学习和统计模型。这些模型可以自动学习和识别数据中的模式，进而对未来的生产需求和市场趋势进行预测。企业可通过不断地优化模型参数和算法，提高预测的准确性，为生产计划的制订提供更可靠的依据。

(3) 动态调整与优化：基于大数据分析和预测的生产计划并非一成不变。随着市场环境的不断变化和生产过程的演进，企业需要根据实时数据和预测结果对生产计划进行动态调整和优化。这种动态调整不仅有助于提高生产计划的灵活性和适应性，还有助于企业更好地应对市场变化和生产风险。

(4) 决策支持与风险管理：大数据分析和预测可为企业的决策支持提供有力帮助。企业可通过对历史数据的分析和挖掘，了解生产过程中的瓶颈和问题，为生产优化和改进提供指导。同时，通过对市场趋势进行预测和分析，企业可及时发现潜在的市场风险和机遇，为企业战略规划和风险管理提供重要参考。

综上所述，大数据分析与预测在智能生产计划管理中发挥着至关重要的作用。通过对大量数据进行深度挖掘和分析，结合机器学习和统计模型的应用，企业可更精准地预测生产需求和市场趋势，为生产计划的制订提供更科学、可靠的支持。同时，这种基于数据的分析和预测还有助于企业提高生产计划的灵活性和适应性，更好地应对市场变化和生产风险。

3) 智能排程与调度

智能生产计划管理中的智能排程与调度是确保生产流程高效运行的关键环节。这一环节基于实时数据和预测结果，利用先进的智能算法对生产任务进行优化排程和动态调度，旨在最大限度地提高生产效率和资源利用率。

（1）实时数据与预测结果的融合：智能排程与调度不仅依赖实时生产数据，还与大数据分析和预测结果紧密结合。通过对历史数据进行分析，系统能够预测未来的生产需求和市场变化，从而为排程和调度提供前瞻性指导。同时，实时数据的引入使排程和调度能根据生产现场的实际情况进行动态调整，确保生产计划的灵活性和适应性。

（2）智能算法的应用：在智能排程与调度中，各种智能算法发挥着至关重要的作用。例如，基于遗传算法、模拟退火算法和机器学习的排程优化算法可以根据生产需求、设备能力、工艺要求等约束条件，自动生成最优生产排程方案。同时，动态调度算法能够实时监控生产进度，根据突发情况或变化需求对排程进行实时调整，确保生产流程的顺畅进行。

（3）提高生产效率和资源利用率：智能排程与调度的最终目标是提高生产效率和资源利用率。通过优化排程和动态调度，企业可以更合理地分配生产资源和人力，减少生产过程中的等待和浪费，提高设备的利用率和生产效率。同时，这种智能化的排程与调度方式还能减少人工干预和错误，提高生产过程的自动化和智能化水平。

（4）跨部门协同与信息共享：智能排程与调度可促进跨部门之间的协同和信息共享。通过统一的系统平台，生产、销售、采购、物流等部门可以实时了解生产计划和进度，协同配合，确保整个供应链的顺畅运行。这种协同和信息共享机制有助于打破部门壁垒，提高整个企业的运营效率和市场响应速度。

综上所述，智能生产计划管理中的智能排程与调度是一项综合性的任务，它结合实时数据、预测结果和智能算法，旨在最大限度地提高生产效率和资源利用率。通过优化排程和动态调度，企业可以更高效地组织生产活动，提高生产流程的自动化和智能化水平，从而在激烈的市场竞争中保持领先地位。

2. 智能制造技术

智能制造技术是一种将先进的信息技术和自动化技术应用于制造业，实现生产过程自动化、智能化和高效化的技术。在智能生产计划管理与制造技术中，智能制造技术发挥着至关重要的作用。

智能制造技术通过集成物联网、云计算、大数据分析、人工智能等先进技术，实现对生产过程的全面感知、实时分析和智能决策。它可以对生产现场的各种数据进行实时采集和监控，通过大数据分析和预测，为生产计划的制订提供精准的数据支持。同时，智能制造技术还可对生产设备进行智能调度和维护，提高设备的利用率和生产效率。其关键内容如下。

1）数字化生产线

在智能生产计划管理与制造技术中，智能制造技术中的数字化生产线是提升生产效率、优化资源配置和实现高度自动化的关键。数字化生产线通过集成物联网、工业互联网、云计算等前沿技术，实现生产设备的互联互通，从而构建一个高效、智能的生产环境，如图2-25、图2-26所示。

（1）物联网与工业互联网的融合：物联网技术可为数字化生产线提供设备层面的数据连接和通信能力。通过在生产设备上部署传感器和执行器，物联网技术能够实时收集设备的运行数据、工作状态和性能参数，并将其传输至云端或本地服务器进行处理和分析。工业互联网则在此基础上，通过构建统一的网络架构和数据平台，实现设备之间的信息交换和协

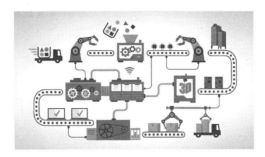

图 2-25　智能制造产线示意图

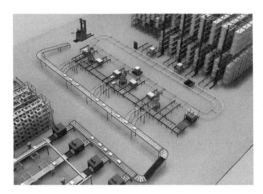

图 2-26　数字化生产线示例

同工作。这使数字化生产线能够实现对设备状态的实时监控、故障预警和预测性维护，从而提高设备的可靠性和使用寿命。

（2）数字化生产线的特点与优势：数字化生产线的建设和管理具有许多显著的特点和优势。首先，通过实现设备的互联互通，数字化生产线能够实现对生产过程的全面监控和管理，从而及时发现和解决生产中的问题。其次，数字化生产线通过数据分析和预测，可以实现对生产计划的优化和调整，提高生产效率和资源利用率。最后，数字化生产线能够实现生产过程的透明化和可追溯性，有助于提高产品质量和客户满意度。

（3）挑战与未来发展：尽管数字化生产线带来了许多优势和便利，但实际应用中也面临一些挑战。例如，如何确保数据的安全性和隐私性、如何实现不同设备之间的兼容性和互操作性等。未来，随着技术的不断发展和创新，数字化生产线将得到进一步完善和优化。例如，通过引入人工智能和机器学习等先进技术，实现更精准的设备状态预测和故障预警；通过构建更开放和标准化的工业互联网平台，实现更广泛的设备连接和数据共享。

总之，智能制造技术中的数字化生产线是智能生产计划管理与制造技术的重要组成部分。数字化生产线通过实现生产设备的互联互通和数字化管理，有助于提高生产效率、优化资源配置和提升产品质量。未来，随着技术的不断发展和创新，数字化生产线将在制造业中发挥更重要的作用，推动制造业向更智能、高效、可持续的方向发展。

2）智能制造执行系统

智能生产计划管理与制造技术中，智能制造执行系统（MES）扮演着至关重要的角色。MES 是连接企业资源计划（ERP）系统和生产现场设备之间的桥梁，它通过集成生产设备和

ERP 系统,实现对生产过程的实时监控、指导和反馈,从而显著提高生产过程的可控性和透明度,如图 2-27 所示。

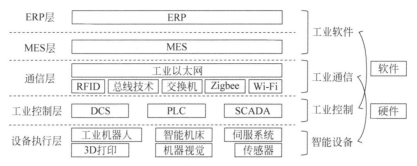

图 2-27 智能制造执行系统

(1) MES 与生产设备的集成:MES 通过与生产设备进行紧密集成,实时收集生产现场的各种数据,包括设备状态、生产进度、质量信息等。这些数据通过 MES 进行处理和分析,为生产管理人员提供实时的生产状况概览。同时,MES 还可对生产设备进行远程监控和调试,及时发现和解决设备故障,确保生产过程的连续性和稳定性。

(2) MES 与 ERP 系统的集成:MES 与 ERP 系统的集成,能够使生产计划、物料需求、生产调度等信息在两个系统之间实时同步。这样生产管理人员可以根据 ERP 系统制订的生产计划,通过 MES 对生产过程进行精确的控制和指导。同时,MES 还能将生产现场的实际数据反馈至 ERP 系统,帮助企业对生产计划进行实时调整和优化。

(3) 实时监控、指导和反馈:MES 通过实时监控生产过程,能够及时发现生产中的异常情况和潜在问题。通过系统内置的报警和预警机制,及时通知相关人员进行处理,避免生产中断和质量问题发生。此外,MES 还可为生产管理人员提供实时的生产指导和建议,帮助他们做出更科学、合理的生产决策。同时,系统还能对生产过程进行持续反馈和优化,不断提高生产效率和产品质量。

(4) 提高生产过程的可控性和透明度:通过 MES 的应用,企业可以实现对生产过程的全面掌控和透明化管理。管理人员可以实时了解生产现场的情况,对生产过程进行动态调整和优化。同时,MES 还能提供详细的生产报告和数据分析,帮助企业更好地了解生产状况、发现问题并进行改进。这种高度可控和透明的生产管理方式,有助于企业提高生产效率和产品质量,增强企业竞争力和可持续发展能力。

图 2-28 AR/VR 技术在生产现场中的应用

总之,MES 在智能生产计划管理与制造技术中发挥着不可或缺的作用。通过与生产设备和 ERP 系统的集成,MES 可实现对生产过程的实时监控、指导和反馈,提高生产过程的可控性和透明度,有助于企业实现更高效、更智能的生产管理,提升企业的竞争力和市场地位。

3) 增强现实和虚拟现实技术

在智能生产计划管理与制造技术中,增强现实(AR)和虚拟现实(VR)技术的引入(图 2-28),可为生产流程带来革命性变革。这些先进技术不仅可为生产人员提供实时的操作指导和培训，还可显著提高操作效率和工作质量。

（1）AR技术在生产现场的应用：AR技术通过将虚拟信息叠加至现实世界，为生产人员提供直观、实时的操作指导。在生产现场，AR技术可以指导工人进行复杂的装配、维修和调试工作。例如，工人可以通过佩戴AR眼镜或头盔，看到设备上的虚拟标识和提示，从而更准确地完成操作任务。此外，AR技术还可提供远程协助功能，使专家远程指导现场工人解决问题，提高问题解决的效率和准确性。

（2）VR技术在模拟培训和模拟生产中的应用：VR技术通过创建全沉浸式的虚拟环境，为生产人员提供逼真的模拟培训和模拟生产体验。在模拟培训中，工人可以在虚拟环境中模拟操作各种生产设备，从而熟悉设备操作流程和注意事项。这种培训方式不仅能降低培训成本，还能提高工人的安全意识和操作技能。在模拟生产中，VR技术可以模拟实际生产环境，帮助企业在不增加实际生产成本的情况下，测试和优化生产流程。

（3）提高操作效率和工作质量：AR技术和VR技术的应用可显著提高操作效率和工作质量。通过实时的操作指导和培训，工人可更快地掌握操作技巧，减少操作失误、降低返工率。同时，AR技术和VR技术还可帮助工人更好地理解和遵守安全规范，降低生产安全事故的发生概率。此外，这些技术还可优化生产流程、提高生产计划的灵活性，从而进一步提升企业的生产效率和竞争力。

（4）未来的展望：随着技术的不断进步和应用场景的拓展，AR技术和VR技术在智能生产计划管理与制造技术中的应用将更加广泛和深入。未来，我们可以期待这些技术在智能工厂、无人化生产线等领域发挥更大的作用，推动制造业向更高层次、更智能化方向发展。

总之，AR技术和VR技术为智能生产计划管理与制造技术注入了新的活力。它们不仅可提高生产人员的操作效率和工作质量，还可为企业带来更多的创新和发展机遇。随着这些技术的不断成熟和普及，它们将在制造业中发挥更重要的作用，推动产业的转型升级和可持续发展。

4）智能质量控制

在智能生产计划管理与制造技术中，智能质量控制是一个至关重要的环节，它利用先进的技术手段，如机器视觉、传感器等，实现对产品质量的在线监测和控制。这种智能化的质量控制方式，不仅能及时发现和处理质量问题，降低不良品率，还能提高生产效率和产品质量稳定性，为企业带来显著的经济效益和市场竞争力。

（1）机器视觉技术的应用：机器视觉技术可通过图像处理和识别算法，实现对产品外观、尺寸、颜色等特征的精确检测。如图2-29所示，在生产线上，机器视觉系统可以对每个产品进行实时拍照和图像处理，然后与预设的标准图像进行对比和分析，从而判断产品质量是否合格。这种非接触式的检测方式，可提高检测速度和准确性，降低人工干预和误差的可能性。

（2）传感器技术的应用：传感器技术通过测量和感知生产过程中的各种物理量、化学量等参数，实现对产品内部质量和性能的实时监测。例如，在生产过程中，传感器可以实时监测温度、压力、湿度等环境参数，以及产品的重量、硬度、成分等物理和化学性质。这些数据通过传感器传输至智能质量控制系统，系统根据预设的阈值和算法判断产品质量是否符合要求，并及时发出警报或进行自动调整。

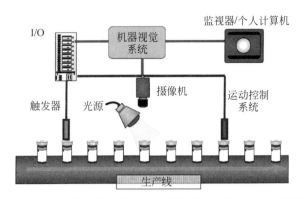

图 2-29 生产线上机器视觉对产品进行实时拍照和图像处理

(3) 实时数据处理与分析：智能质量控制系统可通过对机器视觉和传感器收集的大量数据进行实时处理和分析，及时发现生产过程中的质量问题和异常情况。系统可根据历史数据和趋势预测对生产计划和工艺参数进行动态调整和优化，从而避免出现质量问题。同时，通过对数据进行深入挖掘和分析，还可发现生产过程中的潜在问题和改进空间，为企业提供决策支持和持续改进的动力。

(4) 降低不良品率与提升效率：智能质量控制的应用，使企业能够及时发现和处理质量问题，降低不良品率，减少废品损失和成本支出。同时，通过自动化和智能化的质量控制方式，可减少人工干预和误差的可能性，提高生产效率和产品质量稳定性。进而提升企业的市场竞争力，为客户提供更可靠、优质的产品和服务。

(5) 未来的展望：随着技术的不断发展和进步，智能质量控制将在智能生产计划管理与制造技术中发挥更重要的作用。未来，我们可以期待更多的先进技术和方法应用于智能质量控制，如深度学习、物联网等，从而实现对产品质量更精准、高效的控制。同时，随着智能制造的深入推进，智能质量控制将与生产计划管理、设备维护等其他环节更紧密地结合在一起，形成一个高度协同和智能化的制造体系。这将为制造业带来更广阔的发展空间和机遇，推动产业向更高层次、更智能化方向发展。

3. 应用领域

智能生产计划管理与制造技术作为现代制造业的核心驱动力，其应用领域广泛而深远。

1) 制造业

在制造业中，智能生产计划管理与制造技术可为各细分行业带来革命性变革。以汽车制造为例，通过智能生产计划管理，汽车制造商能够精确预测市场需求、优化生产排程，确保按时交付高质量的产品。在电子制造领域，智能制造技术则能实现高度自动化的生产线，提高生产效率，降低人工成本，确保产品质量的一致性和可靠性。

2) 物流和供应链管理

智能生产计划管理与制造技术在物流和供应链管理中的应用，使企业能够实时监控货物的运输状态、预测物流需求、优化配送路线，从而提高物流效率和降低运输成本。同时，通过集成供应链中的各环节，企业可以更好地协调供应商、生产商、分销商和最终消费者之间的关系，实现供应链的透明化和协同化运作，提高供应链的响应速度和灵活性。

3）智能工厂

智能工厂是智能生产计划管理与制造技术的重要应用领域之一。通过构建智能工厂，企业可以实现生产过程的自动化、智能化和柔性化。在智能工厂中，各种智能设备和传感器能够实时收集生产数据，智能系统通过数据分析和处理，能够自动调整生产参数、优化生产流程，提高生产效率和产品质量。同时，智能工厂还能实现高度柔性的生产模式，快速适应市场需求的变化，提高企业的竞争力和创新能力。

4）其他应用领域

除上述领域外，智能生产计划管理与制造技术还可应用于其他领域。例如，在医疗制造业中，智能生产计划管理可确保医疗器械和药品的及时供应和质量安全；在建筑行业中，智能制造技术可实现建筑构件的自动化生产和精确装配，提高建筑质量和效率；在农业领域，智能生产计划管理可优化农作物的种植计划和销售策略，提高农产品的产量和市场竞争力。

总之，智能生产计划管理与制造技术的应用领域广泛而深远，它们正在不断推动各行业的转型升级和创新发展。随着技术的不断进步和应用场景的不断拓展，这些技术将在未来发挥更重要的作用，为人类社会的可持续发展做出更大的贡献。

4. 优势与挑战

智能生产计划管理与制造技术带来的优势正逐渐在制造业中显现，它们不仅可优化生产流程，还可提升企业的整体竞争力。

1）优势

（1）提高生产计划的准确性和灵活性：借助先进的数据分析技术和算法，智能生产计划管理系统能够更准确地预测市场需求，并据此制订详细的生产计划。同时，这些系统还能快速调整生产计划以应对市场变化，从而提高计划的灵活性。

（2）降低库存和生产成本：通过精准的需求预测和生产调度，企业可以减少库存积压，避免资源浪费。此外，智能制造技术可通过自动化和精益生产等手段，降低生产过程中的浪费和损耗，从而有效降低生产成本。

（3）提高生产效率和产品质量：智能制造技术可通过引入自动化设备和智能系统，大幅提高生产效率和产品质量。例如，智能机器人能够连续、准确地完成高强度和高精度的工作，而智能检测系统则能及时发现生产过程中的质量问题并自动调整生产参数，从而确保产品质量的稳定。

（4）缩短交货周期，提高客户满意度：通过优化生产计划和提高生产效率，智能生产计划管理与制造技术能够帮助企业缩短交货周期，从而满足客户的快速交付需求。同时，高质量的产品也能提高客户的满意度和忠诚度。

（5）增强企业的竞争力和市场反应能力：智能生产计划管理与制造技术的应用，可使企业在产品质量、交货周期、成本控制等方面获得显著优势，从而增强企业的竞争力。同时，快速响应市场变化的能力可使企业在激烈的市场竞争中占据有利地位。

2）挑战

（1）需要大量数据支持和信息系统的建设：智能生产计划管理与制造技术的实现离不开大量的数据支持。企业需要建立完善的信息系统以收集、存储和分析生产过程中的各种数据。这不仅需要投入大量的资金和技术资源，还需要企业进行组织结构和业务流程的调整。

(2) 技术的应用和推广需要消除组织结构、文化等方面的障碍：智能生产计划管理与制造技术的推广和应用往往涉及企业内部多个部门和层级。因此，需要消除组织结构、文化等方面的障碍，确保各部门的协同合作和信息共享。同时，企业还要培养员工的创新意识和协作精神，以适应新技术带来的变革。

(3) 对技术人才和管理人员的要求较高，需要不断学习和更新知识：智能生产计划管理与制造技术的实现需要一支具备高度专业知识和技能的技术和管理团队。这些人员需要不断学习和更新知识，以适应技术的快速发展和市场的不断变化。因此，企业需要加大对员工的培训和教育投入，提高员工的综合素质和专业水平。

总之，智能生产计划管理与制造技术虽然具有诸多优势，但在实际应用过程中也面临诸多挑战。企业需要全面评估自身条件和能力，制定合理的实施策略和保障措施，以确保新技术的顺利推广和应用。

2.1.5　智能生产过程控制技术

智能生产过程控制技术作为数字化技术在制造业中的核心应用，正引领着产业变革的新浪潮。通过巧妙融合人工智能、大数据分析、传感器技术等诸多尖端科技手段，智能生产过程控制技术不仅可大幅提升生产效率和产品质量，还在推动制造业向智能化、自动化和优化方向迈进中发挥着举足轻重的作用。

1. 实时数据采集与监控

在智能生产过程控制技术中，实时数据采集与监控扮演着至关重要的角色，它们可为生产过程的智能化、自动化和优化提供坚实的数据基础。通过巧妙利用传感器、物联网等前沿技术，智能生产过程控制技术能够实现对生产环境中各种关键参数的实时采集和监控，从而确保生产过程的稳定、高效和安全。如图 2-30 所示。

1) 实时数据采集

实时数据采集是智能生产过程控制技术的重要组成部分。借助先进的传感器技术，系统能够实时感知生产环境中的温度、压力、湿度、流量等关键参数。这些传感器被精心布置在生产线的各环节，像一双双敏锐的"眼睛"，时刻捕捉着生产过程中的细微变化。它们不仅能够准确测量各种物理量，还能将数据传输至数据采集系统，为后续的监控和分析提供原始数据。

2) 数据传输与监控

采集的数据通过物联网技术迅速传输至中央控制系统。物联网技术的应用，使数据的传输变得更高效、稳定和安全。中央控制系统接收到数据后，会进行实时分析和处理，以生成生产过程的实时状态信息和趋势预测。这样生产管理人员可以随时随地了解生产线的运行状态、产品质量、设备性能等关键信息，从而做出更科学、合理的决策。

3) 监控与预警

实时监控是智能生产过程控制技术的核心功能之一。通过中央控制系统的可视化界面，生产管理人员可以直观地看到生产过程各环节和关键参数的变化情况。一旦发现异常情况或潜在风险，系统会立即发出预警，提醒管理人员及时采取措施进行处理。这样不仅能

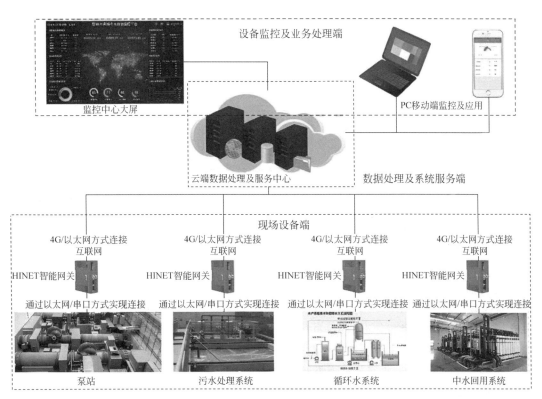

图 2-30 工业数据实时采集与监控

避免生产事故,还能减少生产过程中的浪费和损失。

4) 数据支持与决策优化

实时数据采集与监控不仅可为生产过程的实时监控提供数据支持,还可为生产决策的优化提供有力依据。通过对历史数据进行分析和挖掘,企业可深入了解生产过程的规律和特点,发现生产中的瓶颈和问题。这些数据和分析结果可为生产计划的制订、生产参数的调整、设备维护的优化等提供科学依据,从而推动生产过程的持续改进和升级。

综上所述,实时数据采集与监控在智能生产过程控制技术中发挥着至关重要的作用。它们通过传感器、物联网等技术的融合应用,实现对生产过程中关键参数的实时采集、传输和监控,为生产过程的智能化、自动化和优化提供坚实的数据基础。随着技术的不断进步和应用场景的不断拓展,实时数据采集与监控将在智能生产过程控制技术中发挥更重要的作用,为企业的生产和管理带来更大的便利和效益。

2. 智能数据分析与预测

在智能生产过程控制技术中,智能数据分析与预测是一种关键功能,它利用大数据分析和机器学习技术的强大能力,深入挖掘实时采集的数据,发现其中潜在的关联和规律。这种深入的数据洞察不仅有助于优化当前的生产过程,还能预测未来的趋势,从而为企业带来前瞻性的决策支持。

1) 智能数据分析

智能数据分析是智能生产过程控制技术的核心组成部分。借助先进的大数据分析工具,系统可以对实时采集的生产数据进行全面的剖析。这种分析不仅限于简单的数据统计和报表生成,还包括对数据的深度挖掘和模式识别。通过识别数据之间的潜在关系和规律,企业可以更深入地了解生产过程的本质和特性。

2) 预测模型构建

在智能数据分析的基础上,智能生产过程控制技术进一步利用机器学习技术构建预测模型。这些模型基于历史数据和当前实时数据,通过训练和优化实现对生产过程未来趋势的准确预测。无论是生产效率的预测、设备故障的预警,还是产品质量的预测,这些模型都能为企业提供宝贵的前瞻性信息。

3) 生产过程优化

基于智能数据分析和预测模型的结果,智能生产过程控制技术能够为企业的生产过程提供优化建议。这些建议可能涉及生产参数的调整、生产计划的重新安排、设备维护的优化等多方面。企业可通过提前识别潜在问题并采取相应措施,避免生产过程中的浪费和损失,提高生产效率和质量。

4) 决策支持与系统迭代

智能数据分析与预测可为生产过程提供即时优化建议,还可为企业的长期决策提供有力支持。通过不断收集和分析数据,系统可持续优化自身的预测模型和分析算法,提高预测和优化的准确性。这种持续的迭代和改进使智能生产过程控制技术能够适应不断变化的市场需求和生产环境,为企业的持续发展提供源源不断的动力。

综上所述,智能数据分析与预测在智能生产过程控制技术中发挥着至关重要的作用。它利用大数据分析和机器学习技术的力量,深入挖掘实时数据中的潜在价值,为企业提供前瞻性的决策支持和生产过程优化。随着技术的不断进步和应用场景的不断拓展,智能数据分析与预测将在智能生产过程控制技术中发挥更重要的作用,为企业的生产和管理带来更大的便利和效益。

3. 智能控制算法

在智能生产过程控制技术中,智能控制算法扮演着至关重要的角色。这些算法能够基于实时数据和预测结果,对生产过程进行精准的控制和调整,以实现生产目标的最优化。随着技术的发展,越来越多的智能控制算法被引入生产控制领域,包括 PID 控制、模糊控制、神经网络控制等。

1) PID 控制

PID(比例-积分-微分)控制是最经典的控制算法之一,广泛应用于各种工业控制系统。如图 2-31 所示,它通过不断调整控制器的输出信号,使系统的输出能够迅速、稳定地达到期望值。PID 控制具有结构简单、参数易于调整等优点,因此在许多生产过程中得到广泛应用。

2) 模糊控制

模糊控制是一种基于模糊逻辑的控制方法,它不需要建立精确的数学模型,而是根据专家的经验和知识制定控制规则。如图 2-32 所示,模糊控制能够处理一些不确定性和非线性问题,因此在一些复杂的生产过程中具有较好的控制效果。例如,在温度控制、速度控制等场景中,模糊控制都展现出了独特的优势。

3) 神经网络控制

神经网络控制是一种基于人工神经网络的控制方法,它通过模拟人脑神经元的连接方

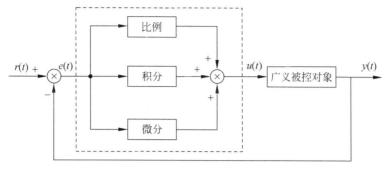

图 2-31　PID 控制算法结构图

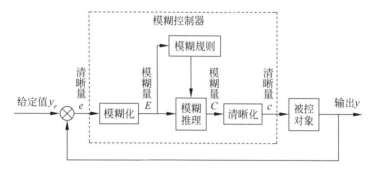

图 2-32　模糊控制算法结构图

式,建立一种高度非线性的控制模型,如图 2-33 所示。神经网络控制能够自适应地学习和优化控制策略,因此在处理复杂、不确定的生产过程时表现出色。随着深度学习技术的发展,神经网络控制在生产过程控制中的应用也越来越广泛。

4）选择最适合的控制策略

在实际应用中,选择最适合的控制策略是关键。这需要根据生产过程的具体特点、控制

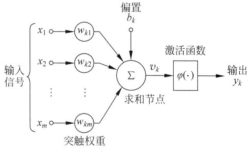

图 2-33　神经网络控制算法结构图

目标及环境条件综合考虑。例如,对于一些线性、时不变的系统,PID 控制可能是一种很好的选择;而对于一些复杂、非线性的系统,模糊控制或神经网络控制可能更适合。此外,还可根据实际需求,将多种控制策略进行组合和优化,以达到更好的控制效果。

5）实时数据和预测结果的利用

智能控制算法的核心在于对实时数据和预测结果进行利用。通过实时采集生产过程中的各种数据（如温度、压力、流量等）,并结合预测算法对未来状态进行预测,智能控制算法能够及时调整控制策略,确保生产过程始终保持最优状态。这种基于数据和预测的控制方式,可提高生产过程的稳定性和效率,还有助于降低能耗、减少浪费,实现可持续发展。

综上所述,智能控制算法在智能生产过程控制技术中发挥着重要作用。通过选择合适的控制策略并充分利用实时数据和预测结果,可实现对生产过程的精准控制和优化调整,从而实现生产目标的最优化。随着技术的不断进步和创新,相信未来会有更多先进的智能控

制算法被引入生产控制领域,为工业生产的智能化和高效化提供有力支持。

4. 自适应控制与优化

智能生产过程控制技术中的自适应控制与优化是其智能化和自适应能力的集中体现。这种能力使生产过程能够实时响应环境变化和生产条件的波动,通过动态调整控制策略和参数,确保生产过程始终保持最佳状态。

1)自适应控制

自适应控制是智能生产过程控制技术的核心机制之一。它利用先进的算法和模型,实时监测生产过程中的各种参数和变量,如温度、压力、流量等。一旦发现这些参数偏离预设范围或出现异常波动,自适应控制系统就会迅速做出反应,自动调整控制策略,如调整设备运行速度、改变物料配比等,以确保生产过程回归稳定状态,如图 2-34 所示。

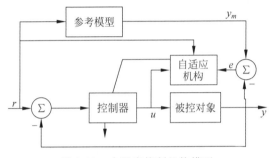

图 2-34 自适应控制机构模型

2)实时优化

除了自适应控制,智能生产过程控制技术还具备实时优化的能力。通过收集和分析大量的生产数据,系统能够发现生产过程中存在的潜在问题和瓶颈。基于这些数据和分析结果,系统会生成优化建议,如改进工艺流程、优化设备配置、调整生产计划等。这些建议可以帮助企业快速识别问题并采取相应措施,从而提高生产效率和产品质量。

3)持续学习与改进

自适应控制与优化不是一次性的过程,而是一个持续学习和改进的过程。随着生产数据的不断积累和分析,系统对生产过程的了解越来越深入,控制策略和参数的调整也越来越精准。这种持续的学习和改进使智能生产过程控制技术能够适应不断变化的生产环境和市场需求,为企业的持续发展提供源源不断的动力。

4)安全性与可靠性

自适应控制与优化在确保生产过程的安全性和可靠性方面发挥着重要作用。通过实时监测和预警,系统能够及时发现潜在的安全风险,并采取相应的控制措施加以消除。这种前瞻性的风险管理有助于减少生产事故,保障员工的安全和企业的稳定运营。

综上所述,自适应控制与优化是智能生产过程控制技术中不可或缺的一环。它通过实时调整控制策略和参数,使生产过程能够自适应环境变化和生产条件的波动,从而保持最佳状态。这种能力可提高生产效率和产品质量,还可增强生产过程的安全性和可靠性,为企业的持续发展提供有力保障。

5. 异常检测与预警

在智能生产过程控制技术中,异常检测与预警是确保生产过程安全、稳定、高效运行的关键环节。通过结合智能数据分析和模型预测,系统能够实时监测生产过程中的各种参数和变量,准确捕捉异常情况,并在第一时间发出预警,从而为操作人员提供及时、有效的决策支持,如图 2-35 所示。

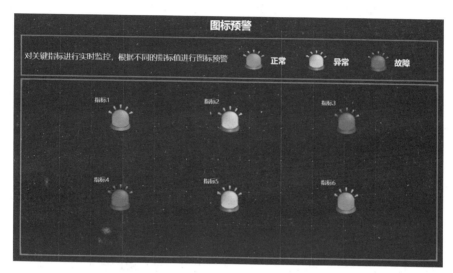

图 2-35 异常检测与预警应用示例——图标预警

1) 实时监测与数据收集

异常检测与预警系统首先会对生产过程进行实时监测,收集生产线上各环节的关键数据。这些数据包括设备运行参数、工艺参数、产品质量指标等,它们反映了生产过程的实时状态。通过高效的数据采集系统,这些数据被实时传输至中央处理单元进行分析和处理。

2) 智能数据分析与模型预测

在接收到实时数据后,智能数据分析系统会对这些数据进行深入挖掘和分析。利用先进的算法和模型,识别数据中的异常模式、趋势和关联性。同时,模型预测技术也可以对未来可能出现的异常情况进行预测。这些分析和预测结果可为异常检测提供重要的依据。

3) 异常检测与预警触发

当数据分析结果显示出异常情况或预测到潜在风险时,异常检测与预警系统会立即触发预警机制。系统通过声光电等多种方式向操作人员发出预警信号,并提供相关的数据和建议。这些建议包括调整工艺参数、停机检查、启动应急预案等,帮助操作人员快速响应和处理异常情况。

4) 操作人员支持与决策辅助

在异常情况发生时,操作人员可以根据预警系统提供的数据和建议,迅速判断并采取相应措施。同时,系统可以提供历史异常案例的参考和学习,帮助操作人员积累经验,提高应对能力。通过异常检测与预警系统的支持,操作人员能够更高效地处理异常情况,减少生产损失和风险。

5）系统学习与持续优化

异常检测与预警系统还具有学习和优化的能力。随着生产数据的不断积累和分析，系统可以不断优化自身的异常检测算法和模型预测精度，提高异常检测的准确性和预警的时效性。这种持续的学习和优化使异常检测与预警系统能够适应不断变化的生产环境和市场需求，为企业的稳定发展提供有力保障。

综上所述，异常检测与预警是智能生产过程控制技术中不可或缺的一环。系统通过实时监测、智能数据分析、模型预测和预警触发等机制，能够及时发现并应对生产过程中的异常情况，确保生产过程的安全、稳定和高效运行。同时，系统支持操作人员快速响应和处理异常情况，提供决策支持和经验学习。随着技术的不断进步和应用场景的不断拓展，异常检测与预警系统将在智能生产过程控制技术中发挥更重要的作用，为企业的生产和管理带来更大的便利和效益。

6. 可视化与人机交互界面

在智能生产过程控制技术中，可视化与人机交互界面发挥着至关重要的作用。一个直观、友好的人机交互界面不仅能够实时展示生产数据和状态，还能使操作人员轻松地进行参数设定和控制调整，以确保生产过程的顺利进行。

1）直观的可视化界面

设计一个直观的可视化界面是智能生产过程控制技术的关键。这个界面通常包含多个图表、图形和动态数据展示元素，以直观的方式呈现生产过程中的各种参数和状态。通过颜色、大小、动画等视觉元素，操作人员可以迅速识别生产过程中的关键信息，如生产速度、设备状态、产品质量等，如图 2-36 所示。

图 2-36 可视化人机交互界面

2）人机交互友好性

除了直观性，人机交互界面的友好性也是至关重要的。这意味着界面设计应该考虑操作人员的习惯、需求和技能水平，确保其能够快速上手并高效地进行操作。例如，界面可以提供简洁明了的操作按钮、下拉菜单和快捷键，以便操作人员快速完成参数设定和控制调整。

3）实时数据与生产状态更新

可视化界面需要实时更新生产数据和状态，以确保操作人员始终了解最新生产情况。

通过实时数据流和动态图表,操作人员可以实时监测生产线的运行状态、设备性能及产品质量。这种实时反馈有助于操作人员及时发现潜在问题并采取相应措施,避免生产事故的发生。

4)灵活的参数设定与控制调整

可视化界面应提供灵活的参数设定和控制调整功能。操作人员可以通过界面轻松地调整工艺参数、设定生产目标、切换生产模式。这种灵活性使生产过程能够适应不同的生产需求和环境变化,提高生产效率和产品质量。

5)数据分析与决策支持

可视化界面可以整合数据分析工具,为操作人员提供决策支持。通过对历史数据进行分析和挖掘,可视化界面可以展示生产过程中的趋势、瓶颈和改进空间。这些信息有助于操作人员制订更合理的生产计划、优化生产流程和改进产品质量。

6)安全性与可靠性保障

在设计可视化与人机交互界面时,还要考虑安全性和可靠性。通过采用先进的加密技术、权限管理机制和容错措施,可确保界面数据的安全性和系统的稳定性。这有助于保护企业的核心数据和生产信息不被泄露或损坏,保障生产过程的顺利进行。

7. 应用领域

智能生产过程控制技术以其高效、精准和灵活的特点,在多领域得到广泛应用。以下是一些主要应用领域及其具体应用情况。

1)制造业

在制造业中,智能生产过程控制技术发挥着核心作用。无论是汽车制造、电子制造,还是机械加工,智能生产过程控制技术都能显著提高生产效率、降低成本并提升产品质量。

(1)汽车制造:在汽车生产线上,智能控制系统可以实时监测生产线的运行状态,自动调整生产参数,确保每辆汽车都符合高质量标准。此外,通过预测维护系统可以提前预警设备故障,降低生产中断的风险。

(2)电子制造:在电子产品生产过程中,智能过程控制可以确保高精度的组装和测试过程,提高产品良率、降低返修率。

(3)化工生产:在化工领域,智能控制系统可以精确控制化学反应的条件,确保生产安全和产品质量。

2)物流与供应链管理

智能生产过程控制技术在物流与供应链管理中也发挥着重要作用。通过实时监测库存状态、订单需求和运输情况,系统可以自动调整库存水平和订单调度计划,实现供应链的优化。

(1)库存优化:通过分析历史销售数据和市场需求预测,智能系统可以预测未来的库存需求,并自动调整库存水平,避免库存积压或缺货情况。

(2)订单调度:基于实时的订单信息和运输能力,智能系统可以自动优化订单调度计划,确保订单按时交付并降低运输成本。

3)能源与公用事业

在能源和公用事业领域,智能生产过程控制技术也扮演着重要角色。例如,在电力系统中,智能控制系统可以实时监测电网运行状态,自动调整发电和分配计划,确保电力系统的稳定运行。

4）食品饮料加工

在食品饮料加工领域，智能过程控制技术可以确保产品的一致性和安全性。通过精确控制生产过程中的温度、湿度和压力等参数，确保食品的口感和营养价值不受损，并降低食品变质的风险。

5）医药制造

在医药制造领域，智能生产过程控制技术对于确保产品质量和符合法规要求至关重要。通过精确的控制系统和严格的质量检测机制，可以确保药品的准确性和安全性，保障患者的利益。

综上所述，智能生产过程控制技术在多领域都有广泛应用，可提高生产效率和质量，还可降低成本并增强供应链的灵活性。随着技术的不断进步和应用场景的不断拓展，智能生产过程控制技术将在更多领域发挥重要作用，推动制造业和其他行业的持续发展。

8. 优势与挑战

1）优势

智能生产过程控制技术具有众多显著优势，这些优势可提升企业的生产效率，还可增强产品质量，使生产过程更加智能化、自动化。以下是对这些优势的扩展和补充。

（1）提高生产效率和产品质量：智能生产过程控制技术通过精确的监测和控制，能够实时调整生产参数和工艺流程，确保生产过程始终运行于最优状态。这不仅能大大提高生产效率、缩短生产周期，还能显著提升产品的一致性和质量。系统可以自动检测和纠正生产过程中的偏差，减少人为错误和产品质量问题，从而提高客户满意度和企业市场竞争力。

（2）实现生产过程的智能化和自动化：传统的生产过程往往依赖人工操作和经验判断，而智能生产过程控制技术通过引入先进的算法和模型，可实现生产过程的智能化和自动化。系统可以自主学习和优化控制策略，根据实时数据预测未来的生产情况，并自动调整设备参数和生产计划。这不仅能降低对人工操作的依赖、减少人力成本，还能提高生产过程的稳定性和可靠性。

（3）提高生产线的灵活性和适应性：智能生产过程控制技术可使生产线具备更高的灵活性和适应性。传统的生产线往往只能生产固定规格的产品，而智能生产线可通过快速调整设备参数和控制策略，轻松切换生产不同规格和类型的产品。这种灵活性使企业能够快速响应市场变化和客户需求，提高生产效率和资源利用率。

（4）优化资源配置和降低能耗：智能生产过程控制技术可以实时监测生产线的能耗和资源使用情况，通过优化资源配置和降低能耗，实现绿色和可持续发展。系统可以分析生产过程中的能耗数据和资源使用情况，提供节能建议和优化方案，帮助企业降低生产成本，提高资源利用效率。

（5）提升生产安全性：安全是生产过程中不可忽视的重要因素。智能生产过程控制技术通过实时监测设备状态和生产环境，可提前预警潜在的安全风险，并采取相应措施进行防范。这有助于减少生产事故的发生，保障员工的安全和企业的稳定运营。

综上所述，智能生产过程控制技术通过以上优势，可为企业带来显著的经济效益和市场竞争力。随着技术的不断发展和应用场景的不断拓展，智能生产过程控制技术将在未来发挥更重要的作用，推动企业的持续创新和发展。

2)挑战

智能生产过程控制技术虽然具有诸多优势,但在实际应用中也面临一些挑战。

(1)数据安全和隐私保护:在智能生产过程中,大量的生产数据被收集、传输和处理。这些数据中可能包含企业的核心机密和客户的敏感信息,因此数据安全和隐私保护成了一个重要的挑战。为确保数据的安全性和隐私性,企业需要采取一系列措施,如加强数据加密、实施访问控制和建立严格的数据管理制度。同时,还要定期对数据进行备份和恢复测试,以防止数据丢失或损坏。

(2)技术应用和推广的障碍:智能生产过程控制技术的应用和推广往往存在组织结构、文化等方面的障碍。一些企业可能存在传统的生产观念和习惯,难以接受新的技术和理念。此外,一些企业的组织结构可能较为僵化,难以适应快速变化的市场需求和技术发展。为消除这些障碍,企业需要积极转变观念,推动组织结构的优化和文化的创新。同时,还要加强员工的培训和教育,提高其技术素养和创新能力。

(3)技术升级和改造的投入:智能生产过程控制技术的应用需要投入大量的人力、物力和财力进行技术升级和改造,包括购买和安装先进的生产设备、开发或引入智能控制系统、培训员工等。对于一些中小型企业而言,这可能是一笔巨大的投资。因此,企业需要在充分评估投资回报和风险控制的基础上,制订合理的技术升级和改造计划。同时,还要积极寻求政府、行业协会等外部资源的支持,降低技术升级和改造的成本和风险。

(4)技术标准和规范的统一:在智能生产过程控制技术的应用过程中,还面临技术标准和规范的统一问题。由于不同企业可能采用不同的技术和设备,导致数据格式、通信协议等方面存在差异。这可能会给数据的共享和互通带来困难,影响智能生产过程控制技术的效果。因此,需要建立统一的技术标准和规范,实现不同系统和设备之间的兼容性和互通性,推动智能生产过程控制技术的广泛应用和发展。

综上所述,智能生产过程控制技术在实际应用中面临着以上挑战。为克服这些挑战,企业需要积极应对并采取相应的措施,推动智能生产过程控制技术的健康发展。同时,还要加强政府、行业协会等方面的合作和支持,共同推动智能生产过程控制技术的创新和应用。

2.1.6 智能质量检测技术

智能质量检测技术是数字化技术在制造业中备受瞩目的应用领域,它充分利用人工智能、机器学习、计算机视觉等尖端技术手段,实现对产品质量的精准、高效和自动化的检测与分析。这一技术的出现,不仅能提升制造业的产品质量,还能大幅提高生产效率,降低人工成本,为企业的可持续发展注入新的活力。

1. 计算机视觉技术

计算机视觉技术在智能质量检测技术中扮演着至关重要的角色,它使机器能够像人一样"看见"并理解产品的表面情况,从而为质量检测提供精准、快速的支持。

1)图像获取

首先,计算机视觉技术利用高分辨率的摄像头、传感器等图像采集设备,对产品表面进行全面的拍摄或扫描。这些设备可以捕捉产品的纹理、颜色、形状等细微特征,并将这些特

征转化为数字图像或数据。同时,为了确保图像的质量,还要进行光照控制、镜头选择等一系列操作,以获取清晰、准确的图像信息,如图2-37所示。

2)图像处理与分析

获取图像后,计算机视觉系统会运用一系列图像处理和分析技术,对图像进行预处理、特征提取和分类识别等操作。预处理包括去噪、增强等操作,旨在提高图像的质量和清晰度。特征提取则是通过算法从图像中提取关键信息,如边缘、纹理、颜色等,并

图2-37 计算机视觉技术在自动驾驶中的应用

将这些特征作为后续分类识别的依据。分类识别是利用机器学习、深度学习等算法,对提取出的特征进行学习和分类,从而判断产品的表面是否存在缺陷、异物等问题。

3)模式识别与智能决策

除了基本的图像处理和分析外,计算机视觉技术还可结合模式识别技术,对产品的表面模式进行识别和分析。例如,系统可通过对比标准图像和待检测图像,识别出产品的表面是否存在划痕、凹陷、颜色不均等问题。同时,结合智能决策算法,系统还可根据识别结果自动判断产品的质量等级,为后续的质量控制提供决策支持。

4)实时性与自动化

计算机视觉技术具有高度的实时性和自动化特点。通过高速的图像采集和处理算法,系统可实现对产品表面的快速检测和分析。同时,结合自动化设备和流水线技术,可实现产品上料、检测、下料等全过程的自动化,大大提高生产效率和质量检测的准确性。

5)应用范围广泛

计算机视觉技术在智能质量检测技术中的应用范围非常广泛。无论是金属、塑料、玻璃等材质的产品,还是食品、药品等消费品,都可以通过计算机视觉技术进行质量检测。此外,随着技术的不断进步和应用场景的不断拓展,计算机视觉技术还将在更多领域发挥重要作用,推动制造业实现更高水平的发展。

2. 机器学习和深度学习

在智能质量检测技术中,机器学习和深度学习是不可或缺的技术支柱,它们可为自动化、智能化的缺陷识别和分类提供强大的动力,如图2-38所示。

图2-38 机器学习和深度学习的对比

1)机器学习

机器学习是一种基于数据驱动的算法技术,它能够从大量已标记的样本数据中学习并提取出有用的信息。在智能质量检测中,机器学习算法用于训练模型,使其能够自动识别和

分类产品的缺陷。

为训练出高效的模型，首先需要收集大量带有缺陷标记的产品图像数据。这些数据集通常包括正常产品和具有各种类型缺陷的样本，每个样本都带有相应的标签，指示是否存在缺陷及缺陷的类型。

其次，选择合适的机器学习算法进行模型训练。常见的算法包括支持向量机、随机森林、决策树等。这些算法通过学习样本数据的特征，自动提取出能够区分正常产品和缺陷产品的关键信息。

训练好的模型可以对待检测的产品图像进行预测和分类，自动判断是否存在缺陷及缺陷的类型。这种基于机器学习的智能质量检测方法可大大提高检测效率和准确性，降低人工干预的需求。

2）深度学习

深度学习是机器学习的一个分支，它利用神经网络模型模拟人脑的学习过程。在智能质量检测中，深度学习技术如卷积神经网络（CNN）等表现出色，广泛应用于图像识别和模式分类方面。

卷积神经网络是一种专门用于处理图像数据的神经网络结构。它通过多个卷积层、池化层和全连接层的组合，自动提取图像中的特征并进行分类。在智能质量检测中，CNN可用于训练识别各种类型的缺陷，如划痕、凹陷、异物等。

与传统的机器学习算法相比，深度学习模型具有更强的特征提取能力和更高的分类精度。通过大量的训练数据，CNN可以学习更复杂和精细的特征表示，从而实现对产品缺陷的准确识别和分类。

此外，深度学习还可以结合无监督学习的方法，如自编码器、生成对抗网络（GAN）等，从未标记的数据中学习有用的特征表示。这对于解决标记数据不足的问题具有重要意义，为智能质量检测的广泛应用提供更大的可能性。

3. 特征提取和分析

智能质量检测技术中，特征提取和分析是非常关键的步骤，它们对于准确判断产品质量起着至关重要的作用。

1）特征提取

特征提取是智能质量检测过程中的首要任务。在这一阶段，计算机视觉技术发挥着核心作用。通过高分辨率的摄像头和图像采集设备，产品表面被转化为数字图像。随后利用图像处理算法，自动提取出图像中的关键特征，如图2-39所示。

这些特征包括但不限于色彩、形状、纹理等视觉属性。色彩特征用于识别产品表面的颜色偏差或污染；形状特征用于检测产品的几何尺寸是否符合标准；纹理特征则有助于识别产品表面的细微结构变化，如划痕、凹坑等缺陷。

为了更准确地提取特征，还可以使用图像预处理技术，如去噪、增强、滤波等，以提高图像质量和特征提取的准确性。

2）特征分析

提取到的特征随后被送入机器学习模型，进行进一步的分析和比对。机器学习算法通过训练大量的已标记样本数据，学习正常产品和缺陷产品的特征差异。当新的产品图像输入时，模型能够自动将这些特征与已学习的模式进行匹配，从而判断产品是否存在缺陷。

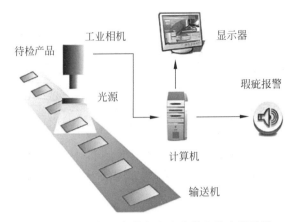

图 2-39 特征提取与分析在生产线上的应用示例

在特征分析过程中,机器学习模型还会对缺陷的具体位置和类型进行定位。这通常是通过比较正常产品的特征分布与缺陷产品的特征分布实现的。一旦检测到异常特征,模型就会标记出缺陷的位置,并可能进一步分类缺陷的类型,如划痕、凹坑、颜色不均等。

此外,为提高分析的准确性和可靠性,还可采用多特征融合的方法,将多个特征进行组合和综合分析。这样可在一定程度上减少单一特征分析带来的误判和漏检。

3)结论与意义

特征提取和分析在智能质量检测技术中扮演着至关重要的角色。它们使系统能够自动识别和分类产品的缺陷,提高质量检测的效率和准确性。通过机器学习和计算机视觉技术的结合,智能质量检测技术可为制造业带来革命性的变革,推动产品质量的提升和生产效率的提高。

随着技术的不断进步和应用场景的不断拓展,特征提取和分析技术将在智能质量检测领域发挥更重要的作用。可以期待未来更先进、高效的算法和模型的出现,为制造业的质量控制和产品创新提供更好的支持。

4. 智能缺陷识别

智能质量检测技术中,智能缺陷识别是确保产品质量和提升生产效率的关键环节。当训练好的模型被部署到智能质量检测系统中时,便具备了自动识别产品表面各种缺陷的能力。图 2-40 所示为智能缺陷识别技术在饮料瓶盖缺陷识别中的应用示例。

1)智能缺陷识别技术

智能缺陷识别主要依赖深度学习和计算机视觉技术。通过训练大量带有缺陷标记的产品图像数据,深度学习模型(如卷积神经网络 CNN)能够学习到缺陷的特征表示,并自动提取出用于区分正常产品和缺陷产品的关键信息。这些模型在训练过程中不断优化,最终能够实现对产品表面缺陷的高精度识别。

2)实时缺陷检测

智能质量检测系统具备实时检测能力,这意味着它可以在高速生产线上对产品进行即时检测。系统通过集成高速摄像头和图像处理算法,可以捕获产品表面的图像,并在毫秒级别内完成缺陷的识别和分类。这种实时检测能提高生产效率,还能确保每个产品都经过严

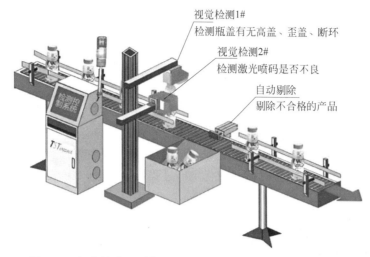

图 2-40　智能缺陷识别技术在饮料瓶盖缺陷识别中的应用示例

格的质量检查,从而提高整体质量水平。

3) 多种缺陷识别

智能缺陷识别系统能够识别多种类型的缺陷,如裂纹、瑕疵、污渍等。这些缺陷可能由生产过程中的各种原因产生,如材料缺陷、工艺问题或环境因素等。通过训练模型识别不同类型的缺陷,系统可在生产线上及时发现并处理这些问题,从而防止缺陷产品进入市场,保护企业的声誉并提高客户的满意度。

4) 提高生产效率和质量水平

智能缺陷识别技术的引入可大大提高生产效率和质量水平。首先,由于系统能够实时检测缺陷,生产线上的操作人员可以更快地发现问题并采取相应措施,避免长时间的产品检查和人工筛选。其次,智能系统可减少人为因素导致的误判和漏检,提高质量检测的准确性和可靠性。最后,减少缺陷产品,可以节省企业成本并提高客户满意度,从而增强市场竞争力。

5. 实时监控与反馈

在智能质量检测技术中,实时监控与反馈机制是确保产品质量和生产流程稳定性的关键要素。智能质量检测系统通过集成先进的传感器、摄像头,以及数据处理和分析技术,能够实时监控生产过程中产品的质量状况,并在发现不合格产品时立即进行处理和反馈。

1) 实时监控产品质量

系统通过部署在生产线上的传感器和摄像头,持续收集关于产品质量的实时数据。这些数据包括产品的尺寸、形状、颜色、纹理等关键信息,以及与产品质量相关的生产过程参数。利用先进的数据处理和分析技术,系统能够实时分析这些数据,并生成产品质量报告,为生产管理人员提供决策支持。

2) 自动处理与反馈机制

一旦发现产品质量存在问题或缺陷,智能质量检测系统会立即触发自动处理机制,可能包括自动停机、自动分拣不合格产品、自动调整生产工艺参数等措施,以防止次品继续流入市场。同时,系统会通过内置的报警机制,向生产管理人员发送实时警报,以便他们迅速采取应对措施。

3）实时反馈与持续优化

智能质量检测系统还能提供实时反馈,帮助生产管理人员了解当前生产过程中的问题,并采取相应的优化措施。这些反馈可以通过数据可视化的形式展现,如质量趋势图、缺陷分布图等,使管理人员能够直观地了解产品质量状况和生产过程的瓶颈。

4）提高生产效率与产品质量

通过实时监控与反馈机制,智能质量检测系统不仅能帮助企业及时发现和处理产品质量问题,还能提高生产效率。通过自动处理和反馈机制,系统能减少人工干预和误判,提高生产线的自动化程度。同时,通过持续优化生产过程,企业可进一步提高产品质量和生产效率,增强市场竞争力。

6. 数据驱动的质量改进

在智能质量检测技术中,数据驱动的质量改进是提升产品质量和生产效率的关键环节。智能质量检测系统通过持续收集和分析产品质量数据,为企业提供深入的质量洞察和改进建议,从而推动质量管理的数据化和智能化。

1）持续收集与分析产品质量数据

智能质量检测系统在生产过程中持续收集产品质量数据,这些数据包括产品的尺寸、形状、颜色、纹理等关键信息,以及与产品质量相关的生产过程参数。通过集成先进的数据采集和分析工具,系统能够对这些数据进行实时处理和分析,提取有价值的质量信息。

2）数据驱动的质量改进方案

基于数据分析的结果,智能质量检测系统能够为企业提供数据驱动的质量改进方案。这些方案包括调整生产工艺参数、优化设备设置、改进产品设计等,旨在提高产品质量和生产效率。通过数据驱动的改进方案,企业能够更精准地识别问题,并采取有效的措施进行改进。

3）实时调整与优化

智能质量检测系统还能根据实时数据分析的结果,为企业提供实时的调整和优化建议。这意味着企业可以根据系统的反馈及时调整生产过程,确保产品质量始终处于最佳状态。这种实时调整和优化能力,使企业能够更灵活地应对市场变化和客户需求的变化。

4）提升产品质量和生产效率

通过数据驱动的质量改进方案,企业可不断提升产品质量和生产效率。通过优化生产工艺和设备设置,企业可减少次品率和浪费,提高生产效率和产品质量。同时,数据驱动的改进方案还能帮助企业发现潜在的质量问题,并采取预防措施,避免问题的发生。

5）结论与展望

智能质量检测技术中的数据驱动质量改进方案可为企业提供全新的质量管理思路和方法。通过持续收集和分析产品质量数据,企业能够更精准地识别问题,并采取有效的措施进行改进。这种数据驱动的质量改进方式,可提高产品质量和生产效率,还可为企业提供持续改进和优化的动力。

随着技术的不断发展和应用场景的不断拓展,我们可以期待智能质量检测技术在未来发挥更重要的作用。例如,通过引入更先进的数据分析算法和机器学习技术,系统能提供更精准的质量预测和更优化的改进方案。此外,随着物联网和大数据技术的普及,智能质量检测系统可实现与其他生产系统的无缝集成,为企业提供更全面、深入的质量管理支持。

7. 应用领域

智能质量检测技术以其高效、精准和自动化的特点,在众多制造业领域中发挥着重要作用。无论是传统的制造业,还是新兴的高科技产业,都可以看到智能质量检测技术的广泛应用。

1) 传统制造业的应用

在汽车制造领域,智能质量检测技术用于检测汽车零部件的尺寸精度、表面缺陷及装配质量等。通过自动化设备和先进的算法,实现汽车零部件的快速、准确检测,从而确保汽车的制造质量和安全性。

在电子制造领域,智能质量检测技术主要用于电子元器件的检测和分类。由于电子元器件种类繁多、尺寸微小,传统的人工检测难以满足高效率、高准确性的要求。而智能质量检测技术可通过机器视觉和机器学习算法,实现对电子元器件的自动检测、分类和缺陷识别,提高生产效率并降低不良品率。

2) 高精度领域的应用

除了传统制造业,智能质量检测技术在医药制造和航空航天等高精度领域中也有重要应用。在医药制造领域,产品质量直接关系人们的生命安全和健康。智能质量检测技术可用于药品的外观检测、成分分析和包装质量检查等方面,确保药品的质量和安全性。

在航空航天领域,产品的质量和可靠性对于飞行器的安全性能至关重要。智能质量检测技术可应用于飞机和航天器的零部件检测、材料性能分析和结构强度评估等方面。通过精确的检测和数据分析,为飞行器的设计和制造提供有力支持,确保飞行安全。

3) 扩展应用领域

除了上述领域,智能质量检测技术还可应用于能源、环保、建筑等多领域。在能源领域,智能质量检测技术可用于太阳能电池板、风力发电机等设备的性能检测和故障诊断,提高能源利用效率。在环保领域,该技术可用于水质监测、大气污染源分析等方面,为环境保护提供技术支持。在建筑领域,智能质量检测技术可用于建筑材料的检测、工程结构的监测和评估等方面,保障建筑物的安全性能。

8. 优势与挑战

1) 优势

智能质量检测技术具有诸多显著优势,这些优势可提升产品质量检测的准确性和效率,还可推动生产过程的自动化和智能化,从而降低人工成本,提升产品质量和企业形象,增强市场竞争力。

(1) 提高产品质量检测的准确性和效率:传统的质量检测往往依赖人工操作和经验判断,存在误差大、效率低等问题。而智能质量检测技术通过集成先进的传感器、机器视觉、深度学习等技术,能够实现对产品质量的精确、快速检测,大大提高检测的准确性,并显著提高检测效率,缩短产品上市时间,为企业赢得更多的市场机会。

(2) 实现生产过程的自动化和智能化:智能质量检测技术能够将质量检测与生产过程紧密结合,实现生产过程的自动化和智能化。系统通过实时收集和分析生产数据,能够自动调整工艺参数、优化设备设置,确保产品质量始终处于最佳状态。这不仅可降低对人工操作的依赖,减少人为错误的发生,还可提高生产效率和稳定性。

（3）降低人工成本:随着劳动力成本的不断上升,降低人工成本成为企业的迫切需求。智能质量检测技术通过自动化和智能化的生产方式,减少对人工操作的依赖,降低人工成本。同时,系统还能实现24小时不间断检测,进一步提高生产效率,为企业创造更大的经济效益。

（4）提升产品质量和企业形象:智能质量检测技术通过提高产品质量检测的准确性和效率,有助于提升产品质量和稳定性。优质的产品不仅能满足客户需求,还能树立企业的良好形象,增强客户对企业的信任和忠诚度。这对于企业在激烈的市场竞争中脱颖而出具有重要意义。

（5）增强市场竞争力:通过智能质量检测技术,企业能够快速响应市场需求变化,提高产品质量和生产效率,降低成本,从而增强市场竞争力。同时,智能质量检测技术还能为企业提供深入的质量洞察和改进建议,帮助企业持续改进和优化生产过程,不断提升产品质量和服务水平。这将使企业在激烈的市场竞争中保持领先地位并实现可持续发展。

综上所述,智能质量检测技术具有高精度、高效率、自动化和智能化等诸多优势。它不仅能提高产品质量检测的准确性和效率,还能推动生产过程的自动化和智能化,降低人工成本,提升产品质量和企业形象,增强市场竞争力。随着技术的不断发展和应用场景的不断拓展,智能质量检测技术将在未来发挥更重要的作用,为企业创造更大的价值。

2）挑战

智能质量检测技术虽然具有显著的优势,但仍面临一些挑战。其中,对图像质量和环境光照等因素的敏感性,以及复杂产品和多样化生产线的挑战,是需要重点关注和解决的问题。

（1）对图像质量和环境光照等因素的敏感性:智能质量检测技术中的许多方法,如机器视觉和深度学习算法,都依赖高质量的图像数据。然而,在实际生产环境中,图像质量可能受到多种因素的影响,如光照不足、光线不均、阴影等。这些因素可能导致图像质量下降,进而影响检测算法的准确性和稳定性。

应对这一挑战,需要提高系统的稳定性和鲁棒性。一方面,可以通过优化图像采集和处理算法,减少图像质量对检测结果的影响。例如,采用自适应光照平衡技术、图像增强算法等改善图像质量。另一方面,可以研究更鲁棒的检测算法,提高算法对图像质量变化的适应性,包括研究更稳定的特征提取方法、设计更鲁棒的分类器等。

（2）复杂产品和多样化生产线的挑战:在实际应用中,许多产品具有复杂的结构和多样化的特点,这给智能质量检测技术带来了挑战。同时,不同的生产线可能具有不同的工艺流程和设备配置,这也增加了建立统一、灵活的检测模型和系统的难度。

应对这一挑战,需要建立更复杂和灵活的检测模型和系统。首先,需要深入研究产品的特点和生产工艺流程,理解产品质量的影响因素和变化规律。在此基础上,设计更具针对性的检测算法和模型,提高检测的准确性和效率。其次,需要研究如何将多个检测算法和模型进行集成和融合,以适应不同产品和生产线的需求,包括研究如何进行算法选择和组合、如何进行模型训练和调优等。

此外,随着物联网和大数据技术的发展,可以考虑将智能质量检测技术与其他生产系统进行集成和融合。通过将质量检测数据与其他生产数据进行关联和分析,可以更全面地了解生产过程和产品质量的变化情况,为企业提供更深入的质量洞察和改进建议。

2.2 智能装备与工程应用

智能装备与工程应用涵盖多领域,其中包括工业机器人、协作机器人、智能产线、智能加工设备、智能仓储设备、智能检测设备、增材制造设备与技术、智能装配工艺与装备、智能数控设备与技术等。这些技术的发展和应用对于提升工业生产效率、改善产品质量、降低生产成本具有重要意义。下面将对这些智能装备及其工程应用进行详细探讨。

2.2.1 工业机器人

工业机器人是一种多功能的自动化设备,它集成了机械、电子、计算机、传感器和人工智能等多领域技术,具有高度的灵活性和可编程性。这些机器人通常配备多个轴,可以在三维空间中自由移动,执行各种复杂的工业操作,如图 2-41 所示。

在汽车制造领域,工业机器人被广泛应用于车身焊接、冲压、涂装等生产环节,可大大提高生产效率和产品质量。在电子设备生产领域,工业机器人可以完成精确的组装、检测和包装等任务,有效减少人工操作的错误和成本。在航空航天领域,工业机器人则发挥着更重要的作用,它们可以在极端环境下完成高精度、高可靠性的制造和加工任务。

随着人工智能和传感技术的不断发展,工业机器人的智能化水平也在不断提高。现代工业机器人可以通过机器学习、深度学习等技术进行自我学习

图 2-41 工业机器人在制造生产线上的应用示例

和优化,不断提高自身的操作精度和效率。同时,各种先进的传感器技术也被广泛应用于工业机器人的控制和感知,如视觉传感器、力传感器、触觉传感器等,这些传感器可以帮助机器人更准确地感知环境和操作对象,从而完成更复杂的任务。

除了以上提到的应用领域,工业机器人还被广泛应用于食品、医药、化工等行业。它们可以完成从简单的搬运、码垛到复杂的加工、装配等各种任务,大大提高生产效率和产品质量,为企业带来显著的经济效益和社会效益。

总之,工业机器人作为一种高度自动化的机电一体化设备,已经成为现代工业生产中不可或缺的一部分。随着技术的不断进步和应用领域的不断扩大,工业机器人的作用和价值也将不断凸显,为人类的生产和生活带来更多的便利和效益。

2.2.2 协作机器人

协作机器人作为近年来机器人技术的一大创新,其设计初衷是与人类在相同的工作环境中并肩作战,共同完成任务。这一特殊定位使协作机器人相较于传统工业机器人具有更高的柔性和安全性,如图 2-42 所示。

首先,协作机器人具有更高的柔性。不同于传统工业机器人需要预设固定的操作路径和程序,协作机器人可以根据人类的操作习惯和工作需求进行实时调整。可通过编程使其

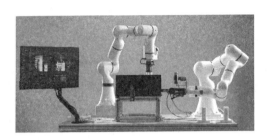

图 2-42 协作机器人(机械臂)工作示意图

适应各种任务,并在短时间内学习和适应新的工作流程。这种灵活性使协作机器人能够胜任更多种类的任务,并与人类形成更紧密的合作关系。

其次,协作机器人具有更高的安全性。传统工业机器人由于操作精度和速度的要求,往往需要在隔离栏内进行工作,以避免与人类发生碰撞。而协作机器人采用先进的传感器和安全控制系统,能够实时感知周围环境的变化,并在与人类发生接触时立即停止工作。这种安全性设计使协作机器人能够与人类在同一工作空间内共同工作,而无须担心发生危险。

协作机器人在装配线、物流仓储等领域有着广泛的应用。在装配线上,协作机器人可以与工人一起完成零部件的装配工作,提高生产效率并降低工人的劳动强度。在物流仓储领域,协作机器人可以协助工人进行货物的搬运、分类和存储等工作,大大提高物流效率。

此外,协作机器人还可应用于医疗、教育、家庭服务等领域。在医疗领域,协作机器人可以协助医生进行手术操作、康复训练等工作,为患者提供更安全、高效的医疗服务。在教育领域,协作机器人可以作为教学辅助工具,帮助学生更好地理解和掌握科学知识。在家庭服务领域,协作机器人可以协助家庭成员进行清洁、烹饪、照料老人和儿童等工作,为家庭带来更多的便利。

总之,协作机器人作为一种新型的机器人系统,具有更高的柔性和安全性,能够与人类在同一工作空间内协作工作,共同完成任务。它们在装配线、物流仓储等领域的应用可为人类提供更便捷、高效的工作方式,并在医疗、教育、家庭服务等领域展现出广阔的应用前景。随着技术的不断进步和应用领域的不断扩大,协作机器人将为人类的生产和生活带来更多的便利和效益。

2.2.3 智能产线

智能产线是现代工业发展的重要方向,它充分利用物联网、大数据、人工智能等前沿技术,对传统生产线进行全面的升级改造,实现生产过程的智能化和自动化。这种转型可极大地提高生产效率,并显著提升产品质量,为企业的可持续发展注入强大的动力,如图 2-43 所示。

智能产线的核心在于其具有生产过程可视化、自适应调整和远程监控等特点。通过物联网技术,智能产线能够实时收集生产线上的各种数据,如设备运行状态、产品质量信息、生产进度等,并通过大数据分析和人工智能技术对这些数据进行处理和分析。这使生产过程变得透明化,管理人员可以实时了解生产线的运行状态,对生产计划进行灵活调整,确保生产的高效进行。

同时,智能产线还具备自适应调整能力。通过机器学习和深度学习技术,智能产线可以

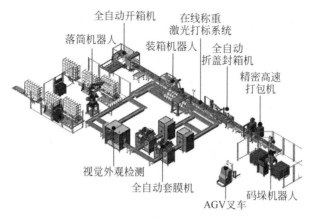

图 2-43 智能产线示意图

自动学习和优化生产流程,自动调整设备参数和工艺路线,以适应不同产品、不同批次的生产需求。这种自适应调整的能力使智能产线具有极强的灵活性和适应性,能够快速响应市场变化和客户需求。

此外,智能产线还具备远程监控功能。通过互联网技术,管理人员可以随时随地对生产线进行远程监控和管理,及时发现和解决生产中的问题。这种远程监控功能可极大地提高生产管理的效率和便捷性,降低企业的运营成本。

智能产线的应用不仅可提高生产效率和产品质量,还为企业带来许多其他好处。首先,智能产线可以降低企业的生产成本,减少人力和物力的浪费。其次,智能产线可以提高企业的市场竞争力,快速响应市场需求,赢得更多的客户。最后,智能产线可以促进企业的数字化转型和智能化升级,为企业的未来发展奠定坚实的基础。

总之,智能产线是现代工业发展的重要方向,它通过物联网、大数据、人工智能等技术实现生产过程的智能化和自动化。智能产线具有生产过程可视化、自适应调整、远程监控等特点,能够实现生产计划的灵活调整和生产过程的实时优化,提高生产效率和产品质量。随着技术的不断进步和应用领域的不断扩大,智能产线将在未来的工业发展中发挥更重要的作用。

2.2.4 智能加工设备

智能加工设备是现代制造业的重要支柱,它们集成了自动化控制、人工智能、传感器技术等多领域的最新成果,使传统加工设备焕发出新的生机。这些设备不仅具备高度自动化的特点,更在智能化方面取得显著突破,从而实现高精度、高效率的加工操作。

智能加工设备的核心在于其强大的自动化控制和智能化功能。以数控机床为例,它可以通过预先设定的加工参数,自动调整刀具的运动轨迹、切削速度、进给量等关键参数,确保加工过程的精确性和稳定性。同时,智能加工设备配备各种传感器,能够实时监测加工过程中的温度、压力、振动等关键信息,并通过人工智能技术对这些数据进行分析和处理,自动调整加工参数,以保证加工质量和效率,如图 2-44 所示。

除自动化控制和智能化功能外,智能加工设备还具备高度的灵活性和适应性。它们可以通过编程和参数设置,适应不同材料、不同形状、不同尺寸的加工需求。无论是航空航天

图 2-44　智能数控机床

领域的高精度零件加工,还是汽车制造领域的大规模生产线加工,智能加工设备都能提供稳定、可靠的加工解决方案。

智能加工设备的应用不仅能提高加工精度和效率,还能为企业带来许多其他好处。首先,智能加工设备可以减少对熟练工人的依赖,降低人力成本。其次,智能加工设备可以大幅减少加工过程中的误差和废品率,提高产品质量和竞争力。最后,智能加工设备可以实现生产过程的可视化和远程监控,方便管理人员进行生产调度和质量控制。

总之,智能加工设备是现代制造业的重要支柱,它们通过自动化控制和智能化功能实现高精度、高效率的加工操作。

2.2.5　智能仓储设备

智能仓储设备是现代物流领域的一大创新,它们集成了物联网、RFID(无线射频识别)、自动化机器人等前沿技术,使仓储管理过程实现自动化和智能化。通过智能仓储设备,企业能够显著提高仓储效率,减少人为错误,并优化物流流程,如图 2-45 所示。

图 2-45　智能仓储示意图

智能堆垛机是智能仓储系统中的核心设备之一。它们能够根据预设的指令,自动完成货物的存储和取出任务。智能堆垛机配备先进的传感器和控制系统,可以精确地识别货物位置,实现快速、准确的货物搬运。

AGV(自动导引车)是另一种智能仓储设备,它们可以在仓库内部进行自主导航,根据指令将货物从一个位置搬运到另一个位置。AGV 通常配备激光雷达、摄像头等传感器,可以实时感知周围环境,确保安全、高效的货物搬运。

智能拣选系统则能够自动完成货物分拣任务。它利用先进的图像识别和机器学习技术,对货物进行识别和分类,并将它们准确地送达到指定位置。智能拣选系统可大大提高分拣速度和准确性,降低人工成本。

除了以上几种设备,智能仓储系统还包括许多其他设备和技术,如智能货架、无线通信技术、数据分析软件等。这些设备和技术共同构成一个高度自动化的仓储管理系统,使货物的存储、搬运和分拣过程更高效、准确和可靠。

智能仓储设备的应用不仅能提高仓储效率,还能为企业带来许多其他好处。首先,智能仓储设备可以 24 小时不间断地工作,大大提高仓储作业的灵活性和效率。其次,智能仓储设备可以减少人工干预,降低人为错误和货物损坏的风险。最后,智能仓储设备可与企业的其他信息系统进行集成,实现数据的实时共享和分析,为企业的决策提供更准确、全面的数据支持。

总之,智能仓储设备是现代物流领域的一大创新,是推动现代物流业发展的重要力量。

2.2.6 智能检测设备

智能检测设备是现代工业生产中不可或缺的一部分,它们通过集成自动化检测技术和智能诊断功能,为生产过程提供精准、高效的质量保障。这些设备不仅能提高产品合格率,还能显著提升生产效率,为企业的可持续发展注入新动力。

智能检测设备的核心在于其自动化检测和智能诊断功能。智能传感器能够实时监测生产过程中的温度、压力、流量等关键参数,将数据传输给在线检测系统进行分析和处理。在线检测系统通过先进的算法和模型,对产品质量进行实时检测和控制,及时发现生产过程中的异常和缺陷。同时,智能成像设备(如智能相机、三维扫描仪等)能够对产品进行高精度的成像和测量,为质量检测和故障诊断提供更直观、准确的数据。

除自动化检测和智能诊断功能外,智能检测设备还具备高度集成化和智能化的特点。它们可以与生产线上的其他设备实现无缝对接和数据共享,实现生产过程的自动化和智能化。此外,智能检测设备还具备自学习和自适应的能力,能够通过机器学习和深度学习技术不断优化检测算法和模型,提高检测的准确性和效率。

智能检测设备的应用不仅能提高产品合格率和生产效率,还能为企业带来许多其他好处。首先,智能检测设备可以减少人工检测的成本和误差,提高产品质量和稳定性。其次,智能检测设备可以及时发现生产过程中的异常和缺陷,避免批量产品的报废和损失。最后,智能检测设备可以为企业提供生产过程的可视化和数据分析支持,帮助企业优化生产流程和降低成本。

随着工业 4.0 和智能制造的深入发展,智能检测设备将在未来的工业生产中发挥更重要的作用。它们将与物联网、云计算、大数据等先进技术相结合,实现更智能化、更高效的质量检测和控制。

总之,智能检测设备是现代工业生产中不可或缺的一部分,它们通过自动化检测和智能诊断功能为生产过程提供精准、高效的质量保障。智能检测设备的应用不仅能提高产品合格率和生产效率,还能为企业带来许多其他好处。随着技术的不断进步和应用领域的不断扩大,智能检测设备将在未来的工业生产中发挥更重要的作用。

2.2.7 增材制造设备与技术

增材制造又称 3D 打印或快速成型,是一种革命性的制造技术,它突破了传统减材制造的局限,通过逐层堆叠材料的方式构建出三维实体。这种方法可简化复杂产品的制造流程,极大地提高设计的灵活性和个性化生产能力。增材制造设备(如 3D 打印机、激光熔覆机、电子束熔化设备等)已经成为现代制造业的重要工具。

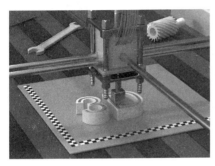

图 2-46 增材制造

增材制造技术的核心在于其逐层构建的原理。通过精确控制材料的堆叠和固化过程,增材制造可以生产出具有复杂结构和高精度的零部件,如图 2-46 所示。这种技术不仅适用于金属、塑料等传统材料,还适用于陶瓷、生物材料等多种新型材料。因此,增材制造在航空航天、医疗器械、汽车制造等领域有着广泛的应用前景。

在航空航天领域,增材制造用于生产轻质、高强度的零部件,如发动机叶片、飞机骨架等。这些零部件不仅结构复杂,而且要求具有极高的精度和性能。通过增材制造技术可以一次性成型,大大缩短生产周期,并降低成本。

在医疗器械领域,增材制造可为定制化生产提供可能。例如,可以根据患者的 CT 扫描数据,通过增材制造制作出精确匹配的植入物,如牙齿、关节等。这种技术可提高患者的生活质量,推动医疗行业的创新和发展。

在汽车制造领域,增材制造用于生产原型车、定制零部件等。通过增材制造,汽车设计师可以快速验证设计理念,优化设计方案。同时,增材制造还可用于生产传统工艺难以加工的复杂零部件,为汽车的个性化生产提供可能。

除了以上领域,增材制造还在建筑、艺术、教育等领域发挥着重要作用。例如,在建筑领域,增材制造可用于生产建筑模型、预制构件等;在艺术领域,增材制造可为艺术家提供全新的创作方式;在教育领域,增材制造可为学生提供直观、生动的学习材料。

总之,增材制造作为一种新型的制造技术,具有高度的灵活性和个性化生产能力,能够实现复杂零部件的快速制造和定制生产。

2.2.8 智能装配工艺与装备

智能装配工艺与装备是现代制造业的重要组成部分,它们通过集成自动化装配设备和智能化工艺方法,将传统的装配过程转变为高效、精准、灵活的智能化生产方式,可显著提高装配效率和产品质量,为企业带来更多的竞争优势和经济效益。

智能装配工艺的核心在于自动化装配设备与智能化工艺方法相结合。自动化装配线通过高精度的传动系统和控制系统,实现零部件的自动抓取、定位和装配。柔性装配系统则通过模块化设计和可重构技术,适应不同产品、不同批量的装配需求,提高装配线的灵活性和适应性。智能装配工具(如智能夹具、智能拧紧系统等)通过集成传感器和控制器,能够实时监测装配过程中的关键参数,并自动调整装配力、装配速度等参数,确保装配的精准性和稳定性。

除自动化装配设备和智能化工艺方法外,智能装配工艺还注重数据的采集和分析。通过在装配过程中集成各种传感器和检测设备,可以实时收集装配过程中的各种数据,如装配力、装配速度、装配温度等。这些数据不仅可用于监控装配过程的状态和异常,还可通过数据分析和挖掘优化装配工艺和装配参数,提高装配效率和产品质量。

智能装配工艺与装备的应用可为企业带来许多好处。首先,智能装配工艺可大幅提高装配效率和产量,降低人工成本。其次,智能装配工艺可显著提高产品质量和稳定性,减少装配过程中的误差并降低废品率。最后,智能装配工艺可实现生产过程的可视化和远程监控,方便管理人员进行生产调度和质量控制。汽车生产线上的智能装配工艺与装备如图 2-47 所示。

图 2-47　汽车生产线上的智能装配工艺与装备

随着智能制造和工业 4.0 的深入发展,智能装配工艺与装备将在未来的制造业中发挥更重要的作用。它们将与物联网、云计算、大数据等先进技术相结合,实现更智能化、更高效的装配过程。

总之,智能装配工艺与装备是现代制造业的重要组成部分,它们通过集成自动化装配设备和智能化工艺方法,实现产品装配过程的高效、精准和灵活。智能装配工艺与装备的应用可提高装配效率和产品质量,还可为企业带来更多的竞争优势和经济效益。

2.2.9　智能数控设备与技术

智能数控设备是制造业的一颗璀璨明珠,它们结合自动化控制技术和智能化功能,为现代工业生产带来革命性变革。智能数控设备,如数控机床、数控车床、数控车铣复合加工中心等,可通过预先编程和自动调整参数,实现对复杂零部件的高精度加工和高效率生产。

图 2-48　智能车铣复合数控机床

智能数控设备的核心在于强大的数控系统和智能化功能。数控系统通过接收编程指令,精确控制机床的运动轨迹、切削参数等关键要素,确保加工过程的稳定性和精度。同时,智能数控设备还配备各种传感器和检测系统,能够实时监测加工过程中的温度、振动、切削力等关键信息,并通过智能化算法对这些数据进行分析和处理,自动调整加工参数,以实现最佳加工效果。智能车铣复合数控机床如图 2-48 所示。

除高精度加工和高效率生产外,智能数控设备还具备高度的灵活性和适应性。通过编程和参数设置,智能数控设备可以适应不同材料、不同形状、不同尺寸的加工需求。无论是航空航天领域的高端零部件,还是模具制造和医疗器械行业的复杂结构件,智能数控设备都能提供稳定、可靠的加工解决方案。

智能数控设备的应用不仅能提高加工精度和效率,还能为企业带来许多其他好处。首先,智能数控设备可以减少对熟练工人的依赖,降低人力成本。其次,智能数控设备可以大幅减少加工过程中的误差并降低废品率,提高产品质量和竞争力。最后,智能数控设备还可以实现生产过程的可视化和远程监控,方便管理人员进行生产调度和质量控制。

总之,智能数控设备是制造业的重要支柱,它们通过自动化控制和智能化功能实现高精度、高效率的加工操作。

综上所述，智能装备与工程应用涵盖工业机器人、协作机器人、智能产线、智能加工设备、智能仓储设备、智能检测设备、增材制造设备与技术、智能装配工艺与装备、智能数控设备与技术等多方面。这些智能装备和工程技术的发展和应用将进一步推动工业生产的智能化、自动化和数字化，为人类创造更便捷、高效、可持续的生产方式，促进经济社会的发展和进步。

2.3 工业互联网技术

2.3.1 工业互联网概述

工业互联网作为第四次工业革命的核心驱动力，正在深刻地改变传统工业生产的面貌。它将互联网技术、大数据分析和人工智能等先进技术与工业生产紧密结合，构建一种全新的生产方式和商业模式。工业互联网可提高生产效率，降低运营成本，还能为企业带来更多的创新和竞争优势。

工业互联网通过连接各种工业设备、传感器和系统，构建一个庞大的数据网络。这个网络能够实时采集、传输、存储和分析生产过程中的各种数据，包括设备运行状态、工艺流程参数、产品质量信息等。通过对这些数据进行深入挖掘和分析，企业可以更精准地了解生产状况，及时发现潜在问题，优化生产流程，提高产品质量。

工业互联网的核心理念是实现设备之间的互联互通、信息的共享和智能决策。通过设备之间的互联互通，工业互联网能够实现生产过程的无缝对接和协同作业，提高生产效率和灵活性。通过信息共享，工业互联网可以打破企业内部的信息壁垒，实现各部门的协同和信息交流。通过智能决策，工业互联网可以为企业提供科学、高效的生产管理和优化方案，帮助企业实现智能化决策和精细化管理。

工业互联网的应用范围广泛，涵盖制造业、能源、交通、物流等多领域。在制造业中，工业互联网可以帮助企业实现生产过程的自动化和智能化，提高生产效率和产品质量。工业互联网应用场景示意如图2-49所示。

在能源领域，工业互联网可以实现能源设备的远程监控和智能调度，提高能源利用效率和安全性。在交通和物流领域，工业互联网可以实现车辆和货物的实时追踪和管理，提高物流效率和可靠性。

随着技术的不断发展和应用场景的不断拓展，工业互联网将在未来的工业生产中发挥更重要的作用。它将与物联网、云计算、大数据、人工智能等先进技术相结合，推动制造业的数字化转型和智能化升级。同时，工业互联网还将促进产业链上下游企业的协同和合作，推动整个产业链的智能化和高效化。

总之，工业互联网作为新型生产方式和商业模式，正在深刻改变传统工业生产的面貌。它通过连接各种工业设备、传感器和系统，实现数据的采集、传输、存储和分析，从而实现生产过程的智能化、自动化和高效化。工业互联网的核心理念是实现设备之间的互联互通、信息共享和智能决策，为企业提供全方位的生产管理和优化方案。

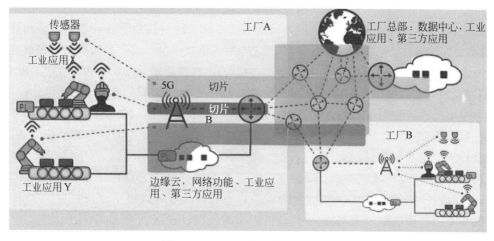

图 2-49 工业互联网应用场景示意

2.3.2 工业互联网基础技术

工业互联网基础技术是现代工业生产智能化的基石,它涵盖物联网技术、大数据技术、云计算技术和人工智能技术等众多领域。这些技术的结合与应用,使工业互联网得以在制造业和其他工业领域实现深刻的变革。

首先,物联网技术是工业互联网的基石,可实现设备之间的连接和通信。通过物联网技术,各种物理设备被赋予数据采集和传输能力,从而能够实时反馈设备的运行状态、工艺参数等信息。这不仅能提高生产过程的透明度,还能为后续的数据分析和优化提供基础。

其次,大数据技术用于处理和分析这些海量的生产数据。在工业互联网中,每天都会产生大量的数据,包括设备运行状态、生产流程数据、产品质量信息等。大数据技术通过高效的存储、处理和分析这些数据,帮助企业挖掘数据背后的规律和价值,从而指导生产过程的优化和决策。

再次,云计算技术为工业互联网提供高效的数据存储和计算能力。通过云计算,企业可以将数据集中存储在云端,实现数据的共享和协同。同时,云计算技术提供强大的计算能力,支持复杂的数据分析和模型训练,为工业生产的智能化提供强大的支持。

最后,人工智能技术赋予工业设备和系统智能化和自主学习的能力。通过人工智能技术,设备可以自动学习和优化,不断提高生产效率和质量。同时,人工智能技术可以帮助企业实现智能化的决策和管理,提高企业竞争力。

除以上四种基础技术外,工业互联网还需要网络安全技术、边缘计算技术、5G 通信技术等众多技术的支持。这些技术共同构成工业互联网的完整技术体系,为现代工业生产的智能化提供坚实的保障。

2.3.3 工业互联网平台使能技术

工业互联网平台作为连接和集成各种工业设备和系统的核心技术平台,是现代工业生产智能化的核心。该平台具备设备接入、数据管理、应用开发、服务支持等多样化功能,为企业的数字化转型和智能化升级提供强有力的支撑。

首先,设备接入技术是工业互联网平台的基础。它实现对各种工业设备的连接和数据采集,使平台能够实时获取设备的运行状态、工艺参数等重要信息。设备接入技术不仅支持传统的有线连接方式,还支持无线、低功耗等新型连接方式,以满足不同场景下的设备接入需求。

其次,数据管理技术是工业互联网平台的核心。它实现数据的存储、处理和分析,为企业的数据驱动决策提供可靠的数据基础。通过高效的数据存储和处理技术,实现对海量数据的快速响应和查询。同时,强大的数据分析技术能够帮助企业挖掘数据背后的价值,指导生产过程的优化和决策。

再次,应用开发技术是工业互联网平台的重要组成部分。它提供丰富的应用接口和开发工具,支持各种定制化的应用开发和集成。这意味着企业可以根据自身的业务需求,灵活地开发和应用各种功能模块,实现个性化的解决方案。这种灵活性和可扩展性使工业互联网平台能够更好地适应不同行业和企业的需求。

最后,服务支持技术是工业互联网平台稳定运行的保障。它对平台运行和维护提供支持,确保平台的稳定性和安全性。通过专业的技术支持团队和完善的运维体系,及时发现和解决潜在问题,保障企业的正常生产和运营。

总之,工业互联网平台作为连接和集成各种工业设备和系统的核心技术平台,通过设备接入、数据管理、应用开发和服务支持等功能,为企业的数字化转型和智能化升级提供强有力的支撑。

2.3.4 工业互联网应用

工业互联网的应用领域极为广泛,涵盖从生产制造、能源管理到智慧物流等多方面,为企业带来前所未有的转型与升级机会。工业互联网及其相关技术在现代工业发展中的应用案例如图 2-50 所示。

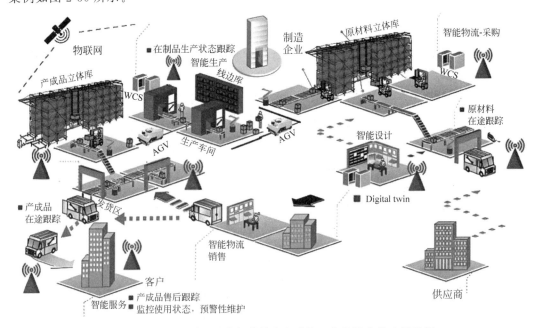

图 2-50 工业互联网及其相关技术在现代工业发展中的应用案例

在生产制造领域，工业互联网通过深度集成和智能分析，实现对设备状态的实时监测、生产过程的优化调整及智能制造的精准调度。这不仅能大大提高生产效率，还能显著提升产品质量。例如，在汽车制造过程中，工业互联网平台可以实时监控生产线的运行状态，及时预测和处理潜在的故障，从而确保生产线的持续稳定运行。此外，通过对生产数据进行深入分析，企业还能优化生产流程，提高原材料和能源的利用效率，实现节能减排。

在能源管理领域，工业互联网的应用同样具有重要意义。通过采集和分析能源数据，企业可以全面了解能源消耗情况，发现潜在的节能空间，并采取相应的节能措施。这不仅有助于降低能源成本，还能减少环境污染，实现可持续发展。例如，在石油化工行业中，工业互联网平台可以实时监控各种设备的能源消耗情况，通过智能分析提出节能建议，帮助企业降低运营成本。

而在智慧物流领域，工业互联网的应用可进一步提升物流行业的效率和服务水平。工业互联网平台通过实时追踪货物状态、优化仓储管理、实现智能配送等功能，确保货物在运输过程中安全、准时到达。从而提高物流效率，为客户提供更优质的服务体验。例如，在电商领域，工业互联网平台可以实现订单的智能分配和实时追踪，确保消费者及时收到心仪的商品。

除此之外，工业互联网还在农业、医疗、智慧城市等多领域发挥着重要作用。通过深度集成各种智能设备和系统，工业互联网为这些领域带来前所未有的创新和发展机遇。

随着技术的不断进步和应用场景的不断拓展，工业互联网在未来还将发挥更重要的作用。它将进一步推动各行业的数字化转型和智能化升级，为企业和社会带来更广阔的发展空间。同时，也要关注工业互联网应用中可能出现的挑战和问题，如数据安全、隐私保护等，确保其在推动社会进步的同时，保障人们的权益和安全。

总之，工业互联网的应用已经深入各领域的生产制造、能源管理、智慧物流等多方面，为企业和社会带来巨大的价值和机遇。随着技术的不断发展和应用场景的不断拓展，工业互联网将在未来发挥更重要的作用，推动各行业实现数字化转型和智能化升级。

2.3.5　网络协同制造

网络协同制造作为工业互联网的一大应用方向，正日益展现出巨大的潜力和价值。通过互联网技术的深度应用，网络协同制造能够连接并整合全球范围内的生产资源和服务资源，实现跨地域、跨企业的协同生产和合作。这种新型的生产模式打破传统的地域限制，使企业能够充分利用全球范围内的优质资源，从而大幅提升生产效率、降低生产成本。

具体来说，网络协同制造通过实时的数据交换和信息共享，实现订单的实时传递和生产过程的实时监控。这意味着从订单的生成到产品的完成，每个环节都能得到实时的反馈和调整，从而确保生产的高效和准确。同时，这种实时的监控机制也使企业能够及时发现并解决生产过程中可能出现的问题，降低生产风险。如图2-51所示。

更重要的是，网络协同制造推动了产业链的优化和升级。通过连接全球范围内的优质资源，网络协同制造使产业链上的每个环节都能得到最优配置和高效利用。这不仅有助于提升整个产业链的竞争力，还能推动产业的持续创新和发展。

此外，网络协同制造还能促进企业间的深度合作和共赢。企业通过共享资源、分担成本、分担风险，形成更紧密的合作关系，共同应对市场变化和竞争挑战。这种合作模式的出

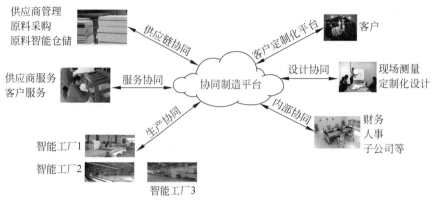

图 2-51 网络协同制造

现,不仅有助于提升企业竞争力,还能推动整个行业的进步和发展。

当然,网络协同制造也面临一些挑战和问题。例如,如何确保数据的安全和隐私、如何建立有效的信任机制、如何协调不同企业间的利益和诉求等。这些问题需要我们在实践中不断探索和解决,以确保网络协同制造能够持续、健康地发展。

总的来说,网络协同制造作为工业互联网的重要应用方向,正在全球范围内引发一场生产模式的深刻变革。它不仅能够提升生产效率、降低生产成本,还能够推动产业链的优化和升级,促进企业间的深度合作和共赢。随着技术的不断进步和应用场景的不断拓展,网络协同制造将在未来发挥更重要的作用,为全球经济的发展注入新的活力和动力。

2.3.6 云制造

云制造,作为工业互联网的另一个重要应用领域,正在引领制造业迈向一种全新的生产模式。云制造利用云计算平台的强大能力,对制造业的生产资源和服务资源进行整合和共享,从而实现生产过程的虚拟化、网络化和服务化。这一创新的生产模式不仅能提高生产资源的利用效率,还能显著增强产业的竞争力。

云制造的核心在于其虚拟化、网络化和服务化的特性。虚拟化技术使生产资源得以统一管理和调度,实现生产过程的灵活性和可伸缩性。网络化技术则打破传统生产模式的时空限制,使生产资源能够跨地域、跨企业地进行协同和合作。服务化则使生产资源转化为服务,为企业提供更灵活、个性化的解决方案。

云制造的生产模式可实现柔性化和定制化生产。通过云计算平台的实时数据分析和预测,企业可以更准确地把握市场需求和变化,从而快速调整生产计划和生产策略。这种柔性化的生产方式可提高企业的响应速度和适应能力,使企业能够为客户提供更加个性化的产品和服务。云制造生产模式及组成如图 2-52 所示。

此外,云制造还可降低生产成本和技术门槛。通过整合和共享生产资源,企业可以更高效地利用资源,减少浪费和冗余。同时,云计算平台的普及和应用也使生产技术的门槛得以降低,使更多的企业能够参与到制造业的竞争中。

更为重要的是,云制造促进了制造业的转型升级和可持续发展。通过云计算平台的支持,企业可以更加深入地探索和应用新技术、新工艺和新模式,推动制造业向高端化、智能化

图 2-52 云制造生产模式及组成

和绿色化方向发展。这不仅有助于提升整个制造业的竞争力,还能为社会的可持续发展做出积极贡献。

当然,云制造也面临一些挑战和问题。例如,如何确保数据的安全和隐私、如何保障服务的质量和稳定性、如何协调不同企业间的利益和诉求等。这些问题需要我们在实践中不断探索和解决,以确保云制造持续、健康地发展。

总的来说,云制造作为工业互联网的重要应用领域,正在推动制造业迈向更高效、灵活和可持续的未来。随着技术的不断进步和应用场景的不断拓展,我们有理由相信,云制造将在未来发挥更重要的作用,为全球制造业的发展注入新的活力和动力。

2.4 工业物联网

工业物联网是指利用物联网技术实现工业设备、传感器和系统之间的互联互通,以实现工业生产过程的智能化、自动化和高效化。在工业物联网中,各种物理设备和传感器通过网络连接,实现数据的采集、传输、存储和分析,为生产管理和决策提供数据支持和智能化服务。

2.4.1 工业物联网体系框架

工业物联网的体系框架是一个多层次、相互关联的结构,旨在实现设备之间的互联互通、数据的高效处理和业务功能的智能化。这个框架通常包括边缘层、网络层(IaaS 层)、平台层(工业 PaaS)和应用层(工业 SaaS)四个核心部分,每个部分都扮演着不可或缺的角色。如图 2-53 所示。

1) 边缘层

边缘层是工业物联网体系框架的基础,实现设备的连接和数据采集。这一层包含各种传感器、控制器和执行器,它们部署在工业现场,能够实时感知和监测设备的运行状态、环境参数和生产过程等关键信息。传感器负责采集数据,控制器负责设备的控制和调节,而执行器负责执行控制命令,确保设备的正常运行。边缘层的数据采集和处理能力对于整个工业物联网系统的性能和可靠性至关重要。

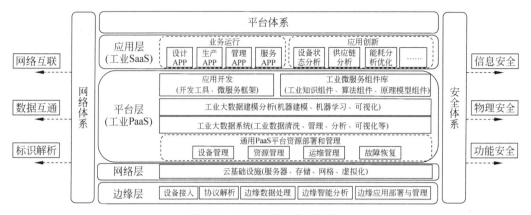

图 2-53 工业互联网体系架构

2）网络层

网络层负责数据的传输和通信，确保数据能够在不同设备和系统之间高效、安全地传输。包括有线网络、无线网络和互联网等多种通信方式，以适应不同的工业环境和应用需求。有线网络提供稳定、可靠的数据传输，无线网络便于设备的灵活部署和移动，而互联网则实现数据的远程访问和共享。网络层的通信协议和安全机制也是确保数据传输可靠性和安全性的关键。

3）平台层

平台层是工业物联网体系框架的核心，负责数据的管理和分析。包括数据存储、处理和算法模型等功能，能够对从边缘层采集的海量数据进行高效管理和分析。数据存储技术能确保数据的长期保存和可追溯性，数据处理技术则能对数据进行清洗、整合和转换，以满足不同应用的需求。算法模型用于数据分析和挖掘，提取有价值的信息和规律，为应用层提供决策支持。

4）应用层

应用层是工业物联网体系框架的最终目的，实现各种应用场景和业务功能。包括设备监控、生产调度、质量管理等多种应用，能够基于平台层提供的数据和分析结果，实现智能化决策和精细化管理。设备监控能够实时监测设备的运行状态和性能，确保设备的安全和稳定运行；生产调度则能根据订单和生产计划，优化生产资源的配置和使用，提高生产效率；质量管理则能对生产过程和产品质量进行全面监控和管理，确保产品质量的稳定性和可靠性。

综上所述，工业物联网的体系框架是一个多层次、相互关联的结构，每部分都扮演着不可或缺的角色。随着技术的不断发展和应用场景的不断拓展，工业物联网的体系框架也将不断完善和优化，为工业领域的数字化转型和智能化升级提供有力支持。

2.4.2 工业物联网大数据

工业物联网大数据作为新一代信息技术与工业深度融合的产物，正日益成为推动工业转型升级和智能化发展的关键要素。这些数据不仅来源于设备状态监测、生产过程控制，还涵盖供应链管理、产品销售等各环节，呈现数据量大、数据类型多样、数据速度快和数据价值高等特点。

首先,工业物联网大数据的数据量极大。随着越来越多的设备接入网络,每时每刻都在产生海量的数据。这些数据不仅包括设备的实时运行数据,还包括生产过程中的各种参数、环境信息及业务数据等。如何有效地采集、存储和处理这些数据,成为一个巨大的挑战。

其次,工业物联网大数据的数据类型多样。除传统的结构化数据外,还包括大量的半结构化和非结构化数据,如图像、视频、音频等。这些不同类型的数据需要采用不同的处理和分析方法,才能提取出有价值的信息。

再次,工业物联网大数据的数据速度快。数据的产生和传输速度都非常快,需要实时处理和分析,以便及时发现生产过程中的问题并采取相应措施。这要求数据处理系统具有高并发、低延迟的特点。

最后,工业物联网大数据的数据价值高。通过对这些数据进行深入分析和挖掘,可以发现生产过程中潜在的问题和机会,提高生产效率,降低能耗,优化产品质量等。同时,这些数据还可以为企业提供数据支持和决策参考,帮助企业做出明智的决策。

为应对这些挑战,需要采用先进的数据采集、存储、处理和分析技术。例如,可以利用边缘计算技术实现数据的实时处理和分析,减轻中心服务器的压力;利用大数据存储技术实现海量数据的存储和管理;利用机器学习、深度学习等人工智能技术实现数据的智能分析和挖掘等。

总之,工业物联网大数据是推动工业转型升级和智能化发展的关键要素。通过对这些数据进行深入分析和挖掘,可以发现生产过程中潜在的问题和机会,为企业提供数据支持和决策参考。

2.4.3 工业物联网云计算

工业物联网云计算是一种结合云计算技术、大数据与工业物联网应用的先进模式,它实现对工业物联网数据的集中存储、高效计算及灵活服务。通过利用云计算平台提供的强大计算资源和服务,工业物联网数据可在云端服务器中进行分布式处理,从而满足大规模数据处理和分析的需求。工业物联网云计算的组成部分及其相互关系如图 2-54 所示。

首先,工业物联网云计算可提高数据的安全性和可靠性。企业通过将数据存储于云端服务器,可以利用云计算平台提供的数据备份、恢复和容灾机制,确保数据的安全可靠。同时,云计算平台还提供了严格的数据访问控制和加密机制,保护数据不被非法访问和泄露。

其次,工业物联网云计算可降低数据存储和处理的成本。云计算平台通常采用按需付费的模式,企业只需根据实际使用的计算资源和服务来支付费用,从而避免了大量的硬件投入和维护成本。此外,云计算平台还具有高度的可扩展性,能够根据企业需求快速调整计算资源和服务,避免了资源浪费和成本浪费。

再次,工业物联网云计算可实现数据的实时共享和协同工作。通过将数据存储在云端服务器上,企业可以方便地与供应商、合作伙伴和客户进行数据共享和协作。同时,云计算平台还提供了丰富的应用服务,如数据分析、可视化、机器学习等,帮助企业更好地利用数据进行生产管理和决策支持。

最后,工业物联网云计算还可促进企业的数字化转型和智能化升级。利用云计算平台的强大计算能力和服务,企业可以更加深入地挖掘数据价值,发现生产过程中潜在的问题和

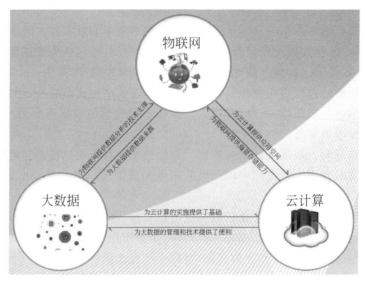

图 2-54 工业物联网云计算的组成部分及其相互关系

机会,优化生产流程,提高生产效率,降低能耗等。这不仅有助于提高企业竞争力,还能推动整个工业领域的数字化转型和智能化升级。

总之,工业物联网云计算是一种将云计算技术与工业物联网应用相结合的创新模式,它可提高数据的安全性和可靠性、降低数据存储和处理的成本、实现数据的实时共享和协同工作,并促进企业的数字化转型和智能化升级。

2.5 人工智能技术

2.5.1 人工智能的概念

人工智能(artificial intelligence,AI)是一门新兴的技术科学,其核心在于利用计算机科学和技术的原理与方法,模拟、延伸和扩展人类的智能。AI 旨在让计算机系统具备类似甚至超过人类的智能水平,从而能够自主地完成各种复杂的任务和决策。人工智能代替人类工作的场景概念图如图 2-55 所示。

图 2-55 人工智能代替人类工作的场景概念图

1) 模拟人类智能

AI 技术致力于模拟人类的认知能力,包括学习、感知、推理、理解、交流及问题解决等。通过模拟人类的思维过程,AI 系统可以处理大量的信息,并从中提取有用的知识,以指导其后续的行为和决策。

2) 扩展人类智能

除了模拟人类智能,AI 还致力于扩展人类智能。通过机器学习和深度学习等技术,AI 系统可以从数据中自动学习和进化,不断提高其性能和能力。这使 AI 系统在处理复杂问题、解决难题及创新方面有着巨大的潜力。

3）自主完成任务和决策

AI的另一个重要目标是让计算机系统自主地完成任务并做出决策。通过集成感知、决策、执行等多环节，AI系统可以实现对环境的感知、理解和响应，从而自主地完成各种复杂的任务，如自动驾驶、智能制造、智能家居等。

4）超越人类智能

虽然目前AI系统还无法完全超越人类智能，但随着技术的不断进步和发展，未来AI系统有望在某些方面超越人类智能。例如，AI系统可以通过大数据分析和预测，提前发现潜在的风险和问题；通过自动化和智能化生产，提高生产效率和产品质量；通过智能医疗系统，实现疾病的早期发现和精准治疗等。

总之，人工智能是一种具有巨大潜力和发展前景的技术。通过模拟、延伸和扩展人类智能，AI系统有望为人类生产、生活带来更便捷、高效和智能的体验。同时，随着技术的不断进步和应用场景的不断拓展，AI也将对社会的各方面产生深远的影响。

2.5.2 人工智能关键技术

人工智能的关键技术涵盖多领域，这些技术共同构成AI系统的核心。人工智能关键技术组成及各部分的包含关系如图2-56所示。

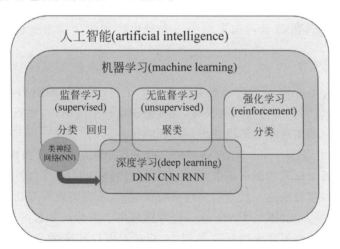

图2-56 人工智能关键技术组成及各部分的包含关系

1）机器学习

机器学习（machine learning）作为人工智能的核心技术之一，其重要性和影响已经逐渐渗透到日常生活和各个行业。通过利用大数据和先进算法，机器学习赋予计算机系统自主学习和进化的能力，使其能够根据已有经验不断优化自身决策和性能。

（1）监督学习：在监督学习中，训练数据是带有明确标签的，机器学习算法通过学习这些已标记的数据建立输入与输出之间的映射关系。这种学习方式在图像分类、语音识别和文字处理等任务中表现出色。通过不断地调整模型参数，监督学习算法能够逐渐提高预测和分类的准确性，从而帮助计算机系统更好地理解和应对各种复杂情况。

(2) 无监督学习：与监督学习不同，无监督学习面对的是没有明确标签的训练数据。在这种情况下，算法需要自行发现数据之间的内在结构和关系。例如，无监督学习可以通过聚类分析将相似的数据点归为一类，或者通过降维技术提取数据的主要特征。这种学习方式在推荐系统、社交网络分析和异常检测等领域具有广泛的应用。

(3) 强化学习：强化学习是一种通过试错来学习的方法，它模拟人类在学习过程中与环境的交互过程。在强化学习中，计算机系统通过与环境的不断交互探索可能的行动方案，并根据获得的奖励或惩罚调整自身的行为策略。这种学习方式在自动驾驶、机器人控制和游戏 AI 等领域取得了显著成果。通过不断地试错和学习，强化学习算法能够帮助计算机系统逐渐掌握最优行动策略，从而实现更智能、高效的任务执行。

(4) 机器学习的挑战与前景：尽管机器学习在人工智能领域取得了巨大的成功，但它仍然面临一些挑战。例如，如何有效地处理高维和复杂的数据、如何避免过拟合和欠拟合问题、如何解释和可视化模型的决策过程等。然而，随着技术的不断进步和研究的深入，这些问题都将得到妥善解决。

展望未来，机器学习将在更多领域发挥重要作用。随着大数据和云计算技术的发展，我们将能够处理更加庞大、复杂的数据集，从而进一步提高机器学习模型的性能和准确性。此外，随着深度学习、神经网络等技术的不断创新和完善，机器学习有望在图像识别、语音识别和自然语言处理等领域取得更具突破性的进展。

总之，机器学习作为人工智能领域的关键技术之一，其重要性和影响已经逐渐显现。通过不断地探索和创新，机器学习未来将为人类的生产和生活带来更便捷、高效和智能的体验。

2) 深度学习

深度学习（deep learning）作为机器学习的一个子集，其独特的魅力在于强大的特征学习和抽象表示能力。它利用神经网络模型，尤其是深度神经网络，自动提取和转换原始数据中的层次化特征，从而实现复杂的模式识别和预测任务。

(1) 深度神经网络（DNN）：DNN 是一种具有多层隐藏层的神经网络结构，每层都包含大量的神经元，并通过权重和激活函数将前一层的输出转换为下一层的输入。DNN 通过逐层传递和计算，可以学习到输入数据的多层次特征表示，从而实现对复杂任务的准确处理。

(2) 卷积神经网络（CNN）：CNN 是一种特别适用于图像识别任务的深度神经网络结构。它通过卷积层、池化层和全连接层的组合，实现对图像特征的自动提取和分类。CNN 中的卷积层通过卷积核在图像上进行滑动卷积，提取局部特征；池化层则通过下采样操作减少数据维度，提高模型泛化能力；最后通过全连接层将特征映射到样本类别空间，实现分类或回归任务。CNN 在图像分类、目标检测、图像分割等领域取得了显著的成果，成为计算机视觉领域的核心技术之一。

(3) 循环神经网络（RNN）：与 CNN 不同，RNN 主要用于处理序列数据，如文本、语音和时间序列等。RNN 通过引入循环结构和时间依赖性，捕捉序列数据中的时序信息和上下文关系。它通过在隐藏层中引入自连接，使当前时刻的隐藏状态不仅取决于当前输入，还依赖上一时刻的隐藏状态。这种特性使 RNN 能够处理变长序列，并实现对序列数据的建模和分析。RNN 在自然语言处理领域的文本生成、情感分析、机器翻译等任务中表现出色，也是语音识别和生成的重要工具。

（4）深度学习的发展与挑战：随着深度学习技术的不断发展，其应用领域也在不断扩展。从最初的图像识别、语音识别，到现在的自然语言处理、推荐系统、自动驾驶等，深度学习已经渗透到人工智能的各领域。然而，深度学习的发展也面临一些挑战，如模型复杂度与计算资源的矛盾、模型泛化能力的限制及可解释性不足等问题。

未来，随着计算资源的不断提升和算法的不断创新，深度学习有望在更多领域取得突破性进展。同时，研究者也在探索如何提高模型的泛化能力、降低模型复杂度及增强模型的可解释性，以推动深度学习技术的进一步发展。

总之，深度学习作为机器学习的一个重要子集，其强大的特征学习和抽象表示能力为人工智能领域带来了革命性变革。通过构建 DNN、CNN 和 RNN 等结构，深度学习可以处理更复杂、抽象的任务，并在图像识别、语音识别和自然语言处理等领域取得显著成果。未来，随着技术的不断进步和挑战的突破，深度学习有望在更多领域发挥重要作用，为人类的生产、生活带来更便捷、高效和智能的体验。

3）自然语言处理

自然语言处理（NLP）是人工智能领域中的一个关键分支，致力于研究如何使计算机系统理解和处理人类自然语言的技术和方法。NLP 的目标不仅要让计算机理解人类的语言，更要实现人机之间的有效交互和沟通，整体 NLP 技术体系如图 2-57 所示。

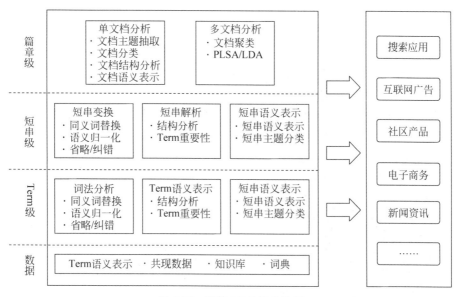

图 2-57　整体 NLP 技术体系

（1）理解人类语言：NLP 首先需要对人类语言进行深入的理解和分析。包括词汇的识别、语法的解析、语义的理解等多方面。通过自然语言处理技术，计算机系统可以自动识别和提取文本中的关键信息，理解其含义和上下文关系，进而实现对文本的准确理解和解释。

（2）生成自然语言文本：除了理解人类语言，NLP 还关注如何生成自然语言文本。包括机器翻译、文本生成、问答系统等多个应用方向。通过 NLP 技术，计算机系统可以自动将一种自然语言翻译成另一种自然语言，或者根据给定的信息自动生成符合语法和语义规则的文本。这些技术的应用可提高人机交互的效率和便捷性，也可为机器写作、智能客服等领域提供新的可能性。

（3）情感分析：情感分析是 NLP 的一个重要应用领域，旨在通过分析文本中的情感词汇、语气、情感标记等信息，判断文本表达的情感倾向和情感强度。情感分析技术可以应用于舆情监测、产品评价、客户服务等多领域，帮助企业了解用户需求和情感反馈，提高产品和服务的质量。

（4）人机对话：人机对话是 NLP 的另一个重要应用领域，旨在实现计算机系统和人类之间的自然语言交互。通过对话系统，人们可以通过自然语言与计算机系统进行交互，完成信息查询、任务执行、问题解答等多种任务。对话系统需要处理的问题包括语言理解、对话管理、语言生成等多方面，是 NLP 技术的重要应用之一。

（5）挑战与前景：尽管 NLP 已经取得显著进展，但仍面临一些挑战，如语言的多样性和复杂性、语义理解的困难性、计算资源的限制等。然而，随着技术的不断进步和创新，相信这些挑战都将得到妥善解决。

展望未来，NLP 有望在更多领域发挥重要作用。随着深度学习、强化学习等技术的发展，NLP 的性能和准确性将进一步提高，为实现更加智能、高效的人机交互提供有力支持。同时，随着自然语言处理技术的普及和应用，我们也将享受到更便捷、高效和智能的服务和体验。

总之，自然语言处理作为人工智能领域的重要分支，其研究和发展对于实现人机有效通信和交互具有重要意义。通过深入理解和应用 NLP 技术，可以实现情感分析、机器翻译、问答系统、文本摘要等多种应用，为人类的生产和生活带来更便捷、高效和智能的体验。

4）计算机视觉

计算机视觉作为人工智能领域的一个核心分支，致力于研究和开发使计算机系统能够"看懂"图像和视频的技术和方法。它涉及多个复杂任务，如目标检测、图像识别、场景理解等，这些任务的实现都离不开深度学习和计算机视觉算法的支持。计算机视觉在道路图像识别方面的应用实例如图 2-58 所示。

图 2-58　计算机视觉在道路图像识别方面的应用实例

（1）目标检测：目标检测是计算机视觉中的一个关键任务，旨在从图像或视频中识别出特定的目标对象，并确定它们的位置和大小。通过深度学习算法，计算机系统可以自动学习并识别各种目标对象,如人脸、车辆、行人等。目标检测技术在人脸识别、自动驾驶、智能监控等领域具有广泛的应用。

(2) 图像识别:图像识别是计算机视觉中的另一个重要任务,旨在识别和分类图像中的物体、场景或行为。通过深度学习算法,计算机系统可以对图像进行特征提取和分类,从而实现图像识别。图像识别技术广泛应用于图像检索、智能安防、医疗诊断等领域,为人们提供更便捷、高效的服务。

(3) 场景理解:场景理解是计算机视觉中的一个复杂任务,旨在理解图像或视频中的整体场景和上下文信息。场景理解需要对图像中的多个目标进行检测和识别,并理解它们之间的关系和交互。通过深度学习算法,计算机系统可以自动学习和理解场景中的复杂信息,为自动驾驶、智能监控、人机交互等领域提供有力支持。

(4) 人脸识别:人脸识别是计算机视觉技术的一个典型应用,通过识别和分析人脸特征实现身份认证和识别。人脸识别技术在安全监控、门禁系统、手机解锁等领域得到广泛应用。随着技术的不断进步,人脸识别技术的准确性和稳定性不断提高,为人们的生活带来了更多便利。

(5) 自动驾驶:自动驾驶是计算机视觉技术的又一重要应用领域。通过识别和分析道路图像和车辆信息,计算机系统可以自主决策和驾驶车辆。计算机视觉技术在自动驾驶中发挥着关键作用,包括车辆检测、道路识别、交通信号识别等。随着自动驾驶技术的不断发展,计算机视觉技术将发挥更重要的作用。

(6) 智能监控:智能监控是计算机视觉技术的另一个应用领域,通过识别和分析监控视频中的目标对象和行为,实现安全监控和预警。计算机视觉技术可以帮助监控系统自动识别异常事件和可疑行为,提高监控效率和准确性。智能监控技术在公共安全、交通管理等领域具有广泛的应用前景。

(7) 挑战与前景:尽管计算机视觉技术已经取得显著进展,但仍面临一些挑战,如复杂场景下的目标检测、小目标识别、动态场景理解等问题。然而,随着深度学习、强化学习等技术的发展和创新,相信这些挑战都将得到妥善解决。

展望未来,计算机视觉技术有望在更多领域发挥重要作用。随着算法的不断优化和计算资源的不断提升,计算机视觉技术将进一步提高其准确性和效率,为自动驾驶、智能安防、医疗诊断等领域提供更多可能性。同时,随着计算机视觉技术的普及和应用,我们也将享受到更加智能、便捷、高效的服务和体验。

5) 专家系统

专家系统不仅集成了特定领域的知识和经验,还通过规则推理和逻辑运算,模拟人类专家的思维过程,为用户提供专业、可靠的决策支持。这些系统通常包含大量专业领域的数据、规则、算法和模型,以便在特定情况下进行智能分析和判断。

(1) 金融领域:在金融领域,专家系统可用于风险评估、投资策略制定、信贷审批等方面。例如,通过分析历史数据和市场趋势,专家系统可以帮助投资者制定科学的投资策略,减少投资风险,提高投资回报。同时,专家系统还可以协助信贷机构进行贷款审批,通过智能分析借款人的信用记录、财务状况等信息,准确评估借款人的还款能力和风险,从而保护机构的资金安全。

(2)医疗领域：在医疗领域，专家系统可以辅助医生进行疾病诊断和治疗方案的制订。医生可以将自己的临床经验和专业知识输入专家系统，使其能够智能地分析病人的症状和体征，提供可能的疾病诊断和治疗建议。这不仅可以提高医生的工作效率，还可以降低漏诊和误诊的可能性，提高医疗质量。

(3)法律领域：在法律领域，专家系统可以协助律师和法官进行案件分析和法律文书的撰写。专家系统可以集成大量的法律条文、案例和司法解释，通过智能分析和推理，为律师和法官提供法律建议和判决支持。这不仅可以提高法律工作的效率，还可以确保法律文书的准确性和合规性。

此外，随着人工智能技术的不断发展，专家系统也在不断进化。例如，通过引入深度学习和自然语言处理等技术，专家系统可以更准确地理解和分析用户的问题和需求，提供更加智能化的服务。未来专家系统将在更多领域发挥重要作用，为人类社会发展做出更大的贡献。

6）其他关键技术

AI是一个极为广泛和深入的领域，它涵盖众多子领域和技术。除之前提到的几点之外，还有许多其他关键技术在人工智能中发挥着重要作用。

(1)强化学习：强化学习是一种使机器通过试错学习如何达成目标的技术。在这种学习方式中，不需要告知机器每一步应该怎么做，而是通过一个奖励或惩罚的反馈机制优化其行为。强化学习在游戏AI、自动驾驶和机器人控制等领域有着广泛的应用。

(2)知识表示与推理：知识表示与推理是人工智能中的另一个核心领域。知识表示关注的是如何将人类的知识转化为机器可以理解的形式，而推理则关注如何使用这些知识解决问题或做出决策。这涉及逻辑推理、概率推理、不确定性推理等多种推理方法。

(3)情感计算：情感计算是人工智能与心理学、认知科学等领域的交叉学科。它旨在使机器能够理解和模拟人类的情感，以实现更自然和人性化的交互。情感计算的应用包括情感识别、情感合成和情感交互等。

(4)人机交互（HCI）：HCI是人工智能与用户之间的桥梁。它关注如何设计有效的用户界面和交互方式，使用户能够更方便地与机器进行沟通和交互。人机交互的研究领域包括用户界面设计、交互设计、多媒体交互等。

此外，人工智能还涉及机器学习、深度学习、计算机视觉、语音识别、自然语言处理、知识图谱、机器人技术、数据挖掘、预测模型等多领域。这些技术不仅各自具有独特的应用场景，而且经常相互融合，共同推动人工智能的发展。

总的来说，人工智能是一个多元化、交叉性的学科，它不断地从其他领域吸收新的技术和思想，同时也为其他领域提供新的解决方案和应用场景。随着技术的不断进步，人工智能将在未来发挥更重要的作用，推动人类社会向更智能、更便捷的方向发展。

2.5.3 人工智能应用案例

人工智能技术的广泛应用已经深入生活的方方面面，正在不断地改变着人们的工作、学习和娱乐方式。其部分应用案例如下。

1）语音助手

如苹果手机的Siri、小米手机的小爱同学、百度的小度等，这些智能语音助手已经成为人们日常生活中不可或缺的一部分。它们不仅能够实现语音识别和自然语言理解,提供智能问答和信息查询,还能够与智能家居设备联动,实现家居的智能化控制。随着技术的不断进步,未来的语音助手将更智能、更人性化,能够更准确地理解用户的意图和需求。智能手机中的语音助手如图 2-59 所示。

2) 智能推荐系统

抖音、快手、哔哩哔哩等视频平台利用智能推荐系统,根据用户的历史行为和偏好,为用户推荐个性化的内容和产品。这不仅能提高用户的满意度和黏性,也为商家带来更多的商业机会。未来智能推荐系统将进一步融入人们的日常生活,为我们提供更加个性化、精准的服务。智能手机中短视频平台的智能推荐系统如图 2-60 所示。

图 2-59 智能手机中的语音助手

图 2-60 智能手机中短视频平台的智能推荐系统

3) 自动驾驶汽车

自动驾驶汽车是人工智能技术在交通领域的重要应用。它利用计算机视觉、传感器和深度学习等技术,实现车辆的自主导航和智能驾驶。自动驾驶汽车不仅能提高交通效率、减少交通事故,还能为人们提供更便捷、舒适的出行方式。随着技术和法规的逐步完善,未来的自动驾驶汽车将更加普及。人工智能技术在自动驾驶汽车中的应用实例如图 2-61 所示。

4) 医疗诊断

人工智能技术在医疗领域的应用也日益广泛。例如,通过机器学习和计算机视觉技术,可以辅助医生进行疾病诊断、影像分析和治疗方案制订。这不仅能提高诊断的准确性和效率,还能为医生提供更多的临床数据和经验支持。未来人工智能技术有望在医疗领域发挥

图 2-61　人工智能技术在自动驾驶汽车中的应用实例

更大的作用,为人们的健康保驾护航。人工智能技术在医疗领域的应用实例如图 2-62 所示。

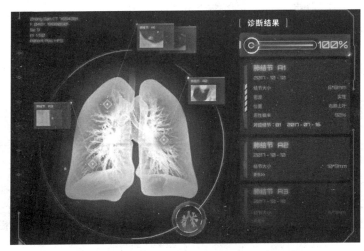

图 2-62　人工智能技术在医疗领域的应用实例

5) 工业制造

在工业制造领域,人工智能技术也发挥着重要作用。通过应用机器学习和物联网技术,可以实现智能化的生产调度、设备维护和质量控制等。这不仅能提高生产效率和产品质量,还能降低生产成本和故障率。未来随着工业 4.0 的推进和智能制造的发展,人工智能技术将在工业制造领域发挥更重要的作用。

此外,人工智能还在金融、教育、航空航天、能源等领域发挥着重要作用。例如,在金融领域,人工智能技术可用于风险评估、投资决策和客户服务等;在教育领域,人工智能技术可辅助教师进行教学、评估学生的学习进度并提供个性化的学习资源;在航空航天领域,人工智能技术可用于飞机的自主飞行、卫星的遥感图像处理等;在能源领域,人工智能技术可用于智能电网的建设、能源的预测和调度等。

总之,人工智能技术的应用正在不断拓展和深化,改变着我们的生活方式和社会结构。未来随着技术的不断进步和应用场景的不断扩展,人工智能将在更多领域发挥重要作用,为人类社会的发展带来更多的机遇和挑战。

2.6 大数据技术

2.6.1 工业大数据

工业大数据作为当前工业4.0的核心驱动力,正在引领一场深刻的产业变革。在高度互联和智能化的工业环境中,从生产线到供应链管理,从设备维护到产品优化,每个环节都在不断地产生海量的数据。这些数据不仅包括传统的生产数据、设备数据,还涵盖来自各种传感器的实时数据、供应链中的物流数据等,形成一个多维度、多样化的数据集合。

这些工业大数据具有几个显著的特点。首先是高维度,即数据来源多样,结构复杂,包含大量的结构化、半结构化和非结构化数据。其次是多样性,数据的形式和类型丰富多样,可以是数字、文本、图像、视频等。再次是实时性,由于工业互联网的普及,很多数据都是实时产生的,需要进行实时的处理和分析。最后是复杂性,这些数据之间的关系错综复杂,需要进行高级的数据处理和分析技术以挖掘其中的价值。

针对这些特点,企业需要构建强大的数据处理和分析能力。首先,需要建立高效的数据采集和存储系统,确保数据的完整性和准确性。其次,需要运用先进的数据处理和分析技术,如大数据分析、机器学习、深度学习等,以挖掘数据中的价值。这些分析结果可以为企业提供深入的业务洞察,帮助企业优化生产流程、提高生产效率和质量。

具体来说,工业大数据的应用场景非常广泛。例如,在生产过程中,通过对生产数据进行实时分析,可以发现生产线的瓶颈和问题,及时进行调整和优化。在设备维护方面,通过分析设备的运行数据和传感器数据,可以预测设备的故障和维护需求,实现预防性维护,降低维护成本。在供应链管理方面,通过对物流数据进行分析,可以优化物流路径和库存管理,提高供应链的效率和灵活性。

此外,工业大数据还可以帮助企业进行产品创新和市场开拓。通过对市场和用户数据进行分析,可以了解用户的需求和偏好,为产品设计和改进提供指导。同时,通过对竞争对手和市场趋势进行分析,可以为企业制定更精准的市场战略和营销策略。

总之,工业大数据已经成为企业实现智能化转型和竞争力的关键。通过对这些数据进行采集、存储、处理和分析,企业可以获取深入的业务洞察和决策支持,优化生产流程,提高生产效率和质量,实现产品创新和市场开拓。未来随着技术的不断进步和应用场景的不断拓展,工业大数据将在更多领域发挥重要作用,推动工业领域的持续创新和发展。

2.6.2 数据分析与处理

数据分析与处理是工业大数据应用中的核心环节,它如同一个精细的工匠,对原始数据进行雕琢和打磨,使其变得有价值和易于理解。在这个过程中,数据清洗、数据挖掘、数据建模等步骤都扮演着至关重要的角色,如图2-63所示。

数据清洗是数据分析的首要步骤,它主要关注纠正或删除数据中的错误、异常或重复信息，确保数据的准确性和一致性。数据清洗通常包括去除无关数据、处理缺失值、纠正错误、平滑数据等操作，为后续的数据分析提供一个干净、可靠的数据集。

接下来是数据挖掘，它利用各种算法和技术发现数据中的隐藏模式、趋势和关联规则。数据挖掘的过程就像在海量的数据海洋中捕捞珍贵的"知识鱼"，通过聚类分析、关联分析、序列模式挖掘等方法，揭示隐藏在数据背后的有价值信息。

数据建模是数据分析的另一个重要环节，它通过建立数学模型描述数据之间的关系和规律。数据建模可以帮助企业更好地理解业务问题，预测未来趋势，制定决策策略。例如，通过构建预测模型，企业可以预测产品的销售趋势、设备的维护周期等，从而提前做出合理的规划和调整。

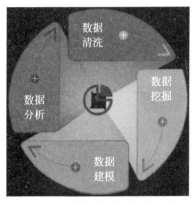

图2-63 数据分析与处理流程

在数据分析过程中，常用的数据处理技术包括数据转换、特征提取等。数据转换主要是将原始数据转换为更适合分析的形式，如数据标准化、归一化等。特征提取则是从原始数据中提取关键的信息和特征，以便进行后续的模型训练和分析。

除上述提到的技术外，现代数据分析还常常借助机器学习、深度学习等先进的人工智能技术。这些技术可以自动地学习和识别数据中的复杂模式，进一步提高数据分析的准确性和效率。

总之，数据分析与处理是工业大数据应用中不可或缺的一环。通过对数据进行清洗、挖掘和建模等操作，企业可以更深入地理解业务问题，发现数据中的价值，为企业的决策支持和业务洞察提供有力支持。

2.6.3 数据因果分析与关联分析

数据因果分析与关联分析是工业大数据领域中至关重要的技术，它们能够帮助企业深入理解数据之间的复杂关系，从而指导业务决策和优化流程。

数据因果分析专注于探索不同因素之间的因果关系。在工业生产过程中，许多因素可能相互影响，导致产品质量和生产效率的变化。通过数据因果分析，企业可以更清晰地了解哪些因素是导致特定结果的直接原因，从而采取相应的措施进行优化。例如，如果数据因果分析发现，某个生产环节中的某个参数调整对产品质量有显著影响，企业就可以调整该参数，以提高产品质量。

进行数据因果分析，通常需要借助先进的统计方法和机器学习算法，如回归分析、因果图模型等。这些方法可以帮助企业从海量的数据中识别出因果关系，并评估不同因素对结果的影响程度。

与数据因果分析相比，关联分析更侧重于发现数据之间的相关性，即不同变量之间的关联规律和潜在的关联项。关联分析可以帮助企业了解数据之间的关联关系，为决策提供依据。例如，在供应链管理中，企业可通过关联分析发现不同产品之间的销售关联，从而制定更合理的库存策略和销售策略。

关联分析通常涉及大量的数据计算和模式识别，需要借助数据挖掘和机器学习等技术。

常见的关联分析算法包括 Apriori 算法、FP-Growth 算法等,有助于企业从海量数据中挖掘出有价值的关联规则。

需要注意的是,虽然关联分析可以发现数据之间的相关性,但并不能直接揭示因果关系。因此,在进行决策时,企业需要结合数据因果分析和关联分析的结果,综合考虑各种因素之间的复杂关系。

此外,在实际应用中,数据因果分析和关联分析往往需要与其他数据分析技术相结合,如聚类分析、时间序列分析等,以形成一个完整的数据分析体系。这样可以帮助企业更全面地了解业务状况、发现潜在问题,制定相应的优化策略。

总之,数据因果分析和关联分析是工业大数据领域中不可或缺的技术手段。它们有助于企业深入理解数据之间的复杂关系,为业务决策和优化提供有力支持。随着技术的不断进步和应用场景的不断拓展,这两种分析方法将在工业大数据领域发挥更重要的作用,推动企业的智能化转型和创新发展。

2.6.4 数据驱动

数据驱动已经成为现代企业管理与决策的核心原则。在这种模式下,企业不仅将数据视为记录业务活动的工具,还将其视为一种宝贵的资源,用于指导行动、优化业务,并驱动创新。通过数据驱动,企业能够更精准地洞察市场趋势、客户需求及内部运营状况,从而做出更明智、科学的决策。毕马威公司"未来数字化供应链"之数据驱动在现代企业管理与决策中的应用示例如图 2-64 所示。

图 2-64　毕马威公司"未来数字化供应链"之数据驱动在现代企业管理与决策中的应用示例

(1) 数据采集:数据采集是数据驱动的基础。企业需要建立全面、高效的数据采集系统,确保实时、准确地获取各类业务数据,包括来自生产线的实时数据、销售数据、客户反馈数据等。同时,企业还要关注数据的多样性和完整性,确保采集的数据能够全面反映业务的各方面。

(2) 数据分析:数据分析是数据驱动的核心。企业需要通过先进的数据分析技术和方法,对采集的数据进行深度挖掘和解读。包括数据清洗、数据挖掘、数据建模等多环节,旨在发现数据中的模式、趋势和关联规则,为决策提供有力支持。

(3) 数据应用:数据应用是数据驱动的目的。企业需要将数据分析的结果转化为具体的行动和策略,以优化业务运营和推动创新。包括基于数据分析结果调整生产流程、优化资源配置、改进产品设计等。通过不断迭代和优化,实现生产效率的提升、成本的降低及业务模式的创新。

(4) 数据驱动:数据驱动的关键在于形成一个闭环的数据生态系统。在这个生态系统中,数据采集、数据分析和数据应用是相互关联、相互促进的。企业需要不断完善这个生态系统,确保数据的采集、分析和应用能够形成一个良性循环,从而不断提升数据驱动的效果和价值。

随着技术的不断发展和应用场景的不断拓展,数据驱动将成为企业竞争的重要武器。那些能够充分利用数据资源、实现数据驱动的企业,将在激烈的市场竞争中脱颖而出,实现持续的创新和发展。

2.6.5 预测分析

预测分析作为工业大数据应用的关键方面,发挥着至关重要的作用。它是基于历史数据和先进的模型技术,对未来的趋势和结果进行推测和预测的过程。预测分析的核心在于通过数据挖掘、机器学习等技术手段,从历史数据中提取出有价值的信息和模式,并建立预测模型,进而对未来的情况进行预测。2020—2025年中国工业大数据市场规模预测如图2-65所示。

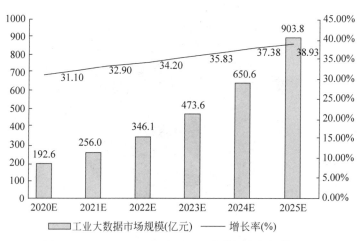

图 2-65　2020—2025 年中国工业大数据市场规模预测

在企业运营中,预测分析具有广泛的应用场景。首先,在生产领域,企业可以利用预测分析来预测生产需求。通过对历史销售数据、市场需求数据等进行分析,企业可以预测未来的产品需求量和趋势,从而及时调整生产计划,避免产能过剩或不足的情况。这不仅可以提高生产效率,还可以降低库存成本,增强企业的市场竞争力。

其次,预测分析还可应用于市场趋势的预测。通过对市场数据、消费者行为数据等进行分析,企业可以了解市场的变化和趋势,预测未来的市场走向。这有助于企业制定更精准的市场策略,调整产品策略,以满足消费者的需求和期望。

最后,预测分析在设备故障的预测中也发挥着重要作用。通过对设备运行数据、维护数据等进行分析,企业可以预测设备故障的发生时间和可能的原因,从而提前进行维护和保养,避免设备故障对生产造成的影响。这不仅可以降低维修成本,还可以提高设备的运行效率和稳定性。

为了实现准确的预测分析,企业需要建立完善的数据收集和分析体系。首先要确保数据的准确性和完整性,避免数据缺失或错误导致的预测结果偏差。其次要选择适合的预测模型和技术手段,根据数据的特性和预测目标进行选择和调整。最后要不断对模型进行优化和更新,以适应市场和生产环境的变化。

总之,预测分析是工业大数据应用的重要方面,有助于企业预测未来的趋势和结果,从而做出更科学、合理的决策。通过预测分析,企业可以及时调整生产计划、优化供应链、预防故障发生等,提高企业的竞争力和应对能力。在未来的发展中,随着技术的不断进步和应用场景的不断拓展,预测分析将在工业大数据领域发挥更重要的作用。

工业大数据技术的发展和应用将为企业带来巨大的商业价值和竞争优势,促进工业生产的智能化、数字化和可持续发展。

2.7 云计算与边缘计算技术

2.7.1 云计算的概念及作用

云计算是一种基于互联网的计算模式,它将计算资源(如服务器、存储、数据库等)集中在大型数据中心,并通过虚拟化技术实现资源的共享和高效利用。云计算不仅改变了传统的计算方式,还为企业和个人带来了诸多好处,如图 2-66 所示。

图 2-66 云计算

1) 资源共享与高利用率

云计算的核心优势之一是资源共享和高利用率。通过虚拟化技术,云计算可以将物理硬件资源(如服务器、存储设备等)虚拟化为多个虚拟资源,并动态分配给不同的用户或应用。这样多个用户或应用可以共享同一物理资源,从而提高资源利用率,避免资源的浪费。

2）弹性扩展与灵活性

云计算可提供弹性扩展和灵活性的能力。用户可以根据需求动态地调整计算资源的数量和配置，以满足业务的变化。当业务需求增加时，用户可以快速扩展计算资源；当业务需求减少时，用户可以释放多余的资源。这种弹性扩展和灵活性的能力使用户能够更高效地管理和利用计算资源。

3）降低成本

云计算通过按需付费的模式降低用户的IT成本。用户无须购买昂贵的硬件设备和软件许可证，只需根据使用的计算资源量支付费用。这种成本模式使用户能够更灵活地控制IT支出，并且只支付实际使用的资源费用。

4）提高可靠性与高安全性

云服务提供商通常拥有强大的安全和备份机制，可以为用户提供高可靠性和高安全性的服务。云服务提供商会采取多种安全措施，如数据加密、访问控制、安全审计等，保护用户数据的安全。同时，云服务提供商还会进行数据备份和容灾，确保用户数据的可靠性和可用性。

5）促进创新与发展

云计算可为企业和个人提供强大的计算能力和丰富的数据资源，促进创新和发展。通过云计算，企业可以快速构建和部署应用，加速产品迭代和创新。同时，云计算还可为企业提供大数据分析、人工智能等先进技术的支持，帮助企业更好地挖掘数据价值、提升竞争力。

总之，云计算在资源共享、弹性扩展、降低成本、提高可靠性与安全性、促进创新与发展等方面，为用户带来了诸多好处。随着技术的不断进步和应用场景的不断拓展，云计算将在未来发挥更重要的作用。

2.7.2 云计算案例分析

云存储服务、云计算平台和云应用服务是云计算领域的三大核心服务，它们共同构建一个全面、灵活的云服务生态体系，为企业和个人提供便捷、高效、可靠的计算和存储解决方案。

1）云存储服务

云存储服务，如亚马逊的Amazon S3和微软的Azure Blob Storage，可为用户提供一个安全、可扩展、高可用的数据存储解决方案。通过云存储服务，用户可以将数据存储在云端，实现数据的备份、共享和快速访问。这些服务通常提供强大的数据管理能力，包括数据加密、访问控制、版本控制等，确保用户数据的安全性和完整性。此外，云存储服务还支持多种数据访问方式，如RESTful API、SDK等，方便用户进行数据上传、下载和管理。云存储服务示意图如图2-67所示。

2）云计算平台

云计算平台，如微软的Azure、谷歌的Google Cloud Platform和IBM的Cloud等，可为用户提供丰富的云服务，满足企业的各种计算需求。这些平台提供多种虚拟机、容器、数据库、人工智能等服务，用户可以根据业务需求灵活选择和组合这些服务。通过云计算平台，用户可以快速构建和部署应用，实现业务的快速迭代和创新。同时，这些平台还提供强大的管理和监控功能，帮助用户更好地管理和优化计算资源，如图2-68所示。

图 2-67 云存储服务示意图

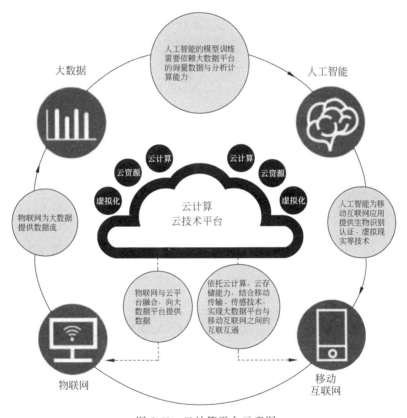

图 2-68 云计算平台示意图

3) 云应用服务

云应用服务，如 Salesforce 的 CRM 云服务和 Office 365 等，可为企业提供各种在线化的应用服务。这些服务通常涵盖客户关系管理、办公软件、人力资源管理等多方面，帮助企业实现业务的在线化和协作。通过云应用服务，企业可以更高效地管理和运营业务，提高工作效率和协作能力。同时，这些服务还支持多种设备和平台，如 PC、手机、平板等，方便用户随时随地访问和使用,如图 2-69 所示。

综上所述,云存储服务、云计算平台和云应用服务共同构成云计算领域的核心服务。它们可为企业和个人提供全面、灵活、可靠的计算和存储解决方案,推动业务的数字化和智能化发展。随着技术的不断进步和应用场景的不断拓展,这些服务将继续发挥更重要的作用,为企业和个人带来更便捷、高效、智能的计算体验。

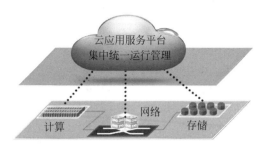

图 2-69　云应用服务平台示意图

2.7.3　边缘计算的概念及作用

边缘计算是一种将计算和数据处理功能部署在网络边缘,即接近数据源的设备或终端上的计算模式。它可突破传统云计算的集中处理模式,将计算任务和数据存储分散到网络的边缘,实现更快速、更智能的数据处理,如图 2-70 所示。

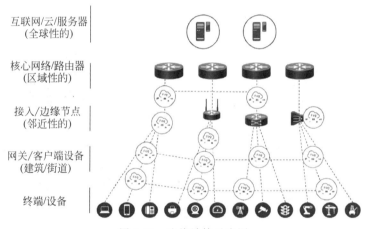

图 2-70　边缘计算示意图

1) 降低延迟

边缘计算通过减少数据传输的距离和等待时间,显著降低处理请求的延迟。这在许多实时应用(如自动驾驶、远程医疗、工业自动化等)中至关重要,因为它们需要快速响应和决策。

通过在数据源附近进行预处理和分析,边缘计算可以过滤不必要的数据,只将有价值的信息传输至云端或数据中心,进一步减少传输延迟。

2) 节省带宽

在传统云计算模型中,大量数据需要传输至远程的数据中心进行处理。这不仅会占用宝贵的网络带宽资源,还可能导致网络拥堵和性能下降。边缘计算通过在数据源附近进行数据处理,大大减少需要传输至云端的数据量,从而释放网络带宽。

对于带宽受限的环境(如偏远地区、移动设备等),边缘计算尤为重要。它可以在本地处理数据,避免因长距离传输而导致的带宽瓶颈和成本问题。

3）增强隐私保护

在许多应用中，数据隐私是一个重要的考虑因素。将数据处理功能置于边缘位置，可以减少数据传输到云端的需求，从而降低数据泄露的风险。

边缘计算还可以结合加密技术和访问控制策略，确保只有授权的用户或设备才能访问和处理数据。这可为用户提供更高级别的数据保护和隐私控制。

4）提高可扩展性和可靠性

边缘计算通过将计算和数据处理功能分散到多个边缘设备或节点，提高系统的可扩展性和可靠性。当某个节点出现故障或负载过高时，其他节点可以接管其任务，确保服务的连续性和稳定性。

这种分布式架构还使边缘计算能够应对不同场景和需求的变化。例如，在人口密集的城市地区，可以部署更多的边缘设备以处理大量数据；而在偏远地区或移动设备上，则可以利用有限的资源提供基本的服务。

5）支持新的业务模式和应用场景

边缘计算可为许多新业务模式和应用场景提供支持。例如，物联网设备可以通过边缘计算实现自组织、自管理和自优化；增强现实和虚拟现实应用可以利用边缘计算提供低延迟、高质量的交互体验；智能家居系统可以通过边缘计算实现设备间的智能联动和远程控制等。

随着5G、6G等通信技术的不断发展，边缘计算将进一步拓展其应用领域和商业模式，为未来的数字化社会提供更多创新和可能性。

综上所述，边缘计算具有降低延迟、节省带宽、增强隐私保护、提高可扩展性和可靠性等作用，可为现代计算和数据处理带来革命性变革。它不仅能改变传统云计算的局限性和不足，还能为未来的数字化社会提供更多创新和可能性。

2.7.4 边缘计算案例分析

智能工厂、智能城市和物联网设备是边缘计算在不同领域中的典型应用。它们共同展示边缘计算在推动工业、城市和物联网领域智能化发展方面的巨大潜力。

1）智能工厂

在智能工厂中，边缘计算使生产线上的数据采集和处理更加高效和精确。通过在生产线边缘部署传感器和计算设备，可以实时监控生产过程中的各种参数，如温度、压力、速度等，从而确保生产过程的稳定性和产品质量的一致性，如图2-71所示。

通过边缘计算，智能工厂还可以实现生产线的自动化和智能化优化。通过对生产数据进行实时分析，可以预测设备故障、优化生产计划、提高生产效率等，从而降低生产成本，提高市场竞争力。

2）智能城市

在智能城市管理中，边缘计算可为交通管理、环境监测、智能安防等领域提供强大的支持。通过在城市各个角落部署传感器和计算设备，以实时感知城市的运行状态，从而实现对交通流量、空气质量、公共安全等方面的智能管理和控制。

通过边缘计算，智能城市可以提高城市管理的效率和智能化水平，提升居民的生活质量和幸福感。例如，通过实时分析交通数据，可以优化交通流量、减少拥堵；通过监测空气质

图 2-71 边缘计算在智能工厂中的应用示例

量,可以及时预警污染天气、保护居民健康。智慧城市边缘计算盒子设计方案示意图如图 2-72 所示。

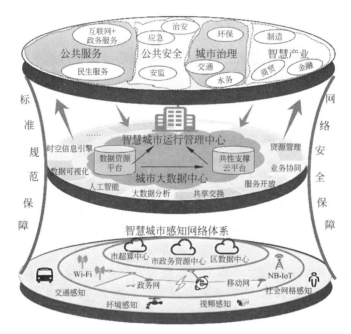

图 2-72 智慧城市边缘计算盒子设计方案示意图

3) 物联网设备

在物联网设备中,边缘计算使设备之间的协同工作和智能决策成为可能。通过将数据处理功能置于设备端,物联网设备可以自主感知、分析和响应环境变化,从而实现更加智能、自适应的行为。

通过边缘计算,物联网设备可以提高自身的智能化水平和响应速度,为用户带来更加便捷、高效的服务。例如,智能家居设备可以通过边缘计算实现智能联动、远程控制等功能,提高家庭的舒适度和安全性;智能工业设备可以通过边缘计算实现自主巡检、故障预警等功能,提高生产效率和安全性。边缘计算和云计算在物联网中的应用如图 2-73 所示。

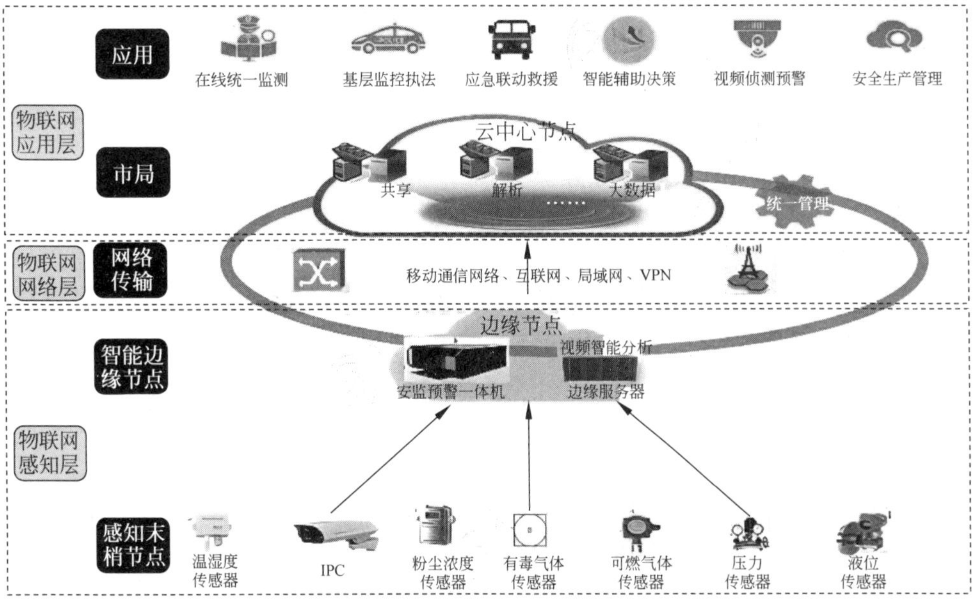

图 2-73　边缘计算和云计算在物联网中的应用

综上所述,智能工厂、智能城市和物联网设备是边缘计算在不同领域的典型应用。它们通过实现数据采集和处理的本地化、实时化和智能化,为工业、城市和物联网领域的智能化发展提供强大的支持。随着技术的不断进步和应用场景的不断拓展,边缘计算将在未来发挥更重要的作用,推动各领域的智能化水平不断提升。

2.7.5　云计算与边缘计算的融合发展

云计算和边缘计算作为两种互补的计算模式,并不是相互独立的,可以相互融合,共同为构建更智能、高效和灵活的数字生态系统发挥作用。这种融合为数据的有效管理和利用提供新的可能性,可进一步促进智能化和数字化的发展。云计算与边缘计算的关系如图 2-74 所示。

1) 云计算的核心优势

(1) 强大的数据存储和处理能力：云计算通过集中式的数据中心,提供巨大的存储空间和强大的计算能力,可以处理海量数据,并支持复杂的计算任务。

(2) 经济高效：云计算允许用户按需使用资源,并只支付使用的部分,可为企业和个人提供经济、高效的计算解决方案。

(3) 高可靠性：云计算服务提供商通常采用多重备份和容错机制,确保数据的安全性和服务的连续性。

2) 边缘计算的核心优势

(1) 低延迟和实时性：边缘计算将计算任务放置

图 2-74　云计算与边缘计算的关系

在数据源附近,可减少数据传输的延迟,使实时应用得以快速响应。

(2) 减少带宽压力:在边缘处理数据可以减小发送到云端的数据量,从而减轻网络带宽的压力。

(3) 增强隐私保护:边缘计算可以减少敏感数据的传输,从而增强数据的隐私保护。

3) 云计算与边缘计算的融合

(1) 协同工作:云计算与边缘计算可以协同工作,形成一个分布式的计算体系。边缘设备可以处理实时数据,进行初步分析和过滤,然后将有价值的数据发送至云端,进行进一步的处理和分析。

(2) 实现数据的有效管理和利用:通过将数据存储在云端,并利用边缘设备进行实时处理,可以实现数据的有效管理和利用。这有助于企业更好地了解业务需求、优化运营,并做出明智的决策。

(3) 促进智能化和数字化的发展:融合云计算和边缘计算可以推动各行业的智能化和数字化进程。例如,在智能制造中,边缘计算可以实现生产线的实时监控和优化,而云计算可以对生产数据进行长期存储和分析,帮助企业实现智能化决策。

随着技术的不断进步和应用场景的不断拓展,云计算与边缘计算的融合将成为未来的趋势。这种融合将为企业和个人提供更智能、高效和灵活的计算解决方案,推动数字化和智能化的发展。同时,这也会带来新的挑战和机遇,需要在技术和管理方面不断创新和进步。

2.8 智能传感与测量技术

2.8.1 智能传感器

智能传感器作为现代感知技术的重要组成部分,在物联网、工业自动化、环境监测、智能家居等领域的应用日益广泛。智能传感器通过集成传感器元件、信号处理电路和数据处理功能,实现对环境参数、物理量或化学量等信息的实时采集、处理和分析,为各种应用场景提供准确、可靠的数据支持。其典型案例如图 2-75 所示。

1) 数据处理能力

智能传感器内置的数据处理芯片,使传感器不再仅是数据采集工具,而成为数据处理中心。基于传感器采集的原始数据,经过内置芯片的处理和分析,可以提取出更准确、有用的信息。这种数据处理能力可大大提高传感器的智能性和可靠性,使传感器能够更好地适应复杂多变的环境和应用场景。

2) 自适应调整

智能传感器具有自学习和自适应调整的能力。在长时间的工作过程中,传感器能够自动学习和适应环境的变化,根据工作条件的变化自动调整自身的工作参数,以确保采集的数据更准确、可靠。这种自适应调整的能力使智能传感器能够长期、稳定地工作在各种复杂的环境中。

3) 通信功能

智能传感器通常配备多种通信接口,如无线通信、有线通信等,使传感器可以与监控系统、云端或其他设备实现无缝连接和数据传输。通过通信功能,用户可以远程监控和控制传

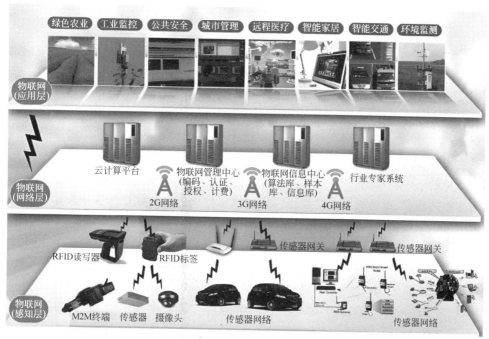

图 2-75 我国在高端智能传感器产业群建设领域的典型案例

感器的工作状态,实现数据的实时获取和分析。这种通信功能可大大提高智能传感器的灵活性和可扩展性,使传感器能够更好地满足各种应用场景的需求。

4) 节能环保

在设计智能传感器时,节能环保成为重要的考虑因素。智能传感器通常采用低功耗设计,通过优化硬件和软件结构,降低传感器的能耗。同时,智能传感器还支持能源管理和节能控制,可以根据实际需求调整工作模式和参数,进一步降低能耗。这种节能环保的设计理念可使智能传感器在长期使用过程中节约大量的能源和成本,符合可持续发展的要求。

5) 高集成度和小型化

随着微电子技术和封装技术的不断发展,智能传感器越来越趋向于高集成度和小型化。这意味着智能传感器能够在更小的空间内集成更多的功能和性能,从而提高设备的便携性和易用性。高集成度和小型化的智能传感器更容易集成至各种设备和系统,为物联网、工业自动化等领域的快速发展提供强有力的支持。

6) 多功能融合

智能传感器不仅可以实现单一物理量或化学量的检测,还可以通过集成多种传感器元件和信号处理电路,实现多功能融合。例如,一个智能传感器可以同时检测温度、湿度、压力等多种环境参数,并将这些参数进行融合处理,提供更全面、准确的数据。这种多功能融合的智能传感器在环境监测、智能家居等领域具有广泛的应用前景。

综上所述,智能传感器通过集成传感器元件、信号处理电路和数据处理功能,实现对数据的实时采集、处理和分析。它具有数据处理能力、自适应调整、通信功能、节能环保等特点,并且趋向于高集成度、小型化和多功能融合。随着技术的不断进步和应用场景的拓展,智能传感器将在未来发挥更重要的作用,为物联网、工业自动化、环境监测等领域的发展提供有力支持。

2.8.2 误差分析

误差分析在智能传感与测量技术中占据着至关重要的地位,它是对传感器测量结果准确性和可靠性进行深入评估和分析的关键过程。通过误差分析,可以更全面地了解传感器性能、识别潜在问题,并采取相应措施提高测量精度和稳定性。

1) 系统误差

系统误差是由传感器本身的特性或测量系统的固有问题引起的,具有可重复性和可预测性。常见的系统误差包括零点漂移和灵敏度漂移。零点漂移是指传感器在无输入信号时输出不为零的现象,而灵敏度漂移是指传感器输出与输入之间的比例关系发生变化。这些误差通常可以通过定期校准补偿和修正,从而提高测量结果的准确性。

2) 随机误差

随机误差是由环境噪声、信号干扰等不可预测因素引起的,具有随机性和不可重复性。这种误差通常难以完全消除,但可以通过多次采样和数据处理降低其影响。例如,可以采用平均滤波、滤波算法等技术减少随机误差对测量结果的影响,从而提高测量的精度和稳定性。

3) 分辨率误差

分辨率误差是由传感器分辨率限制引起的,即传感器无法准确捕捉输入信号的微小变化。这种误差通常可以通过提高传感器的分辨率或采用信号处理技术改善。例如,可以通过插值算法、高分辨率转换器等技术提高测量精度,减少分辨率误差对结果的影响。

除以上三种误差外,实际应用中还可能遇到其他类型的误差,如线性度误差、迟滞误差等。因此,在进行误差分析时,需要综合考虑各种因素,并采取相应的措施,以降低误差对测量结果的影响。

4) 误差分析的重要性

误差分析不仅可以帮助用户了解传感器测量结果的可靠性和准确性,还为数据的正确解释和使用提供参考依据。通过对误差的深入分析和处理,用户可以更信任传感器数据,从而更好地应用于实际场景。同时,误差分析也为传感器和测量系统的优化提供指导方向,有助于推动智能传感与测量技术的不断发展。

总之,误差分析在智能传感与测量技术中具有重要的地位和作用。通过对系统误差、随机误差和分辨率误差等进行深入分析和处理,可以提高传感器测量结果的准确性和可靠性,为实际应用提供更好的数据支持。

2.8.3 信号采样

信号采样作为智能传感与测量技术的核心环节,是实现模拟信号到数字信号转换的关键步骤。这一转换过程可使连续变化的模拟信号被捕捉并以离散数据点的形式进行存储、传输和处理。在信号采样过程中,采样频率和采样精度是两个至关重要的参数,它们共同决定了采样结果的质量和准确性。如图 2-76 所示。

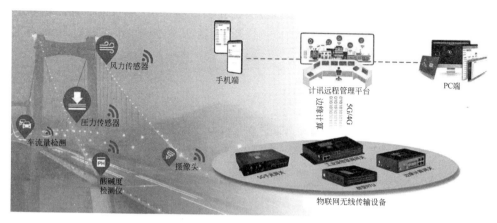

图 2-76 智能传感器对桥梁的信号采样及分析示意图

1）采样频率

采样频率通常以赫兹为单位，表示单位时间内对模拟信号进行采样的次数。这一参数直接关联采样信号的频率范围和时间分辨率。若采样频率过低，可能导致信号中的高频成分丢失，造成信号失真；而采样频率过高，则可能产生过多的数据点，增加存储和处理的负担。因此，选择合适的采样频率至关重要。

在实际应用中，采样频率需根据被测信号的频率范围和特性确定。对于低频信号，较低的采样频率即可满足需求；而对于高频或快速变化的信号，则需要提高采样频率以捕捉信号的细微变化。此外，采样频率的选择还需考虑抗混叠滤波器的性能，以避免混叠现象发生。

2）采样精度

采样精度又称量化位数或分辨率，表示采样数据的量化级别。简而言之，它决定采样值能够表示的精度范围。例如，一个 8 位精度的采样系统可以表示 256 个不同的量化级别，而一个 16 位精度的系统则可以表示 65536 个级别。

采样精度的高低直接影响信号的分辨能力和测量结果的准确性。较高的采样精度意味着更小的量化误差和更高的信号还原能力，从而能够获取更精确、更准确的测量结果。然而，高精度的采样往往需要复杂的硬件和软件支持，并可能增加成本和功耗。

在实际应用中，采样精度的选择应根据具体需求进行权衡。对于需要高精度测量的应用场景，如医疗诊断、科学研究等，应选择较高的采样精度；而对于一些对精度要求不高的场合，如环境监测、智能家居等，适当降低采样精度可以在保证测量质量的同时降低成本和功耗。

综上所述，信号采样在智能传感与测量技术中扮演着至关重要的角色。通过合理设置采样频率和采样精度，可以确保采样结果的准确性和可靠性，为后续的数据处理和分析打下坚实的基础。随着技术的不断进步和应用需求的不断变化，未来信号采样技术将朝着更高频率、更高精度、更低功耗的方向发展，为智能传感与测量领域的发展注入新的活力。

2.8.4 数字信号处理

数字信号处理是智能传感与测量技术中不可或缺的一环，可对采集的数字信号进行深入的处理和分析,从而提取信号中的有用信息、优化测量结果,并为数据的智能化分析和应用提供有力支持。数字信号处理技术的应用广泛,包括滤波、降噪、特征提取、模式识别等多方面。数字信号处理系统框图如图 2-77 所示。

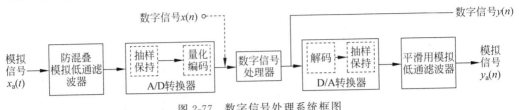

图 2-77　数字信号处理系统框图

1) 滤波

滤波是数字信号处理中的一项基本技术,其目的是去除信号中的噪声和干扰,提高信号的质量和稳定性。在实际应用中,由于环境噪声、电磁干扰等因素的存在,采集的信号往往含有各种噪声成分。通过滤波技术,可以有效滤除这些噪声,使信号更纯净,为后续的数据分析提供更准确的依据。

常见的滤波方法包括低通滤波、高通滤波、带通滤波和带阻滤波等。根据信号的特点和应用需求,可以选择合适的滤波方法实现对信号的优化处理。

2) 特征提取

特征提取是数字信号处理中的一项关键技术,它通过对信号进行分析和处理,提取信号的特征参数,如频率、幅值、相位等。这些特征参数能够反映信号的本质属性和变化规律,为后续的数据分析和处理提供依据。

特征提取的方法多种多样,包括时域分析、频域分析、时频分析等。通过对信号进行不同维度的分析,可以提取更全面、准确的特征参数,为智能传感与测量技术的应用提供有力支持。

3) 模式识别

模式识别是基于数字信号处理技术对信号模式进行识别和分类的重要方法。通过对信号的特征参数进行提取和分析,可以实现对信号模式的自动识别和分类,帮助用户更好地理解信号的含义和特性。

模式识别的应用范围广泛,包括语音识别、图像识别、生物特征识别等。在智能传感与测量技术中,模式识别技术用于对环境参数、物理量或化学量等信号进行自动识别和分类,提高测量的准确性和效率。

除上述几个方面外,数字信号处理还可以实现信号的压缩、重构、变换等功能,为智能传感与测量技术的发展提供更全面的支持。随着技术的不断进步和应用需求的不断变化,数字信号处理技术在智能传感与测量领域的应用将会更加广泛和深入。

综上所述,数字信号处理在智能传感与测量技术中发挥着至关重要的作用。通过对信号进行滤波、特征提取和模式识别等处理,可以提取信号中的有用信息、优化测量结果,并为数据的智能化分析和应用提供有力支持。未来随着技术的不断创新和发展,数字信号处理会在智能传感与测量领域发挥更重要的作用,推动该领域的持续进步和发展。

2.8.5 信息物理系统

信息物理系统（cyber-physical systems，CPS）是一种跨学科、综合性的系统，它将计算、通信和控制等信息技术深度融入物理设备、设施和环境，从而实现对物理世界的实时感知、动态控制和智能决策。在智能传感与测量技术中，信息物理系统发挥着至关重要的作用，它不仅能够提高系统的智能化水平，还能够优化物理过程，提高效率和可靠性。如图 2-78 所示。

在信息物理系统中，传感器是至关重要的一环。传感器能够实时监测和感知物理世界中的各种参数，如温度、压力、光照、声音等，并将这些模拟信号转换为数字信号，供系统进行进一步处理和分析。传感器网络由多个传感器节点组成，通过无线通信技术实现节点之间的数据传输和协同工作，实现对物理世界的全面感知和覆盖。

无线通信技术是信息物理系统中的另一项关键技术。通过无线通信技术，传感器节点可以将采集的数据传输至中央处理单元或云端平台，实现数据的集中处理和存储。同时，无线通信技术还能实现系统各组件之间的互联互通，为系统的协同工作和智能决策提供支持。

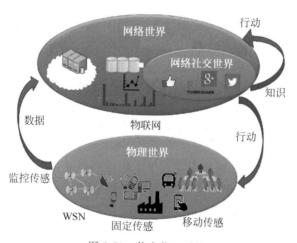

图 2-78　信息物理系统

数据融合与分析是信息物理系统的核心功能之一。通过对来自不同传感器节点的数据进行融合和分析，系统可以提取更为全面、准确的信息，实现对物理世界的深入理解和智能决策。数据融合技术可以消除数据之间的冗余和矛盾，提高数据的可靠性和准确性；而数据分析技术可以从海量数据中挖掘有价值的信息和规律，为系统的优化和升级提供指导。

信息物理系统的应用前景广泛，尤其是在智能制造、智能交通等领域，具有巨大的潜力。在智能制造领域，信息物理系统可以实现生产过程的自动化、智能化和柔性化，提高生产效率和产品质量；在智能交通领域，信息物理系统可以实现交通信号的智能控制、车辆的安全驾驶和智能交通流量的管理，提高交通系统的运行效率和安全性。

然而，信息物理系统也面临一些挑战和问题。例如，系统的安全性问题一直是人们关注的焦点，因为一旦系统受到攻击或发生故障，可能会对整个物理世界造成严重影响。因此，研究和开发高效的安全防护机制和故障恢复机制是信息物理系统领域的重要研究方向。

2.9 智能控制技术

2.9.1 智能控制的基本概念、理论和主要方法

智能控制是一种创新的控制方法,它结合人工智能、模糊逻辑、神经网络等先进技术,对复杂系统进行智能化的控制和调节。相较于传统控制理论,智能控制更注重系统的自适应、自学习和自优化能力,从而实现对复杂系统的高效、稳定和精确控制。

智能控制的理论基础涵盖多领域,包括模糊控制、神经网络控制、遗传算法控制等。这些理论方法可为处理复杂系统的非线性、不确定性和时变性问题提供有力支持。通过引入这些新技术,智能控制能够显著提高控制系统的性能和稳定性,实现对复杂系统的有效调节。

智能控制的主要方法包括以下几种。

(1) 模糊控制:模糊控制是基于模糊逻辑理论的一种控制方法。它将模糊规则和模糊推理引入控制系统,通过模拟人类的模糊思维过程,实现对复杂系统的模糊逻辑推理和控制决策。模糊控制特别适用于处理那些难以用精确数学模型描述的系统,它能够通过对模糊变量的处理和模糊规则的推理,实现对系统的有效控制。

(2) 神经网络控制:神经网络控制是基于人工神经网络的一种控制方法。它模拟人脑神经元的连接方式,通过构建神经网络模型实现对系统的非线性建模和控制。神经网络控制具有强大的自学习和自适应能力,能够通过学习和训练不断优化控制策略,从而实现对复杂系统的精确控制。

(3) 遗传算法控制:遗传算法控制是基于生物遗传进化的原理的一种控制方法。它通过优化算法对控制参数进行搜索和优化,以实现控制系统的优化调节。遗传算法控制具有全局搜索能力且鲁棒性强,能够在复杂的搜索空间中找到最优解,从而实现对系统的最优控制。

随着科技的不断进步,智能控制在各领域的应用前景越来越广阔。在智能制造、智能交通、航空航天、智能家居等领域,智能控制都发挥着重要作用。未来随着人工智能技术的不断发展,智能控制将会在更多领域得到应用,为人类创造更智能、高效和便捷的生活和工作环境。

尽管智能控制在许多领域取得显著成功,但仍面临一些挑战和问题。例如,如何设计更高效、稳定的智能控制算法,如何处理复杂系统中的不确定性和干扰,如何实现对多智能体系统的协同控制等。应对这些挑战,未来的研究需要不断探索新的理论和方法,并结合实际应用场景进行深入研究和实验验证。同时,也要加强跨学科合作和交流,共同推动智能控制技术的发展和应用。

2.9.2 智能控制应用案例

智能控制技术在各领域都有广泛的应用,不仅能提高系统的效率和稳定性,还能为人们的生活带来极大的便利。以下是一些典型的智能控制应用案例。

1) 智能家居控制系统

智能家居控制系统是智能控制技术在家庭领域的重要应用,图 2-79 所示为小米智能家

居组成示意图。通过集成各种智能设备,如智能灯光、智能温控、智能安防等,智能家居控制系统能够实现对家庭环境的智能化控制。用户可以通过手机、语音助手等终端设备,随时随地对家居设备进行控制和管理,实现家居环境的自动化和智能化调节。这不仅能提高居家生活的舒适性和便利性,还能为用户节省能源和时间。

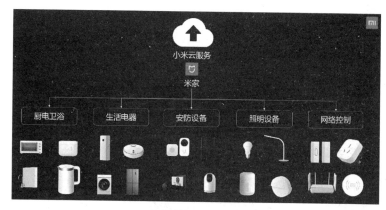

图 2-79　小米智能家居组成示意图

2)智能交通系统

智能交通系统是智能控制技术在交通领域的重要应用。通过利用智能控制技术,交通系统可以实现对交通信号灯、交通流量调控等的智能化管理。智能交通系统可以根据实时交通数据,智能地调节交通信号灯的配时,优化交通流量,减少交通拥堵并降低事故发生率。同时,智能交通系统还可以提供实时路况信息、智能导航等服务,帮助驾驶者更高效、安全地出行。智能交通监测管理平台如图 2-80 所示。

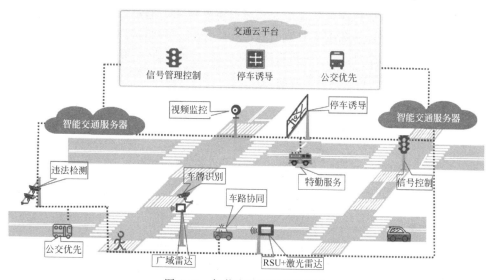

图 2-80　智能交通监测管理平台

3)智能制造系统

智能制造系统是智能控制技术在制造业领域的重要应用。通过引入智能控制技术,制造系统可以实现对生产线的自动化和智能化控制。智能制造系统可以实时监测生产线的运行状态，自动调整生产参数，提高生产效率和产品质量。同时，智能制造系统还可以通过数据分析和预测，提前发现潜在的生产问题，及时进行预警和修复，降低生产成本和故障率。广汽乘用车智能制造标杆工厂结构示意图如图 2-81 所示。

图 2-81　广汽乘用车智能制造标杆工厂结构示意图

4）智能医疗设备

智能医疗设备是智能控制技术在医疗领域的重要应用。通过引入智能控制技术，医疗设备可以实现对患者生理参数的实时监测和智能化控制。例如，智能心脏起搏器（图 2-82）可以根据患者的心脏电生理状态，自动调整起搏参数，提高治疗效果；智能呼吸机可以根据患者的呼吸状态，自动调节呼吸频率和潮气量，提高患者的生存率。智能医疗设备的引入不仅能提高医疗治疗效果和患者生存率，还能为医护人员提供更精准、高效的治疗手段。

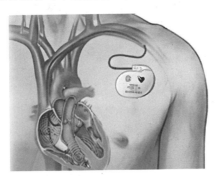

图 2-82　智能心脏起搏器示意图

5）智能环境监测

智能环境监测是智能控制技术在环境保护领域的重要应用。通过利用智能控制技术，环境监测系统可以实现对环境参数的实时监测和智能化控制。例如，大气污染监测系统可以实时监测空气质量指数、颗粒物浓度等环境参数，通过数据分析和预警机制，及时发现污染源并采取相应的治理措施；水质监测系统可以实时监测水体的污染程度、营养盐含量等参数，为水资源的保护和利用提供科学依据。智能环境监测的引入不仅有助于保护环境生态平衡和人类健康安全，还能为政府和企业提供更精准、高效的环境管理手段。

这些应用案例充分展示了智能控制技术具有提高生产效率、优化资源利用、保障人类健康等重要作用。社区智能环境监测组成示意图如图2-83所示。

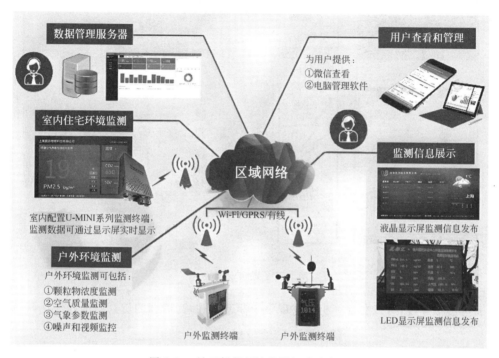

图 2-83 社区智能环境监测组成示意图

2.10 数字孪生技术

2.10.1 数字孪生的软件定义制造

数字孪生的软件定义制造是一种前沿技术，它利用数字化技术将现实世界的物理制造系统（物理世界）映射到虚拟的仿真环境（信息世界）中，通过精确的数字化建模、仿真和优化，实现对制造过程的全面掌控，如图2-84所示。

这种技术的主要特点体现在以下方面。

1) 虚拟建模

数字孪生技术通过采集现实世界中制造系统的数据，利用三维建模、物理引擎等数字化技术，对设备、工件、工艺流程等进行高度精确的虚拟建模。这些数字孪生模型不仅包括几何信息，还包括物理特性、材料属性、工艺参数等多维度信息。

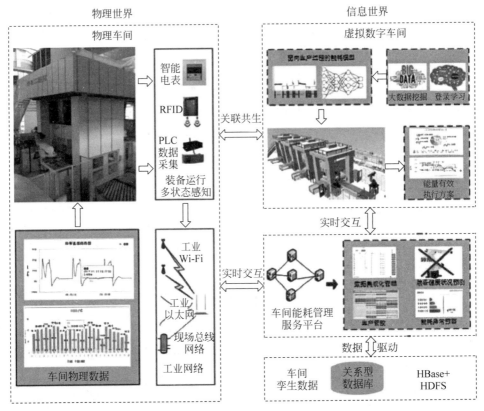

图 2-84 数字孪生技术

通过虚拟建模,可以在计算机中重现整个制造过程,为后续的仿真验证和优化调整提供基础。

2)仿真验证

在数字孪生模型的基础上,可以模拟各种制造场景和情况,包括设备故障、工艺参数调整、环境变化等。通过仿真验证,可以预测这些变化对产品质量和生产效率的影响。

仿真验证不仅可用于新产品的试制和生产线的规划,还可用于对现有制造系统的改进和优化。

3)优化调整

基于仿真验证的结果,可以对制造过程中的工艺参数、设备配置等进行优化调整。这些优化建议可以直接指导实际制造过程,提高生产效率和产品质量。

优化调整是一个持续的过程,随着制造系统的运行和数据的积累,可以不断地对数字孪生模型进行更新和优化,使其更接近真实世界的制造系统。

此外,数字孪生的软件定义制造还具有以下优势。

(1)可预测性维护:通过对设备的虚拟建模和仿真分析,可以预测设备的维护需求和潜在故障,从而实现预防性维护,减少生产中断和维修成本。

(2)灵活性:数字孪生技术使制造系统能够快速适应市场需求的变化。通过调整数字孪生模型中的参数和配置,可以模拟不同的生产场景和工艺流程,从而快速优化生产计划和资源配置。

(3) 可持续性：数字孪生技术有助于减少制造过程中的能源消耗和废弃物产生。通过对制造过程进行仿真分析,可以识别出能源利用效率低下的环节和潜在的改进空间,从而提出节能减排的优化措施。

总之,数字孪生的软件定义制造是一种具有巨大潜力的技术,它通过虚拟建模、仿真验证和优化调整等手段,为制造业的数字化转型提供有力支持。随着技术的不断发展和完善,数字孪生技术将在未来制造业中发挥更重要的作用。

2.10.2 数字孪生制造技术原理

数字孪生制造技术的原理涵盖多个关键环节,形成一个完整的数字化闭环系统,使制造过程能够在虚拟环境中得到精确映射和持续优化。如图2-85所示。

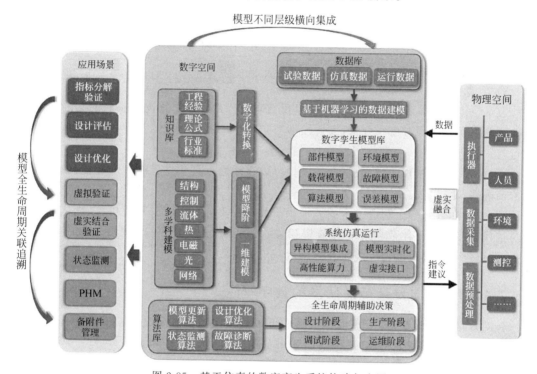

图2-85 基于仿真的数字孪生系统构建与应用

1) 数据采集

数据采集是数字孪生制造技术的第一步,也是整个系统的基础。通过部署在生产线上的各种传感器、监控设备以及其他测量工具,实时收集生产过程中的各种数据,如温度、压力、速度、位置信息等。这些数据不仅能反映生产过程的实时状态,还能为后续的数据处理和建模提供原始数据。

数据采集需要确保准确性和实时性,因此,传感器和监控设备的选择、部署和维护都至关重要。

2) 数据处理

数据处理是对采集的原始数据进行清洗、转换、分析和挖掘的过程,旨在提取对生产过程有价值的信息。包括对异常数据的识别和处理、数据的聚合和分类,以及基于数据的趋势分析和预测等。

数据处理需要使用高效的数据处理和分析工具,如数据库管理系统、数据挖掘算法、机器学习模型等,以确保处理结果的准确性和时效性。

3) 建模仿真

建模仿真是在数据处理的基础上,利用计算机辅助设计和计算机辅助工程技术建立数字孪生模型,并对其进行仿真验证的过程。数字孪生模型是对真实生产过程的虚拟再现,包括设备、工艺流程、生产环境等各方面的细节。

通过仿真验证,可以模拟生产过程中的各种场景和情况,预测生产结果,评估不同工艺参数和生产策略对生产效率和产品质量的影响。

4) 优化调整

优化调整是基于仿真验证的结果对实际生产过程进行优化的过程。包括调整工艺参数、优化生产流程、改进设备配置等,旨在提高生产效率和产品质量,降低成本和能耗。

优化调整需要综合考虑多种因素,如生产效率、产品质量、资源利用率、环境影响等,以找到最优生产策略。

5) 反馈与迭代

数字孪生制造技术的最后一个环节是反馈与迭代。通过将优化调整后的实际生产数据与数字孪生模型进行对比和分析,发现模型与实际生产过程之间的差异和偏差,从而对模型进行修正和改进。

通过不断的反馈和迭代,数字孪生模型可以逐渐逼近真实世界的生产过程,提高仿真验证的准确性和可靠性。

综上所述,数字孪生制造技术的原理涵盖数据采集、数据处理、建模仿真、优化调整和反馈与迭代等多个关键环节。这些环节相互关联、相互作用,形成一个完整的数字化闭环系统,使制造过程能够在虚拟环境中得到精确映射和持续优化。

2.10.3 面向复杂产品研发的数字孪生

针对复杂产品研发,数字孪生技术确实可以提供多方面的有力支持,不仅限于虚拟设计、多物理场仿真和智能优化,还包括以下几方面。

1) 虚拟设计

在复杂产品的研发过程中,数字孪生技术允许工程师在虚拟环境中进行产品设计。这种虚拟设计的方法允许设计者快速迭代不同的设计方案,而无须每次都制造物理原型。可大大缩短研发周期,降低成本,并提高设计的灵活性。

通过数字孪生模型,设计者还可以模拟产品在真实世界中的行为,如机械运动、热传递、流体动力学等。这种仿真验证有助于在早期阶段发现潜在的设计缺陷,从而避免后期制造阶段出现昂贵且耗时的修改。

2) 多物理场仿真

复杂产品往往涉及多个物理场的交互,如结构力学、热力学、电磁学、流体动力学等。数字孪生技术可以综合考虑这些物理场景,进行多物理场仿真。

通过多物理场仿真,研发团队可以全面评估产品的性能,预测其在不同工作条件下的行为,从而确保产品在真实世界中的表现达到预期。

3）智能优化

在复杂产品的研发过程中,通常需要优化多个设计参数以达到最佳性能。数字孪生技术可以与智能优化算法(如遗传算法、粒子群优化算法等)相结合,自动搜索最优的设计参数组合。

这种智能优化的方法不仅能提高研发效率,还有助于发现传统方法难以找到的最优解,从而显著提高产品的性能和质量。

4）预测性维护

数字孪生技术可以模拟产品在长期运行过程中的磨损和退化,从而预测其维护需求和潜在故障。这对于复杂产品尤为重要,因为它们往往需要在恶劣环境下长时间运行。

通过预测性维护,企业可以提前进行维护操作,避免设备意外停机,降低维修成本,提高产品的可靠性和持久性。

5）集成与协同

在复杂产品的研发过程中,通常需要多部门和团队之间的紧密合作。数字孪生技术可以为这些团队提供一个统一的、集成的平台,使其能够在同一个模型上协同工作。

通过集成与协同,各部门之间可以实时共享数据和信息,减少沟通成本,提高决策效率,从而加速产品的研发进程。

综上所述,数字孪生技术在复杂产品研发中具有广泛的应用前景和重要的实用价值。它不仅能提高研发的效率和灵活性,还有助于提高产品的性能和质量,降低维护成本,并促进跨部门之间的协同工作。

2.10.4 面向智能装备工艺执行的数字孪生

针对智能装备工艺执行,数字孪生技术能够提供强大的支持,不仅限于实时监控、预测维护和智能调整,还包括如下方面。

1）实时监控

数字孪生技术允许对智能装备进行实时监控,通过传感器和监控设备收集设备状态和工艺参数数据。这些数据可以实时反映设备的运行状态和工艺执行情况。

实时监控可使管理人员和操作人员及时了解设备的运行状况,发现异常情况,从而采取相应的措施进行处理,确保生产过程的顺利进行。

2）预测维护

基于实时监控数据,数字孪生技术可以利用预测模型对设备故障进行预测和诊断。通过分析历史数据和趋势,可以预测设备可能出现的问题,提前进行维护和修复,避免设备意外停机造成的生产损失。

预测维护不仅可以降低维护成本,还可以提高设备的可靠性和稳定性,确保生产过程的连续性和稳定性。

3）智能调整

根据实时监控数据和预测模型,数字孪生技术可以智能调整工艺参数和生产计划。通过对工艺参数进行优化和调整,可以提高生产效率和产品质量,降低生产成本。

智能调整还可以实现生产过程的自适应调整,根据市场需求和生产环境的变化,灵活调整生产计划,确保生产过程的灵活性和适应性。

4) 工艺优化

数字孪生技术可以通过分析实时监控数据,发现工艺执行过程中的瓶颈和问题。基于这些问题进行工艺优化,改进工艺流程,提高生产效率和产品质量。

工艺优化还可以结合智能算法和机器学习技术,自动寻找最优工艺参数组合,进一步提高生产效率和产品质量。

5) 生产协同

在智能装备工艺执行过程中,数字孪生技术可以实现生产协同。通过数字孪生模型将不同的智能装备与生产线连接,实现信息的共享和协同工作。

生产协同可以提高生产效率,减少生产过程中的浪费和冲突,确保生产过程的顺利进行。

综上所述,数字孪生技术在智能装备工艺执行中发挥着重要作用,支持实时监控、预测维护、智能调整、工艺优化和生产协同等多方面。这些功能的应用可以提高生产效率、降低生产成本、提高产品质量,推动智能装备工艺执行的智能化和自动化发展。

2.10.5 面向智能制造资源优化配置的数字孪生

针对智能制造资源优化配置,数字孪生技术可以进一步提供以下支持。

1) 资源模拟与优化

利用数字孪生模型,可以模拟各种生产资源的配置情况,包括人力、设备、物料等。通过对资源进行模拟,可以发现资源配置中的瓶颈和冗余,从而进行优化。

利用先进的优化算法,如线性规划、整数规划等,可以在数字孪生模型中对资源进行自动优化配置,确保资源的高效利用。

2) 生产调度与计划

基于数字孪生模型的模拟结果,可以制订更精准的生产调度计划。包括对设备、人力、物料等资源的合理安排,以优化资源利用率和生产效率。

生产调度计划可以根据实际需求进行动态调整,以适应生产过程中的变化。通过实时监控和数据分析,可以对生产调度计划进行持续优化。

3) 供应链管理与优化

利用数字孪生模型,可以建立完整的供应链网络,包括供应商、生产商、分销商等各环节。通过对供应链网络进行模拟和优化,可以提高物料供应和配送的效率和可靠性。

利用数字孪生技术,可以对供应链中的库存、运输、订单等进行实时监控和分析,发现供应链中的问题并及时解决,确保供应链的稳定运行。

4) 实时数据集成与分析

数字孪生技术可以实时集成生产现场的各种数据,包括设备运行状态、物料消耗、生产进度等。通过对这些数据进行分析,可以及时发现生产过程中的问题,为资源优化配置提供数据支持。

实时数据集成还可以帮助管理人员实时了解生产情况,为生产决策提供有力支持。

5) 智能化决策支持

结合人工智能和机器学习技术,数字孪生技术可以为智能制造资源优化配置提供智能化决策支持。通过对历史数据和实时数据进行分析,可以预测未来的生产需求和资源消耗情况,为生产计划和资源调度提供决策依据。

综上所述,数字孪生技术在智能制造资源优化配置中发挥着重要作用。可实现资源模拟与优化、生产调度与计划、供应链管理与优化、实时数据集成与分析、智能化决策支持等功能,显著提高资源利用率、生产效率和供应链稳定性,推动智能制造的可持续发展。

2.10.6　面向产品研制全生命周期过程集成的数字孪生

针对产品研制全生命周期过程集成,数字孪生技术可以进一步提供以下支持。

1) 全生命周期管理

数字孪生技术通过构建虚拟的产品模型,允许在整个产品研制周期内对设计、生产、使用、维护和升级等各环节进行集成管理。这意味着从产品构思到报废的每个环节,都可以在数字孪生模型中得到反映和优化。

利用数字孪生模型,可以对产品在不同生命周期阶段的表现进行模拟和预测,从而在产品研制早期发现问题并进行优化,减少后期修改的成本和风险。

2) 协同设计与优化

数字孪生技术可以促进跨部门、跨企业的协同设计与优化。通过集成各部门和企业的数据和信息,数字孪生模型可以提供一个统一的平台,使各方共同参与产品的设计和优化过程。

协同设计不仅能提高设计效率,还能确保各部门之间的信息流通和沟通,从而确保产品的整体性能和竞争力。

3) 产品追溯与信息管理

基于数字孪生模型,可以实现对产品全生命周期的追溯和管理。这意味着从原材料采购到生产、运输、销售、使用、维护等各环节的信息都可被记录和追踪。

产品追溯不仅有助于确保产品质量和安全,还能为企业的决策提供支持,如市场需求分析、产品召回等。

4) 虚拟仿真与测试

在产品研制的全生命周期中,数字孪生技术可以提供虚拟仿真和测试支持。通过模拟产品在各种环境和条件下的表现,可以在不实际制造产品的情况下进行性能评估和优化。

虚拟仿真与测试不仅可以降低成本,还可以加快研发速度,确保产品的稳定性和可靠性。

5) 数据与决策支持

数字孪生模型集成了大量的数据和信息,可以为企业提供决策支持。通过对这些数据进行分析和挖掘,可以发现产品研制过程中的瓶颈和机会,从而做出更明智的决策。

综上所述,数字孪生技术在产品研制全生命周期过程集成中发挥着重要作用。通过提供全生命周期管理、协同设计与优化、产品追溯与信息管理、虚拟仿真与测试以及数据与决策支持等方面的支持,数字孪生技术可以显著提高产品研制的效率和质量,推动企业的创新和发展。

2.10.7　基于西门子 UG NX MCD 的虚拟调试技术

基于西门子 UG NX MCD 的虚拟调试技术,可为制造行业带来革命性变革。这种技术不仅能简化产品设计流程,提高生产效率,而且能为产品的质量和可靠性提供坚实保障。基于西门子 UG NX MCD 虚拟调试技术的运动仿真实例如图 2-86 所示。

1) 软件平台的集成性

西门子 UG NX MCD 作为一款集成化的软件平台,不仅集成了设计、仿真、制造和虚拟调试等功能,还与其他西门子软件产品(如 PLC 编程软件、HMI 设计软件等)具有高度集成性。这种集成性确保从产品设计到生产制造的整个流程都能在同一平台上完成,从而大大简化工作流程,提高工作效率。

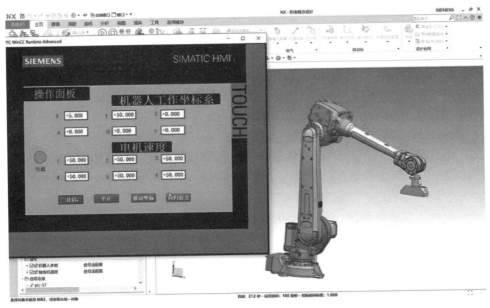

图 2-86 基于西门子 UG NX MCD 虚拟调试技术的运动仿真实例

2) 虚拟调试的精细化

(1) 工艺仿真:除了装配和运动仿真外,UG NX MCD 还支持生产工艺仿真。这意味着用户可以模拟整个生产线的运行过程,包括物料流、设备运行、人员操作等,以验证生产工艺的合理性和效率。

(2) 故障模拟:虚拟调试不仅可以模拟产品的正常运行,还可以模拟各种故障情况。这种故障模拟功能可以帮助用户在产品设计阶段预测和评估可能出现的问题,从而提前进行改进和优化。

(3) 数据分析与优化:通过收集和分析虚拟调试过程中的数据,用户可以对产品的设计和生产过程进行深入的了解和优化。这些数据可以帮助用户发现设计瓶颈、优化生产流程、提高设备利用率等。

3) 跨部门和跨企业的协作

虚拟调试技术可为跨部门和跨企业的协作提供强大的支持。由于所有的设计、仿真和调试工作都在同一平台上进行,因此不同部门和不同企业之间的数据和信息可以无缝地共享和交换。这种协作模式可以大大提高团队之间的沟通效率,减少因信息不一致而导致的错误和延误。

4）技术创新与可持续发展

虚拟调试技术不仅能提高产品设计和生产的效率和质量，还能为企业的技术创新和可持续发展提供强大的支持。通过不断地优化产品设计和生产过程，企业可以推出更先进、高效和环保的产品，从而赢得更多的市场份额和竞争优势。

综上所述，基于西门子 UG NX MCD 的虚拟调试技术是一种强大的数字化设计与制造工具，可以帮助制造企业在产品设计和生产过程中实现更高的效率、质量和可靠性。随着技术的不断发展和完善，这种虚拟调试技术将在未来的制造行业中发挥更重要的作用。

2.11 智能运维技术

2.11.1 智能运维技术概述

智能运维技术已经成为当今工业领域的热点，其基于先进的人工智能、物联网、大数据等技术，对设备、设施或系统进行全面、实时、精准的监测、预测和优化管理。这不仅仅是一种技术手段，更是一场深刻的产业变革，它正在逐步改变我们对设备运维的传统认知，推动运维管理向智能化、高效化、精细化方向发展，如图 2-87 所示。

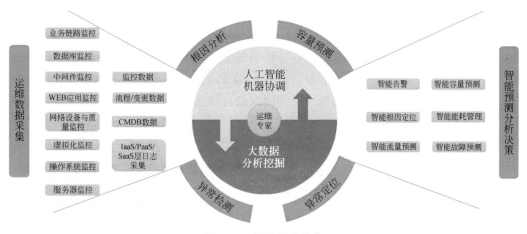

图 2-87 智能运维技术

其包括如下主要内容。

1）实时监测与数据采集

实时监测与数据采集是智能运维技术的基石。通过部署在设备上的传感器、监控设备等，可以实时采集设备的运行状态、性能参数、环境条件等关键数据。这些数据不仅反映设备的实时状况，更隐藏着设备性能优化的可能性和故障预警的线索。借助物联网技术，可将这些数据快速、准确地传输至数据中心或云平台，为后续的数据处理和分析提供基础。

2）数据分析与预测维护

数据分析与预测维护是智能运维技术的核心。基于大数据分析和机器学习算法，可以对设备的运行数据进行深度挖掘和智能处理，从中发现设备运行规律、性能趋势和潜在问题。这种预测性维护不仅可以在设备出现故障前预警,避免生产中断,还可以根据设备的运行状况和使用习惯,提出针对性的维护建议,实现设备的预防性维护。

3) 智能诊断与优化

智能诊断与优化是智能运维技术的又一亮点。传统的设备故障诊断往往依赖运维人员的经验和直觉,而利用智能运维技术可以通过数据分析和模型推断,对设备故障进行精准定位,找出问题的根源。同时,结合优化算法,利用智能运维技术还可提出运行参数调整或工艺优化方案,使设备达到最佳运行状态,提高设备运行效率。

4) 远程监控与控制

远程监控与控制是智能运维技术的另一优势。借助物联网技术,运维人员可以随时随地通过网络对设备进行远程监控和控制。这不仅能提高运维的灵活性和效率,也使运维工作不再受地域和时间的限制。无论是设备的实时监控、参数调整,还是故障诊断,都可以通过远程操作完成,可大大降低运维成本和时间成本。

2.11.2 智能运维技术应用案例

1) 智能电网运维

在电力行业中,智能电网运维是智能运维技术在电网领域的具体应用。如图 2-88 所示,通过部署大量的传感器和监控设备,智能电网能够实时监测电网设备的运行状态、电压、电流、功率等关键参数,以及电网的负荷情况和能源分布。这些数据通过物联网技术传输至数据中心,进行分析和处理,运用大数据分析和机器学习算法对电网运行数据进行深度挖掘,预测电网设备的潜在故障和性能瓶颈。同时,智能电网运维系统还具备远程监控和控制功能,运维人员可以随时随地通过网络对电网设备进行远程操作和调整,实现电网的高效、稳定运行。智能电网运维不仅能提高电力供应的可靠性和稳定性,还有助于降低能源损耗和排放,推动电力行业的可持续发展。如图 2-88 所示。

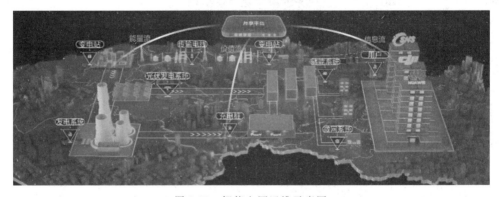

图 2-88 智能电网运维示意图

2) 智能制造运维

在制造业中,智能制造运维通过集成人工智能、物联网、大数据等技术,实现生产设备的实时监测、智能诊断和优化管理。通过对设备运行数据进行采集和分析,智能制造运维系统可以实时监测设备的运行状态和性能参数,预测设备的维护需求和故障风险。同时,结合智能诊断系统,可以精准定位设备故障,提出针对性的维护建议,减少设备停机时间和维修成本。此外,智能制造运维还可以实现生产过程的自动化和智能化,提高生产效率和产品质量,为制造业的转型升级提供有力支持。如图2-89所示。

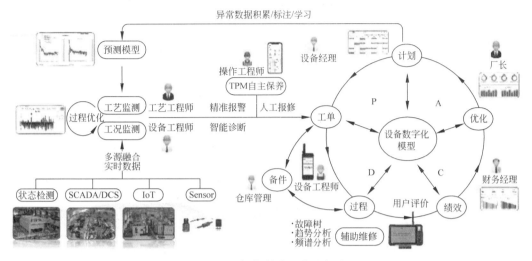

图 2-89　智能制造运维示意图

3) 智能建筑运维

在建筑行业中,智能建筑运维通过集成物联网、大数据、人工智能等技术,实现对建筑设施的全面监测和管理。通过对建筑设备进行实时监测和数据分析,智能建筑运维系统可以实时监测建筑能耗、环境质量、安全状况等指标,提出相应的优化建议和管理措施。同时,智能建筑运维还具备远程监控和控制功能,运维人员可以通过网络对建筑设备进行远程操作和调整,提高建筑的舒适性和能效性。智能建筑运维不仅有助于提升建筑品质和用户体验,还有助于降低建筑运营成本和能耗,推动建筑行业的绿色发展和可持续发展。如图2-90所示。

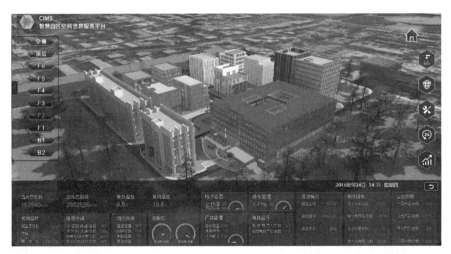

图 2-90　智能建筑运维示意图

4) 智能交通运维

在交通行业中,智能交通运维通过集成物联网、大数据、人工智能等技术,实现对交通设施和交通管理系统的全面监测和管理。通过对交通设备进行实时监测和数据分析,智能交通运维系统可以预测交通拥堵和事故风险,优化交通信号控制和路网规划,提高交通运行效率和安全性。同时,智能交通运维还可以实现交通信息的实时共享和发布,提高交通出行的便捷性和舒适性。智能交通运维不仅有助于缓解城市交通压力和提高交通运行效率,还有助于降低交通事故率,减少交通排放,推动交通行业的绿色发展和智能化升级。如图 2-91 所示。

图 2-91　智能交通运维示意图

综上所述,智能运维技术在不同行业中具有广泛的应用前景和巨大的发展潜力。随着技术的不断进步和应用场景的不断拓展,智能运维技术将在提高设备可靠性、效率和安全性方面发挥更重要的作用,为企业和社会的可持续发展提供有力支持。

2.12　智能优化技术

2.12.1　智能优化技术概述

智能优化技术是一种利用人工智能、优化算法、大数据分析等技术手段,对复杂系统或过程进行优化决策的技术。它通过对系统的数据进行实时监测、分析和预测,结合优化算法进行决策,达到提高效率、降低成本、优化资源利用等目的。

其包括以下主要内容。

1) 数据收集与分析

在智能优化技术的运用中,数据收集与分析是基础和核心。借助物联网技术,将无数的传感器部署在关键设备和系统周围,实时收集运行状态、环境条件、性能参数等数据。随后将这些数据传输至中央处理单元或云平台,通过大数据分析技术对其进行深度处理和分析。

数据分析不仅涉及数据的清洗、整合和存储,还涉及对数据进行模式识别、关联分析和趋势预测。这些分析可帮助运维团队识别设备的异常行为、预测潜在故障,并发现系统中存在的优化空间。基于这些数据,运维团队可以更精准地制订维护计划,避免不必要的停机时间,提高设备的整体可靠性和效率。

2) 优化算法应用

在收集和分析数据之后,智能优化技术的下一步是应用各种优化算法解决问题。这些算法包括但不限于遗传算法、粒子群算法、模拟退火算法等。它们用于对系统参数、工艺流程、资源配置等进行优化调整,以实现系统性能和效率的最大化。

例如,在电力系统中,优化算法可用于调整电网的负荷分配,减少能源损耗;在制造业中,它们可用于优化生产线的工艺流程,提高生产效率;在智能交通中,它们可用于优化交通信号控制,减少交通拥堵。

3) 实时决策与反馈

智能优化技术的最大特点之一是它的实时性和动态性。通过实时收集和分析数据,并应用优化算法,系统可以做出及时的决策,并根据系统状态和优化目标的变化,动态调整优化策略。

这种实时决策和反馈机制使系统可以自适应地应对各种变化和挑战,始终保持最佳运行状态。同时,也为运维团队提供强大的支持,使其能够迅速响应系统中的问题,确保系统的稳定性和安全性。

2.12.2 智能优化技术应用案例

智能优化技术在不同领域的应用如下。

1) 智能能源优化

在能源领域,智能优化技术的应用为能源行业带来了革命性变革。从能源的生产到传输、储存和消费,智能优化技术都发挥着至关重要的作用。

在生产环节,智能优化技术可以优化能源生产过程,提高能源产出效率和质量。例如,在风力发电和太阳能发电中,通过智能优化算法可以预测风速和光照强度,从而调整发电设备的运行参数,实现最大化的能源产出。如图 2-92 所示。

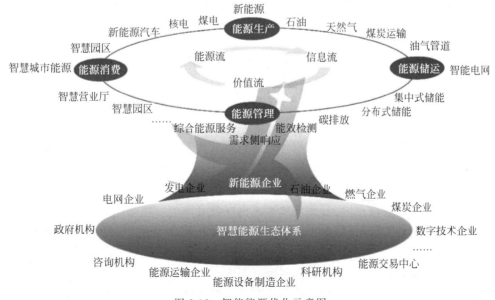

图 2-92 智能能源优化示意图

在传输环节,智能优化技术可以优化能源的传输网络,减少能源在传输过程中的损耗和浪费。通过实时监测和分析传输网络的状态和负荷情况,可以动态调整传输策略,确保能源高效、安全传输。

在储存和消费环节,智能优化技术可以优化能源的储存和消费模式,提高能源的利用效率并实现节能减排。例如,在智能家居系统中,通过智能优化算法,可以实现对家庭用电设备的智能控制和调度,减少不必要的能源浪费,提高家庭的能源利用效率。

2)智能交通优化

在交通领域,智能优化技术的应用可为交通行业的可持续发展提供有力支持。通过优化交通流量预测、交通信号控制和路网规划等,可有效减少交通拥堵和排放,提高交通运行效率和安全性。如图 2-93 所示。

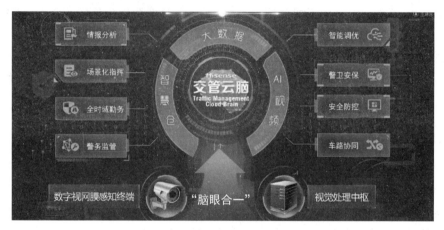

图 2-93　智能交通优化示意图

在交通流量预测方面,利用智能优化技术可以实时监测和分析交通流量数据,预测未来的交通流量变化趋势,为交通信号控制和路网规划提供决策支持。

在交通信号控制方面,利用智能优化技术可以优化交通信号的配时和调度,确保交通流量的顺畅、有序。通过实时监测和分析交通状况,可以动态调整交通信号的配时策略,减少交通拥堵和延误。

在路网规划方面,利用智能优化技术可以优化路网的结构和布局,提高路网的整体通行能力和服务水平。通过综合考虑交通流量、道路状况、环境因素等多种因素,可以制订出更加科学合理的路网规划方案。

3)智能制造优化

在制造领域,智能优化技术的应用可为制造业的转型升级提供有力支持。通过优化生产计划排程、生产工艺优化、设备维护调度等,可提高生产效率和产品质量,降低生产成本和能耗。如图 2-94 所示。

在生产计划排程方面,利用智能优化技术可以综合考虑订单需求、设备状况、原材料供应等多种因素,制订出更加科学合理的生产计划排程方案,确保生产过程的顺利进行。

在生产工艺优化方面,利用智能优化技术可以实时监测和分析生产过程中的数据,发现工艺瓶颈和优化空间,提出针对性的优化建议和改进措施,提高生产效率和产品质量。

在设备维护调度方面,利用智能优化技术可以预测设备的维护需求和故障风险,制订出

图 2-94 智能制造优化示意图

更加科学合理的设备维护调度方案,减少设备停机时间和维修成本。

4）智能城市优化

在城市管理领域,智能优化技术的应用可为城市的可持续发展提供有力支持。通过优化城市规划、资源配置、环境保护等,可以提高城市的宜居性、可持续性和竞争力。如图 2-95 所示。

在城市规划方面,利用智能优化技术可以综合考虑城市的经济、社会、环境等多种因素,制订出更加科学合理的城市规划方案,确保城市的可持续发展。

在资源配置方面,利用智能优化技术可以实时监测和分析城市的资源利用情况,发现资源的浪费和优化空间,提出针对性的资源配置建议和改进措施,提高资源的利用效率。

图 2-95 智能城市优化示意图

在环境保护方面,利用智能优化技术可以实时监测和分析城市的环境质量数据,预测环境污染风险,提出针对性的环境保护措施和改进方案,确保城市环境质量达到国家标准。

综上所述,智能优化技术在不同领域的应用可为各行业的可持续发展提供有力支持。随着技术的不断发展和进步,智能优化技术将在未来各领域发挥更重要的作用,为社会的可持续发展做出更大的贡献。

2.13 智能决策技术

2.13.1 智能决策技术概述

智能决策技术作为当代先进技术的结晶,集成了人工智能、机器学习、数据分析等前沿科技,可为复杂问题的决策和预测提供强大的支持。其核心在于通过深度分析大量数据,识别出隐藏的模式和规律,进而为决策过程提供精准、高效的指导。如图 2-96 所示。

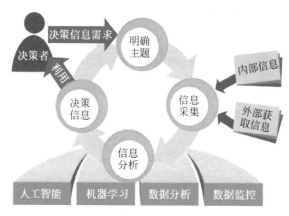

图 2-96 智能决策技术

1)数据驱动决策

数据是智能决策技术的基石。在决策过程中,智能决策系统首先收集、整理和分析大量的相关数据。这些数据可能有多种来源,如企业内部的业务数据、外部的市场调研数据、用户行为数据等。通过对这些数据进行深入挖掘,智能决策系统能够发现数据中的有价值信息,如消费者偏好、市场趋势、业务瓶颈等,从而为决策提供有力的数据支持。

2)机器学习与模型构建

机器学习算法在智能决策技术中发挥着至关重要的作用。通过训练机器学习模型,系统能够逐渐理解数据之间的复杂关系,并根据这些关系进行预测和决策。这些模型可以是分类模型、回归模型、聚类模型等,根据不同的决策问题选择合适的模型进行构建和训练。随着数据的不断积累和模型的持续优化,智能决策系统的决策能力会不断提高。

3)实时监测与反馈

智能决策技术不仅关注决策的制定,更关注决策的执行和效果。通过实时监测系统的运行状态和反馈结果,智能决策系统能够及时调整和优化决策策略,以适应不断变化的环境和需求。这种实时监测与反馈机制使智能决策系统具有更强的自适应性和鲁棒性,能够在复杂的现实世界中做出更精准、高效的决策。

4)扩展应用领域

智能决策技术的应用领域非常广泛。在企业管理中,它可以帮助企业制定更加科学合理的战略规划、市场营销策略、人力资源配置等;在医疗领域,它可以辅助医生进行疾病诊断和治疗方案的制订;在金融领域,它可以帮助银行、保险公司等机构进行风险评估、投资决策等。随着技术的不断进步和应用场景的不断拓展,智能决策技术将在更多领域发挥重要作用,为人类社会的发展和进步提供有力支持。

2.13.2 智能决策技术应用案例

1) 金融领域

金融领域的决策通常涉及大量数据和复杂的风险分析。智能决策技术在此领域的应用,不局限于风险评估和投资组合优化,还可扩展到市场趋势预测、反欺诈检测、客户行为分析等多方面。例如,通过深度学习和自然语言处理技术,智能决策系统可以自动分析大量的金融市场数据,为金融机构提供实时的市场趋势预测和风险预警。此外,结合大数据分析和图计算技术,智能决策系统还可以帮助金融机构构建全面的客户画像,实现精准营销和个性化服务。如图 2-97 所示。

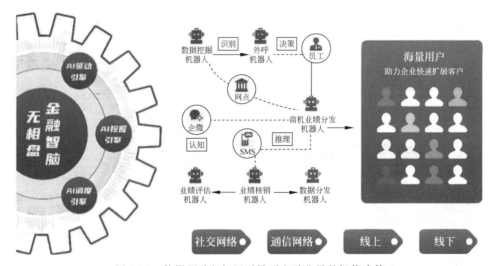

图 2-97 数据驱动与知识引导下金融业界的智能决策

2) 医疗健康领域

在医疗健康领域,智能决策技术的应用正在改变传统的诊疗模式。如图 2-98 所示,除了疾病诊断和治疗方案选择,智能决策技术还可应用于药物研发、临床试验、健康管理等多方面。例如,通过深度学习和图像识别技术,智能决策系统可以辅助医生进行医学影像分析,提高诊断的准确性和效率。同时,结合基因测序和大数据分析,智能决策系统还可为个性化治疗和精准医疗提供有力支持。

3) 智能交通领域

智能交通是智能决策技术的重要应用领域之一。除了交通管理、路径规划和车辆调度,智能决策技术还可应用于智能交通信号控制、智能交通监控系统、智能停车系统等方面。通过实时分析交通流量、路况信息和车辆数据,智能决策系统可以优化交通信号配时和交通管理策略,提高交通运行效率和安全性。同时,结合物联网和 5G 通信技术,智能决策技术还可用于实现车辆之间的协同控制和智能调度,为未来的智能交通系统提供有力支持。如图 2-99 所示。

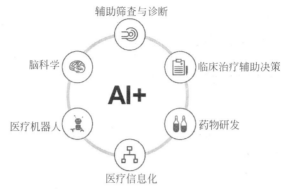

图 2-98　智能决策技术在医疗健康领域中的应用示意图

图 2-99　智能决策技术在智能交通领域中的应用示意图

4）智能制造领域

智能制造是工业 4.0 的核心内容之一，智能决策技术在此领域的应用日益广泛。除了生产调度、质量控制和设备维护，智能决策技术还可应用于生产流程优化、供应链管理、产品创新等多方面。通过实时分析生产数据和设备状态，智能决策系统可用于优化生产计划和工艺流程，提高生产效率和产品质量。同时，结合物联网和大数据分析技术，智能决策系统还可用于实现供应链的智能调度和优化，为企业的生产和运营提供全面支持。如图 2-100 所示。

5）智能城市领域

智能城市是未来城市发展的重要方向之一，智能决策技术在此领域的应用至关重要。除了城市规划、资源配置和环境管理，智能决策技术还可应用于城市基础设施管理、公共安全监控、社会服务优化等多方面。通过综合分析城市数据和环境信息，利用智能决策系统可为城市管理者提供全面的决策支持，推动城市的可持续发展和生活质量的提高。同时，结合物联网、云计算和大数据等技术，智能决策技术还可用于实现城市各系统之间的互联互通和

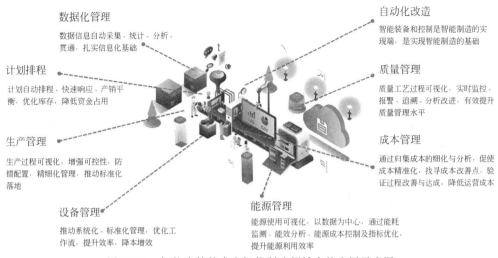

图 2-100 智能决策技术在智能制造领域中的应用示意图

协同运作,为未来的智能城市构建提供坚实基础。如图 2-101 所示。

图 2-101 智能城市示意图

2.14 区块链技术

2.14.1 区块链技术概述

区块链技术作为一种前沿的分布式账本技术,已经引发全球范围内的技术革命和产业变革。其核心理念是构建一个去中心化、安全、透明、不可篡改的数据记录与传输平台,从而重塑信任机制,优化信息传递和价值交换的过程。

其核心特点包括但不限于以下方面。

图2-102 区块链技术及其特点

1)去中心化

区块链技术打破了传统中心化机构的垄断,实现了数据的多方共享和共同维护。在这样的架构下,每个参与者都拥有完整的账本副本,无须依赖中心化的第三方来验证和记录数据,如图2-102所示。

2)分布式存储

数据分散存储在网络的各节点中,可确保数据的高可用性和容错性。即使部分节点发生故障或被攻击,整个网络的数据仍然可以得到保护。

3)共识机制

通过多方共识算法(如工作量证明 PoW、权益证明 PoS 等),区块链网络能够确保所有参与者在没有中心化信任机构的情况下达成共识,从而维护数据的完整性和一致性。

4)智能合约

智能合约是一种自动执行的合同,当满足特定条件时,合同中的条款会自动执行。这一特性使区块链技术能够支持更复杂的业务逻辑和自动化处理流程。

区块链技术作为一种革命性的技术革新,正在深刻改变我们的生活方式和商业模式。随着其应用的不断扩展和优化,区块链技术将在未来发挥更重要的作用,为社会的可持续发展做出更大的贡献。

2.14.2 区块链技术应用案例

1)加密货币

比特币作为区块链技术的明星应用,其成功不仅在于其去中心化的特性,更在于其背后强大的加密算法可确保交易的安全与匿名性。但加密货币并不仅限于比特币,随着区块链技术的成熟,各种新型加密货币(如以太坊、莱特币等)也应运而生,它们都在各自的领域展现出巨大的潜力。未来随着区块链技术的进一步发展,我们期待更多具有实际应用价值的加密货币出现,以满足各种复杂和多样化的金融需求。

2)供应链管理

区块链技术在供应链管理中的应用,不局限于实时跟踪和监控。通过结合物联网技术,可以实现对每件产品的从原材料到最终消费者的全程追溯。这不仅能提高供应链的透明度,也能为消费者提供更可靠的产品信息。在食品安全领域,这意味着消费者可以追踪到食品的每个生产环节,确保食品安全。而在物流领域,则可以大幅降低丢失和延误的风险,提高物流效率。

3)智能合约

智能合约的自动化和自执行特性使其在金融、保险、房地产等多领域具有广阔的应用前景。在金融领域,智能合约可以自动执行交易,减少人为干预和错误。在保险领域,智能合约可以自动触发理赔流程,提高理赔效率。而在房地产领域,智能合约可以确保房屋交易的透明和公正,减少欺诈和纠纷。

4) 数字身份认证

随着数字化时代的到来,个人数据的安全和隐私保护变得尤为重要。区块链技术可为数字身份认证提供全新的解决方案。通过区块链,个人身份信息可以被安全地存储和验证,而无须担心被篡改或泄露。这为用户提供更高的安全性和隐私保护,也使在线交易和服务更加便捷、可靠。

5) 资产管理

区块链技术为资产管理带来了革命性变革。通过区块链,资产的所有权和交易记录都可以被安全、透明地记录,可大大提高资产交易的效率和安全性。此外,区块链还可以降低资产管理的成本,减少中介环节,使资产交易更加便捷、高效。

6) 数字化票据

数字化时代,传统的纸质票据已经无法满足人们的需求。区块链技术可为数字化票据的发行和管理提供完美的解决方案。通过区块链,数字化票据可以被安全、便捷地创建、传输和验证,可大大提高票据的流通效率和安全性。此外,区块链还可以为数字化票据提供强大的防伪功能,减少票据造假的风险。

这些应用案例充分展示了区块链技术在各领域的潜力和应用前景,随着技术的不断发展和完善,相信区块链技术将在未来发挥更重要的作用。

2.15 深度学习

2.15.1 深度学习概述

深度学习作为人工智能领域的一个重要分支,已经引起全球范围内的广泛关注和深入研究。其核心思想是利用神经网络技术模拟人脑的工作方式,通过对数据进行多层次的特征提取和抽象表示,实现对复杂数据的高效处理和学习。

深度学习的核心在于构建深度神经网络,这些网络通常由多个神经元层堆叠而成,每层都对输入数据进行一定的变换和特征提取。这种多层次的结构使深度学习模型能够自动学习到输入数据的内在规律和表示,从而实现更准确的分类、识别和预测。如图2-103所示。

卷积神经网络(CNN)是深度学习中最常用的模型之一。它特别适用于处理图像数据,通过卷积操作和池化操作,CNN能够从原始像素中提取有意义的特征,进而实现图像分类、目标检测等任务。在自然语言处理领域,循环神经网络(RNN)和长短期记忆网络(LSTM)则表现出色。它们能够处理序列数据,捕捉序列中的时间依赖关系,从而实现对文本、语音等数据的有效处理。

深度学习在各领域都取得了显著的成就。在图像识别领域,深度学习模型(如CNN)能够实现对图像的高精度分类和识别,为智能监控、自动驾驶等应用提供强有力的支持。在语音识别领域,基于深度学习的语音识别系统能够实现对人类语音的准确识别和理解,为智能语音助手、语音翻译等应用提供可能。在自然语言处理领域,深度学习模型(如RNN和LSTM)则能够实现文本分类、情感分析、机器翻译等任务,使自然语言处理技术得到极大的

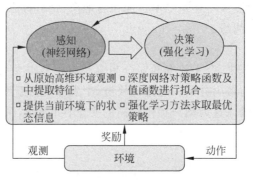

图 2-103 深度学习原理图

发展。

除此之外,深度学习还在推荐系统、智能客服、游戏 AI 等领域发挥着重要作用。随着数据量的不断增加和计算能力的提升,深度学习将在更多领域展现出强大的潜力。

然而,深度学习也面临一些挑战和问题。例如,深度学习模型通常需要大量的数据进行训练,而在某些领域,获取足够的数据可能非常困难。此外,深度学习模型往往具有复杂的结构和大量的参数,导致训练和推理过程需要大量的计算资源。因此,如何设计更加高效、轻量级的深度学习模型,以及如何充分利用有限的数据资源,成为深度学习未来研究的重要方向。

总的来说,深度学习作为人工智能领域的一项热门技术,已经在许多领域取得显著成就。随着技术的不断发展和完善,深度学习将在更多领域展现出强大的潜力和价值,期待其未来的更多突破和应用。

2.15.2 深度学习应用案例

1)图像识别

深度学习在图像识别领域的成功应用不局限于传统的分类任务,还深入更复杂的场景。例如,在物体检测中,深度学习可以准确地标注图像中物体的位置,甚至在视频流中实现实时检测。此外,图像分割和图像生成也是深度学习的热门应用。通过像素级的分类,深度学习可以实现精细的图像分割,为图像编辑、自动驾驶等领域提供强大的工具。同时,利用生成对抗网络(GANs)等深度学习技术,可以生成高质量、逼真的图像,为艺术创作、虚拟现实等领域带来无限可能。如图 2-104 所示。

2)语音识别

随着深度学习的不断发展,语音识别技术已经取得巨大进步。除了传统的语音助手和智能客服应用,深度学习还广泛应用于语音转文字、语音合成等领域(图 2-105)。例如,通过深度学习技术,可以实现高精度的语音转文字系统,帮助听力受损者更好地沟通。同时,语音合成技术也取得显著进展,可以实现高度自然的语音输出,为语音助手、有声读物等应用提供丰富的声音资源。

3)自然语言处理

深度学习在自然语言处理领域的应用已经从简单的文本分类、情感分析扩展到更复杂

图 2-104 深度学习技术在街景图像识别中的应用实例

图 2-105 基于深度学习的语音识别在车载系统中的应用实例

的任务,如问答系统、对话生成等。通过深度学习技术,可以构建能够理解上下文、产生自然回复的智能对话系统。此外,深度学习还在机器翻译领域取得巨大成功,实现了跨语言之间的准确翻译。这为全球范围内的沟通与交流提供了便利。

4)推荐系统

深度学习在推荐系统中的应用已经深入个性化推荐、内容推荐等多方面。通过深度学习模型,可以对用户的行为数据、兴趣偏好进行深度分析,从而为用户推荐更符合其需求的内容。此外,深度学习还可以实现跨平台推荐,对用户在多个平台上的行为数据进行整合和分析,为用户提供更精准、个性化的推荐服务。

5)医疗影像诊断

深度学习在医疗影像诊断领域的应用已经取得令人瞩目的成果。通过深度学习技术,可以实现对 X 光片、CT 扫描、MRI 等影像数据的自动分析和诊断。这不仅能提高诊断的准确性和效率,还能为医生提供更多的辅助信息。此外,深度学习还可以应用于疾病的早期预测和风险评估,为预防医学和精准医疗提供新的手段。如图2-106所示。

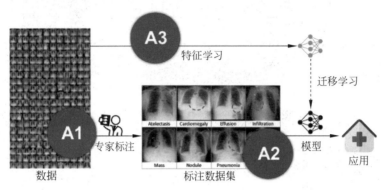

图 2-106　医学影像分析中的深度学习与专家标注

综上所述,深度学习在图像识别、语音识别、自然语言处理、推荐系统和医疗影像诊断等领域的应用已经深入各方面。随着技术的不断发展和完善,深度学习将在更多领域展现出强大的潜力和价值,为人类社会的发展和进步带来更多的可能性。

本章小结

本章深入探讨了智能车间与工厂的关键使能技术,这些技术不仅是推动现代制造业向智能化、自动化和数字化转型的核心动力,更是企业提升竞争力、实现可持续发展的关键所在。随着工业互联网、智能制造技术、人工智能、智能化控制技术、大数据以及云计算等新一代信息技术的迅猛发展,智能车间与工厂的生产模式正经历着前所未有的变革。智能车间与工厂的关键使能技术是推动现代制造业向智能化、自动化和数字化转型的重要力量。应用这些技术,可以实现对生产过程的全面优化和升级,提高生产效率,降低生产成本,提升产品质量和竞争力。

习题

1. 解释什么是智能车间与工厂,并列举它们与传统制造车间和工厂的主要区别。

2. 描述工业互联网在智能车间与工厂中扮演的角色,并说明它是如何实现设备互联和信息互联的。

3. 列举并解释智能制造技术中的几种关键技术,如信息深度自感知、智慧优化自决策和精准控制自执行。

4. 讨论人工智能在智能车间与工厂中的应用,包括哪些具体领域?如何实现智能化控制?

5. 简述智能化控制技术在智能车间与工厂中的应用场景,并说明它们如何提高生产效率、降低能耗。

6. 描述大数据和云计算在智能车间与工厂中的作用,并解释它们如何支持生产数据的收集、分析和处理。

7. 分析智能车间与工厂中数据收集与分析的重要性,并讨论如何确保数据的安全性和隐私保护。

8. 讨论远程监控与管理在智能车间与工厂中的应用,并解释它如何提高企业的生产灵活性和响应速度。

9. 结合一个具体的智能车间或工厂案例,分析其如何应用关键使能技术实现生产过程的智能化和自动化。

10. 展望未来,你认为智能车间与工厂的关键使能技术将如何发展?可能对制造业产生哪些深远影响?

第3章

智能车间与工厂核心系统

一般地，企业生产运营管理流程可以分为三层，分别是计划层、执行层和控制层。

企业通过计划层管理（ERP、MRP 等）系统，根据客户需求、库存和市场预测等情况整合企业现有的生产资源，编制生产计划；执行层根据计划层下达的生产计划制订车间作业计划，安排控制层的加工任务，对作业计划和任务执行情况进行汇总和上报。整个工厂的生产过程并不透明，当生产计划变更、物料短缺、设备故障、出现加工质量等问题时，信息不能有效传导，生产不能及时调整优化。

为弥补计划层与执行层之间的信息断层现象，控制层 MES(manufacturing execution system)应运而生，MES 对生产信息实施监控，向上对计划层进行传导，向下对执行层进行控制，将企业上层生产计划系统与车间下层的设备控制系统联系起来，填补上层与下层之间的鸿沟，打通工厂信息通道，使其成为实现工业制造"升级版"的基础和必要条件，如图 3-1 所示，核心系统关系图如图 3-2 所示。

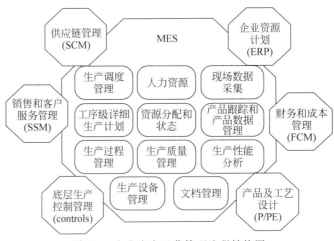

图 3-1　企业生产运营管理流程结构图

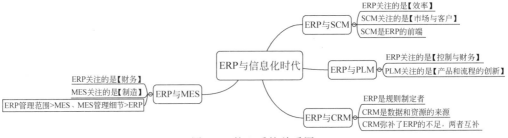

图 3-2　核心系统关系图

3.1 PLM 产品生命周期管理

3.1.1 PLM 基本概念

产品生命周期管理(product lifecycle management，PLM)作为一种全面的管理理念和先进的软件技术，在企业的产品研发、生产和运营中扮演着举足轻重的角色。PLM 不仅涵盖产品从概念设计、制造、使用到退役的整个生命周期，更深入产品背后的数据、信息和业务流程的管理。如图 3-3 所示。

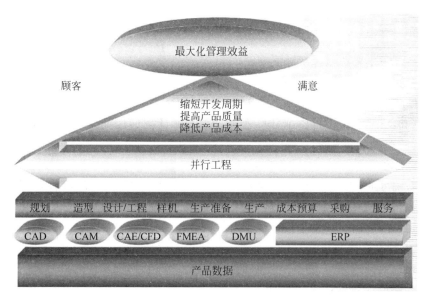

图 3-3 PLM 组成结构及流程示意图

PLM 不仅是一个技术平台，更是一种战略方法。它强调以产品为核心，整合企业内外各种资源，优化产品从创意产生到回收处理的全过程。通过 PLM，企业可以实现以下目标。

(1) 提升产品质量：PLM 系统可以确保产品在设计、制造和使用过程中遵循预定的标准和规范，减少人为错误和缺陷，从而提升产品质量。

(2) 缩短上市时间：PLM 通过优化产品设计、制造和测试流程，可以减少不必要的等待和返工时间，从而加速产品上市，抢占市场先机。

(3) 降低成本：PLM 可以帮助企业更好地管理产品数据，避免数据冗余和错误，减少物料浪费和制造成本。同时，通过优化供应链管理，降低库存和物流成本。

(4) 增强市场竞争力：PLM 可使企业能够快速响应市场变化，根据客户需求调整产品设计和生产计划。通过持续创新和改进，提升产品的竞争力和市场占有率。

为实现这些目标，PLM 系统需要整合计算机辅助设计、计算机辅助工程、计算机辅助制造等各种工具和技术。这些工具和技术在 PLM 的框架下协同工作，形成一个统一的产品数据管理平台。通过该平台，企业可以实现以下功能。

(1) 数据集中管理：将所有与产品相关的数据(如设计数据、制造数据、测试数据等)集中存储和管理,确保数据的一致性和准确性。

(2) 流程优化:优化产品设计、制造和测试流程,减少不必要的环节和浪费,提高生产效率。

(3) 协同工作:PLM 系统支持跨部门、跨地域的协同工作,使设计、制造、销售等部门的员工能够共享信息、协同工作,提高整体工作效率。

(4) 决策支持:PLM 系统可以提供丰富的数据分析功能,帮助企业领导层做出明智的决策,指导产品的发展和市场推广。

总之,PLM 是一种全面的管理理念和技术平台,它可以帮助企业更好地管理产品的整个生命周期,提高产品质量,缩短上市时间,降低成本并增强市场竞争力。

3.1.2 PLM 主要功能

PLM 系统的主要功能包括以下方面。

1) 产品数据管理

PLM 系统的核心功能之一是产品数据管理(PDM)。PDM 系统集中管理和控制产品相关的数据和文档,包括设计图纸、BOM(物料清单)、工艺文件等。通过 PDM 系统,企业可以确保数据的一致性和完整性,减少数据丢失和版本混乱的风险。

2) 项目管理

PLM 系统可为产品开发项目的规划和跟踪提供强大的工具。项目管理模块可以帮助企业管理项目进度、资源、成本和风险,确保项目按时、按质、按预算完成;还可以提供实时的项目状态报告和分析,帮助项目经理及时发现和解决问题。

3) 设计协同

PLM 系统支持跨部门、多专业团队的协同设计。设计协同功能可以实现实时的数据共享和交流,提高设计效率和一致性,减少设计冲突和重复工作。通过协同设计,企业可以更快地响应市场需求,提高产品的创新能力。

4) 变更管理

产品设计和制造过程中经常会发生变更,PLM 系统的变更管理功能可以有效管理这些变更。它可以跟踪和记录每次变更的原因、影响和实施情况,确保所有相关方及时了解和执行变更,减少变更带来的风险和成本。

5) 配置管理

PLM 系统可以管理产品的不同配置和版本,确保产品在整个生命周期中的一致性和可追溯性。配置管理功能可以帮助企业管理产品的各个版本和配置选项,确保产品在不同的市场和应用场景中都能保持高质量和一致性。

6) 质量管理

PLM 系统可提供全面的质量管理工具,通过质量检测和分析工具,确保产品在各阶段符合质量标准。质量管理功能可以帮助企业识别和解决质量问题,提高产品的一次通过率和客户满意度。

7) 供应链管理

PLM 系统可整合供应商和合作伙伴管理,优化供应链流程,确保及时、准确的物料供应。供应链管理功能可以帮助企业提高供应链的透明度和可控性,减少供应链风险和成本,确保生产的连续性和稳定性。

此外，PLM 系统还提供了以下其他重要功能。

（1）知识管理：积累和共享企业在产品开发过程中形成的知识和经验，提升企业的创新能力和竞争力。

（2）成本管理：跟踪和控制产品开发和制造过程中的成本，帮助企业实现成本节约和效益最大化。

（3）环保管理：管理和监控产品的环保性能，确保产品符合环保法规和标准，提升企业的社会责任和市场形象。

3.1.3 PLM 体系结构

如图 3-4 所示，PLM 体系结构通常包括以下层次。

1）用户界面层

该层为用户提供友好的操作界面，支持用户的日常操作和管理；通过图形化界面、仪表盘、报表和分析工具，方便用户访问和管理产品数据、项目进度、设计协同等功能。用户界面层应具有高度的可用性和灵活性，支持不同角色和权限的用户访问不同的功能模块。

2）应用服务层

这一层是 PLM 系统的核心，可实现系统的各项功能，包括数据管理、项目管理、设计协同、变更管理、配置管理、质量管理、供应链管理等。应用服务层通常采用模块化设计，各功能模块可以独立开发和部署，并通过标准接口进行通信和

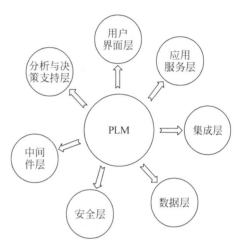

图 3-4　PLM 体系结构模型图

协同工作。应用服务层还应具备高度的可扩展性和可靠性，支持企业业务的不断发展和变化。

3）集成层

集成层的主要功能是实现 PLM 系统与其他企业信息系统（如 ERP、MES、CRM 等）的连接和集成。通过集成层，PLM 系统可以与其他系统共享数据和业务流程，实现信息的无缝传递和业务的高效协同。集成层通常采用标准的集成技术和协议，如 Web 服务、API 接口、消息中间件等，确保系统之间的互操作性和数据一致性。

4）数据层

数据层负责存储和管理产品相关的各种数据和文档，包括设计图纸、BOM、工艺文件、项目文档、质量记录等。数据层应提供高效、安全的数据访问和存储服务，支持大规模数据的快速查询和处理。数据层通常采用分布式数据库、文档管理系统、文件存储系统等技术，确保数据的一致性、完整性和安全性。

在 PLM 体系结构中，除上述主要层次外，还包含以下几个层次。

1）安全层

在 PLM 系统中，数据的安全性和隐私保护至关重要。安全层具有用户认证与授权、数

据加密、访问控制、日志审计等功能,确保系统和数据的安全性。安全层应支持多种安全策略和机制,满足企业的信息安全要求和合规性要求。

2) 中间件层

中间件层可提供系统各部分之间的通信和协作支持,包含消息队列、服务总线、事务管理等功能。中间件层的使用可以提高系统的可靠性和可扩展性,简化系统的集成和维护工作。

3) 分析与决策支持层

这一层为企业提供基于 PLM 数据的分析和决策支持工具,包括 BI(商业智能)分析、数据挖掘、预测分析等。通过分析与决策支持层,企业可以从海量数据中挖掘有价值的信息,辅助决策制定和业务优化。

在实施 PLM 体系结构时,以下几点值得注意。

(1) 需求分析与系统规划:充分了解企业的实际需求,制订合理的系统规划和实施方案,确保系统功能和架构符合企业的业务目标和发展战略。

(2) 模块化与可扩展性设计:采用模块化设计,确保系统的可扩展性和灵活性,支持不同业务模块的独立开发、部署和升级。

(3) 标准化与规范化:遵循行业标准和最佳实践,采用标准的接口和协议,确保系统的互操作性和可维护性。

(4) 安全与合规:重视系统的安全性和合规性,采用多层次的安全策略和机制,确保数据和系统的安全。

(5) 用户培训与支持:提供充分的用户培训和技术支持,确保用户能够熟练使用系统,提高系统的使用效果和用户满意度。

3.1.4 PLM 系统构建

构建 PLM 系统是一个复杂的过程,通常包括以下关键步骤。

1) 需求分析

在这一阶段,需要与企业各部门和利益相关者充分沟通,了解他们的需求和期望。通过需求调研和分析,确定 PLM 系统的功能需求、性能要求和实施目标。

2) 系统设计

基于需求分析的结果进行系统设计。包括确定系统的架构和模块划分,设计数据库结构和数据模型,制定系统的界面设计和用户交互流程。系统设计阶段还要考虑系统的可扩展性、灵活性和安全性。

3) 系统开发

根据系统设计方案进行系统的开发和编码工作。开发过程中需要采用合适的开发方法和技术,确保系统的稳定性和性能。同时,需要进行代码的测试和质量控制,保证开发的质量和效率。

4) 系统集成

将 PLM 系统与企业内部的其他系统(如 ERP、MES 等)进行集成,实现数据和业务流程的无缝连接。集成工作涉及接口设计、数据映射、消息传递等工作,需要确保系统之间的互操作性和数据一致性。

5）系统测试

对已开发的 PLM 系统进行全面的测试,包括单元测试、集成测试、系统测试和用户验收测试等。测试的目的是发现和修复系统中的缺陷和问题,确保系统的功能和性能达到预期水平。

6）系统部署

在完成测试和验证后,将 PLM 系统部署到生产环境中。部署工作包括系统安装、配置、数据迁移和用户权限设置等,确保系统能够顺利投入使用。

7）用户培训

对企业的相关人员进行系统培训,使其能够熟练使用 PLM 系统。培训内容包括系统操作、数据管理、工作流程等,使其快速上手并提高工作效率。

8）系统维护

系统部署后,需要进行日常的维护和管理工作,包括系统监控、故障排除、性能优化、安全更新等。同时,还要定期进行系统升级和改进,以满足企业发展和业务需求的变化。

在 PLM 系统构建过程中,需要注意以下实施要点。

(1) 与业务需求对齐:系统设计和开发过程中,要始终与业务需求保持一致,确保系统能够满足企业的实际需求和目标。

(2) 注重用户体验:系统的用户界面设计和交互流程要简洁明了,注重用户体验,提高用户的使用舒适度和满意度。

(3) 数据安全与保密:在系统设计和开发中,要充分考虑数据的安全和保密性,采取必要的安全措施,保护重要数据不被泄露或篡改。

(4) 灵活性与扩展性:系统的架构和设计要具有足够的灵活性和扩展性,能够适应企业业务的变化和发展,支持新功能和模块的快速集成和部署。

(5) 持续改进与优化:系统部署后,要定期进行系统监测和评估,及时发现和解决问题,持续改进和优化系统,确保系统的稳定性。

3.1.5 PLM 应用实例

以下实例展示了 PLM 系统在不同行业中的应用情况。

1）汽车制造

在汽车制造领域,PLM 系统的应用已经变得至关重要。例如,特斯拉公司引入先进的 PLM 系统,极大地提升了其汽车车身外壳设计和制造过程的管理效率;同时,利用 PLM 系统实现了跨部门的协同设计,使设计团队、工程团队和制造团队能够实时共享设计数据和反馈。这不仅提高了设计协同效率,还显著缩短了产品开发周期,使特斯拉能够更快地推出创新产品,满足市场需求。

2）航空航天

在航空航天领域,产品数据的准确性和一致性是确保产品质量和可靠性的关键。以波音公司为例,该公司采用 PLM 系统,实现了对产品配置和版本的有效管理。波音的 PLM 系统能够确保所有产品数据在整个生命周期内的准确性和一致性,从而减少设计错误和制造缺陷。此外,PLM 系统还支持波音与供应商之间的协同工作,极大地提高了供应链的透明度和响应速度,进一步提升了产品的质量和可靠性。

3)电子产品

对于电子产品制造商来说,产品变更管理和供应链协同是日常运营中必须面对的挑战。以苹果公司为例,该公司通过引入 PLM 系统,实现了对其各种电子产品变更和供应链协同的高效管理。苹果公司的 PLM 系统能够实时跟踪产品变更,确保所有相关部门和供应商都能及时获得最新的产品信息。此外,PLM 系统还支持苹果与供应商之间的协同工作,减少了生产停滞和物料浪费,提高了生产效率和市场响应速度。这使苹果公司能够更快地推出创新产品,满足消费者的需求。

综上所述,PLM 系统在不同行业中都发挥着重要作用,帮助企业提高管理效率、确保产品质量和可靠性,并提升市场竞争力。无论是汽车制造、航空航天,还是电子产品制造,PLM 系统都已成为企业不可或缺的重要工具。

3.2 ERP 企业资源计划

3.2.1 ERP 基本概念

ERP(enterprise resource planning)系统是一种综合性的企业管理软件系统,主要用于整合和管理企业各部门的业务流程和数据。其核心目标是实现不同部门之间的信息共享和流程协同,从而提高企业的整体效率和运营水平。其主要内容如下。

(1)信息整合与管理:ERP 系统整合了企业各部门的信息和数据,包括财务、销售、采购、库存、生产等方面的数据,形成一个统一的数据平台。这使企业能够更全面地了解自身的运营情况,并基于数据做出准确的决策。

(2)业务流程优化:ERP 系统通过标准化和优化企业的业务流程,提高工作效率和协同能力。它将企业的各项业务流程进行系统化、规范化,使企业能够更高效地运作,降低因人为因素导致的错误和延误。

(3)资源配置与管理:ERP 系统帮助企业合理配置和管理资源,包括人力资源、物料资源、财务资源等。通过 ERP 系统,企业能够更好地规划生产计划、优化库存管理、控制成本,并确保资源的合理利用和调配。

(4)实时数据分析与决策支持:ERP 系统提供实时的数据分析和报告功能,帮助企业管理层及时了解企业运营情况,发现问题并做出及时的决策。这使企业能够更敏捷地应对市场变化和竞争压力。

(5)客户关系管理:一些 ERP 系统还集成了客户关系管理(CRM)功能,帮助企业管理客户信息、跟踪销售机会、提高客户满意度。这有助于企业更好地了解客户需求,提供个性化服务,并增强客户忠诚度。

因此,ERP 系统作为企业管理的核心工具,具有整合信息、优化流程、提高效率、支持决策等重要功能,对于提升企业竞争力和持续发展具有重要意义。

3.2.2 ERP 主要功能

如图 3-5 所示,ERP 系统主要功能涵盖企业运营的多个关键领域。

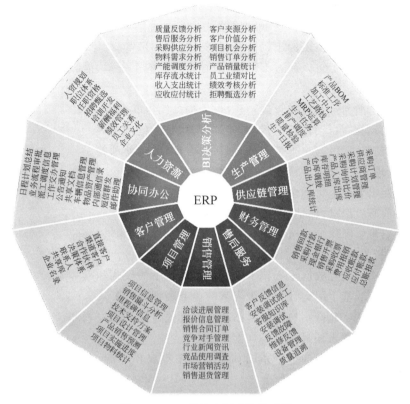

图 3-5　ERP 系统主要功能示意图

1）财务管理

（1）财务计划：制订长期和短期的财务计划，包括资本预算、现金流预测等。

（2）税务管理：处理税务申报、税务筹划和合规性检查。

（3）固定资产管理：跟踪和管理企业的固定资产，包括折旧计算、资产盘点等。

2）供应链管理

（1）需求预测：基于历史数据和市场趋势进行需求预测，以优化库存水平。

（2）订单管理：从接收订单到订单履行和发货的全程管理。

（3）运输管理：管理运输合同、跟踪货物位置和状态。

3）生产管理

（1）产能规划：根据销售预测和生产能力进行产能规划。

（2）设备维护：跟踪设备维护计划和维修记录，确保设备高效运行。

（3）物料需求计划：基于生产计划自动生成物料需求，确保生产所需的原材料和零部件的及时供应。

4）采购管理

（1）电子采购：通过 ERP 系统实现电子化的采购流程，包括在线询价、报价比较等。

（2）采购谈判：支持采购人员与供应商进行谈判，并记录谈判结果。

（3）合同管理：管理采购合同的起草、审批、签署和存档。

5）人力资源管理

(1) 招聘管理：发布职位信息、筛选简历、安排面试等。

(2) 考勤管理：记录员工的出勤情况，包括请假、加班等。

(3) 自助服务：员工可以通过ERP系统查看自己的工资单、请假记录等。

6）客户关系管理

(1) 销售机会管理：跟踪和管理销售机会，提高销售转化率。

(2) 营销自动化：自动化营销活动，如邮件营销、短信营销等。

(3) 客户支持：提供客户支持服务，如在线咨询、故障处理等。

7）项目管理

(1) 项目组合管理：管理多个项目，确保它们之间的资源分配和优先级设置。

(2) 风险管理：识别、评估和管理项目中的风险。

(3) 时间管理：确保项目按时完成，管理项目的时间表和里程碑。

8）数据分析与报表

(1) 数据挖掘：通过数据挖掘技术发现业务数据中的模式和趋势。

(2) 预测分析：基于历史数据预测未来的业务表现。

(3) 自定义报表：允许用户根据自己的需求创建自定义的报表和仪表板。

此外，ERP系统通常还具备以下功能。

(1) 集成性：将企业内的多个系统和应用程序集成在一起，实现数据的共享和流程的协同。

(2) 安全性：提供强大的安全功能，如用户权限管理、数据加密等，确保企业数据的安全性和保密性。

(3) 可扩展性：根据企业的发展需要，通过添加模块或与其他系统集成来扩展功能。

(4) 灵活性：允许企业根据自身的业务需求和流程定制ERP系统，使其更好地适应企业的运营环境。

3.2.3 ERP体系结构

ERP体系结构是一个复杂的结构化系统，它确保企业资源能够得到有效管理和利用。其主要包括以下部分。

1）用户界面层

(1) 个性化定制：用户界面层通常允许用户根据自己的工作习惯和偏好进行个性化定制，如设置默认视图、快捷键、工作流等。

(2) 多语言支持：为满足跨国企业的需求，用户界面层通常支持多语言显示，确保不同国家和地区的员工能够无障碍地使用系统。

(3) 移动办公：随着移动设备的普及，ERP系统的用户界面层也提供了移动应用支持，使员工能够在任何地点、任何时间进行工作。

(4) 智能提示和向导：为提高用户的使用效率，界面层通常具备智能提示和向导功能，帮助用户快速完成复杂的操作任务。

2）应用服务层

(1) 业务规则引擎：应用服务层通常包含一个业务规则引擎，用于处理复杂的业务逻辑和规则,如价格计算、订单审批等。

(2) 工作流管理:支持灵活的工作流定义和管理,确保业务流程按照预定的规则和路径进行。

(3) 业务智能集成:应用服务层可以与业务智能工具集成,提供实时的业务数据分析和报表生成功能。

(4) 安全性管理:提供用户权限管理、数据加密等安全措施,确保系统的安全性和数据的保密性。

3) 集成层

(1) 企业服务总线:集成层通常使用企业服务总线作为中间件,实现不同系统之间的通信和数据交换。

(2) 中间件技术:如消息队列、Web 服务等,用于实现异步通信、负载均衡、服务治理等功能。

(3) API 管理:提供统一的 API 接口管理,方便其他系统或应用调用 ERP 系统的功能。

(4) 数据映射和转换:集成层可实现不同系统之间数据格式的映射和转换,确保数据的准确性和一致性。

4) 数据层

(1) 数据仓库:除数据库管理系统外,数据层还包括数据仓库,用于存储历史数据和进行数据挖掘分析。

(2) 数据备份和恢复:提供定期的数据备份和恢复机制,确保数据的安全性和可恢复性。

(3) 高性能存储:为满足大规模数据处理的需求,数据层通常采用高性能的存储设备和解决方案。

(4) 数据清洗和验证:在存储数据之前,数据层会对数据进行清洗和验证,确保数据的准确性和完整性。

此外,ERP 体系结构还包括以下辅助层次或组件。

(1) 开发工具层:提供一套完整的开发工具,用于系统的开发、测试、部署和维护。

(2) 监控和管理层:实时监控系统的运行状态和性能,提供故障预警和诊断功能,确保系统的稳定运行。

(3) 云服务支持:随着云计算技术的发展,ERP 系统也开始支持云服务模式,提供灵活、可扩展的部署方案。

3.2.4 ERP 系统构建

ERP 系统的构建一般包括以下步骤。

1) 需求分析

在这一阶段,企业需要深入了解自身的业务需求和现有系统的状况。通过与各部门进行沟通和调研,确定 ERP 系统的功能需求和实施目标,包括确定需要集成的业务流程、功能模块和技术要求。

2) 系统设计

在需求分析的基础上进行系统设计,包括功能模块的划分、数据结构的设计和系统体系结构的规划。系统设计阶段需要综合考虑系统可扩展性、安全性、性能等方面的要求,确保设计方案能够满足企业长期发展的需求。

3）系统开发

根据系统设计方案,进行 ERP 系统的开发和定制,包括编码、测试、调试等工作,确保系统的稳定性和功能完整性。在开发过程中,通常采用敏捷开发或迭代开发的方法,以便及时响应需求变化和优化系统功能。

4）系统集成

将 ERP 系统与其他企业系统进行集成,确保数据和业务流程的无缝连接。集成工作涉及各种接口的开发和配置,以及数据的转换和映射,确保不同系统之间的信息共享和一致性。

5）系统测试

对 ERP 系统进行全面的测试,包括单元测试、集成测试、系统测试和用户验收测试等。测试的目的是验证系统的功能和性能是否符合预期,并及时发现和修复问题,确保系统的质量和稳定性。

6）系统部署

将 ERP 系统部署到生产环境中,进行系统的安装和配置。部署过程包括硬件设施的搭建、软件安装和配置、数据迁移等工作,确保系统能够正常运行并满足业务需求。

7）用户培训

对企业的相关人员进行培训,使其掌握 ERP 系统的操作和管理。培训内容包括系统功能的介绍、操作方法、故障处理等,以提高用户的使用效率和满意度。

8）系统维护

对 ERP 系统进行日常维护和优化,确保系统的稳定运行和持续改进。维护工作包括故障排查、性能优化、安全更新,以及根据业务变化和用户反馈进行系统升级和调整。

3.2.5　ERP 应用实例

以下是 ERP 应用的一些实例。

1）制造业：华为技术有限公司

华为作为一家全球知名的通信技术解决方案供应商,通过引入先进的 ERP 系统,成功优化了其生产计划和物料管理。该系统实现了生产流程的高度自动化,提高了生产效率,并确保了资源的高效利用。这不仅显著提升了华为的产品质量,还缩短了产品上市时间,增强了其在全球市场的竞争力。

2）零售业：沃尔玛

作为全球最大的零售公司之一,沃尔玛采用 ERP 系统来整合其复杂的库存管理、销售管理和客户关系管理。通过实时监控库存水平,沃尔玛能够确保商品供应的连续性,并减少因库存积压导致的成本浪费。同时,该系统还帮助沃尔玛快速分析销售数据,了解顾客购买偏好,从而优化商品组合和促销策略,提高了客户满意度和忠诚度。

3）服务业：麦肯锡咨询公司

麦肯锡咨询公司作为国际知名的管理咨询公司,利用 ERP 系统对其项目进度、资源分配和财务核算进行全面管理,实现了项目的精细化管理,确保项目按时交付,并提高了项目执行效率。此外,ERP系统还帮助麦肯锡优化资源配置,确保项目团队拥有足够的资源支持,从而提高了企业利润和客户满意度。

4)物流业:顺丰速运

顺丰速运作为中国领先的物流公司,通过ERP系统实现了订单管理、运输调度和仓储管理的集成。该系统优化了物流流程,提高了运输效率,并降低了运营成本。通过实时监控运输状态,顺丰为客户提供了准确的物流信息,提高了服务质量和客户满意度。此外,ERP系统还帮助顺丰优化配送路线,减少了运输时间和成本,提高了整体运营效率。

这些实例展示了ERP系统在不同行业中的广泛应用,通过整合和管理企业各项业务流程,提高了企业的运营效率,降低了成本,并增强了市场竞争力。结合以上功能、体系结构和应用实例的详细描述,可以看出ERP在智能车间与工厂方案规划中的重要作用。它不仅能有效整合企业的各项业务流程,还能提升企业的整体运营效率和竞争力。

3.3 SCM供应链管理

3.3.1 SCM基本概念

供应链管理(supply chain management,SCM)在现代企业中扮演着至关重要的角色,它不仅是一种管理手段,还是一种战略思维,致力于实现供应链的整体优化和协同工作。

首先,SCM的核心在于对供应链全过程的综合管理和优化,如图3-6所示。它包括从原材料采购开始,经过生产、物流、库存管理,直至最终产品分销到客户手中的每个环节。通过系统化的方法,SCM能够确保这些环节之间的顺畅衔接和高效协作,避免信息孤岛和流程瓶颈,从而提升整个供应链的运作效率。

其次,SCM强调对供应链中各部分的协调和整合。这涉及与供应商、生产商、分销商等合作伙伴的紧密合作,通过信息共享、协同规划和共同决策,实现资源的优化配置和风险的共同承担。这种协调和整合能够降低库存成本,缩短生产周期,提高响应速度,从而增强企业的市场竞争力。

图3-6 SCM的核心组成部分

在SCM的实施过程中,技术工具的应用也起到关键作用。例如,采用先进的供应链管理系统软件,能够实时监控供应链的各环节,收集和分析数据,为决策提供有力支持。此外,物联网、大数据、人工智能等技术的应用也可为SCM带来更多的可能性,如实现智能预测、自动化仓储、智能物流等,进一步提升供应链管理的智能化水平。

除技术工具的应用外,SCM还需要企业建立一种以客户需求为导向的供应链文化。这意味着企业需要将客户的需求和满意度作为供应链管理的核心目标,通过不断改进和优化供应链流程,满足客户的多样化需求,提高客户满意度和忠诚度。同时,企业还要与供应链中的合作伙伴建立长期稳定的合作关系,共同应对市场变化和挑战,实现共赢发展。

最后,SCM 的成功进行还需要企业具备一些关键能力。例如,强大的数据分析能力,能够从海量的供应链数据中提取有价值的信息,为决策提供科学依据。此外,企业还要具备跨部门协作能力,打破部门壁垒,实现供应链各环节的协同工作。同时,企业还要具备持续创新的能力,不断探索新的供应链管理方法和技术,以适应市场的不断变化和发展。

因此,SCM 是一种系统性的管理方法和战略思维,它通过协调和整合供应链中的各部分,实现供应链的整体优化和协同工作。企业需要充分利用技术工具、建立以客户需求为导向的供应链文化、具备关键能力,以成功进行 SCM,从而提升效率,降低成本,提高客户满意度和竞争力。

3.3.2　SCM 主要功能

SCM 系统的主要功能对于现代企业而言至关重要,它们构成供应链管理的基础框架,确保从原材料到最终产品的顺畅流动。其主要功能如下。

1)采购管理

SCM 系统通过集中管理供应商信息、采购订单、合同和支付流程,大大简化采购过程。系统可以自动处理采购请求,根据预设的供应商评分和价格比较功能,自动选择最优供应商。此外,系统还可以实时监控供应商绩效,确保供应商的质量、交货时间和价格都符合企业的要求。

2)库存管理

SCM 系统通过实时跟踪库存水平,确保库存充足以满足客户需求,同时避免库存过剩导致的成本浪费。系统可以自动进行库存补货预测,基于历史销售数据和当前订单情况,计算出最佳补货时间和数量。此外,系统还可以进行库存周转率的监控和分析,帮助企业优化库存结构,提高库存周转率。

3)生产计划

SCM 系统根据市场需求和库存情况,自动生成合理的生产计划。系统可以实时接收销售订单和预测数据,并根据生产能力、物料供应情况和设备状态等因素,自动调整生产计划。这有助于确保生产的连续性和高效性,并减少生产过剩和浪费。

4)物流管理

SCM 系统可以实时跟踪物料和产品的运输状态,优化物流路线和方式,确保物料和产品的及时、准确交付。系统可以与运输公司和仓库管理系统进行集成,实现运输信息的实时共享和协同工作。此外,系统还可以进行物流成本的监控和分析,帮助企业降低物流成本,提高物流效率。

5)需求预测

SCM 系统通过收集和分析市场数据、销售数据和客户反馈等信息,进行需求预测。这有助于企业提前了解市场需求的变化趋势,为生产和采购提供科学依据。系统可以利用先进的预测算法和模型,提高预测的准确性,并为企业提供多种可供选择的预测方案。

6）订单管理

SCM 系统可以集中处理客户订单、跟踪订单状态、确保订单的及时处理和交付。系统可以自动接收客户订单，并进行订单确认、库存检查、生产计划排程和发货通知等操作。此外，系统还可以提供订单查询和跟踪功能，方便客户随时了解订单状态和处理进度。

7）供应链协同

SCM 系统通过信息共享和协同工作，提高供应链各环节的协同效率。系统可以实现供应链上下游企业之间的信息实时共享和协同工作，确保信息的准确性和一致性。此外，系统还可以提供协同决策支持功能，帮助供应链各方共同制定最优供应链策略。

8）绩效分析

SCM 系统可以对供应链的各环节进行绩效分析，帮助企业发现问题和改进点。系统可以收集和分析各种供应链数据，如库存周转率、订单处理时间、运输成本等，并生成详细的绩效报告和可视化图表。通过这些数据和报告，企业可以深入了解供应链的运作情况，找出存在的问题和瓶颈，并制定相应的改进措施。

综上所述，SCM 系统的这些功能共同构成企业供应链管理的核心框架，它们相互关联、相互支持，共同推动供应链的优化和协同工作。

3.3.3 SCM 体系结构

SCM 体系结构作为供应链管理系统的核心框架，能够确保系统高效地支持企业实现供应链的全面管理和优化。其通常包括以下层次。

1）用户界面层

用户界面层是 SCM 系统与用户交互的窗口，它提供直观、友好的操作界面，使用户能够轻松地管理供应链。这一层通常包括登录界面、功能菜单、数据展示、操作提示等，确保用户能够方便地访问和使用 SCM 系统的各项功能。

为了提升用户体验，用户界面层通常采用现代化的设计理念和先进的技术手段，如响应式设计、图形化界面、交互式操作等。这些设计和技术不仅能提高系统的易用性，还能增强系统的可定制性和可扩展性，满足不同用户的个性化需求。

2）应用服务层

应用服务层是 SCM 系统的核心部分，它可实现 SCM 系统的各项功能模块，如采购管理、库存管理、物流管理等。这些功能模块通过具体的业务流程和算法，支持企业实现供应链的全面管理和优化。

在应用服务层中，通常采用模块化设计，对不同的功能模块进行独立封装和部署。这种设计方式不仅能提高系统的可维护性和可扩展性，还能使企业根据自身需求选择需要的功能模块进行定制开发。

此外，应用服务层还提供丰富的 API 接口和二次开发支持，使企业能够方便地与其他系统进行集成和对接，实现数据的共享和交换。

3）数据集成层

数据集成层是 SCM 系统与其他企业系统（如 ERP、PLM 等）进行数据集成的重要层次。它可实现不同系统之间的数据交换和共享，确保信息的流畅传递和一致性。

在数据集成层中，通常采用中间件技术、数据映射和转换技术等手段，实现不同系统之间的数据连接和同步。同时,还要考虑数据的安全性和完整性,采取适当的数据加密和备份措施,确保数据的安全可靠。

通过数据集成层,企业可以实现供应链信息的全面整合和共享,提高信息的透明度和可追溯性,为企业的决策提供有力支持。

4）数据层

数据层是 SCM 系统的基础层次,它用于存储和管理供应链过程中的各类业务数据。这些数据包括供应商信息、采购订单、库存数据、物流信息等,是 SCM 系统正常运行的基础。

在数据层中,通常采用关系型数据库或分布式数据库等技术手段,实现数据的高效存储和访问。同时,还要考虑数据的安全性和可靠性,采取适当的数据备份和恢复措施,确保数据的完整性和可用性。

此外,数据层还提供数据分析和挖掘功能,支持企业对供应链数据进行深入分析和挖掘,发现潜在的问题和机会,为企业的决策提供科学依据。

综上所述,SCM 体系结构通过用户界面层、应用服务层、数据集成层和数据层等多层次的协同工作,实现供应链的全面管理和优化。这些层次相互关联、相互支持,共同构成 SCM 系统的核心框架。

3.3.4 SCM 系统构建

构建 SCM 系统时的每个步骤都至关重要,它们共同确保系统的成功实施和有效运行。其构建步骤一般如下。

1）需求分析

(1) 深入了解企业的业务模式和供应链管理流程,识别现有流程中的瓶颈和痛点。

(2) 与业务部门和关键利益相关者进行沟通和讨论,明确 SCM 系统的功能需求、性能要求和实施目标。

(3) 制定详细的需求规格说明书,为后续的系统设计和开发提供明确的方向。

2）系统设计

(1) 基于需求分析的结果,设计 SCM 系统的整体架构和模块结构。

(2) 确定系统的数据流、业务逻辑和数据处理方式,设计合理的数据库结构和数据表。

(3) 考虑系统的可扩展性、可维护性和安全性,采用合适的技术架构和开发框架。

(4) 编写详细的设计文档,包括系统流程图、数据模型图、界面设计图等。

3）系统开发

(1) 根据系统设计方案,进行编码和开发工作,实现 SCM 系统的各项功能。

(2) 遵循软件开发的标准和规范,确保代码的质量和可维护性。

(3) 采用模块化开发方式,提高开发效率和系统的可复用性。

(4) 在开发过程中进行持续的代码审查和测试,确保系统的质量和稳定性。

4）系统集成

(1) 将 SCM 系统与企业现有的其他系统(如 ERP、CRM、PLM 等)进行集成,实现数据的共享和流程的协同。

(2) 确定集成的方式和接口规范,确保数据的一致性和准确性。

(3) 进行集成测试,验证系统之间的连接和数据交换是否正常。

5) 系统测试

(1) 制订详细的测试计划和测试用例,对 SCM 系统进行全面的测试。

(2) 包括功能测试、性能测试、安全测试、兼容性测试等,确保系统的功能和性能符合要求。

(3) 记录测试结果和问题,并进行及时的修复和改进。

6) 系统部署

(1) 在生产环境中部署 SCM 系统,进行系统的安装和配置。

(2) 确保系统的硬件和软件环境满足系统的运行要求。

(3) 配置系统的参数和权限,确保系统的安全性和稳定性。

7) 用户培训

(1) 对企业的相关人员进行系统的操作和管理培训,使其掌握 SCM 系统的基本功能和操作方法。

(2) 提供培训材料和手册,方便用户随时查阅和学习。

(3) 进行实践操作和模拟演练,帮助用户熟悉系统的操作流程和注意事项。

8) 系统维护

(1) 对 SCM 系统进行日常维护和监控,确保系统的稳定运行。

(2) 及时处理系统的故障和问题,提供技术支持和解决方案。

(3) 定期收集用户的反馈和需求,进行系统的更新和升级,持续改进和优化系统功能。

(4) 建立完善的备份和恢复机制,确保系统数据的安全性和可靠性。

在整个 SCM 系统的构建过程中,需要确保各步骤之间的紧密衔接和有效沟通。同时,还要关注系统的可扩展性和可维护性,以便未来能够应对企业业务的变化和发展需求。

3.3.5 SCM 应用实例

以下是 SCM 应用的一些实例。

1) 电子制造业

作为全球知名的电子制造企业,苹果公司通过实施先进的 SCM 系统,实现了从供应商到客户的全程管理。该公司利用 SCM 系统整合全球各地的供应商资源,确保关键零部件的及时供应和质量控制。同时,系统还支持生产计划的优化和调度,减少了库存积压和生产停滞,提高了生产效率。此外,SCM 系统还提供客户订单跟踪和交付管理功能,提升了客户满意度。

2) 零售业

沃尔玛通过 SCM 系统显著优化了库存管理和物流配送。该公司利用 SCM 系统实现了库存的精准控制和预测,避免了库存积压和缺货现象。同时,系统还支持物流配送的优化和调度,降低了物流成本,提高了市场响应速度。此外,沃尔玛还通过 SCM 系统实现了与供应商之间的协同工作,提高了供应链的透明度和效率。

3) 汽车制造业

丰田汽车公司作为全球领先的汽车制造商之一,其成功的精益生产模式离不开 SCM 系统的支持。丰田通过 SCM 系统加强了供应商管理和生产计划,确保了零部件的及时供应和生产的连续性。系统对供应商进行严格的评估和选择,保证了零部件的质量和可靠性。同时,SCM 系统还支持生产计划的自动排程和调整,减少了生产周期和库存成本。此外,丰田还通过 SCM 系统实现了与供应商之间的信息共享和协同工作,提高了供应链的协同效率。

4) 建筑业

作为全球知名的建筑公司,中建四局在供应链管理方面,经历了从供应链 1.0 到供应链 3.0 的数字化转型过程,不断提升供应链管理的效率和效果。如图 3-7 所示,中建四局通过引入先进的 SCM 系统,实现了从原材料供应商到最终建筑客户的全程管理。该公司利用 SCM 系统有效整合全球范围内的供应链资源,确保建筑所需材料、设备和服务的及时供应和质量控制。同时,该系统也支持中建四局的生产计划和项目管理,优化了资源配置和调度,减少了资源浪费和工程延误,提升了项目的执行效率。此外,SCM 系统还提供订单跟踪和交付管理功能,增强了与客户之间的沟通和协作,进一步提升了客户满意度。

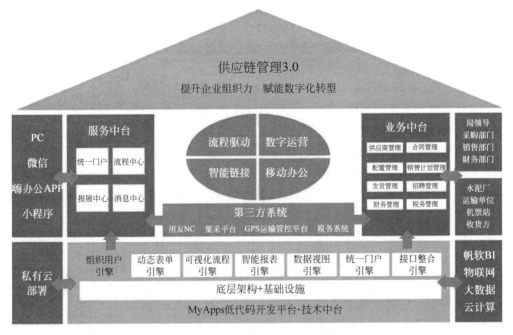

图 3-7 中建四局供应链管理 3.0 结构示意图

通过以上功能、体系结构和应用实例的详细描述,可以看出 SCM 在智能车间与工厂方案规划中的重要作用。它不仅能有效整合和优化供应链各环节的业务流程,还能提升企业的整体运营效率和市场竞争力。

3.4 CRM 客户关系管理

3.4.1 CRM 基本概念

客户关系管理(customer relationship management,CRM)是一种战略性的商业过程,

它强调通过深入理解和满足客户的独特需求优化企业与客户之间的交互。CRM 不仅是一种技术工具，也是一种全面的管理策略和技术，它整合市场营销、销售、客户服务等部门的关键业务流程和客户接触点信息，以帮助企业实现客户关系的全面优化。如图 3-8 所示。

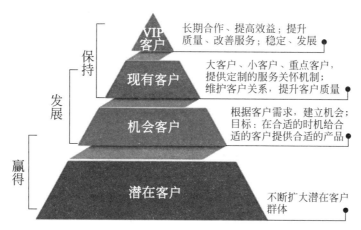

图 3-8　客户关系管理示意图

CRM 的核心在于以客户为中心的管理理念，它要求企业从客户的角度出发，深入理解客户的需求、偏好和行为模式。企业通过收集和分析客户数据，能够更准确地识别客户的期望，从而提供更为个性化的服务和产品。

CRM 系统作为实现这一理念的重要工具，具有多种功能。首先，它能够整合来自不同渠道的客户信息，包括电话、电子邮件、社交媒体等，为企业提供全面的客户视图。这使企业能够更好地了解客户，为其提供更精准的营销信息和个性化服务。

其次，CRM 系统支持销售流程的自动化和跟踪，帮助销售团队更有效地管理潜在客户和现有客户。销售团队可以通过系统实时查看客户状态、跟进记录和销售机会，从而更好地制订销售策略和行动计划。

再次，CRM 系统还能够提高客户服务质量。它提供了强大的客户支持工具，如在线客服系统、自助服务平台等，使企业能够更快速地响应客户的问题和需求。同时，系统还能够收集和分析客户反馈，帮助企业不断改进产品和服务，提升客户的满意度和忠诚度。

最后，CRM 系统还能够提供数据分析和报告功能，帮助企业了解市场趋势、客户需求和销售绩效。通过对这些数据的分析，企业可以制订更精准的市场营销策略和销售计划，从而实现销售增长和利润最大化。

总之，CRM 是一种以客户为中心的管理理念和技术，它通过整合市场营销、销售、客户服务等部门的业务流程和客户接触点信息，帮助企业更好地了解客户需求，提升客户满意度，增加客户忠诚度和促进销售增长。CRM 系统作为实现这一理念的重要工具，在提高企业竞争力方面发挥着越来越重要的作用。

3.4.2　CRM 主要功能

CRM 系统的主要功能在于为企业提供全面的客户关系管理支持，这些功能不仅涵盖客户信息的整合，还涉及销售、市场营销、客户服务及数据分析等多方面。其主要功能如下。

1）客户信息管理

（1）收集和管理客户的基本信息,如姓名、地址、联系方式等,确保企业能够随时获取客户的最新资料。

（2）整理并保存客户的历史交易记录,包括购买的产品、服务、交易金额等,帮助企业了解客户的购买习惯和偏好。

（3）通过客户档案,企业可以全面了解客户的背景、需求和偏好,为后续的营销和销售活动提供有力支持。

2）销售自动化

（1）支持销售流程的自动化管理,从潜在客户识别到销售机会跟踪,再到合同签订和后续跟进,全程自动化处理,减少人工干预,提高销售效率。

（2）实时更新销售机会的状态和进度,帮助销售团队更好地掌握销售进度,及时调整销售策略。

（3）提供销售预测和分析功能,帮助企业预测未来销售趋势,为库存管理和生产计划提供参考。

3）市场营销管理

（1）协助企业策划和执行市场营销活动,包括邮件营销、短信营销、社交媒体营销等,确保营销活动能够精准触达目标客户。

（2）提供市场分析功能,帮助企业了解市场趋势、竞争对手动态和客户需求变化,为市场策略的制定提供数据支持。

（3）支持客户细分和个性化营销,根据客户的购买历史、行为偏好等信息,将客户划分为不同的群体,并为每个群体制定个性化营销策略。

4）客户服务管理

（1）提供客户服务支持,包括客户投诉处理、售后服务管理、服务请求跟踪等,确保客户问题及时得到解决。

（2）提供自助服务平台,如FAQ、在线帮助文档等,帮助客户自行解决问题,减轻客服团队的工作负担。

（3）通过客户满意度调查和反馈收集,了解客户对产品和服务的评价,为企业改进产品和服务提供参考。

5）数据分析与报表

（1）对客户数据进行分析,包括客户行为分析、购买习惯分析、市场趋势分析等,为企业提供深入的业务洞察。

（2）生成各种统计报表和分析报告,如销售报表、客户分析报告、市场趋势报告等,为企业提供决策支持和业务优化。

（3）提供数据可视化工具,将复杂的数据以图表、图像等形式展示,使数据更加直观易懂。

6）协同工作

（1）促进企业内部不同部门之间的信息共享和协同工作,打破信息孤岛,提高整体工作效率。

（2）提供任务分配和进度跟踪功能,确保团队成员明确自己的职责和任务进度,保持工作的高效推进。

（3）支持跨部门沟通和协作，通过系统内的消息传递、文件共享等功能，实现快速、有效的团队协作。

3.4.3　CRM 体系结构

CRM 体系结构是一个多层次的结构，每个层次都扮演着重要的角色，以确保 CRM 系统的稳定运行和高效管理。其通常包括以下层次。

1) 用户界面层

这一层是 CRM 系统与用户交互的接口，提供直观、友好的用户界面。用户界面设计要考虑用户的使用习惯和个性化需求，确保用户能够轻松、快速地访问和管理 CRM 系统中的信息。常见的用户界面元素包括菜单、表单、图表、报告等，这些元素通过图形化展示，使用户能够直观地了解客户信息和业务状态。界面设计还要考虑响应速度和易用性，确保用户在不同设备和网络环境下顺畅操作。

2) 应用服务层

这一层是 CRM 系统的核心，包括各种功能模块，以满足企业的业务需求。功能模块包括但不限于客户信息管理、销售自动化、市场营销管理、客户服务管理等。每个模块都包含一系列具体的功能和流程，以支持企业的客户关系管理活动。应用服务层还提供业务逻辑处理和数据处理的能力，确保数据的准确性和一致性。通过定义清晰的业务规则和数据处理流程，系统能够自动执行各种业务操作，并生成相应的结果和报告。

3) 数据集成层

这一层可实现 CRM 系统与其他企业系统（如 ERP、SCM 等）的数据集成。通过数据集成层，CRM 系统可以获取其他系统的数据，如订单信息、库存数据、生产进度等，以更好地了解企业的整体运营状况。同时，CRM 系统也可以将自身的数据共享给其他系统，如客户资料、销售数据等，以促进企业内部各部门之间的信息共享和协同工作。数据集成层还提供数据转换和清洗功能，确保不同系统之间的数据能够顺畅地传递和共享。

4) 数据层

这一层是 CRM 系统的数据存储和管理中心，用于存储和管理客户相关的各类业务数据。数据层通常包括数据库管理系统和数据仓库等组件，以确保数据的安全、高效存储和访问。数据库管理系统提供数据的存储、检索、更新和删除等功能，确保数据的完整性和一致性。数据仓库则用于存储和管理大量的历史数据和汇总数据，以支持企业的数据分析和决策支持活动。数据层还要考虑数据备份和恢复的策略，以确保在发生意外情况时迅速恢复数据并继续提供服务。

总之，CRM 体系结构通过这四个层次的协同工作，可实现从用户界面到数据存储的全方位支持，为企业提供全面、高效的客户关系管理解决方案。

3.4.4　CRM 系统构建

CRM 系统的构建是一个系统化和复杂的过程，需要详细的规划和执行。其构建一般包括以下步骤。

1）需求分析

（1）与企业各部门进行深入沟通，了解他们对客户关系管理的期望和需求。

（2）分析企业的业务流程，确定哪些环节可以通过 CRM 系统得到优化。

（3）明确 CRM 系统的功能需求，如客户信息管理、销售自动化、市场营销管理等。

（4）设定 CRM 系统实施的目标和预期效果，如提高客户满意度、提升销售效率等。

2）系统设计

（1）根据需求分析的结果，设计 CRM 系统的功能模块，如客户信息管理模块、销售自动化模块等。

（2）设计系统的数据结构，确定数据的存储方式、访问权限等。

（3）设计系统的体系结构，包括用户界面层、应用服务层、数据集成层和数据层。

（4）制订详细的技术规范和实施计划。

3）系统开发

（1）根据系统设计方案，进行编码和定制开发。

（2）开发用户界面，确保用户界面的友好性和易用性。

（3）实现系统的各项功能模块，如客户信息管理、销售自动化等。

（4）对系统进行初步的测试和调试，确保功能的正确性。

4）系统集成

（1）将 CRM 系统与企业现有的其他系统（如 ERP、SCM 等）进行集成。

（2）确定数据交换的格式和方式，如 API 接口、数据同步等。

（3）设计和实施数据集成方案，确保数据的准确性和一致性。

（4）进行集成测试，验证系统间的数据交换和业务流程的顺畅性。

5）系统测试

（1）制订详细的测试计划和测试用例。

（2）对 CRM 系统进行全面的功能测试，确保所有功能都符合设计要求。

（3）进行性能测试，验证系统在高并发、大数据量等情况下的稳定性和响应速度。

（4）进行安全测试，确保系统的数据安全性和保密性。

（5）根据测试结果，修复系统中存在的问题和缺陷。

6）系统部署

（1）在生产环境中部署 CRM 系统，包括硬件和软件环境的准备。

（2）安装和配置 CRM 系统，确保系统的正常运行。

（3）进行系统的初始化设置，如用户账号的创建、数据导入等。

7）用户培训

（1）对企业的相关人员进行培训，包括系统的管理员、用户和支持人员。

（2）教授他们使用 CRM 系统执行日常任务，如客户信息录入、销售机会管理等。

（3）解答他们在使用过程中遇到的问题和困惑。

8）系统维护

（1）对 CRM 系统进行日常的监控和维护，确保系统的稳定运行。

（2）定期备份系统数据，防止数据丢失或损坏。

（3）根据企业的业务发展需求，对 CRM 系统进行功能扩展和优化。

(4) 及时处理用户反馈和投诉,确保系统的持续改进。

9) 评估与反馈

(1) 系统上线一段时间后,对 CRM 系统的实施效果进行评估。

(2) 收集用户的使用反馈,了解他们对系统的满意度和改进建议。

(3) 根据评估结果和反馈意见,对 CRM 系统进行必要的调整和优化。

通过以上步骤的详细规划和执行,企业可以构建出一个满足自身需求的 CRM 系统,提升客户关系管理的效率和效果。

3.4.5 CRM 应用实例

以下是 CRM 应用的一些实例。

1) 零售业

星巴克通过其 CRM 系统整合客户的购买记录、会员信息和偏好设置。利用这些数据,星巴克能够向顾客推送个性化的优惠信息、新品推荐和生日祝福,从而提高客户的复购率和忠诚度。此外,星巴克还通过 CRM 系统收集客户的反馈意见,不断改进服务质量,增强客户的满意度。

2) 金融服务业

摩根大通利用 CRM 系统对客户关系进行全面管理。该系统不仅存储了客户的基本信息和交易记录,还根据客户的资产状况、风险偏好和投资需求,为客户提供个性化的金融服务方案。通过这些定制化的服务,摩根大通成功提升了客户满意度和客户黏性,增强了客户的品牌忠诚度。

3) 制造业

西门子通过 CRM 系统实现了销售线索的跟踪和客户服务请求的及时处理。销售人员可以实时查看潜在客户的购买意向和历史交易记录,从而制定更精准的销售策略。同时,客服团队也可以通过 CRM 系统快速响应客户的服务请求,解决客户的问题,提高售后服务效率。这些改进优化了西门子的销售流程和售后服务,提高了销售成功率和客户满意度。

4) 电信业

中国移动使用 CRM 系统对海量客户数据进行分析,预测客户的需求和行为模式。基于这些数据,中国移动制定了有效的客户保留策略,如推出符合客户需求的套餐、提供个性化的优惠活动等。这些策略有效减少了客户流失率,提高了客户忠诚度。同时,中国移动还通过 CRM 系统收集客户反馈,不断改进服务质量和网络覆盖,提高了客户满意度。

CRM 系统在智能车间与工厂方案规划中的作用不可忽视。通过有效的客户关系管理,企业能够更好地了解市场需求,优化生产和服务流程,提高客户满意度和忠诚度,从而增强企业的市场竞争力和可持续发展能力。

3.5 MES 制造企业生产过程执行管理系统

3.5.1 MES 系统集成

如图 3-9 所示,MES 集成是指将制造执行系统与企业的其他信息系统(如 ERP、SCM、

CRM 等)进行无缝对接,实现信息的互联互通。系统集成的目标是建立一个完整的企业信息化平台,确保生产数据、业务流程和管理决策的统一性和协调性。通过 MES 的集成,企业可以实时获取生产线的运行状态、物料消耗、设备状况等关键信息,从而提高生产效率和决策的准确性。其具体内容包含以下几部分。

1) 技术层面的集成

(1) 数据交换:MES 需要与企业其他信息系统进行实时的数据交换,确保数据的准确性和一致性。这通常通过 API 接口、中间件或者数据仓库等技术手段实现。

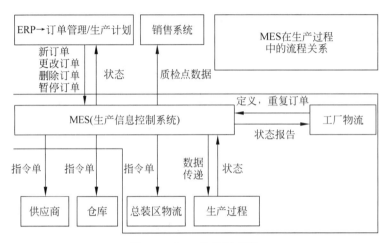

图 3-9　MES 结构示意图

(2) 系统兼容性:不同的信息系统可能采用不同的技术架构和数据标准,MES 集成需要解决系统之间的兼容性问题,确保不同系统顺畅地协同工作。

(3) 安全性:随着企业数据的日益重要,系统集成必须考虑数据的安全性和保密性。包括数据加密、权限控制、安全审计等措施。

2) 业务层面的整合

(1) 业务流程优化:MES 集成不仅是技术的对接,也是对企业业务流程的重新梳理和优化。通过集成,企业可以消除信息孤岛,实现业务流程的透明化和自动化。

(2) 跨部门协作:MES 集成可以促进不同部门之间的协作和沟通。例如,生产部门可以实时获取销售部门的需求信息,采购部门可以根据生产部门的物料消耗情况进行及时补货。

(3) 决策支持:集成后的 MES 可以为企业提供丰富的数据分析功能,帮助企业做出更科学、准确的决策。

3) 管理层面的提升

(1) 标准化管理:MES 集成有助于企业实现生产过程的标准化管理,提高生产效率和产品质量。

(2) 质量控制:通过实时监控生产数据,MES 可以帮助企业及时发现并解决生产过程中的问题,确保产品质量。

(3) 资源管理:MES 集成可以优化企业的资源配置,提高资源利用效率,降低生产成本。

4) 实施过程中的挑战

(1) 项目复杂度：MES 集成涉及多系统、多部门，项目复杂度较高，需要企业有足够的项目管理能力和技术支持。

(2) 数据质量：数据质量是 MES 集成的关键因素之一。企业需要确保数据的准确性、完整性和一致性，避免因为数据问题导致系统无法正常运行。

(3) 人员培训：MES 集成后，企业需要对相关人员进行培训，确保他们能够熟练使用新系统并发挥其最大效用。

5) 实施后的效果

(1) 生产效率提升：通过 MES 集成，企业可以实时掌握生产线的运行状态和物料消耗情况，优化生产计划，提高生产效率。

(2) 决策准确性提高：基于丰富的数据分析功能，企业可以做出更科学、准确的决策，降低经营风险。

(3) 企业竞争力增强：MES 集成有助于企业在提高产品质量、降低生产成本、缩短交货周期等方面取得竞争优势，增强企业的市场竞争力。

3.5.2 MES 生产建模

MES 生产建模是制造业数字化转型的核心环节之一，如图 3-10 所示，它利用先进的数字化技术对实际生产过程进行精准模拟和预测，从而实现生产过程的高效管理和优化。其具体建模内容包含以下方面。

1) 工艺流程建模

(1) 详细流程描述：生产建模首先需要对整个生产工艺流程进行详细描述，包括每个生产环节的输入、输出、加工步骤及相关的技术参数等。

(2) 流程可视化：通过图形化界面，将工艺流程以直观的方式展现，便于管理人员和操作工人快速理解和掌握。

(3) 流程优化：基于模型分析工艺流程中的瓶颈和不合理之处，进而进行流程优化，提高生产效率。

2) 设备建模

(1) 设备性能模拟：模拟设备的运行状态和性能，预测设备故障和维修需求，为设备的预防性维护提供依据。

(2) 设备互联：实现设备与 MES 及其他企业信息系统的互联互通，实时获取设备的运行数据，实现远程监控和管理。

(3) 设备效能评估：基于设备运行数据，评估设备的效能和利用率，为设备更新和升级提供决策支持。

3) 物料建模

(1) 物料需求预测：根据生产计划和库存情况，预测物料的需求量和需求时间，为物料的采购和库存管理提供依据。

(2) 物料追溯：实现物料的全程追溯，从原材料到成品，确保物料的质量和安全。

(3) 物料优化：基于物料使用数据，分析物料的消耗情况和成本，优化物料的使用和库存管理。

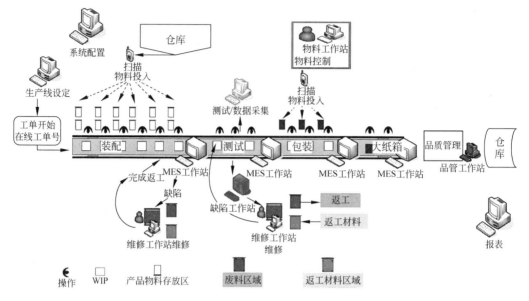

图 3-10　MES 生产建模示意图

4）人员建模

（1）人员配置：根据生产需求，合理配置人员数量和技能水平，确保生产任务的顺利完成。

（2）人员培训：基于人员模型，制订个性化的培训计划，提高员工的专业技能和素质。

（3）人员绩效评估：根据员工在生产过程中的表现和数据，评估员工的绩效，为薪酬和晋升提供依据。

5）质量控制建模

（1）质量标准制定：根据产品特性和客户需求，制定详细的质量标准和检验方法。

（2）质量预测：基于生产数据和历史质量数据，预测产品的质量情况，提前发现潜在的质量问题。

（3）质量追溯：实现产品质量的全程追溯，从原材料到成品，确保产品质量问题的及时发现和解决。

6）虚拟环境仿真

（1）虚拟工厂：在虚拟环境中构建整个工厂的模型，模拟实际生产过程，为生产规划和优化提供实验平台。

（2）生产模拟：在虚拟工厂中模拟实际生产过程，预测生产中的潜在问题，为实际生产提供参考。

（3）生产优化：基于虚拟工厂的模拟结果，对生产过程进行优化和改进，提高生产效率和产品质量。

通过 MES 生产建模，企业可以在虚拟环境中进行生产流程的规划和优化，预测生产中的潜在问题，制定有效的改进措施。这不仅有助于降低生产成本，提高生产效率，还能提升企业的市场竞争力和客户满意度。

3.5.3 MES可重构平台

MES可重构平台是现代制造企业中一种极具创新性和灵活性的系统解决方案。这种平台不仅代表技术层面的先进性，还体现企业管理理念的创新和进步。该平台具有以下优势。

1) 灵活的架构设计

MES可重构平台的核心在于其灵活的架构设计。这种设计使MES不再是一个固定的、难以变更的框架，而是一个可以根据企业实际需求进行灵活调整的平台。通过模块化、组件化的设计方式，MES可重构平台能够实现各功能模块之间的松耦合，从而确保系统的稳定性和可扩展性。

2) 高度可配置性和扩展性

高度可配置性和扩展性是MES可重构平台的重要特征。企业可以根据自身的生产模式和业务需求，对MES的功能模块进行自由选择和配置。同时，随着企业业务的发展和变化，MES可重构平台能够快速扩展新的功能模块，以满足企业不断变化的需求。

3) 功能模块的自由组合和重构

MES可重构平台通过模块化设计，使各功能模块之间能够实现自由的组合和重构。企业可以根据实际需求，将不同的功能模块进行组合，形成一个符合自身生产特点的MES。同时，当企业的生产模式或业务需求发生变化时，也可以通过简单的重构操作，快速地对MES进行调整和优化。

4) 满足企业多样化需求

随着企业的发展和市场竞争的加剧，企业的生产模式和业务需求也在不断变化。MES可重构平台能够满足企业在不同发展阶段的多样化需求。无论是在生产流程的规划、优化阶段，还是在数据采集、分析阶段，MES可重构平台都能为企业提供强有力的支持。

5) 简化系统升级和维护

由于MES可重构平台采用模块化设计，因此在进行系统升级和维护时，可以针对特定的功能模块进行操作，而无须对整个系统进行大规模的修改和调整。这不仅能大幅减少系统升级和维护的成本和时间，还能提高系统的稳定性和可靠性。

6) 提升企业竞争力

MES可重构平台通过提供灵活、高效的生产管理解决方案，帮助企业快速响应市场需求、提高生产效率和产品质量。同时，这种平台还能为企业提供丰富的数据分析功能，帮助企业做出更科学、准确的决策。这些优势有助于提升企业的市场竞争力，使企业在激烈的市场竞争中立于不败之地。

3.5.4 MES生产调度

MES生产调度是指对生产资源(包括设备、人员、物料等)进行合理分配和优化管理，以确保生产任务的高效完成。生产调度的目标是最大化设备利用率、缩短生产周期、降低生产成本。MES通过实时监控生产进度，分析生产瓶颈，制订优化的生产调度计划，实现生产资源的最佳配置和利用。其具体内容包含以下方面。

1)生产资源的合理分配

MES生产调度不是简单地分配任务给生产资源,而是根据资源的可用性、能力、效率和成本等因素进行综合考虑,实现资源的合理分配。包括对设备、人员、物料等资源的调度,以确保它们在最佳状态下为生产任务提供支持。

2)优化管理

优化管理是MES生产调度的核心。通过实时监控生产进度,MES能够及时发现生产过程中的瓶颈和问题,并基于这些信息制订优化的生产调度计划。这种优化不仅体现在资源分配方面,还涉及生产流程的改进、生产任务的优先级设置等方面。

3)最大化设备利用率

设备是生产过程中的重要资源,其利用率直接影响生产效率和成本。MES生产调度通过合理安排设备的生产任务,避免设备闲置和过载,实现设备利用率的最大化。同时,系统还可以对设备进行预防性维护管理,确保设备始终处于良好的运行状态。

4)缩短生产周期

生产周期是衡量生产效率的重要指标。MES生产调度通过优化生产流程、减少生产过程中的等待时间和浪费,缩短生产周期。这不仅可以提高生产效率,还可以降低库存成本,提高客户满意度。

5)降低生产成本

生产成本是企业竞争力的关键因素之一。MES生产调度通过合理的资源分配和优化管理,减少生产过程中的浪费和不必要的成本支出。同时,系统还可以提供准确的生产数据和分析报告,帮助企业做出更科学、合理的决策,进一步降低生产成本。

6)实时监控与智能决策

MES通过实时监控生产进度和数据分析,为生产调度提供强大的支持。系统能够自动分析生产瓶颈和潜在问题,并基于这些信息制订智能的调度计划。这种智能决策不仅能提高调度的准确性和效率,还能降低人为干预的错误率。

7)应对变化与灵活性

市场需求和生产环境的变化是不可避免的。MES生产调度具有高度的灵活性和适应性,能够迅速应对这些变化。系统可以实时调整生产计划和资源分配,以适应新的生产任务和市场需求。这种灵活性可确保生产过程的稳定性和连续性。

综上所述,MES生产调度是现代制造业中不可或缺的一部分。它通过合理的资源分配、优化管理、实时监控和智能决策等手段,实现生产资源的高效利用和生产任务的高效完成。

3.5.5 生产过程优化

生产过程优化是制造业中至关重要的一个环节,旨在通过利用MES实现生产过程的持续改进和效率提升。MES作为一个集成的信息平台,能够实时监控和分析生产过程中的各环节,从而为企业提供关键的决策支持。其具体内容包含以下几部分。

1)实时监控与分析

MES通过实时监控生产现场,收集各种生产数据,如设备状态、生产进度、物料消耗等。这些数据经过系统处理和分析,可以生成详尽的生产过程报告和绩效指标,为管理层提供直观的生产状况视图。

2) 问题发现与解决

通过数据分析,MES 能够及时发现生产过程中的问题,如设备故障、生产瓶颈、物料短缺等。系统还可以对这些问题进行初步诊断,并提供相应的解决方案或建议。企业可以根据这些信息进行针对性处理,从而快速解决问题,减少生产中断和浪费。

3) 提升生产效率与产品质量

通过持续的监控和分析,MES 帮助企业识别生产中的瓶颈和浪费环节,并制定相应的优化措施。这些措施包括生产流程改进、工艺参数调整、设备维护优化等。通过这些优化措施的实施,企业可以显著提升生产效率,降低生产成本,提高产品质量。

4) 生产流程改进

MES 可以分析生产流程中的各环节,找出潜在的改进点。例如,通过优化生产线的布局和配置,减少物料搬运和等待时间;通过引入自动化设备和机器人,提高生产的自动化程度;通过改进生产计划和调度,实现生产资源的更合理分配。

5) 工艺参数调整

MES 可以实时监控生产过程中的工艺参数,如温度、压力、速度等。通过对这些参数进行分析,系统可以发现工艺参数对产品质量和生产效率的影响,并建议进行相应的调整。这种调整可以是自动的,也可以是人工干预的,旨在实现更稳定、更可靠的生产过程。

6) 设备维护优化

MES 可以跟踪设备的运行状况和维护记录,预测设备的故障趋势。通过预测性维护,企业可以在设备出现故障之前进行维修和更换,减少生产中断和维修成本。此外,系统还可以根据设备的运行数据,优化设备的维护计划和保养周期,提高设备的利用率和寿命。

7) 提高生产灵活性和响应速度

MES 能够实时更新生产数据和状态信息,使企业能够更快地响应市场需求和变化。通过灵活调整生产计划、优化资源配置和生产流程,企业可以迅速适应新的生产要求和挑战。这种灵活性不仅能提高企业的竞争力,还能为企业带来更多的商业机会。

综上所述,MES 在生产过程优化中发挥着至关重要的作用。通过实时监控和分析生产数据,系统能够发现生产中的问题并制定相应的优化措施,从而提升生产效率和产品质量。同时,MES 还能够帮助企业提高生产灵活性和响应速度,应对日益变化的市场需求。

3.5.6 MES 数据采集

MES 数据采集是制造业数字化转型的核心环节之一,它借助先进的传感器和数据采集设备,实时、准确地捕获生产过程中的关键数据。这些数据不仅包括设备状态、工艺参数、质量数据,还包括物料消耗、人员效率等多方面,为企业的生产监控、优化和管理提供全面、细致的数据支持。其具体内容包含以下几方面。

1) 数据采集的全面性

MES 数据采集系统能够覆盖生产线的各环节,从原材料入库到成品出库,每个环节的数据都能被实时采集和记录。这种全面性的数据采集确保企业能够全方位地掌握生产情况,为后续的生产优化和决策提供有力支撑。

2)数据采集的准确性

MES数据采集系统通过高精度的传感器和数据采集设备,确保采集数据的准确性。这种准确性对于企业的生产监控和异常处理至关重要,能够避免数据错误导致的误判和决策失误。

3)实时监控生产情况

通过MES数据采集系统,企业可以实时监控生产线的运行状况,包括设备状态、生产进度、物料消耗等。一旦发现生产异常或问题,企业可以迅速采取措施进行干预,避免生产中断和损失扩大。

4)快速响应生产中的异常和问题

MES数据采集系统不仅能够实时监控生产情况,还能对采集的数据进行分析和处理,及时发现生产中的异常和问题。企业可以根据系统的提示和报警,快速定位问题所在,并采取相应的措施进行解决,从而提高生产效率和产品质量。

5)为生产优化提供可靠的数据支持

MES数据采集系统采集的数据是生产优化的重要依据。通过对这些数据进行分析,企业可以发现生产中的瓶颈和浪费环节,从而制定针对性的优化措施。这些优化措施包括生产流程改进、工艺参数调整、设备维护优化等,旨在实现生产效率的进一步提升和成本的降低。

6)数据驱动的决策制定

MES数据采集使企业能够基于数据进行决策,而非仅凭经验和直觉。这种数据驱动的决策制定方式更加科学、客观,有助于提高决策的准确性和有效性。同时,数据还能为企业的持续改进和创新提供有力支持。

7)数据集成与共享

MES数据采集系统通常与企业的其他信息系统(如ERP、PLM等)进行集成,实现数据的共享和交换。这种数据集成和共享有助于打破信息孤岛,提高企业内部各部门之间的协同效率,为企业的整体运营提供有力支持。

综上所述,MES数据采集是制造业数字化转型的关键环节之一。通过全面、准确的数据采集,企业能够实时监控生产情况,快速响应生产中的异常和问题,为生产优化提供可靠的数据支持。同时,数据采集还能为企业的持续改进和创新提供有力支持,推动企业实现更高的生产效率和竞争力。

3.5.7 MES生产监控

MES生产监控是现代制造业中不可或缺的一环,它为企业提供了一个全面、实时的生产信息视图,从而确保生产任务的顺利进行和高效完成。生产监控涵盖多个关键方面,包括设备运行状态、生产进度、质量控制及物料库存等,这些方面的监控共同构成MES生产监控功能的核心。其具体内容包含以下几方面。

1)设备运行状态监控

MES能够实时监控生产线上各种设备的运行状态,包括设备的开机、关机、故障、维修等信息。通过设备运行状态监控,企业可以及时发现设备故障或异常,并迅速采取措施进行维修或调整,避免生产中断或损失。同时,系统还可以对设备的运行效率进行统计和分析,为设备维护和更新提供科学依据。

2）生产进度监控

MES能够实时跟踪生产订单的执行情况，包括订单的生产进度、完成情况、剩余工时等。通过生产进度监控，企业可以及时了解生产任务的完成情况，确保订单按时交付。同时，系统还可以根据生产进度自动调整生产计划，优化生产资源的配置，提高生产效率。

3）质量控制监控

MES通过集成质量管理系统或质量检测设备，对生产过程中的质量数据进行实时监控和记录。这些质量数据包括产品的检测数据、不良品率、返工率等。通过质量控制监控，企业可以及时发现生产过程中的质量问题，并采取有效措施进行纠正，保证产品质量的稳定性和可靠性。

4）物料库存监控

MES能够实时跟踪物料的使用情况和库存状态，包括物料的入库、出库、库存量、预警信息等。通过物料库存监控，企业可以及时了解物料的库存情况，避免物料短缺或积压，确保生产线的顺畅运行。同时，系统还可以根据物料库存情况自动触发补货计划，优化物料的库存管理。

5）实时动态信息掌握

MES生产监控功能使企业能够实时掌握生产现场的动态信息，包括设备的实时状态、生产线的实时生产情况、质量检测的实时数据等。这种实时性能为企业提供快速响应和处理生产问题的能力，确保生产的连续性和稳定性。

6）问题发现与处理

通过MES的生产监控功能，企业能够及时发现生产中的问题，如设备故障、生产瓶颈、质量异常等。系统可以提供警报和通知，帮助企业快速定位问题并采取相应的处理措施，从而减少生产中断和损失，提高生产效率。

7）数据驱动的决策支持

MES生产监控功能收集的数据可为企业决策提供有力支持。通过对这些数据进行分析，企业可以了解生产过程中的瓶颈和浪费环节，制定针对性的优化措施。同时，数据还可以帮助企业预测生产趋势，制定更科学的生产计划和战略。

综上所述，MES生产监控是制造业中不可或缺的一环。通过全面、实时的监控和管理，MES能够确保生产任务的顺利完成，提高生产效率和质量，降低生产成本和风险。同时，生产监控功能还能为企业提供数据驱动的决策支持，推动企业实现持续改进和创新。

本章小结

本章详细探讨了智能车间与工厂核心系统在智能工厂建设中的核心地位和作用。工厂核心系统包括生产执行系统（MES）、物料管理系统（WMS）和设备管理系统（EAM）等关键组成部分。智能车间与工厂核心系统的紧密集成是实现智能工厂高效运作的关键。通过实现智能车间与MES、WMS、EAM等核心系统的集成，可以确保生产过程的全面优化和管理。MES与智能车间的集成使生产计划能够实时调整，以应对市场变化；WMS与智能车间的集成可实现物料在车间内的精准管理和快速流转，提高生产效率；EAM与智能车间的集成可确保设备的正常运行和生产过程的稳定性。

智能车间与工厂核心系统是智能工厂建设不可或缺的重要组成部分。通过实现智能车间与核心系统的紧密集成和协同工作，可以显著提升智能工厂的生产效率和管理水平。未来，随着技术的不断进步和应用场景的不断拓展，智能车间与工厂核心系统将在智能工厂中发挥更重要的作用，推动制造业向智能化、绿色化、服务化方向转型升级。

习题

1. 简述智能车间的核心特点和主要功能。
2. 列举三种智能车间中常用的自动化设备，并解释它们在提高生产效率方面的作用。
3. 描述物联网技术在智能车间中的应用，并解释其如何帮助实现生产过程的透明化和可追溯性。
4. 解释生产执行系统（MES）在智能工厂中的作用，并至少列举其三个主要功能。
5. 阐述物料管理系统（WMS）在智能工厂中的重要性，并说明如何通过 WMS 实现物料的精准管理。
6. 讨论设备管理系统（EAM）如何帮助延长设备使用寿命，并减少设备故障对生产的影响。
7. 分析智能车间与 MES、WMS、EAM 等核心系统集成的必要性，并描述集成后的优势。
8. 设计一个场景，说明在智能车间中，当 MES 检测到某个生产环节出现异常时，如何自动调整生产计划并通知相关人员。
9. 结合某个具体行业（如汽车制造、电子制造等），讨论智能车间与工厂核心系统在该行业中的应用和挑战。
10. 预测未来智能车间与工厂核心系统的发展趋势，并讨论这些趋势如何影响制造业的转型升级。

第4章

智能车间与工厂规划及布局设计

车间布局规划是指对设备、工作台、物料、工装、半成品、水、电、气等的综合配置。工厂布局规划主要是研究工序之间、车间之间及工厂整体的设备、工作台、原材料、成品仓库等配置的合理性,以实现整个生产系统的人流与物流畅通化、搬运优化、流程优化、效率大化的目标。

4.1 智能车间与工厂方案规划

4.1.1 构建模式

智能车间与工厂方案规划的构建模式通常包括两种:自上而下和自下而上。自上而下的模式由企业管理层或高级工程师制定整体规划,然后逐步细化到具体实施方案。这种模式通常以企业的长远发展目标和整体战略规划为依据,通过对整体生产流程、资源配置和技术需求进行分析,确定最优的智能车间与工厂方案。自下而上的模式则是从现场工人或技术人员的实际需求和问题出发,逐步提出改进方案,最终形成整体规划。无论是自上而下还是自下而上,都有其独特的价值和适用性。在详细探讨这两种模式时,不难发现它们在实际操作中往往相互补充,共同为企业的智能制造升级提供有力支持。如图4-1所示。

首先,自上而下的规划模式在整体战略制定和资源协调方面展现出强大的优势。企业管理层和高级工程师站在企业长远发展的高度,通过对市场趋势、技术发展和竞争态势进行深入分析,制定符合企业战略目标的智能车间与工厂方案。这种规划模式能够确保企业在智能制造转型过程中保持战略一致性,避免资源浪费和重复建设。同时,通过统筹协调各部门和岗位之间的关系,自上而下的规划模式还能实现资源的优化配置,提高企业的运营效率和市场竞争力。

然而,仅仅依赖自上而下的规划模式也存在一些问题。由于管理层和高级工程师对生产现场实际情况可能缺乏深入了解,他们制订的方案可能过于理想化或脱离实际。此外,过度强调整体规划可能导致对现场问题的忽视,从而影响方案的实施效果。

相比之下,自下而上的规划模式更注重现场人员的实际需求和经验。通过收集现场工人和技术人员的意见和建议,企业能够发现生产现场中存在的问题和不足,进而提出有针对性的改进方案。这种规划模式能够确保方案更贴近生产实际,提高方案的可行性和实用性。同时,通过与现场人员的密切合作,还能激发员工的积极性和创造力,促进企业的创新和

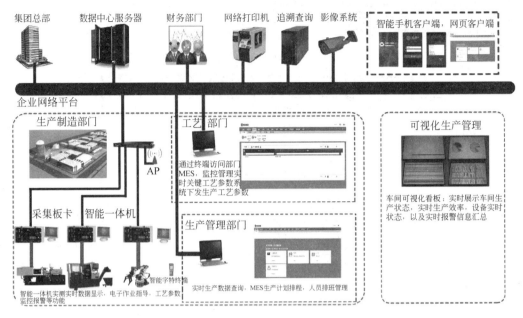

图 4-1 智能车间与工厂构建示例

发展。

但是,自下而上的规划模式也并非完美无缺。由于现场人员可能缺乏全局观念和战略思维,他们提出的方案可能过于局部或短期,无法满足企业的长远发展需求。此外,缺乏统一的规划和协调可能导致各部门和岗位之间的工作重复和冲突,从而影响企业的整体运营效率。

因此,在实际应用中,企业通常采用自上而下和自下而上相结合的方式进行智能车间与工厂方案规划。通过这种方式,企业可以充分发挥两种规划模式的优势,实现资源的优化配置和方案的全面优化。具体来说,企业可以在管理层的整体规划和战略引领下,结合现场人员的实际反馈和建议,对方案进行不断调整和完善。同时,企业可以确保方案既符合企业的长远发展目标,又贴近生产实际,提高方案的实施效果。

总之,智能车间与工厂方案规划的构建模式需要综合考虑企业的实际需求和发展目标,通过自上而下和自下而上规划模式的有机结合,实现企业的智能制造转型和持续发展。在未来的智能制造升级过程中,企业应继续探索和创新规划模式,适应不断变化的市场环境和技术趋势。

4.1.2 顶层设计

智能车间与工厂方案规划的顶层设计,是企业实施智能制造转型过程中的核心环节,它决定整个生产体系的基础架构和运作效率。一个合理的顶层设计,能够为企业带来长远的竞争优势,实现生产过程的优化和效率的提升。智能车间与工厂的顶层设计方案示例如图 4-2 所示。

在生产线布置规划方面,顶层设计需要细致入微地考虑生产流程中的每个环节。通过对生产环节的合理排列和工作站的科学布局,可以有效减少物料搬运距离,同时减少等待时

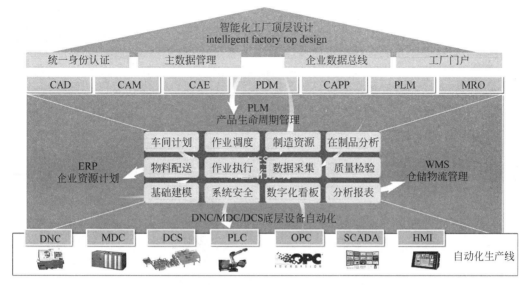

图 4-2　智能车间与工厂的顶层设计方案示例

间和生产过程中的浪费。结合自动化和智能化技术的运用,还可以进一步提高生产线的灵活性和可扩展性,应对不断变化的市场需求。

设备配置是顶层设计中另一个重要的环节。在选择生产设备和工具时,需要充分考虑设备的技术性能、生产效率、可靠性及维护成本等因素。合理的设备配置不仅可以提高生产效率,还可以降低生产成本,增强企业的竞争力。此外,随着智能制造技术的不断发展,企业还可以考虑引入智能装备和机器人等先进设备,实现生产过程的自动化和智能化。

物料流程和信息流程的优化是顶层设计的关键内容之一。科学的物料管理,可以实现物料的高效采购、储存和运输,减少库存积压和浪费。同时,利用信息技术手段,可以实时采集和处理生产过程中的数据信息,为管理层提供决策支持。优化物料流程和信息流程,可以实现生产过程的透明化和可追溯性,提高生产效率和产品质量。

人力资源配置也是顶层设计中不可忽视的一环。在规划人力资源时,需要充分考虑员工的岗位职责、技能要求和职业发展等因素。通过制定科学合理的员工培训计划和激励机制,可以提高员工的技能和素质,增强员工的工作积极性和创造力。同时,企业还可以建立跨部门、跨岗位的协作机制,促进不同部门和岗位之间的沟通和合作,形成合力推动企业的智能制造转型。

安全性是顶层设计中必须重视的方面。在规划过程中,企业需要充分考虑设备安全、操作安全和环境安全等因素,制定完善的安全管理制度和操作规程。通过加强安全教育和培训,提高员工的安全意识和操作技能,确保生产过程的平稳运行和员工的人身安全。

综上所述,智能车间与工厂方案规划的顶层设计是一项综合性的工作,需要综合考虑多方面因素。通过合理的生产线布置、设备配置、物料流程和信息流程的优化,以及人力资源配置和安全性的保障,企业可以构建高效、稳定、安全的智能制造体系,为企业的长远发展奠定坚实的基础。

4.1.3 实施步骤

智能车间与工厂方案规划的实施步骤是一个系统性、复杂性的过程，通常包括需求调研、方案设计、技术选型、系统集成、试运行和调优等阶段，而且每个阶段都要严谨细致，确保规划能够顺利落地并取得预期成效。如图 4-3 所示。

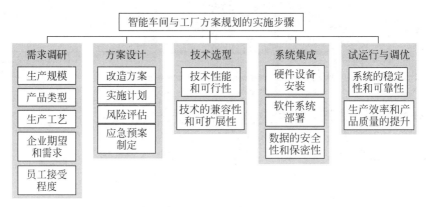

图 4-3　智能车间与工厂方案规划的实施步骤

在需求调研阶段，除常规的生产规模、产品类型和生产工艺调研外，还应特别关注企业对于智能化、自动化的期望和需求，以及员工对新技术接受程度的评估。这些调研结果将为后续方案设计提供更精准的指导和方向。

在方案设计阶段，除了制订具体的改造方案和实施计划，还应进行风险评估并制定应急预案。包括分析可能存在的技术风险、市场风险和操作风险，并制定应对措施，以确保方案实施的稳定性和可持续性。

在技术选型阶段，除考虑技术性能和可靠性外，还应关注技术的兼容性和可扩展性。随着技术的快速发展，企业需要确保所选技术与其他系统无缝集成，并具备未来升级和扩展的能力。

系统集成阶段是整个实施过程的关键环节。除硬件设备的安装和软件系统的部署外，还应关注数据的安全性和保密性。在数据交换和通信过程中，应采取必要的安全措施，确保数据的完整性和安全性。

试运行与调优阶段是整个方案的最终检验和调优过程。在试运行过程中，应重点关注系统的稳定性和可靠性，以及生产效率和产品质量的提升情况。同时，根据试运行结果，对系统参数和工艺参数进行持续优化调整，以进一步提升整体生产性能。

此外，智能车间与工厂方案规划的实施还要注意以下几点。

首先，加强项目管理和团队协作。通过明确项目目标、制定详细的工作计划和分工，确保团队成员之间的有效沟通和协作，提高工作效率。

其次，注重培训和人才培养。针对新的智能化设备和系统，开展针对性的培训和教育活动，提高员工的操作技能和素质水平。同时，积极引进和培养具备智能制造领域专业知识和技能的人才，为企业的持续发展提供有力支持。

最后，持续跟踪和评估实施效果。通过定期进行数据分析和评估，了解方案实施后的生产状况、效率提升和成本节约等情况,以便及时调整和优化方案,确保企业的智能制造转型能够持续、稳定推进。

综上所述,智能车间与工厂方案规划的实施步骤是一个系统性、复杂性的过程,需要企业全面考虑并精心组织。通过科学严谨的实施步骤和注意事项的落实,确保方案顺利实施并最终达到预期效果,为企业的智能制造转型提供有力保障。

4.1.4 评价体系

智能车间与工厂方案规划的评价体系是一个多维度、综合性的评估框架,旨在全面、客观地衡量智能化改造的效果。它包括多方面的内容,如经济效益、生产效率、产品质量、环境友好性、安全性等。作为衡量智能化改造效果的重要工具,需要综合考虑多维度,确保改造的全面性和可持续性。如图 4-4 所示。

在经济效益方面,除关注投资回报周期和成本节约外,还应深入分析智能化改造带来的产能提升和产值增长情况。通过对比改造前后的生产数据,可以清晰地看到智能化改造对生产效率的显著提升,进而推动企业的营利能力和市场竞争力。此外,还需考虑智能化改造带来的业务拓展和市场拓展机会,为企业未来的发展打下坚实基础。

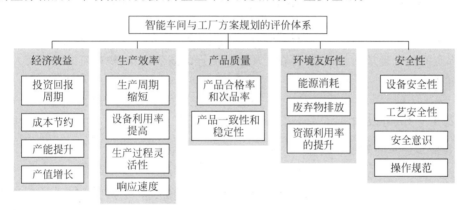

图 4-4　智能车间与工厂方案规划的评价体系

在生产效率方面,除关注生产周期缩短和设备利用率提高外,还应关注生产过程的灵活性和响应速度。智能化改造应能够实现生产线的快速调整和切换,以适应市场需求的快速变化。同时,通过优化生产任务调度和物料流程,可以进一步提高生产效率,降低生产成本。

在产品质量方面,除关注产品合格率和次品率外,还应关注产品的一致性和稳定性。智能化改造应实现对生产过程的精确控制,确保产品质量的稳定性和一致性。此外,通过引入先进的质量检测设备和系统,可以实现对产品质量的全面监控和追溯,提高客户对产品的信任度和满意度。

在环境友好性方面,除关注能源消耗和废弃物排放外,还应关注智能化改造对资源利用率的提升。通过优化生产流程和工艺参数,可以降低能源消耗和原材料浪费,实现资源的有效利用。同时,引入环保设备和工艺,可以减少对环境的负面影响,提升企业的环保形象和社会责任感。

在安全性方面,除关注设备安全性和工艺安全性外,还应关注员工的安全意识和操作规范。智能化改造应降低人为因素导致的安全事故风险,提高生产过程的安全性和稳定性。同时,通过加强员工的安全教育和培训,可以提高员工的安全意识和操作技能,进一步降低安全风险。

除上述几方面外,评价体系还应考虑技术创新能力、企业竞争力及员工满意度等因素。技术创新是推动智能化改造持续发展的关键动力,企业应关注新技术、新工艺的研发和应用,保持技术领先地位。企业竞争力则体现在市场份额、客户满意度和品牌影响力等方面,智能化改造应有助于提升企业的整体竞争力。员工满意度是评价智能化改造效果的重要指标之一,企业应关注员工对改造后工作环境和工作条件的反馈,及时调整和优化方案,提高员工的满意度和归属感。

综上所述,智能车间与工厂方案规划的评价体系应是一个多维度、综合性的评估系统,涵盖经济效益、生产效率、产品质量、环境友好性、安全性等多方面。通过全面评估改造效果,企业可以深入了解智能化改造带来的实际效益和潜在问题,为未来的持续改进和发展提供有力支持。

4.2 智能车间与工厂布局设计

智能车间与工厂布局设计是现代化制造业中至关重要的一个环节,它涉及生产车间和工厂内部空间的合理规划与布局,旨在实现生产流程的高效运作、物料流的顺畅及人员作业的安全舒适。

4.2.1 布局设计

1. 智能制造车间规划原则

1)统一原则

在进行工厂布局设计与改善时,必须将各工序的人、机、料、法四要素有机结合并保持充分的平衡。因为四要素一旦没有统一协调好,就容易割裂作业,延长停滞时间,增加物料搬运的次数。

2)短距离原则

在进行工厂布局设计与改善时,必须遵循移动距离、移动时间最小化。因为移动距离越短,物料搬运花费的费用和时间就越小。

3)人流、物流畅通原则

在进行工厂布局设计与改善时,必须确保工序不堵塞,物流畅通无阻。在工厂布局设计时应尽量避免倒流和交叉现象,否则会导致一系列意想不到的后果,如品质问题、管理难度问题、生产效率问题、安全问题等。

4)充分利用立体空间原则

随着地价的不断攀升,企业厂房投资成本也水涨船高,如何充分利用立体空间就变得尤其重要,它直接影响产品直接成本的高低。

5)安全满意原则

在进行工厂布局设计与改善时,必须确保作业人员的作业既安全又轻松,因为只有这样才能降低作业疲劳度。请切记：材料的移动、旋转动作等可能产生安全事故，抬升、卸下货物动作等也可能产生安全事故。

6）灵活机动原则

在进行工厂布局设计与改善时，应尽可能做到适应变化、随机应变，如面对工序的增减、产能的增减时能灵活对应。灵活机动原则是指在设计时需要将水、电、气与作业台分离、不要连成一体，设备尽量不要落地生根，采用方便移动的装置。

2. 布局设计

智能车间与工厂布局设计首先需要考虑生产流程的合理排布和生产设备的布置。通过分析生产工艺流程、物料流动路径和人员作业需求，确定各功能区域的位置和相互关系，包括原料存放区、加工区、装配区、成品存储区、设备维护区、人员通道等。在布局设计中，还需要考虑设备之间的协同作业、物料的顺畅流动、人员的工作效率和安全，确保整体布局符合生产需求和人体工程学原理。如图 4-5 所示。

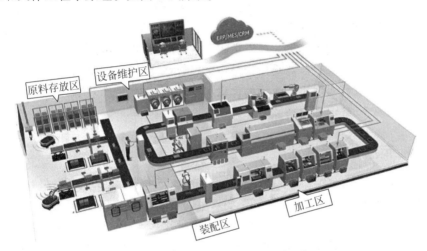

图 4-5　智能车间与工厂布局设计示例

其主要包括以下内容。

1）智能化设备布局

在智能化设备布局方面，除了考虑设备间的物理距离和连接性，还应关注设备间的数据交互和协同工作能力。通过构建统一的数据交换平台，实现设备间的实时数据共享和协同操作，可以进一步提高生产过程的智能化水平。此外，还应考虑设备的维护和保养便利性，确保设备的长期稳定运行。

2）工艺优化与灵活生产

工艺优化和灵活生产是智能车间与工厂布局设计的重要目标。通过引入先进的生产技术和工艺，优化生产流程和设备配置，可以实现生产过程的自动化和智能化，提高生产效率和产品质量。同时，为满足市场需求的快速变化，布局设计应考虑生产线的快速调整和切换能力，实现多品种、小批量生产，提高生产线的灵活性和适应性。

3）智能物流系统

智能物流系统是智能车间与工厂布局设计中的重要组成部分。通过引入自动化搬运设备、AGV等智能物流设备,可以实现对物料的高效、准确和快速运输。同时,结合物联网和大数据技术,可以实现对物料流动路径的实时监控和优化,提高物料运输的效率和准确性。此外,智能物流系统还可以与生产计划、库存管理等系统实现无缝对接,实现生产过程的全面数字化管理。

4)安全和环保考虑

安全和环保是智能车间与工厂布局设计中不可忽视的因素。在布局设计中,应充分考虑消防通道、应急出口和安全设施的布置,确保生产过程的安全性。同时,采用环保材料和节能设备,优化物料流动路径和设备配置,减少能源消耗和废弃物排放,实现绿色生产。此外,还应建立完善的安全和环保管理制度,加强员工的安全和环保意识培训,确保生产过程的安全、环保。

5)未来扩展和升级考虑

智能车间与工厂布局设计应充分考虑未来的扩展和升级需求。随着技术的不断进步和市场需求的变化,工厂可能需要不断扩大规模或引入新的智能技术。因此,在布局设计中应预留足够的空间和资源,以便在需要时进行扩展和升级。同时,还应考虑与现有设备和系统的兼容性,确保新引入的技术能够与现有系统实现无缝对接,平滑过渡。

综上所述,智能车间与工厂布局设计是一个综合性的过程,需要综合考虑多种因素。通过合理的布局设计,可以实现生产流程的优化和智能化,提高生产效率、质量和灵活性,同时确保生产过程的安全、环保和可持续发展。

4.2.2 布局优化

智能车间与工厂布局优化是指对已有布局进行改进和调整,以提高生产效率、节约空间和降低成本。布局优化可以通过减少物料和人员的运输距离、优化设备布局、改善通道和工作区的设置、提高空间利用率等方式实现。利用信息化技术和智能化设备,可以对布局进行数字仿真和模拟,快速评估不同方案的效果,选择最优方案实施。如图4-6所示。

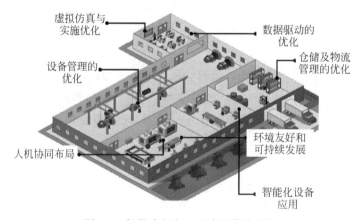

图4-6 智能车间与工厂布局优化示例

其主要包括以下内容。

1)数据驱动的优化

在智能车间与工厂中,数据是驱动优化的核心。通过收集、整合和分析生产过程中的大量数据,企业能够深入了解生产线的运行状态、瓶颈位置和效率提升空间。利用高级分析工具和算法,可以对数据进行深度挖掘,识别潜在问题,并提出针对性的优化方案。这种数据驱动的优化方法不仅能提高生产效率,还能为企业的决策提供有力支持。

2) 智能化设备应用

随着智能化技术的不断发展,越来越多的自动化设备被引入车间与工厂。这些设备能够自动完成物料搬运、加工、检测等任务,减少人力介入,提高生产效率和精度。同时,通过智能化设备的引入,还可以实现生产线的柔性化,使其更快速地适应市场需求的变化。

3) 人机协作布局

人机协作是现代车间与工厂的重要特征之一。在布局优化中,需要充分考虑人员与自动化设备之间的协作关系。通过合理布置人员工作站和自动化设备,可以确保人员在安全、舒适的环境下工作,同时实现与设备的高效协作。此外,还可以通过培训和教育提高员工的技能和素质,使其更好地适应智能化生产环境。

4) 虚拟仿真与实时优化

虚拟仿真技术可为智能车间与工厂布局优化提供强大的支持。通过构建虚拟工厂模型,企业可以在计算机环境中模拟不同的布局方案,并评估其效果。这种方法不仅可减少实际布局调整的成本和风险,还可提高优化方案的准确性和可靠性。同时,结合实时监控系统,企业可以实时获取生产线的运行状态和数据,对布局进行动态调整和优化,确保生产线的持续高效运行。

5) 环境友好和可持续发展

在布局优化过程中,企业还要充分考虑环境友好和可持续发展因素。通过优化物料流动路径、减少能源消耗和废物排放,可以降低生产对环境的影响。同时,采用可再生能源和环保材料,也可以进一步提高生产过程的绿色化程度。这种可持续的布局优化不仅有助于提升企业的社会形象,还可以为企业带来长期的经济效益和竞争优势。

综上所述,智能车间与工厂布局优化是一个综合性的过程,需要综合考虑多方面的因素。通过数据驱动的优化、智能化设备应用、人机协作布局、虚拟仿真与实时优化、环境友好和可持续发展等方面的综合应用,可以实现生产线的持续高效运行和企业的可持续发展。

4.2.3 效益优化

智能车间与工厂布局设计的效益优化是指通过合理的布局规划和优化措施,提高生产效率,降低生产成本,增强生产灵活性和响应速度。通过优化布局,可以减少生产过程中的浪费和不必要的等待时间,提高设备利用率和人员作业效率,从而降低生产成本。同时,合理的布局设计还可以提高生产线的灵活性和可调性,适应市场需求的变化,提高企业竞争力。在布局设计的过程中,还要考虑环境保护和安全生产因素,确保生产过程符合相关法规和标准,保障员工的健康和安全。其主要特点如下。

1) 生产效率的显著提升

优化布局的首要目标是提升生产效率。通过科学的设备排列和作业区域规划,可以缩短物料和人员的移动距离,减少生产中的等待时间和空闲时间,使生产流程更紧凑、高效。此外,合理的设备布局有助于实现设备间的协同作业,减少生产中的瓶颈问题,进一步提高生产效率。

2）生产成本的有效降低

布局优化对生产成本的降低具有显著作用。通过减少物料运输距离、降低物料损耗，可以降低物料成本。同时，优化设备布局和作业流程，可以提高设备利用率、减少设备故障率，从而降低维修和更换设备的成本。此外，合理的人员配置和工作安排也可以降低人力成本，提升整体生产经济效益。

3）生产灵活性的大幅增强

布局设计优化还能显著提升生产线的灵活性和可调性。通过合理划分作业区域和设置可调整的设备布局，企业能够更快速地适应市场需求的变化，实现多品种、小批量生产。这种灵活性不仅有助于企业抓住市场机遇，还能提高客户满意度和市场份额。

4）环境友好与安全生产的强化

在布局设计过程中，应充分考虑环境保护和安全生产的重要性。通过合理安排设备间距、设置安全通道和配置应急设施，可以确保生产过程中的安全性和稳定性。同时，优化物料流动路径和减少能源消耗，有助于降低生产对环境的影响，实现绿色生产。

5）持续创新与发展能力的增强

布局设计的效益优化应关注当前的生产效率和成本，还应着眼于企业的持续创新和发展能力。一个优秀的布局设计应具备可扩展性和可升级性，能够适应企业未来的发展和技术进步。通过预留足够的空间和资源，为未来的设备升级和技术创新提供便利，进而保持企业的竞争力和市场地位。

综上所述，智能车间与工厂布局设计的效益优化是一个综合性的过程，涉及生产效率、生产成本、生产灵活性、环境友好和安全生产、持续创新与发展能力等多方面。通过综合考虑这些因素，并进行科学规划和优化，可以为企业带来持续的经济效益和社会效益，推动企业实现可持续发展。

4.3 智能车间与工厂仿真设计

智能车间与工厂仿真设计是现代化制造业中不可或缺的一环，它运用先进的建模与可视化技术、价值流分析及专业的仿真软件，对车间和工厂的生产流程进行详尽的模拟和优化。这种设计方法的核心目标是通过虚拟环境评估不同布局和生产策略的实际效果，从而找出最佳方案，提高生产效率和资源利用率。

4.3.1 建模与可视化技术

建模与可视化技术是指利用计算机辅助设计和计算机图形学等技术，对车间和工厂的实际情况进行数字化建模，并通过三维可视化的方式展现。这些技术可以对车间内部的设备、物料流动路径、人员作业区域等各要素进行精确建模，以便后续进行仿真分析和优化设计。如图4-7所示。

其主要包括以下内容。

1）数字化建模

在智能车间与工厂设计中，数字化建模不仅限于几何形状和空间位置的精确绘制，更能

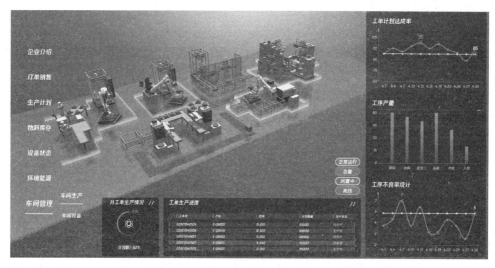

图 4-7　3D 建模后的可视化智能车间与工厂

深入展现设备的性能参数、工艺流程的逻辑关系及各元素之间的交互作用。利用先进的 CAD 和 BIM（建筑信息模型）软件，构建包含丰富信息的数字模型，为后续的仿真分析、优化设计和运营管理提供全面的数据支持。

此外，数字化建模还具备动态更新能力。随着车间和工厂的实际运行情况发生变化，如设备更新、工艺调整等，模型可以实时地进行更新和修正，保持与实际情况的一致性。这种动态建模的能力使设计人员能够随时掌握车间和工厂的最新状态，为决策提供及时的参考。

2）三维可视化展示

三维可视化技术可为智能车间与工厂设计提供直观的展示平台。通过高质量的三维渲染和动画效果，可以逼真地再现车间和工厂的实际情况，使设计人员和决策者能够身临其境地感受设计方案的效果。同时，三维可视化技术还支持多视角、多层次观察和分析，帮助用户全面了解设计方案的各方面。

在三维可视化展示中，还可以结合 VR 技术，为用户提供沉浸式体验。通过佩戴 VR 设备，用户可以在虚拟环境中自由漫游，与模型进行实时交互，获得更真实、直观的感受。这种交互式的展示方式有助于激发设计人员的创新思维，提高决策的准确性。

3）仿真分析

仿真分析是建模与可视化技术在智能车间与工厂设计中的重要应用之一。通过构建仿真模型，可以模拟车间和工厂的运行情况，对生产过程、物料流动和人员作业等情景进行预测和分析。仿真分析可以帮助设计人员评估不同布局方案的效果，发现潜在的问题和改进空间，为优化设计提供数据支持。

在仿真分析中，还可以考虑多种因素的影响，如设备故障率、人员操作效率、物料供应稳定性等。综合这些因素进行仿真分析，可以更全面地评估设计方案的可行性和性能表现。此外，仿真分析还支持多方案的对比和优化，帮助设计人员找到最佳设计方案。

4）设计优化

基于建模与可视化技术的仿真分析结果，设计人员可以针对性地进行布局方案的调整和优化。通过改变设备的摆放位置、优化生产流程、提高设备利用率等措施，实现生产效率和经济效益的提升。同时，还可以考虑能源消耗、环境影响等方面的因素，实现绿色、可持续生产。

设计优化是一个迭代的过程，需要反复进行建模、仿真和分析，不断调整设计方案，直到达到最优效果。通过建模与可视化技术支持，设计人员可以更高效地进行设计优化工作，为企业实现智能化生产提供有力的技术支持。

综上所述，建模与可视化技术在智能车间与工厂设计中发挥着重要作用，可为设计优化和智能化生产提供强大的工具和支持。随着技术的不断发展和完善，相信这些技术在未来的工业设计中将发挥更重要的作用，推动工业领域的创新和发展。

4.3.2 建模与可视化软件

建模与可视化软件是进行车间和工厂建模与可视化的工具，包括 AutoCAD、SolidWorks、CATIA、3ds Max 等软件。这些软件具有强大的建模功能和直观的可视化效果，不仅可为设计师提供强大的工具以构建和展示复杂的空间布局，还通过精确的数据分析和模拟，帮助企业在设计阶段就能预见并优化生产流程。

AutoCAD 在智能车间与工厂设计中，凭借强大的 2D 和 3D 绘图功能，可以精确绘制车间布局、设备摆放、管道走向等细节，如图 4-8 所示。其丰富的图层管理功能使设计师能够清晰地区分不同元素，方便进行后期修改和优化。此外，AutoCAD 还支持与多种外部设备的连接，如扫描仪、打印机等，实现数据的快速导入和输出。

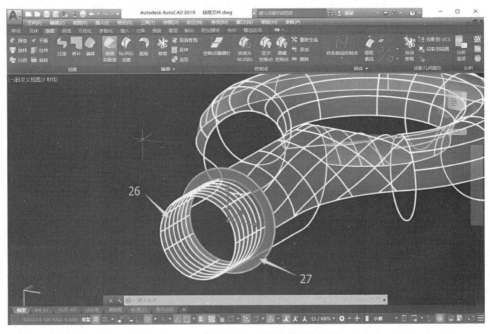

图 4-8　AutoCAD 三维建模示例图

SolidWorks 则以强大的三维建模和仿真分析能力，在智能车间与工厂设计中占据重要地位。设计师可以利用 SolidWorks 创建精确的三维模型，模拟设备的运行和物料流动，从而发现潜在的设计问题并进行优化。其强大的装配体设计功能使设计师能够轻松管理复杂的装配关系,确保设计的准确性和可行性。

CATIA 作为高端三维 CAD 软件,其参数化建模和装配体设计功能使其成为处理复杂产品和工厂布局设计的理想选择。在智能车间与工厂设计中,CATIA 可以帮助设计师快速构建复杂的产品模型,并通过参数驱动的设计方法,实现设计方案的快速调整和修改。同时,其高级的装配体设计工具使设计师能够轻松处理大量零部件的装配问题,提高设计效率。

3ds Max 则以出色的三维建模和渲染能力,为智能车间与工厂的可视化展示提供强大的支持。设计师可以利用 3ds Max 创建逼真的场景和效果,如光影效果、材质贴图等,使设计方案更生动、直观。此外,3ds Max 还支持动画和特效制作,可以为用户呈现更动态、丰富的视觉体验。

除上述软件外,还有许多其他的建模与可视化软件可供企业选择。这些软件各有特色,企业可以根据自身需求和实际情况进行选择。例如,一些软件可能更侧重于快速建模和概念设计,而另一些可能更注重精确的数据分析和仿真模拟。企业可以根据自身的设计目标、预算和时间安排等因素,选择最适合的建模与可视化软件。

4.3.3 建模与可视化软件应用

建模与可视化软件的应用涵盖车间和工厂布局设计、设备布置优化、物料流动模拟等方面。通过这些软件,工程师可以在计算机上进行各种布局设计方案的创建和比较,快速评估不同方案的优劣,并进行优化调整,以达到最佳生产效果和资源利用率。其主要包括以下内容。

1) 设备布置优化

建模软件能够基于设备的尺寸、功能和交互关系,对车间或工厂内的设备进行详细的布置规划。工程师可以通过调整设备的位置、方向和间距,实现设备间的最佳配合和协同工作。同时,软件还可以考虑设备之间的物料传输路径、操作人员的可达性及安全距离等因素,确保整个生产线运行的流畅性和高效性。

除了静态的布置规划,建模软件还可以进行动态的设备布局优化。它可以根据生产需求的变化、设备故障率、维修需求等因素,进行实时的布局调整和优化。这种动态优化使生产线在应对各种不确定因素时仍然能够保持高效、稳定。

2) 物料流动模拟

物料流动是车间或工厂生产过程中的关键环节,建模软件能够对其进行详细的模拟和分析。通过设定物料的需求、供应和运输规则,软件可以模拟物料在生产线上的流动情况,包括物料从仓库到生产线的传输、不同设备之间的物料交接,以及最终产品的入库等过程。

通过物料流动模拟,工程师可以识别潜在的物料瓶颈和拥堵点,优化物料运输路径和存储策略;还可以分析物料在不同时间点的供应和需求情况,确保物料供应的及时性和稳定性,从而避免物料短缺或过剩导致的生产中断或浪费。

3) 人员作业分析

在智能车间与工厂中,人员作业的效率和质量对整体生产效率具有重要影响。建模软件可以对人员作业进行详细的模拟和分析,帮助工程师优化人员配置和工作流程。

通过模拟人员的作业路径、工作时间和动作,软件可以评估人员的工作效率和作业负荷。工程师可以根据模拟结果，调整人员的工作区域、工作站点的布局，优化作业流程和任务分配，提高人员的工作效率和舒适度。

此外，建模软件还可以考虑人员与设备之间的交互关系，优化人机协作流程。通过模拟人员与设备的协作情况，工程师可以识别潜在的协作瓶颈和改进空间，提出针对性的优化建议，提高人机协作的效率和安全性。

综上所述，建模与可视化软件在智能车间与工厂设计中的应用涵盖设备布置优化、物料流动模拟和人员作业分析等多方面。它们通过详细的模拟和分析，帮助工程师优化生产布局、提高生产效率、降低成本，并为实现智能化生产管理提供有力支持。随着技术的不断发展和创新，建模与可视化软件将在智能车间与工厂设计中发挥更重要的作用，推动企业实现更高水平的智能化生产。

4.3.4 价值流分析与仿真

价值流分析与仿真是指对车间和工厂生产流程进行深入分析和模拟，以识别和消除生产中的浪费和瓶颈，提高生产效率和产品质量。通过价值流图的绘制和仿真软件的应用，可以对生产流程进行全面的分析和优化，从而实现生产过程的精益化管理和持续改进。其主要包括以下内容。

1）生产过程优化的深入

价值流分析通过详细剖析生产过程中的每个环节，帮助企业发现潜在的浪费，如等待时间、过度加工、运输损耗等。结合仿真技术，工程师可以模拟不同优化方案下的生产过程，并对比其效果。这种数据驱动的决策方式，使生产过程优化更科学、准确。

此外，价值流分析与仿真还关注生产过程中的变异性和不确定性。通过模拟不同条件下的生产情景，企业可以了解生产过程的稳定性和鲁棒性，进而制订更稳健的生产计划。

2）资源利用优化的精细化

在资源利用方面，价值流分析与仿真不仅关注宏观层面的资源配置，还深入微观层面的资源使用细节。例如，在人力资源方面，仿真可以模拟不同员工配置下的生产效率，帮助企业找到最佳人员配置方案。在设备利用率方面，通过仿真分析，企业可以了解设备的运行状况、瓶颈位置及改进潜力，从而优化设备布局和使用策略。

同时，价值流分析与仿真还可以考虑资源之间的协同作用。例如，通过模拟物料、设备和人员的协同工作，企业可以优化整个生产系统的资源利用效率，实现整体效益的最大化。

3）交互式决策支持的增强

随着技术的发展，仿真软件的交互性越来越强。工程师可以通过简单的操作，调整仿真模型中的参数和方案，实时观察生产过程的变化。这种实时反馈机制使决策过程更直观、高效。

此外，仿真软件还可以提供丰富的数据分析和可视化工具。工程师可以利用这些工具，对仿真结果进行深入的分析和挖掘，发现隐藏在数据背后的规律和趋势。这有助于决策者更全面地了解生产过程的现状和未来趋势，制订更合理的决策方案。

4）风险评估与应急预案的完善

在风险评估方面，价值流分析与仿真可以帮助企业识别潜在的生产风险，如设备故障、物料短缺、人员变动等。通过模拟这些风险情景下的生产过程，企业可以评估风险的影响程度和可能性,为制定应急预案提供数据支持。

同时,仿真还可以帮助企业测试应急预案的有效性。工程师可以模拟不同预案下的生产情景,评估预案的响应速度和效果。这有助于企业不断完善和优化应急预案,提高应对突发情况的能力。

综上所述,价值流分析与仿真在智能车间与工厂设计中的应用具有广泛的扩展和补充空间。它们不仅可以帮助企业优化生产过程和资源配置,还可以提供交互式决策支持和风险评估工具,为企业实现智能化生产管理和持续改进提供有力支持。

4.3.5 智能车间与工厂仿真设计实例

智能车间与工厂仿真设计的实例包括对不同生产场景进行仿真模拟和优化,例如装配线的优化、物料流动的改进、生产调度的优化等。通过仿真软件对实际生产过程进行数字化建模和模拟,可以快速发现问题和优化空间,为企业提供科学依据和决策支持,提高生产效率和经济效益。如图4-9所示。

图4-9 汽车装配线上仿真技术应用示例

1) 装配线优化的深化应用

通过仿真技术,企业可以模拟装配线上的每个工作站、每个动作,甚至每个零件的装配过程。这种精细化的模拟使工程师能够深入了解装配线的瓶颈和浪费,从而提出针对性的优化方案。例如,通过调整工作站之间的距离、优化零件的装配顺序、引入自动化设备等方式,可以显著提高装配线的生产效率和产品质量。

此外,仿真技术还可用于评估不同设备、工具和工艺方案在装配线上的适用性和效果。工程师可以基于仿真结果进行方案比较和选择,为企业的投资决策提供科学依据。

2) 物料流动改进的细致考虑

物料流动是智能车间与工厂中的关键环节,其效率直接影响整体生产的顺利进行。通过仿真技术,企业可以模拟物料在不同存储区域、运输路径和加工环节之间的流动情况,发现潜在的物料拥堵和浪费。

在仿真过程中,工程师可以通过调整物料存储策略、优化运输路径、引入自动化搬运设备等方式,提高物料流动的效率和准确性。此外,仿真技术还可用于评估不同物料管理方案的效果,帮助企业找到最适合自身生产需求的物料流动方案。如图4-10所示。

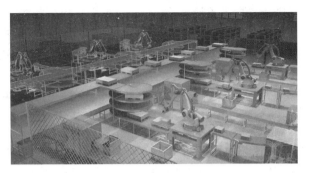

图 4-10　物料流动中仿真技术应用示例

3）生产调度优化的动态调整

生产调度是智能车间与工厂中的一项复杂任务，需要考虑多种因素如设备状态、订单优先级、人力资源等。通过仿真技术，企业可以模拟不同调度方案下的生产情景，并评估其对生产效率和订单完成率的影响。如图 4-11 所示。

此外，仿真技术还支持动态调度。当生产过程中出现设备故障、订单变更等突发情况时，仿真技术可以实时模拟这些变化对生产调度的影响，并帮助工程师快速调整调度方案，确保生产过程的稳定性和连续性。

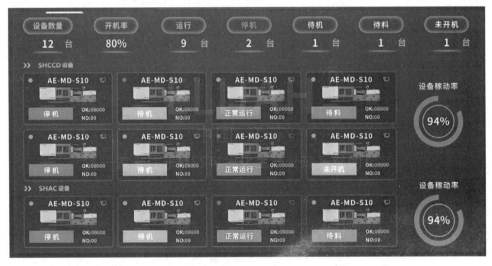

图 4-11　生产调度中仿真技术应用示例

4）工作人员培训的虚拟化与实战化结合

仿真技术在工作人员培训方面的应用越来越广泛。通过创建虚拟的工厂环境和设备操作界面，企业可以为工作人员提供逼真的培训体验。工作人员可以在虚拟环境中进行设备操作、流程演练和故障处理等操作，提高技能水平和突发情况的应对能力。如图 4-12 所示。

同时，仿真技术还可与实战化培训相结合。工程师可以根据实际生产需求，设计具有挑战性的虚拟任务，使工作人员在完成任务的过程中锻炼其实际操作能力和问题解决能力。这种虚实结合的培训方式，有助于工作人员更好地适应实际生产环境，提高整体生产效率和安全性。

图 4-12　工作人员培训中仿真技术的应用示例

综上所述，智能车间与工厂仿真设计的实例展示了仿真技术在解决生产挑战和优化需求方面的广泛应用和重要作用。通过深入应用仿真技术，企业可以不断优化生产过程，提高资源利用效率，降低生产成本，并提升整体运营效能。

本章小结

本章主要探讨了智能车间与工厂规划及布局设计的关键要素，深入分析了规划及布局设计的重要性，并提出了一系列切实可行的设计原则和方法。强调智能车间与工厂规划及布局设计在提升生产效率、降低生产成本、优化资源配置等方面的重要作用。通过合理的规划及布局设计，可以有效地实现车间与工厂内部的智能化管理和控制，提高设备的运行效率，减少不必要的物料搬运和等待时间，从而降低生产成本。详细介绍了智能车间与工厂规划及布局设计的主要内容和步骤，包括需求分析、场地评估、工艺流程分析、设备选型、布局优化等环节。在每个环节中，都要充分考虑智能制造技术的特点和应用需求，确保规划及布局设计能够满足智能车间与工厂的实际需求。随着智能制造技术的快速发展，传统的车间与工厂规划及布局设计已经无法满足现代制造业的需求。

智能车间与工厂规划及布局设计是智能制造领域的重要组成部分，通过合理的规划及布局设计，可以有效提升生产效率、降低生产成本、优化资源配置，为企业的可持续发展提供有力支持。

习题

1. 描述智能车间与工厂规划及布局设计的主要目标和重要性。
2. 列举智能车间与工厂规划及布局设计的主要步骤，并简要说明每个步骤的作用。
3. 分析在进行智能车间与工厂规划时，如何考虑生产目标、产品类型和生产规模等关键因素。
4. 讨论场地评估在智能车间与工厂规划及布局设计中的重要性，并说明需要考虑的场地条件有哪些。
5. 解释工艺流程分析在智能车间与工厂规划及布局设计中的作用，并描述如何进行工艺流程分析。

6. 讨论设备选型在智能车间与工厂规划及布局设计中的关键因素，并说明如何根据生产需求选择合适的设备。

7. 描述布局优化在智能车间与工厂规划及布局设计中的意义，并说明如何运用数学模型和仿真技术进行布局优化。

8. 分析智能车间与工厂规划及布局设计的动态性和灵活性，并讨论如何建立监控和反馈机制以应对市场变化。

9. 假设你是一家制造企业的规划工程师，请根据一个具体的产品类型和生产规模，设计一套智能车间与工厂的规划及布局方案。

10. 讨论在智能车间与工厂规划及布局设计中，如何平衡生产效率、成本控制和员工工作环境之间的关系。

第5章

典型数字孪生智能产线设计

目前传统的生产线虽然比较成熟,具备完整的体系架构和功能,能够完成初步的自动化生产和信息管理,但是不能对生产过程中的产品、设备等信息进行实时把控,不能对突发状况主动做出科学合理的决策,生产过程柔性化程度较低。近年来,数字孪生技术和MES逐步应用于工业制造生产,为车间生产实现智能制造打开了新的思路。数字孪生技术是以物理实体为基础的系统描述,能够把物理实体在真实环境中的外貌、尺寸、位置等信息准确地映射到数字化空间,实现实体与孪生虚体的信息交互。MES则可以代替人工进行订单的派送、物料的分拣及生产过程中产品各种参数数据的采集记录,能够较好地体现生产信息化的特点。

数字孪生智能产线是一种结合了数字化孪生技术和人工智能的先进制造模式。该产线利用传感器、数据采集设备和大数据分析技术实时监测和收集生产过程中的各种数据,将这些数据与虚拟模型进行对比和分析,以实现生产过程的优化和智能化管理。在数字孪生智能产线中,物理制造过程与数字虚拟模型实现实时同步。通过数字孪生技术,可以对生产线进行虚拟仿真,预测潜在问题并进行优化调整,从而提高生产效率和质量。同时,数字孪生智能产线还集成了人工智能算法,能够对大量的数据进行快速分析和处理,实现智能化的决策和调度。通过深度学习和机器学习等技术,能够实现自动化的生产调度、故障诊断和预测维护,提高生产线的稳定性和可靠性。

5.1 数字孪生智能产线概述

在工业生产中,装配生产线是各种生产车间进行产品加工作业的主要执行单元,汇合了产品本身的各种参数数据、原材料加工的工序流程、各种设备之间的协作等,包括信息流、物料流及控制流的各种要素。在高性能的数控技术、制造技术及多功能控制系统间的高度融合下,智能制造设备(如雕刻机、立体仓库、加工中心、产品自动检测系统、数控中心等)均可实现自动化控制,从而实现全自动的加工流程。一个典型的智能制造生产线系统由下列三部分组成:加工系统、物料储运系统和控制与管理系统,如图5-1所示。

三个子系统有机结合,构成了一个制造系统的能量流(通过制造工艺改变工件的形状和尺寸)、物料流(主要指工件流和刀具流)和信息流(制造过程的信息和数据处理)。

随着现代工业的快速发展和市场需求的不断变化,一些复杂零件的加工需求越来越高,

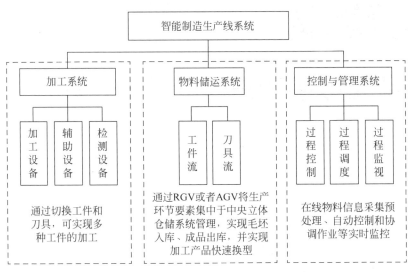

图 5-1　智能制造生产线系统

传统的加工工艺已经难以满足这些需求,因为它们可能无法达到所需的精度、效率和质量要求。因此,新的加工技术和工艺正在不断地发展和推广以满足这些更高的要求,制造业开始由传统的加工方式向智能制造业转变。3D 打印技术因其特殊的加工制造方式,可以将一些复杂零件迅速完整地制造出来,显著减少产品的研发时间和成本。3D 打印作为一种新兴的制造技术,以其成本低、效率高、原料利用率高及环保等优势逐渐步入人们的日常生活,进入医疗器械、军工、航天航空、汽车研发制造等领域。其融合信息、新型材料、数控和机械工程等多门学科,推动传统制造产业向智能制造方向发展,为人们提供更智能化、个性化的产品设计。国家出台的《中国制造 2025》《增材制造产业发展行动计划(2017—2020 年)》等政策明确表示要重点发展新型的成型技术,促进国内 3D 打印行业的发展,为推动中国制造业向数字化、智能化方向转型升级提供有力支持。

目前比较成熟的 3D 打印技术主要有光固化技术(SLA)、选择性激光烧结技术(SLS)、熔融沉积成型技术(FDM)及喷墨式打印技术等。在以上 3D 打印技术中,FDM 打印技术是市场上普及范围最广的,其采用电能将待打印材料加热至熔融状态,高温打印喷头在主控系统的控制下,将熔融状态的材料挤出到载物平台堆积成型,具有体积小、使用简单、成本低等优点。根据 Wohlers 报告,2019 年 FDM 3D 打印机占据全球增材制造市场的 76.1%,其次是光固化 3D 成型技术,占据 8.3%。虽然最近几年其他技术也在快速发展,但 FDM 仍然是最常用、最受欢迎的 3D 打印技术之一。

打印喷头是将打印材料熔化并挤出的装置,其作为 FDM 型打印机成型过程的关键部件,性能好坏直接影响着打印精度。目前,FDM 打印技术的限制主要在于喷头装置,如图 5-2 所示。

虽然 FDM 成型技术与其他 3D 打印技术的基本成

图 5-2　3D 打印机打印喷头

型原理相同,但是其采用加热棒作为高温热源,不同于光固化和激光烧结。这就使 FDM 型打印设备不需要激光等精密设备,具有成本低、设备结构简单、可移植性强等优点;并且打印过程中不使用化学物质和光固化材料等,相对更环保。如图 5-3 所示。

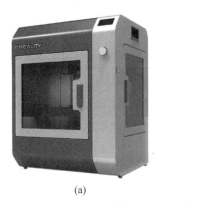

图 5-3 FDM 型 3D 打印机
(a) 工业级 3D 打印机;(b) 桌面级 3D 打印机

在材料方面,FDM 技术可以使用的打印材料分为聚合物类、工程塑料类、低熔点金属类和陶瓷类等,受到 3D 打印机打印温度的限制,使用较多的是聚合物材料,或以塑料和金属混合的低熔点材料。在成型精度方面,进给机构和挤出装置的结构稳定性直接关系成型件的精度,打印时耗材和齿轮之间发生打滑或过咬合现象会导致空打,严重影响成型精度。FDM 型 3D 打印机是一种相对桌面化、结构简单的 3D 打印装置,打印喷头作为关键部位应能够保证打印工作的顺利完成,尽可能地打印多种材料;同时,突破打印塑料的限制,实现打印金属材料。由于其装置整体结构较小,所以打印喷头的体积和重量也不宜过大,应尽可能追求轻量化和小型化。

由于现有的桌面级 3D 打印机采用加热棒产生高温对喷头进行加热,预热时间较长,且在打印过程中,高温喷头喉管附近热传导和散热性能不佳,导致此区域温度较高,使固态耗材未到达加热区域就提前发生软化,无法产生足够的挤压力,导致挤出的丝不均匀。因此,针对 FDM 熔融沉积型 3D 打印机存在的这些问题,通过提升高温打印喷头的装配精度和成品质量,可以有效改进和优化其打印温度和精度,保证最终打印实物的精度和质量。

5.1.1 打印喷头组件

打印喷头是将打印材料熔化并挤出的装置,作为 FDM 型打印机成型过程的关键部件,其性能好坏直接影响打印精度。3D 打印喷头结构如表 5-1 所示。目前,FDM 打印技术的限制主要在于喷头装置。FDM 型 3D 打印喷头根据其结构主要分为两种类型:单喷头结构和多喷头结构。桌面型打印机可以通过替换喷头进行更多类型的打印,并且设计了不同挤出口直径的喷嘴,如 0.25mm、0.4mm、0.6mm 和 0.8mm,针对不同需求的打印件可以选用不同大小的喷嘴。3D 打印流程如图 5-4 所示。

表 5-1 3D 打印喷头结构

打印喷头特征	功　能
喷头温度场	在打印过程中，3D 打印机喷头的温度分布情况对熔腔内的耗材能否完全熔融，能否顺利的挤出起着关键性的因素
喷嘴结构	挤出喷嘴作为 3D 打印机的关键部件之一，其结构参数会影响到熔融材料挤出速度的稳定性，从而影响打印精度

熔融式 3D 打印机喷头的结构根据其材料挤出方式可分为三种，根据塑化方式可分为气压式、螺杆式和柱塞式。以下主要针对柱塞式挤出喷头的结构进行分析，以优化装配工艺。熔融沉积造型采用热熔喷头，使处于半流动状态的材料按 CAD 分层数据控制的路径挤压并堆积在指定的位置，凝固成原型，逐层挤出堆积，凝固后形成整个原型或零件。

如图 5-5 所示，3D 打印机喷头由定位区、进给区、熔丝区和增材区组成。定位区的作用是使丝料初定位，让丝料准确、流畅地进入进给区；进给区由主动齿轮和从动轴承轮组成，两轮中间保持特定的间隙，间隙值应足以使丝料在两轮的夹紧摩擦力 F 作用下向前稳定运动；熔丝区由喉管通道、稳定架、隔热层和加热块组成，此处未熔化的丝料和熔融状的丝料在通道中形成活塞作用，迫使丝料从喷嘴喷出；增材区由喷嘴、工作台和工件组成，在增材打印过程中，X、Y 方向由喷头运动控制，Z 方向即每层打印厚度由工作台上下运动控制。

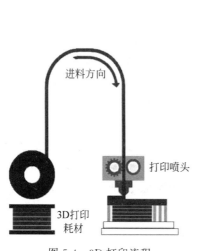

图 5-4 3D 打印流程

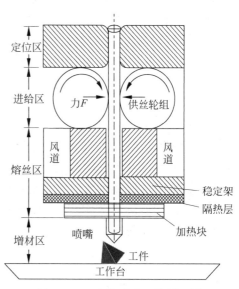

图 5-5 3D 打印喷头工作原理图

1）基座组件

打印喷头基座的作用是支撑和固定整个 3D 打印喷头机械设备的各部件，以稳定整体设备，具有稳定、坚固的特点。打印喷头基座作为基础组件，是整个装配流程的初始工序。如图 5-6 所示。

2）调平组件

相对传统的自动调平，CR-TOUCH 自动调平套件（图 5-7）的性能更稳定、性价比更高。可多点检测，精准记录每个高度的数据，进行智能补偿；升级金属探针，可减少日常磨损，能

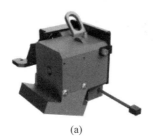 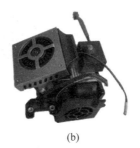

(a) (b)

图 5-6　打印喷头基座组件

(a) 基座三维模型；(b) 基座组件实物

重复使用 10 万次；高精度电磁组件＋光电感应器，感应灵敏，可快速检测接触信号，数据记录精准、快速；可兼容 PEI、贴纸、玻璃、金属等所有打印平台，安装便捷，适配多款打印机。

CR-TOUCH 在打印平台进行多点检测并记录每个检测点的高度数据，系统根据各点位的高度数据构建一个虚拟平面，并计算出打印平台的平面度，系统以此自动补偿不同点位的打印高度，实现自动调平的功能。伸出长度可达 0～6mm，重复定位误差不大

图 5-7　自动调平组件

于 0.04mm。CR-TOUCH 自动调平通用套件性能参数如表 5-2 所示。

表 5-2　CR-TOUCH 自动调平通用套件性能参数

参　　数	功　能　描　述
适用机型	多数 FDM 3D 打印机
尺寸规格	长×宽×高：27mm×17.5mm×39.3mm
定位精度	重复定位精度＜0.04mm
工作寿命	探针检测次数达 10 万次
典型工况	额定电压：5V，额定功率＜1W
产品重量	11.5g±2g
探针行程	0～6mm
使用温度	＜65℃

3) 控制板

打印喷头控制板（图 5-8）主要用于接收控制指令，完成加热控制、进给区电机驱动、传感器信息处理等工作，通过程序控制实现 3D 打印流程。

高精度电磁组件通电后，探针在吸力作用下伸出，当探针接触到打印平台时，打印喷头控制板上的光电感应器检测到接触信号，系统记录平台的当前高度数据，实现整个平面的自动调平功能。

4) 背板

为提高打印喷头的整体结构强度，背板采用金属背板，如图 5-9 所示，使用立式加工中心完成整个背板的加工和打孔，以实现整个装配流程的智能化操作。

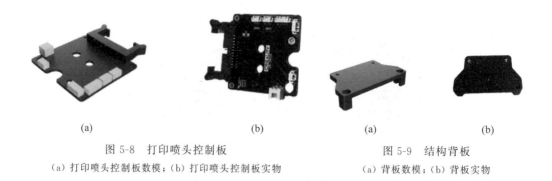

| (a) | (b) | (a) | (b) |

图 5-8　打印喷头控制板　　　　　图 5-9　结构背板

(a) 打印喷头控制板数模；(b) 打印喷头控制板实物　　(a) 背板数模；(b) 背板实物

5.1.2　装配流程设计

设计专用工装基座，按照工艺流程实现各配件的组合安装。

1) CR-TOUCH 组装

CR-TOUCH 组装如图 5-10 所示。

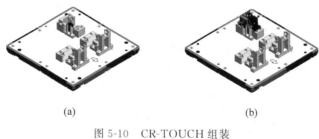

(a)　　　　　　　　　　(b)

图 5-10　CR-TOUCH 组装

(a) CR-TOUCH 上料；(b) 基座上料

2) PCB 控制板安装

PCB 控制板安装如图 5-11 所示。

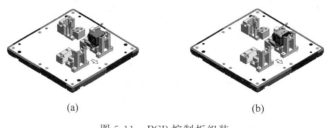

(a)　　　　　　　　　　(b)

图 5-11　PCB 控制板组装

(a) 基座翻转；(b) PCB 控制板安装

3) 金属背板安装打标

金属背板安装打标如图 5-12 所示。

5.1.3　数字孪生智能产线总体结构

智能制造产线以桌面型 3D 打印机打印喷头的设计、加工、装配、调试等主线，由智能装

图 5-12 金属背板安装打标
(a) 金属盖板安装；(b) 订单号打标

配线体、复合 AGV 系统、3D 打印机装配线数字孪生系统、智能立体仓库、立式全自动加工系统、整机组装、人工功能检测、包装人体工程学工位、拧紧工艺仿真工作站、RFID 数字孪生工作站、超大型数字化看板等组成，如图 5-13 所示。

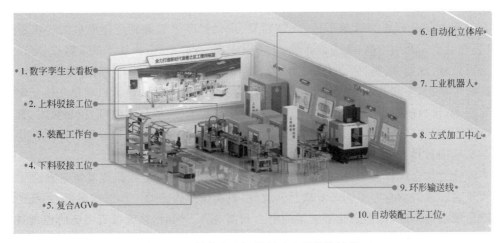

图 5-13 数字孪生智能制造产线总体结构

（1）复合 AGV 从立体仓库自动取料：通过 MES 接收制造订单，并将订单下发至智能仓储物流系统；智能仓储系统能够自动识别订单中的 3D 打印喷头组装任务，复合 AGV 从立体仓库中取出物料，将物料放在供料台上。

（2）机器人自动上料：复合 AGV 运用激光导航技术，将 3D 打印喷头基座和高度传感器运输至上料工位；机器人通过抓手将 3D 打印喷头基座和高度传感器放置到环形线体的托盘上，托盘（通过倍速链驱动）沿着生产线依次流转到各作业工位。

（3）高度传感器 CR-TOUCH 自动调平套件组装：托盘运送物料至视觉引导拧紧工位，视觉系统通过拍照和测量，引导自动拧紧枪进行高度传感器自动精确装配，完成 3D 打印喷头组件的初步装配。

（4）基座翻转定位：当托盘运行至基座翻转工位时，通过三轴翻转机构将 3D 打印喷头基座旋转 90°进行翻转处理，以便进行后续 PCB 等装配工作。

（5）PCB 上料组装：工业四轴机器人采用真空吸盘，将 PCB 搬运到 PCB 装配工位进行装配。

（6）背板打孔加工：托盘运行至 CNC 加工工位，六轴机器人通过双面抓手抓取和放置待加工的背板，放入 CNC 机床中对背板进行打孔加工，加工完毕机器人再将背板安装在基座上。

（7）集成组装：进行3D打印喷头的集成拧紧装配，确保打印喷头基座、高度传感器、PCB及背板紧密结合。

（8）质检打标：当物料托盘运行至激光视觉/打标工位时，视觉检测系统将对打印喷头组件进行全方位的质量检测，利用激光打标设备对合格产品进行标记，记录相关信息。

（9）组件下线：装配好的3D打印喷头组件由机器人从生产线上取出，放置到下料托盘上，复合AGV再将打印喷头组件运输至人工组装区，供后续人工操作和质量检查。

5.2 智能产线结构组成与工作过程

5.2.1 自动化立体仓库

自动化立体仓库作为智慧工厂、立体仓储、现代物流等智能制造体系中的一个重要环节，具有仓储空间利用率高、人力成本低、工业效率高、准确率高、损坏率低等特点，可以帮助企业实现订货、规划、编制、生产安排、制作、装配、分类、试验、发货等自动化流程，已广泛应用于医药生产、汽车制造、机械制造、电子制造、物流配送等相关领域。自动化立体仓库是集自动化技术、机械制造、计算机技术、电子信息科学与技术、通信技术、智能控制技术、智能算法、人因工程等领域于一体的全新智能仓储技术，设计一套自动化立体仓库实训系统作为本科教学实训项目具有重要的意义。

自动化立体仓库作为一种教学与实际生产相联系的平台，是培养智能制造复合型人才的重要平台。现有的仓库实训平台缺乏开放性，只能按照固定的工作模式运行，系统还停留在为学生展示的阶段，严重限制了学生的潜力和创造力。同时，系统没有明确的控制对象和技术要求，尤其是速度和定位精度，很难进行定量化分析。货架系统的传动方式大都是丝杆传动，行程短、速度慢，多采用直流电机驱动和小型单作用汽缸推动，但是单向伸缩的装置，很难实现多排货架对任意位置存取货品的功能。监控管理系统仅能监控仓库存储信息，监控堆垛机工作状态，设有简单的报警系统，无法实现货位分配和查询统计等功能。

1. 自动化立体仓库系统定义和分类

自动化立体仓库系统是指人不直接参与系统的运行，只依靠计算机管理和控制技术调度及命令执行机构完成货物的出入库作业，实现货物的可视化和货物存放的合理化。自动化立体仓库是以堆垛机为主要搬运设备，结合中间传送机构等实现货物自动存取的仓库。自动化立体仓库系统由高层货架、能运动到仓库中每个货位的堆垛机、中间传送机构、控制系统、计算机监控管理系统、通信系统等部分组成。自动化立体仓库系统是一种集自动化技术、机械制造、计算机技术、电子信息科学与技术、通信技术、智能控制技术、智能算法、人因工程等领域于一体的全新智能仓储技术。它的特点是货架高且多，能高效地利用仓储空间，搬运设备自动化节约了人力成本，管理智能化提高了出入库工作效率。自动化立体仓库的分类形式多样，具体分类如图5-14所示。

2. 智能化立体仓库系统设计

本系统主要由自动化立体仓库实物模型的设计、堆垛机的控制系统、监控管理系统开发

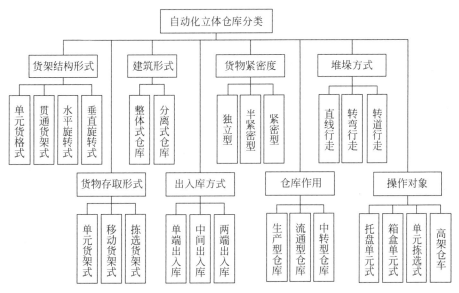

图 5-14 自动化立体仓库分类

三部分组成。

1) 设计要求

产线工作环境要求如表 5-3 所示。

表 5-3 工作环境要求

环 境 参 数	具 体 要 求
使用环境温度	10～35℃
环境相对湿度	≤80%
地面水平度	坚固的地面，基层表面平整度≤5mm
环境要求	周围环境中无震动，无腐蚀性介质，无强电磁干扰
供电需求	电源：交流 220V±10%　50Hz　20A
气源压力	气源：0.5～0.7MPa
接地要求	设备可靠接地，接地电阻小于 5Ω

智能储存料库用于物料的存放，货架分为 6 个存储区，主要存储部件有打印喷头组件、CR-TOUCH、PCB、背板、打印喷头总成及空托盘缓存等。下面为参考指标。

(1) 仓库设计要求。

① 仓库尺寸：2510mm×1346mm×2098mm

② 仓库形式：分离式

③ 货架形式：单元货格式

④ 货架尺寸：1.0m×0.85m（长×高）

⑤ 货格尺寸：120mm×110mm×110mm（长×宽×高）

⑥ 托盘参数：110mm×100mm

⑦ 单元载重：5kg

(2) 堆垛机设计要求。

① 结构型式：双立柱堆垛机

② 运行型式：直线运行式

③ 存取方式：单元托盘存取式

④ 运行模式：联机、单机、手动

⑤ 操作方式：手动、自动

⑥ 工作参数：水平行走速度，高速时 10m/min、中速时 5m/min、低速时 2m/min；

提升速度，高速时 5m/min（载重）或 8m/min（空载）、低速时 2m/min；

货叉伸缩速度，1m/min（载重）或 3m/min（空载）

⑦ 系统出入库能力：50 次/h

(3) 系统功能要求。

① 具有出入库管理功能。监控管理系统能向下级执行系统发送工作命令，并根据货物种类和作业类型使堆垛机自动执行命令，将完成情况反馈回去。

② 具有库存管理功能。库存管理的目的是使仓库变成动态仓库，满足均衡生产的需要。

③ 具有货位管理功能。系统能根据货位优化原则、货物自身特点、货架结构、出入库频率等因素对货物的存取位置进行合理动态分配，充分利用仓库存储空间，保证货物安全、可靠、快速出入库，降低仓库作业成本，提高收益。

2) 系统设计方案

(1) 货架设计：货架是立体仓库实训模型存放货物的架子，它是立库机械部分最基础的设备，它的安装精度决定仓库的安全和效率。货架高度增加，单位面积仓位数量增多，但对货架的抗拉强度、稳定性和精度要求直线上升。货架根据用途、发展、载货、存取方式的不同而不同，常用的货架有单元式货架、贯通式货架和旋转式货架，但应用最广的是单元式货架。除确定货架的类型外，还需考虑货物单元尺寸、货格尺寸、货架数量及尺寸。

货物单元尺寸的确定。货物单元是把货物码到一个标准的托盘（货箱）上使运输单元化，方便搬运设备的叉取。常见的尺寸（长×宽）为 800mm×1000mm、800mm×1200mm、1000mm×1200mm 等。同一立库货物单元的尺寸尽量相同，目的是便于设计、安装和使用。

货格尺寸的确定。货格是货架上的一个个小格子，也就是存取货物的仓位，它的大小在货物单元确定后就不会有太大的变化，只要四周所留的间隙符合标准就可以。

货架数量及尺寸的确定。货架数量及尺寸代表仓库的存储能力，货架数量及尺寸的确定不仅要考虑现场场地、空间、单元货物的大小和重量等因素，还要对仓库的日吞吐量进行计算。

本方案中的仓库模型为托盘单元货格式小型立体仓库。货架的长度是 1.0m，高度是 0.85m，制作材料为 25mm×25mm 的带孔角铁，安装方便。巷道两旁各一排货架，前排为 4 列，每列 5 层，后排为 6 列，每列 5 层，总共 50 个仓位，每个仓位的载重为 5kg。自动化立体仓库实训模拟平台是一个统一整体，以保证足够的稳定性。

(2) 堆垛机结构设计：有轨巷道堆垛起重机是指将叉车和龙门吊的特点相结合，能实现三维动作的特种搬运设备，简称堆垛机。它是仓库搬运机系列的核心成员，能在高层货架中的任意仓位位置完成货物存取作业。

堆垛机在结构形式上分为单立柱式和双立柱式两种,如图 5-15 所示。单、双立柱堆垛机的机架都是由立柱和横梁组成的,两根立柱的形状如长方形,一根立柱的形状如"工"字形。单立柱的耗材少、成本低,但运行时货箱的偏心会影响运行的稳定性和安全性,所以载货不能太重;双立柱堆垛机造价稍高,但安全系数高、运行快且稳,能满足速度快、质量大、高度高的仓库需求。

根据运动形式堆垛机分为直线式(图 5-16)和转轨式。直线式堆垛机只能在直线轨道上运行,不会转弯,但是速度快,能满足周转率高的仓库需求,应用最广泛。转轨式堆垛机能转弯,可以在环形等曲线轨道上运行,但速度慢,还会受到转弯半径的限制。

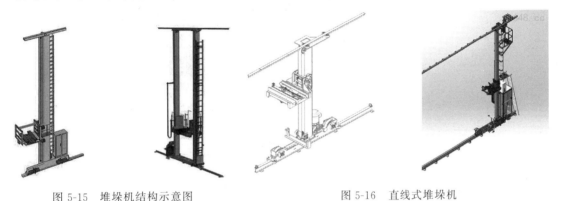

图 5-15 堆垛机结构示意图   图 5-16 直线式堆垛机

根据轨道形式堆垛机分为无轨道巷道堆垛机和有轨道巷道堆垛机。有轨道巷道堆垛机又分为地面支撑的轨道堆垛机和上部有轨道的悬挂式堆垛机。

堆垛机一般由机架、水平行走机构、垂直升降机构、载货轿厢、双向伸缩货叉机构和机械保护装置组成,完成物料的自动搬运、摆放和流转。其三轴抓取机构如图 5-17 所示。

与 AGV 对接完成物料的运输,对接平台如图 5-18 所示。

(3) 机架:双立柱堆垛机的机架从远处看是一个长方形框架,两条边是立柱,两条边是上下横梁。堆垛机的机架安装在沿桌面铺设的天轨和固定在货架上的地轨中间,上梁和下梁各装有两对导向轮,确保堆垛机运行时不会驶出轨道。天轨、地轨嵌套在上下四组导向轮中,堆垛机上下左右都固定在轨道上。如图 5-19 所示。

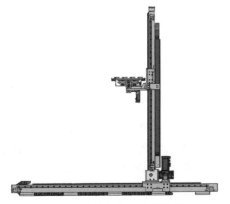

图 5-17 堆垛机的三轴抓取机构

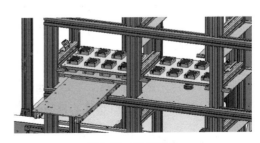

图 5-18 对接平台

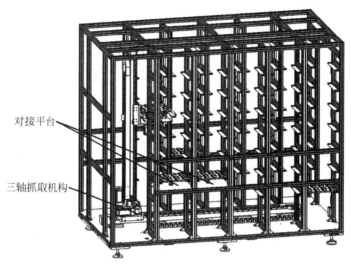

图 5-19 整体机架示意图

（4）水平行走机构：水平行走机构是使堆垛机能在水平方向来回运动的装置。水平行走机构主要部件包括安装在机架上的驱动电机和传动装置、在地轨上运行的车轮和防止堆垛机倾斜的运行导向轮装置。常用的机械传动方式有皮带传动、链传动、齿轮传动、蜗杆传动、丝杆（螺纹）传动、齿轮齿条传动等。

（5）垂直升降机构：垂直升降机构是使堆垛机的载货轿厢在立柱轨道上上下运动的装置。该装置由步进电机、导轮和柔性件（钢丝绳）组成。起升机构固定在堆垛机的另一侧立柱上，该立柱上端有一个固定轮，上横梁上有一固定轮，钢丝绳穿过两个固定轮连接在轿厢上。

（6）安全保护装置：仓库中货架多且高，巷道窄且长，一个高速运动的搬运机构运行在其中，安全性尤为重要。堆垛机本身也装有安全保护器件，如在横梁上安装橡胶止挡件，防止货箱失控造成损失。轨道两头也装有橡胶止挡件。

（7）电气构成：电气部分主要由控制装置、安全保护装置、检测装置等组成。

① 安全保护装置。堆垛机在电气控制上采取的保护包括线路熔断保护、小车限速保护、极限位保护、急停保护、电机过流过热保护、控制回路联锁保护措施等。主要安全保护装置如下。

水平运行终端保护装置。当堆垛机在轨道上运行时，多种原因会造成堆垛机运行失控，这时必须有分级别的自动保护器件，强制设备停止运行或人为发现异常按急停按钮强制设备停止运行。如可使设备速度切换至低速的限速器，可使设备立即停止的极限开关，橡胶和弹簧组合成的防撞器件。

垂直升降限位保护装置。为防止载货轿厢失控或断绳，必须设计垂直升降保护装置。

联锁保护。为保证堆垛机的安全运行，必须设置电气联锁。堆垛机水平或垂直方向运行时，货叉伸缩电机不可以动作；堆垛机货叉动作时，水平驱动电机禁止动作，垂直电机配合动作；三个电机不可以同时启动，但水平和垂直方向电机可以同时运行。

断电保护。若堆垛机的载货轿厢工作时突然断电，应能立即启动电机的断电抱闸保护，防止载货轿厢掉落造成财物损失。

超重保护。若载货轿厢超过承载货物的能力,升降时会发生堆垛机垮塌,超重保护器可以切断起升回路。

② 控制装置。控制系统是自动化立体仓库调动设备的神经中枢。自动化立体仓库中的堆垛机、输送设备、智能小车等要想自动运转,自身必须配备各种控制装置,并由控制流引导。仓库中使用的控制器件很多,如断路器、直流电源、熔断器、中间继电器、电机驱动器、PLC 等,它们都要完成自身的控制任务。

③ 检测装置。庞大而复杂的自动化立体仓库系统要得到仓库现场的快速响应,就应该安装多种类型的检测元器件,它们相当于系统的眼睛,能把检测到的数据迅速反馈给系统,系统通过分析做出合理的决策。仓库中每个仓位的尺寸及承重能力都是确定的,因此入库前要对货物进行外观检测和称重,这时需要重力保护器;也需要设备进行高低速切换的换速开关;让设备立即停止的限位开关或行程开关;货台检测货物有无的光电开关等。

(8) 自动化立体库总体结构:通过上述设计过程,完成自动化立体库总体结构,其示意图如图 5-20 所示,立体库实物图如图 5-21 所示。

各部分组成的主要功能如下。

① 智能仓库触摸屏:显示仓库实时数据,可人工控制取料、放料。

② 搬运电机:程序控制取出/放置仓库中的物料。

③ RFID 识别:识别物料托盘上的 RFID 芯片数据。

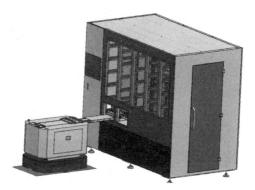

图 5-20　自动化立体库总体结构示意图

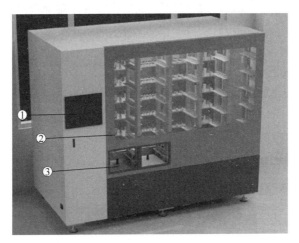

图 5-21　立体库实物图

5.2.2　柔性环形生产线

柔性环形生产线由监控系统、主控 PLC 和下位 PLC 通过 PROFIBUS-DP 总线构成一个完整的控制系统,下位机采集现场反馈信号,上位机协调各站的运行秩序,同时系统配有工业触摸屏,可以实现系统控制网络的集成。本系统是一种典型的环形柔性自动生产线(图 5-22),由安装在工业型材桌面上的供料检测、操作手、钻孔加工、提取、图像检测、安装和搬运、自动仓储单元组成。每个单元都将工业机械手作为主要被控对象。环形生产线实物如图 5-23 所示。

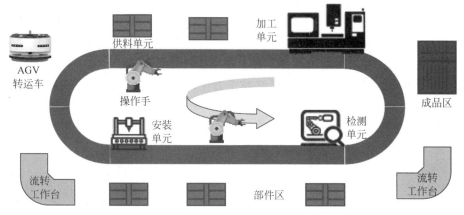

图 5-22　环形生产线空间布局

图 5-23　环形生产线实物

1) 供料单元

要将准备加工的 3D 打印喷头从立体仓库依次送到检测工位,提升装置将物料提升到位后利用色差光电传感器检测颜色(有黑色、白色两种),通过不同光的反射率不同,正确调节色差光电传感器,能够快速、方便地检测出两种颜色的物料,再根据需要将检测好的物料送至物料台。

2) 机械手单元

本系统的提取单元和搬运单元都由机械手构成,主要完成将 3D 打印喷头组件从上一个加工单元搬运到下一个加工单元待料区工位。

3) 加工单元

主要完成铝制背板的孔位加工功能。

4) 图像检测单元

该单元主要对加工完的 3D 打印喷头进行拍照并与存储库中的模板图像进行比较，若物料检测结果合格，则进入下个单元进行安装；若不合格，则打印喷头会被剔除，从而完成打印喷头的分拣任务。

5) 转运单元

使用 AGV 运输半成品。

6) 组装单元

安装机器人单元将物料搬运到安装工位后，吸盘手臂先从套芯物料台转到安装工位，腾出一定的空间，待推料气缸将套芯推入小工件物料台上时再转回，转动到位后吸盘吸住套芯转到安装位，将套芯放入物料后，完成复合套的安装。

7) 自动仓储单元

按复合套的颜色组合进行分类仓储，机器人在等待位置接收到输送线输送的复合套后，根据物料和套芯的颜色搭配进行分类，仓库从左至右第一层为外白内白、第二层为外白内黑、第三层为外黑内黑、第四层为外黑内白。

5.2.3 上料工位

复合 AGV 运用激光导航技术，将打印喷头基座和高度传感器 CR-TOUCH 运输至上料工位。机器人通过抓手将打印喷头基座和传感器放置到环形线体的托盘上，托盘通过倍速链驱动，沿着生产线依次流转到各工艺工位。

高度传感器 CR-TOUCH 上料站

1) 高度传感器 CR-TOUCH 上料站

AGV 小车从立体智能仓库中取出物料，按照程序设定将物料放在 CR-TOUCH 上料站（图 5-24）供料台上，四轴机器人抓取物料，置于线体物料托盘上。

2) 基座组件上料站

当物料托盘运行至基座组件上料站前时，四轴机器人将基座组件置于物料托盘上，如图 5-25 所示。

基座组件上料站

图 5-24 高度传感器 CR-TOUCH 上料站

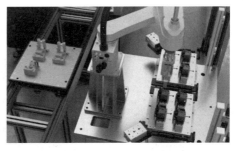

图 5-25 基座组件上料站

上料工位（图 5-26）各部分主要功能如下。

（1）四轴机器人：搬运 CR-TOUCH 与基座组件至物料托盘。

（2）顶正汽缸：顶住固定上料盘，便于机器人夹取物料，减少误差。

（3）光栅：检测是否有物体通过，暂停线体运行，防止安全事故发生；重新启动线体需进行复位操作。

（4）气动三联件：控制气路气压大小，为设备运行提供额定的气源压力。

（5）CR-TOUCH 上料托盘：放置 CR-TOUCH 部件。

（6）基座上料托盘：放置基座部件。

图 5-26　上料工位结构组成

高度传感器
CR-TOUCH
自动调平套
件组装工位

5.2.4　高度传感器 CR-TOUCH 自动调平套件组装工位

线体托盘运输至视觉引导拧紧工位（图 5-27）时，视觉系统通过拍照和测量，引导自动拧紧枪进行高度传感器 CR-TOUCH 自动调平套件精确装配。自动调平套件组装工位数字模型如图 5-28 所示。

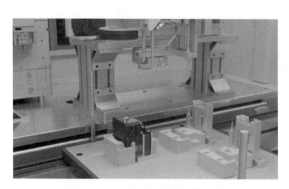 

图 5-27　自动调平套件组装工位　　　图 5-28　自动调平套件组装工位数字模型

自动调平套件组装工位（图 5-29）各部分主要功能如下。

（1）螺丝机：为 CR-TOUCH 组件安装提供螺丝。

(2) 工业相机：检测 CR-TOUCH 部件与基座部件安装位置是否对齐。
(3) 两轴机械臂：由两台伺服电机组成，安装 CR-TOUCH 部件至基座部件。
(4) 视觉上位机：提供工业相机视觉画面。
(5) 螺丝枪：拧紧螺丝。

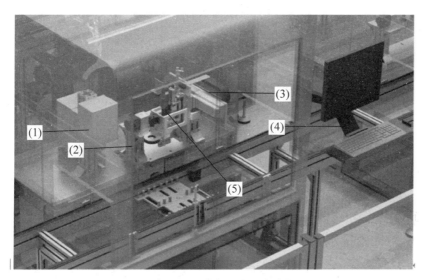

图 5-29　自动调平套件组装工位结构组成

5.2.5　基座翻转定位工位

完成打印喷头组件的初步装配，当物料托盘运行至基座翻转工位（图 5-30）时，通过三轴翻转机构将基座旋转 90°，进行翻转处理，以便后续 PCB 等装配工作。基座翻转定位工位数字模型如图 5-31 所示。

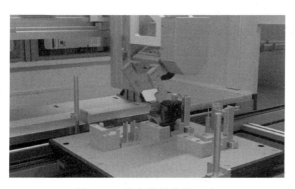 

图 5-30　基座翻转定位工位　　　　　图 5-31　基座翻转定位工位数字模型

基座翻转定位工位（图 5-32）各部分主要功能如下。
(1) Y 轴伺服电机：控制机构在 Y 轴上运动。
(2) 搬运电机：搬运组件进行 90°旋转。
(3) Z 轴电机：控制机构在 Z 轴上运动。

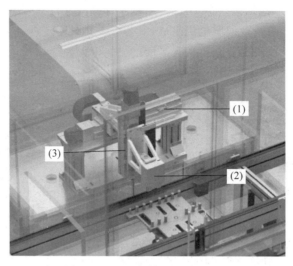

图 5-32　基座翻转定位工位结构

5.2.6　PCB 上料组装工位

PCB 上料组装工位

当物料托盘运行至 PCB 上料站时,工业四轴机器人采用真空吸盘将 PCB 搬运到 PCB 装配工位进行装配。如图 5-33 所示。

图 5-33　PCB 上料组装工位

5.2.7　背板 CNC 加工工位

背板 CNC 加工工位 1

背板 CNC 加工工位 2

当物料托盘运行至 CNC 加工工位时,六轴机器人通过双面抓手,对待加工的背板进行抓取,放入 CNC 机床进行打孔加工,加工完毕机器人再将背板安装在基座上。在 CNC 加工工位,机器人通过双面抓手,依次对待加工的背板进行抓取和放置,确保 CNC 机床高效地完成背板加工操作,如图 5-34 所示,背板 CNC 加工工位数字模型如图 5-35 所示。

背板 CNC 加工工位(图 5-36)各部分主要功能如下。

(1) CNC 机床:将金属元件打孔加工。

(2) 六轴机器人:运送金属元件进入机床加工,将已加工背板放置在基座上。

(3) 基座上料托盘:放置金属元件。

图 5-34　背板 CNC 加工工位

图 5-35　背板 CNC 加工工位数字模型

图 5-36　背板 CNC 加工工位结构

5.2.8　PCB 与背板自动装配拧紧工位

当物料托盘运行至 PCB 与背板拧紧工位(图 5-37),阻停汽缸推出到位,使物料托盘停止前进,顶升汽缸推出到位将物料托盘顶起,工业相机检验基座、PCB、背板位置对偏差进行调整。控制伺服电机在基座、PCB 与背板上安装螺丝并拧紧,顶升汽缸缩回到位,阻停汽缸缩回到位,物料托盘继续前进。PCB 与背板自动装配拧紧工位数字模型如图 5-38 所示。

PCB 与背板自动装配拧紧工位

图 5-37　PCB 与背板自动装配拧紧工位

图 5-38　PCB 与背板自动装配拧紧工位数字模型

自动装配单元是自动化生产线的重要组成部分,主要由自动上下料装置、定位夹具、装配执行结构、传感器与控制系统等组成。自动化装配生产线可实现产品制造后期的装配、测量、灵敏度、分类自动化、上下料自动化等。其依赖计算机控制、可编程、能显示各工位的动态状态,尤其是故障便于排除。具有适当的灵活性,当其中一个工位发生故障时,可人工代替这个工位,修理人员可以进行维修、检修工作,使生产不间断。自动装配(拧紧)总体结构如图 5-39 所示,当托盘运送物料至自动装配单元,自动装配单元中的视觉系统 CCD 组件通过拍照和测量,引导三轴拧紧模块中的自动拧紧枪进行高度传感器自动精确装配,完成 3D 打印喷头组件的初步装配。自动装配工位各部件名称如表 5-4 所示。

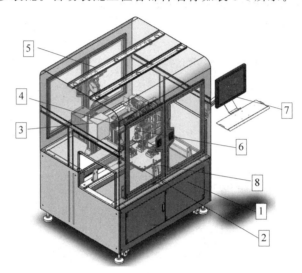

图 5-39 自动装配(拧紧)总体结构

表 5-4 自动装配工位各部件名称

序 号	部 件 名 称	功 能 说 明
1	主机架	支承设备的零部件并固定设备的位置
2	顶升机构	将线体托盘顶升定位
3	拧紧控制器	设备拧紧枪参数
4	三轴拧紧模块	三轴伺服模组走位,拧紧枪对 CR-TOUCH 进行拧紧
5	送钉管吊装机构	保障螺钉在吹气输送过程中不卡死
6	CCD 组件	托盘到位后对拧紧位置进行视频拍照,调整拧紧位置,保证拧紧时不拧偏、不伤产品
7	HIM 控制端	CCD 调试,PLC 运动控制调试

5.2.9 视觉检测及激光打标工位

视觉检测及激光打标工位 1

当物料托盘运行至视觉检测及激光打标工位(图 5-40)时,阻停汽缸推出到位,使物料托盘停止前进,顶升汽缸推出到位,将物料托盘顶起,工业相机检验部件安装状态,检测完毕进行激光打标。打标完毕,顶升汽缸缩回到位,阻停汽缸缩回到位,物料托盘继续前进。视觉检测及激光打标工位数字模型如图 5-41 所示。

图 5-40 视觉检测及激光打标工位

图 5-41 视觉检测及激光打标工位数字模型

5.2.10 下料驳接台工位

当物料托盘运行至组件下料站,阻停汽缸推出到位,使物料托盘停止前进,顶升汽缸推出到位,将物料托盘顶起,四轴机器人夹取已完成组装的 3D 打印机打印喷头并放入下料点托盘。AGV 小车根据指令将托盘运送至人工出口,进行接线处理。如图 5-42 所示。

图 5-42 下料驳接台工位

5.2.11 自动导引复合机器人

AGV(automated guided vehicle)即自动导引运输车,广义上是指基于各种定位导航技术、不需要人驾驶的自动运输车辆。也就是说,有人驾驶的运输车辆(如人驾驶的叉车)都不是 AGV,而没有人驾驶的运输车都是 AGV。

1. AGV 系统概述

AGV 系统主要包括 AGV 车载控制系统、AGV 自主定位及导引系统、AGV 运动控制驱动系统、AGV 能源系统、AGV 无线通信系统等。

1) AGV 车载控制器

AGV 车载控制器是指控制 AGV 行驶和执行任务的核心部件,具有电机驱动、传感器信号处理、通信和控制算法等功能。车载控制器的性能和稳定性对于 AGV 的运行和安全至关重要。一个性能优越的车载控制器可以提高 AGV 系统的效率和生产力,降低运营成本，确保生产过程的稳定性和可控性。

AGV车载控制器是一种可编程设备，早期的AGV控制器主要采用工控机和PLC等硬件平台进行控制。工控机和PLC等硬件平台的使用使控制器设计更加简单，因为这些硬件平台已经集成许多基本的控制功能，无须再次编写控制程序。同时，这些控制器更易于维护和升级。虽然工控机和PLC等硬件平台在早期的AGV控制器中发挥了重要作用，但它们也存在一些局限性，如计算能力和扩展性等方面存在不足，因此随着时间的推移，人们开始探索其他控制器设计方案，以满足不断发展的AGV控制需求。

2）AGV导航方式

AGV导航方式如表5-5所示。

表5-5　AGV导航方式

导航方式	功能描述	优点	缺点
电磁导航	通过在AGV的行驶路径上埋设金属导线，并加载低频、低压电流，使导线周围产生磁场，AGV上的感应线圈通过对导航磁场进行识别和跟踪，实现AGV的导引	导引线隐蔽，不易污染和破损，导引原理简单而可靠，便于控制通信，对声光无干扰，投资成本低	路径难以更改扩展，对复杂路径的局限性大，且容易受金属磁场影响
磁条导航	磁条导航技术与电磁导航相近，不同之处在于采用在路面上贴磁条的方式替代在地面下埋设金属线，通过磁条感应信号实现导引	AGV定位精确，路径的铺设、变更或扩充相对电磁导航较容易，磁条成本较低	磁条容易破损，需要定期维护，路径变更需要重新铺设磁带，AGV只能按磁条行走，无法实现智能避让或通过控制系统实时更改任务
磁钉导航	磁钉导航需要磁条传感器来定位AGV相对路径的左右偏差，磁钉导航与磁条导航的差异在于磁条是连续铺设的，磁钉是离散铺设的	成本低，技术成熟；隐蔽性强，较磁带导航美观；抗干扰性强，耐磨损，抗酸碱	路径易受铁磁物质影响，更改路径施工量大，磁钉的施工会对地面产生一定影响
光学色带导航	色带导引是在自动导引车的形式路径上设置光学标志（粘贴色带或涂漆），通过车载的光学传感器采集图像信号识别来实现导引的方法	灵活性较强，地面路线设置简单易行	对色带的污染和机械磨损十分敏感，对环境要求过高，导航可靠性较差，很难实现精确定位

续表

导航方式		功能描述	优点	缺点
二维码导航		二维码导引,坐标的标志通过地面上的二维码实现。二维码导引与磁钉导引较为相似,只是坐标标志物不同	灵活性较强,改变或扩充路径较容易,磁条铺设简单易行	导航方式会受环路通过的金属等硬物的机械损伤,对导航有一定的影响
激光导航	反光板导航	在 AGV 行驶路径的周围安装位置精确的反射板,激光扫描器安装在 AGV 车体上	激光导航的方式使 AGV 能够灵活规划路径,定位准确,行驶路径灵活多变,施工较为方便,能够适应各种使用环境	制造成本高,对环境要求相对较高(外界光线、地面要求、能见度要求等)
	自然导航	自然导航通过激光传感器感知周围环境。自然导航的定位标志物可以是工作环境中的墙面、物体等信息		
视觉导航		通过自动导引车车载视觉传感器获取运行区域周围的图像信息实现导航的方法。硬件上需要下视摄像头、补光灯和遮光罩等,支持该种导航方式的实现,可利用丰富的地面纹理信息,并基于相位相关法计算两图间的位移和旋转,再通过积分获取当前位置	图像识别技术与激光导航技术相结合会为自动化工程提供意想不到的可能,如导航的精确性和可靠性,行驶的安全性,智能化的记忆识别等,都将更完美	技术成熟度不够,目前较难实现商业应用
惯性导航		惯性导航利用移动机器人内部传感器,获取位姿。包括利用光电编码器、陀螺仪,或者两者同时使用	技术先进,定位准确性高,灵活性强,便于组合和兼容,适用领域广,已被国外的许多 AGV 生产厂家采用	制造成本较高,导引的精度和可靠性与陀螺仪的制造精度及使用寿命密切相关
卫星导航		导航是通过卫星接收机传感器获取位置和航向信息来实现导航的方法。卫星导航的导航精度较低,位置误差为 10m 左右	通常用于室外远距离的跟踪和制导,其精度取决于卫星在空中的固定精度和数量,以及控制对象周围环境等因素	地面设施的制造成本过高,一般用户无法接受

导航方式	功能描述	优 点	缺 点
组合导航	组合导航指应用两种或两种以上导引（或导航）方式实现自动导引车运行的方法。复合导航是为使AGV适应各种使用场景常见的导航方式，也将越来越广泛地应用于各种AGV	导航精度高，效果好	成本较高，设计安装难度较高

3）未来导航的主流发展方向

相比其他导航方式，视觉导航方式优势明显，有望成为未来导航的主流发展方向，其工作流程如图5-43所示，优势主要体现在以下三个方面。

(1) 低成本：视觉导航的低成本主要体现为传感器的低成本和运维的低成本。世界顶级品牌的工业级单目相机加镜头仅3000元，普通的商用相机售价百元左右，相比激光导航动辄万元的激光传感器成本较低。此外，未来机器人在自然环境下的视觉导航技术无须在环境中使用任何标记物，可降低客户现场的运维成本。综合以上两点，客户购买AGV设备的投资回报时间会大幅缩短。

(2) 无须改造现场环境：未来机器人的核心是自然环境中的视觉定位导航技术，无须对客户现场进行任何改变，无需磁线、磁钉、激光反射板等人工标记，仅通过视觉自然特征即可实现高效的定位导航，可降低项目实施难度、减少实施时间。

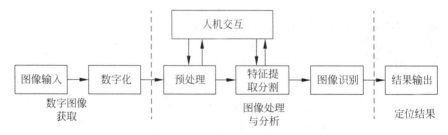

图5-43 视觉导航工作流程

(3) 高性能：从原理上讲，视觉捕获二维图像信息，图像中不仅包含轮廓信息，还包含颜色信息。其中，颜色信息是不能通过其他传感器得到的。而颜色信息对于移动机器人自主定位、控制、避撞纠偏都非常有价值。通过丰富的视觉信息，未来机器人的AGV产品及改装方案可以实现高效[直线速度2m/s，过弯速度1.5m/s（过弯不停车）]、高精度（位置误差<1cm）、高稳定性（失误率<0.1%）的自主导航。

4) AGV驱动方式

AGV驱动方式的研究涉及三个方面：驱动方法（表5-6）、转向方式（表5-7）和轮系数量。对于驱动方法的选择，需要考虑多种因素，例如背载重量、电机类型和转向方式。关于转向方式的选择，则受到驱动电机数量和类型的限制。轮系数量是由背载重量和前两个因素共同决定的。基于以上三个方面的因素，需要对整个系统进行分析和设计，才能综合考虑每个因素在系统中的影响，确保其最优性能和效能。因此可以得出结论：AGV驱动方式的研究既要综合考虑三个方面的因素,还要从整体系统的角度进行分析和设计。

表 5-6 驱动方法分类

驱动方法	功能描述
摆线电机驱动	转子在定子内进行摆线运动的电机,具有结构简单、可靠性高、效率高、噪声低等优点。摆线电机可以直接作为 AGV 车辆的驱动器件,通过控制电机转速和转向控制车辆的运动
电动轮驱动	将电动机安装在车辆的车轮上,通过控制电动机的转速和转向控制车辆的运动。电动轮驱动具有结构简单、驱动效率高等优点,还可以提高车辆的操控性和灵活性
前后轮驱动	前后轮驱动是将电动机安装在车辆的前后轮上,通过控制前后轮电机的转速和转向控制车辆的运动。前后轮驱动具有结构简单、驱动效率高、操控性强等优点,还可以提高车辆的稳定性和负载能力

表 5-7 转向方式分类

转向方式	功能描述
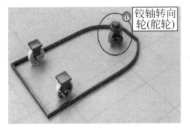 单舵轮驱动	单舵轮型 AGV 多为三轮车型(部分 AGV 为实现更强的稳定性会安装多个随动轮,但转向驱动装置仅为一个舵轮),主要依靠 AGV 前部的一个铰轴转向车轮作为驱动轮,搭配后两个随动轮,由前轮控制转向。单舵轮转向驱动的优点是结构简单、成本低,由于是单轮驱动,无须考虑电机配合问题,因三轮结构的抓地性强,对地表面要求一般,适用于广泛的环境和场合。缺点是灵活性较差,转向存在转弯半径,能实现的动作相对简单
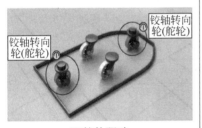 双舵轮驱动	AGV 车体前后各安装一个舵轮,搭配左右两侧的随动轮,由前后舵轮控制转向。双舵轮型转向驱动的优点是可以实现 360°回转功能,也可以实现万向横移,灵活性及运行精度高。缺点是两套舵轮成本较高,而且 AGV 运行中经常需要两个舵轮差动,这对电机和控制精度要求较高,而且四轮或以上的车轮结构容易导致一轮悬空而影响运行,所以对地面平整度要求严格。但是由于底部轮子更多,受力更均衡,所以这种驱动方式的稳定性比单舵轮型 AGV 高
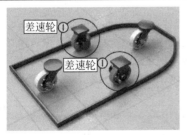 差速轮型	车体左右两侧安装差速轮作为驱动轮,其他为随动轮,与双舵轮型不同的是,差速轮不配置转向电机,也就是说驱动轮本身并不能旋转,而是完全靠内外驱动轮之间的速度差实现转向。这种驱动方式的优点是灵活性高,可实现 360°回转,但由于差速轮本身不具备转向性,所以这种驱动类型的 AGV 无法做到万向横移。此外,差速轮对电机和控制精度要求不高,因而成本相对低廉,而缺点是差速轮对地面平整度要求苛刻,负重较轻,一般负载为 1 吨以下,无法适用于精度要求过高的场合

续表

转 向 方 式	功 能 描 述
 麦克纳姆轮型（马轮）	全方位移动方式基于存在许多周边轮轴的中心轮的原理，这些成角度的周边轮轴把一部分机轮转向力转化为机轮法向力。依靠各自机轮的方向和速度，这些力的最终合成在任何要求的方向上产生一个合力矢量，从而保证这个平台在最终的合力矢量方向上能自由地移动，而不改变机轮自身的方向。简单来说，就是在轮毂上安装斜向辊子，通过协同运动实现移动或旋转

5）地图

机器人系统对环境的直接认知和预设，而看到的"地图"往往是站在人的角度扩充信息后对环境的描述。传统 AGV 导航技术的地图受限于部署标记物，无法对环境进行充分认知。而 AMR 的地图是真实环境的复现，并且利用地图更新技术后能够保持与环境变化一致。

2. 功能需求分析

本案例是面向 3D 打印喷头装配线的多 AGV 协同控制系统，将待装配件从自动化立体库中载运在 AGV 上，由 AGV 运输待装配件到不同的装配工位，完成不同的装配工作，可以根据不同产品的不同装配需求，灵活调整工位的数量、次序及布局。当单一 AGV 出现故障时，可对其单独处置，不影响整条生产线的正常运转，具有灵活性强、可靠性高等优点，能够实现产品的柔性装配过程。项目采用分布式架构，由上位机系统和 AGV 车载控制系统构成，上位机负责 AGV 的实时调度和运行状态显示，AGV 车载控制系统控制 AGV 完成上位机指定动作，并具有自主导航、避障、通信等能力。车载控制系统的功能描述如表 5-8 所示。

表 5-8 功能描述

驱 动 方 法	功 能 描 述
导航功能	AGV 可自主沿工作路面预先铺设的磁条路径巡线运行，运行过程中不会偏离预定磁条轨迹，实现自动导航
定位功能	AGV 通过检测自身轮速更新自身位置信息，同时根据运行路线中预设的 RFID 标签校准位置信息，AGV 位置信息主要用于上位机进行调度和自身实时位置显示。AGV 能够根据调度指令准确停靠在指定位置
避障功能	AGV 的避障功能是指 AGV 车辆在行驶过程中能够自动识别并避开障碍物的能力。通常 AGV 系统采用传感器设备实现对周围环境的感知，当检测到前方有障碍物时，控制系统会停止 AGV 运行。此外，AGV 的避障功能还可以通过添加物理障碍物避让装置实现，例如防撞杆或柔性保护罩等，一旦与障碍物接触，机器人就立即停止运动，避免碰撞造成损害
人机交互功能	设计具备多种 AGV 信息的可视化界面，方便操作人员灵活控制 AGV，同时显示 AGV 运行速度、位置信息、电池电量等实时运动信息
通信功能	AGV 运行过程中，需要将实时的运动信息发送给上位机，同时接收上位机发送的具体指令

续表

驱动方法	功能描述
异常情况处理	当 AGV 处于脱轨、超速等异常情况时,将通过异常灯光显示,同时向上位机发送异常信息提醒,提醒现场操作人员对异常 AGV 进行具体处理
移载机械手	设计专用托盘工装,实现从立体库中可靠存/取 3D 打印喷头配件

3. 工作流程

为了满足 AGV 的功能要求和技术规范,AGV 控制系统分为基于上层计算机的监控系统和基于下层微控制器的控制系统。上位机将计算机作为执行介质,其主要功能是接收下位机的车辆信息,显示单个车辆数据并向下位机发送任务指令。下位机以微控制器(MCU)为控制载体,接收并解析上位机运动控制指令,配合其他功能模块对 AGV 进行底层运动控制。这样整个 AGV 控制系统通过上层和下层系统之间的适当协调,保证对车辆的完全控制和监控,从而提高 AGV 运行的准确性和效率,如图 5-44 所示。AGV 下位机底层控制系统主要包括以下模块:主控制模块、导航模块、站点识别模块、避障模块、通信模块、驱动行走模块和升降移载机械手控制模块。

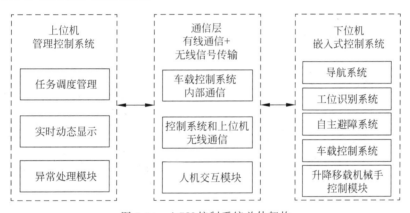

图 5-44 AGV 控制系统总体架构

AGV 控制系统运行路线示意图如图 5-45 所示,多辆 AGV 环形运行,环线中有多个操作工位。AGV 的工作流程如下:登录上位机 AGV 调度系统,等待 AGV 初始化上电可以与上位机进行正常通信后,操作人员输入当前线路 AGV 总数之后,开启 AGV 上位机调度系统,AGV 按照调度系统指令运行。

AGV 的作业模式根据操作方式可分为手动模式和自动模式,当 AGV 上电后默认处于自动模式,该模式下,AGV 根据上位机指令进行自动巡线运动或停止。在起始工位,AGV 开始载运汽车驾驶室,依次自动运行至各装配工位;装配完毕的驾驶室被吊离后,AGV 自动从结束工位运行至起始工位,重复开始新一轮的驾驶室运送。当 AGV 处于紧急情况时,AGV 可通过车载触摸屏进行手动模式操作,可以通过手动驾驶 AGV 进行前进后退、左右转弯的动作。

自动导引复合机器人(图 5-46、图 5-47)各部分主要功能如下。

(1) 警报灯:自动运行为绿色,手动运行为黄色,故障报警为红色。

(2) 取放驱动模块:控制电机进行取放操作。

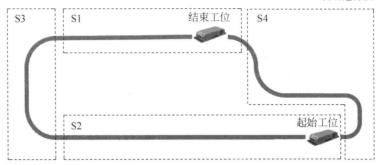

图 5-45　AGV 控制系统运行路线示意图

(3) 逻辑功能模块：控制 AGV 按照程序逻辑运行。
(4) 红外线传感器：检测 AGV 有前无障碍物。
(5) 导航定位模块：存储路线并按照设定坐标进行移动。

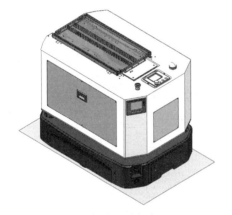

图 5-46　自动导引复合机器人

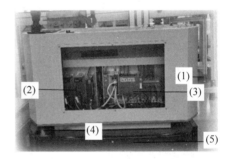

图 5-47　自动导引复合机器人结构

5.2.12　MES

MES 即制造执行系统，是一种面向制造企业车间生产控制的重要系统，在汽车制造、汽车零部件制造、纺织、家电等行业已广泛应用。早期制造企业涉及生产相关的数据缺乏信息系统的支持，需要用手工和电子表格处理，采集这些纸质、电子的信息数据不方便，且错误率高、信息即时性差。生产数据不能共享，难以实现产品回溯，作业标准化执行困难，车间现场往往处于"黑箱"状态。随着企业规模的逐步扩大和产品结构的日趋多元化，纯粹靠人工的数据管理已经远远无法满足企业信息化、智能化管理的需求。生产现场的自动化管理和快速响应需要 MES 软件的支持。MES 软件通过对生产现场信息进行采集、传输、处理、反馈等，帮助企业优化生产现场管理，为企业提供反应迅速、有弹性、精细化、低不良品率的制造环境，从而达到降低生产成本、缩短交货周期、提高产品质量等目的，提高企业在市场中的竞争力。

MES 登录（图 5-48）成功后进入用户界面。MES 用户界面包含当前登录用户、系统当前时间、当前订单信息、生产仿真展示、生产统计、订单信息、预计与实际时间配比,以及各工位包括小车的设备状态,如图 5-49 所示。

图 5-48　MES 登录界面

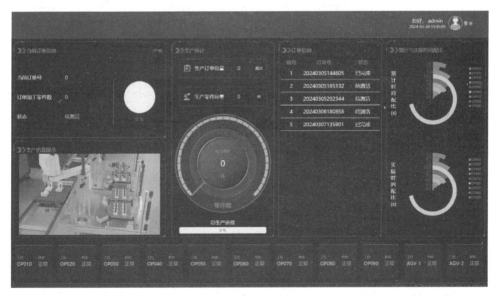

图 5-49　MES 用户界面

(1) 当前订单信息：当前订单号、当前订单待加工零件数及当前订单状态,根据加工的进行,计算并显示当前订单完成度。

(2) 生产仿真展示：模拟生产过程的仿真动画。

(3) 生产统计：生产订单总量统计已进行批次的订单生产总数；生产零件总量统计已进行订单加工零件的总数；仪表盘中直观显示已完成加工的零件数和需要加工的零件总数；总生产进度直观显示已完成加工零件数的占比。

(4) 订单信息：显示后台已下发的订单信息。

（5）预计与实际时间配比：预计时间配比是分析整个产线加工情况，预估的各工位加工时间；实际时间配比是根据产线实际加工情况，计算得出的各工位加工时间。

（6）设备状态：展示各工位和两辆AGV小车的设备状态信息。

（7）当前订单详情：拥有权限的用户可以进入内部操作界面。

（8）退出：退出当前登录的用户，返回登录界面。

拥有权限后，点击详情进入内部操作界面。内部操作界面包含工单管理、托盘管理、报表管理（图5-50）及用户管理。

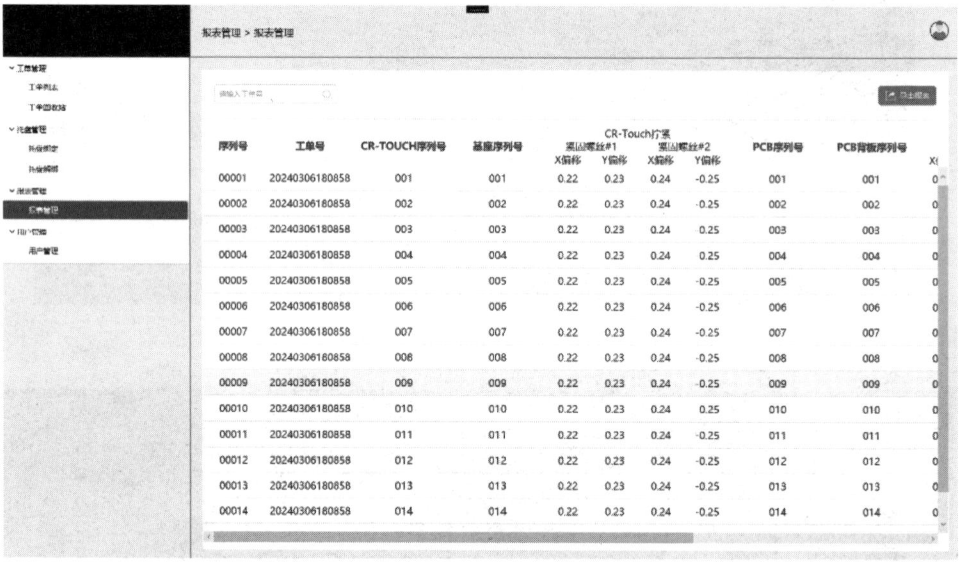

序列号	工单号	CR-TOUCH序列号	基座序列号	CR-Touch拧紧 紧固螺丝#1 X偏移	Y偏移	紧固螺丝#2 X偏移	Y偏移	PCB序列号	PCB背板序列号	X
00001	20240306180858	001	001	0.22	0.23	0.24	-0.25	001	001	0
00002	20240306180858	002	002	0.22	0.23	0.24	-0.25	002	002	0
00003	20240306180858	003	003	0.22	0.23	0.24	0.25	003	003	0
00004	20240306180858	004	004	0.22	0.23	0.24	0.25	004	004	0
00005	20240306180858	005	005	0.22	0.23	0.24	-0.25	005	005	0
00006	20240306180858	006	006	0.22	0.23	0.24	-0.25	006	006	0
00007	20240306180858	007	007	0.22	0.23	0.24	-0.25	007	007	0
00008	20240306180858	008	008	0.22	0.23	0.24	-0.25	008	008	0
00009	20240306180858	009	009	0.22	0.23	0.24	-0.25	009	009	0
00010	20240306180858	010	010	0.22	0.23	0.24	0.25	010	010	0
00011	20240306180858	011	011	0.22	0.23	0.24	-0.25	011	011	0
00012	20240306180858	012	012	0.22	0.23	0.24	-0.25	012	012	0
00013	20240306180858	013	013	0.22	0.23	0.24	-0.25	013	013	0
00014	20240306180858	014	014	0.22	0.23	0.24	-0.25	014	014	0

图5-50　MES报表管理

本章小结

本章主要探讨了典型数字孪生智能产线的设计与实现，重点介绍了数字孪生智能产线的结构组成原理。智能制造产线以桌面型3D打印机打印喷头的设计、加工、装配、调试为主线，集成了智能装配线体、复合AGV系统、3D打印机装配线数字孪生系统等多个子系统。通过MES接收制造订单，智能仓储系统自动识别并分配任务，复合AGV和机器人协同作业，完成物料的自动取料、上料、装配、质检等流程。通过传感器、数据采集设备和大数据分析技术，实时监测和收集生产过程中的各种数据。虚拟模型与物理制造过程实现实时同步，通过虚拟仿真预测潜在问题并进行优化调整，提高了生产效率和稳定性，展示了智能制造技术的最新进展和应用前景，为相关领域的研究和实践提供了有益的参考。

习题

1. 数字孪生技术和MES各自的主要功能是什么？它们如何协同工作以实现智能制造？

2. 简述数字孪生智能产线的核心组成部分及其功能。

3. 解释数字孪生智能产线如何实现物理制造过程与数字虚拟模型的实时同步。

4. 举例说明数字孪生智能产线如何通过虚拟仿真预测潜在问题并进行优化调整。

5. 在智能制造中,多工位数控加工系统、自动化物料储运系统和控制与管理系统各自承担哪些职责?

6. 简述 3D 打印技术的主要优势及其在智能制造中的应用领域。

7. 比较 FDM 打印技术与其他 3D 打印技术(如 SLA、SLS)的主要区别和优缺点。

8. 描述 FDM 型 3D 打印机打印喷头的主要组成部分及其功能。

9. 解释 CR-TOUCH 自动调平组件的工作原理及其在 3D 打印中的应用价值。

10. 数字孪生智能产线的总体结构包括哪些部分?请详细描述其中一个具体流程(如复合 AGV 自动取料流程)的实现过程。

第6章

生产计划制订及制造过程优化

在现代工业领域中,生产计划制订及制造过程优化是确保产品高质量、准时交付并提高生产效率、降低成本、增强竞争力的重要一环。本章重点介绍智能制造中的生产计划制订以及智能调度与生产计划优化。

6.1 生产计划制订

生产计划是企业对生产任务做出统筹安排,具体拟定生产产品的品种、数量、质量和进度的计划,是企业经营计划的重要组成部分,也是企业进行生产管理的重要依据。它既是实现企业经营目标的重要手段,也是组织和指导企业生产活动有计划进行的依据。企业在编制生产计划时,要考虑生产组织及其形式。同时,生产计划的合理安排,也有利于改进生产组织。生产计划一方面要为满足客户要求的三要素"交期、品质、成本"而计划;另一方面要使企业获得适当利益,对生产的三要素"材料、人员、机器设备"进行确切准备、分配及使用。

生产计划制订是现代企业生产管理中不可或缺的一环。它是企业生产计划管理的核心,是企业整个生产过程的基础。生产计划要根据企业的生产能力和市场需求制订,以达到企业生产效益的最大化。

6.1.1 生产计划概述

在现代生产管理中,生产计划的制订和优化是非常重要的环节。通过科学合理地制订和优化生产计划,可以合理配置资源,提高生产效率,降低生产成本,增强企业竞争力。

传统的生产计划体系在生产计划制订过程中无法满足企业的实际生产需要,及时性、准确性和敏捷性比较差。企业生产系统的输入通常以客户信息为基础,根据客户订单需求并基于市场预测未来情况确定未来一年、一个月或者一周的生产任务。在这个过程中,企业的管理者起着重要作用。但是,生产过程中的不确定因素制约着企业管理者对生产系统的作用。因此,为构建高效的生产计划系统,企业管理者在制订生产计划、确定车间调度规则时,需要考虑生产系统内外存在的不确定因素,分析现存生产计划体系下的生产相关要素及其内在影响。同时,车间层的生产调度将上层生产计划执行得到的任务和工序排序分解到具体的设备,可反映企业在资源约束情况下的实际生产能力,也会影响生产计划的实际执行进度和执行效果。

1）生产计划的制订目的

生产计划制订是为了实现企业的生产目标和经济效益,避免生产过剩和生产不足,同时也为了提高企业的生产效率和竞争力。生产计划制订的目的主要包括以下方面。

（1）合理安排生产,提高生产效率:生产计划制订能够根据产品的生产周期、工艺流程、设备状态、人力资源等因素,合理安排生产流程,提高生产效率和生产质量。

（2）降低成本,提高利润:生产计划制订能够合理安排生产任务和生产量,避免生产过剩和生产不足,降低库存成本,提高利润。

（3）提高客户满意度:生产计划制订能够根据市场需求和客户订单,及时生产并交付产品,提高客户满意度,增强企业的市场竞争力。

2）生产计划制订的步骤

生产计划制订的步骤主要包括以下方面。

（1）确定生产计划制订的周期和范围:生产计划制订的周期和范围根据企业的生产特点和市场需求确定,一般分为长期计划和短期计划。长期计划如1年或3年,短期计划如1个月或1周。

（2）制订生产计划的目标和任务:生产计划制订的目标和任务根据企业的生产特点和市场需求确定,一般包括生产能力、生产质量、生产成本和交货期等方面。

（3）分析生产资源和生产能力:生产计划制订需要分析企业的生产资源和生产能力,包括生产设备、人力资源、原材料和库存等方面。分析生产资源和生产能力是制订生产计划的前提条件。

（4）制订生产计划的具体方案:生产计划制订的具体方案需要考虑市场需求和企业的生产资源和生产能力,制订生产计划的具体内容包括生产时间、生产任务、生产量、生产设备、人力资源和原材料等方面。

（5）执行生产计划并监控生产过程:生产计划制订后,需要执行生产计划并监控生产过程,及时调整生产计划和生产流程,确保生产计划的顺利实施。

3）生产计划的制订与优化方法

通常生产计划的制订与优化方法,包括需求预测、产能分析和调度优化等内容。

（1）需求预测:需求预测是制订生产计划的重要依据之一。合理、准确地预测需求量,可以避免供大于求或供不应求导致的资源浪费或订单延误。以下是几种常见的需求预测方法。

① 历史数据法。历史数据法是一种通过分析历史销售数据预测未来需求的方法。通过统计和分析历史销售数据的走势、季节性变化等因素,预测未来需求的趋势和波动。

② 调查法。调查法是一种通过市场调查和问卷调查等方式了解顾客需求的方法。通过调查顾客需求和购买意向,预测未来需求的量和变化。

③ 模型预测法。模型预测法是一种利用数学模型和统计方法预测需求的方法。通过建立合适的模型和算法,根据历史数据和环境因素预测未来需求的量和趋势。

（2）产能分析:产能分析是制订生产计划的重要环节之一。了解和分析企业的产能情况,有助于合理安排生产计划,防止产能过剩或产能不足的情况出现。以下是几种常见的产能分析方法。

① 设备利用率分析。设备利用率分析是一种通过分析设备的使用情况,评估和优化生产能力的方法。通过分析设备的开机时间、停机时间和故障时间等因素,计算出设备的利用率,并对低利用率的设备进行调整和优化。

② 人力资源分析。人力资源分析是一种通过分析企业的人力资源情况,评估和优化生产能力的方法。通过分析人员的数量、技能和工作效率等因素,合理配置人力资源,提高生产效率和质量。

③ 资源能力评估。资源能力评估是一种通过评估和分析企业的资源情况,评估和优化生产能力的方法。通过评估和分析原材料供应、生产设备、技术水平和供应链等因素,判断企业的资源能力,进而优化生产计划。

(3) 调度优化:调度优化是制订生产计划的核心环节之一。通过合理安排生产任务和资源分配,可以最大限度地提高生产效率和资源利用率。以下是几种常见的调度优化方法。

① 生产优先级排序。生产优先级排序是一种通过设置不同生产任务的优先级,调度和安排生产任务的方法。通过考虑产品的紧急程度、利润贡献和交货时间等因素,确定生产任务的优先级,有针对性地安排和调度生产任务。

② 产能平衡调度。产能平衡调度是一种通过平衡不同生产线的产能,调度和安排生产任务的方法。通过评估和分析生产线的产能和资源利用率,可以合理分配生产任务,避免产能过剩或产能不足的情况。

③ 进度管控和反馈。进度管控和反馈是一种通过监控和控制生产进度,及时反馈生产情况,调度和调整生产计划的方法。通过建立合适的进度管理系统和反馈机制,提前发现生产问题,及时调整生产计划,保证生产进度的正常进行。

6.1.2 智能制造中的生产计划

1) 智能制造生产的主要特征

与传统生产制造相比,智能制造生产的主要特征如下。

(1) 生产流程的智能化:①利用自动化生产线,实现生产过程的自动化,提高生产效率;②通过智能监控系统,实时监控生产过程,及时发现问题并解决;③通过智能质量控制系统,实现产品质量的自动检测和智能控制,提高产品质量。

(2) 生产设备的智能化:①广泛应用机器人、自动化生产线等智能设备;②设备互联互通,实现设备间的信息共享和协同工作;③实时监测设备运行状态,及时发现问题;④设备维护与保养智能化,提高设备使用寿命和生产效率。

(3) 生产管理的智能化:①通过智能化技术提高生产效率和质量,实现智能车间系统的生产优化;②利用大数据、人工智能等技术进行生产管理,实现智能化生产管理;③根据生产需求自动调度生产资源,实现智能化生产调度,提高生产效率和资源利用率。

人工智能和大数据等互联网技术与制造业结合对生产过程影响巨大,提出信息化和智能化对赋能生产过程优化升级,生产计划与车间调度优化对智能制造背景下优化资源配置、降低生产过程企业资源成本、促进生产制造企业节能减排等具有重要意义。

2) 智能制造系统的主要特征

智能制造系统的主要特征有互联、集成、服务、定制、时变等,这些特征有助于发挥信息通信技术(information and communications technology,ICT)的作用,适应企业内外部环境变化，进行更合理的运作管理决策。具体来看，智能制造系统具有以下主要特征。

(1) 物理世界与数字世界的虚实共生：由互联和具有自主决策能力的机器等制造资源动态组成制造系统，并映射到数字空间。通过分布式制造基础设施中的机器等制造资源快速集成、反馈和控制循环，定制输出、优化分配资源，并在构建、组装和生产的物理和虚拟世界（数字空间）之间提供无缝接口。新一代智能制造正是制造业这一发展趋势的典型表现，智能工厂则是新一代智能制造的主要载体。智能工厂不是简单的自动化，而是由物联网、大数据、云计算、边缘计算、人工智能等 ICT 赋能的敏捷系统，可以在更广泛的网络中进行自我性能优化，在实时或近实时的情况下适应和学习新情况，并自主运行整个生产过程。智能工厂可以在工厂内运作，也可以连接到由生产系统构成的全球网络，甚至更广泛地连接到数字供应网络。此外，智能工厂不一定是全自动工厂，人通过可穿戴设备和人机交互终端与机器和环境互联，从而接入数字空间，发挥人的智力工作作用。

(2) 面向智能生产的企业多维度集成：智能制造要打破企业运行各环节信息孤岛的局限，实现企业智能生产的多维度集成。横向集成是企业之间通过价值链及信息网络实现的一种资源整合，是为了实现各企业间的无缝合作，推动企业间研产供销、经营管理与生产控制、业务与财务全流程的无缝衔接和综合集成，以实现产品开发、生产制造、经营管理等在不同企业间的信息共享和业务协同，合作提供实时产品与服务。不仅如此，在企业内部，还要突破不同层级业务活动的隔离和自上而下的单向分解与控制局限，实现跨层次的纵向集成，打通设计、采购、制造、销售和服务全链路业务过程，实现企业内部所有环节信息的无缝衔接。端到端集成是指贯穿整个价值链的工程化数字集成，是在所有终端数字化前提下实现的基于价值链与不同公司之间的一种整合，从而最大限度地实现个性化定制。端到端集成可以是内部的纵向集成，也可以是外部企业与企业之间的横向集成，关注点在于流程的整合，比如提供用户订单的全程跟踪协同流程，将用户、企业、第三方物流、售后服务等产品全生命周期服务进行端到端集成，进行个性化定制等。

(3) 制造服务化趋势日益显现：在智能制造系统范式中，制造服务化是智能制造的重要特征之一，制造企业由单纯提供产品向提供产品加服务（产品服务系统，product service system，PSS）拓展，由聚焦制造管理转向制造与服务融合管理。制造服务化不仅通过服务化提升制造（制造企业向价值链高端的服务拓展，从而获得更大的利润空间），而且通过制造服务化促进服务（创新服务模式、提高服务效率和质量），是先进制造业和现代服务业深度融合的重要途径。ICT 智能制造系统的广泛应用为制造服务化提供新的发展机遇，使未来服务化与之前的服务化大相径庭。很多 PSS 的服务是基于互联网技术、大数据技术、物联网技术及云计算技术的高附加值服务。

(4) 个性化定制制造成为趋势：在新一代 ICT 技术的赋能下，互联网、物联网、数字化设计与协同等将广泛应用于智能制造系统，促进企业实现设计、采购、生产、销售和服务等全流程的高效协同与管理，大规模定制与个性化定制制造将成为趋势。面对市场需求的复杂性，企业需要快速定制化设计与制造产品，要求制造系统能够快速重构，供应链敏捷化组织与供应原材料和零部件，需要产品研发设计、制造系统与供应链实现协同。

(5) 智能制造系统是复杂时变系统：智能制造系统是一个系统之系统，技术、客户需求、持续优化和创新等驱动因素推动制造业发展，使之将传统的零散孤立的制造过程转换为灵活、互联、敏捷的多子系统集成的大系统。智能制造是多个子系统高度协同的结果，多系统的协同能够保障生产和物流组织的高度协同,但也引起了协同复杂性,包括复杂系统组分复杂性与治理复杂性,需要采用从集中控制到多子系统、多主体等之间协同的策略,从而应对制造管理大系统的整体复杂度。此外,智能制造系统还是动态时变的,系统的内外部环境复杂多变,如客户需求、市场竞争、政策变化等外部环境,以及生产环境、物料准备、设备状态等内部环境,其时变性和随机性较强,需要系统可进化和自学习。

3)智能制造生产计划制订面临的挑战

生产计划的制订理论与方法伴随生产活动而诞生,在产业革命中逐步升华与发展。生产计划的制订是立足于社会组织的最基本活动,旨在高效、灵活、准时、清洁地生产合格产品或提供满意的服务。工业4.0与智能制造为生产计划的制订提供新的场景与平台、先进的工具与方法。为实现智能制造系统的这些特征,需要与之相适应的生产计划制订方法。然而,目前的研究主要停留在刚性和柔性化的生产组织方法、静态或自适应的动态生产调度方式、从单一工厂角度进行优化、在给定场景下基于假设的经典运筹学方法,丰富的大数据没有得到充分利用,无法适应智能制造的互联、集成、服务、定制、时变等特征。

(1)面向数字供应网络的多维度集成:从线性的、顺序的供应链操作转变为互联的、开放的网络化操作系统,即数字供应网络。通过工厂内部供应链和跨工厂供应链系统的水平集成,驱动组织运行;通过互联的制造系统进行垂直集成;并通过整个价值链进行端到端的整体整合。集成系统范围内的物理设施、操作和人力资产的数据,通过数字孪生和其他跨越整个制造网络的活动,驱动制造、维护、库存跟踪、操作的数字化。

(2)柔性与网络化的生产:柔性意味着生产系统能够执行不同的生产流程,要求加工单元具有非常高的可用性。网络化意味着产品制造的所有相关信息都在不同系统之间实时共享,特别是关于机器故障、订单延迟、零件丢失、人员或资源的信息。

(3)自组织优化配置制造资源:智能工厂是一个系统之系统的自组织环境,面向特定生产任务的自组织的生产单位,寻找订单所需的设备和人员,并规划所需的运行时间。而工厂是一个独立但相互关联的多个子系统或生产单元,每个子系统都与机器具有高度的柔性、效率和自主性。未来的工厂最终成为一个大型系统,由众多独立运作但又成为整体的小系统组成。

(4)去中心化的自主决策与协同控制:智能制造价值链是分布式的,且依赖复杂的信息和物流,因此需要新的方法降低制造管理系统的复杂性。在分散式决策模型中,每个独立的网络实体都做出自己的决策,需要价值链合作伙伴之间的协同,提供先进的算法实现制造业资产全局和局部优化,以对不可预见的变化做出更快、更有效的响应,从而实现订单执行、生产、物料管理、供应链管理和生命周期管理方面的改进。

(5)学习型运作管理:智能制造系统中的机器不仅是管理对象,还能从完成的任务中学习并优化设置,然后将这些信息与其他机器共享。通过深度学习产生越来越多详细、准确、有意义的设备和过程的数字化模型,从而实现能体现细微差别和有数据根据的计划;设备获得自主决策权力,在更高的认知水平上对事件做出响应,并随着时间的推移获得智能。

(6)强大的自优化与适应能力:由于更强大的计算和分析能力以及更广泛的智能资产生态系统,采用物联网和数据,控制系统可以获得它们所需的实时灵活性,无须人为交互或中断过程就能适应生产,能够重新配置生产能力,以大批量生产的效率进行小批量生产,适应以前很难适应的变化,并自行实现最优化。

(7) 前瞻性决策：被动地响应变化和系统干扰，困难且耗时。因此，需要利用智能制造系统强大的计算和数据分析能力，在问题出现之前进行预测并采取行动，包括识别异常、进货和补充库存、识别和预测质量问题、监视安全和维护问题。

4) 智能制造生产计划制订与运作管理的关键研究方向

(1) 新信息技术与运作管理理论方法的融合机理：智能制造生产运作管理与ICT的耦合形式多样且形态各异，其耦合产生的价值具有复杂的内涵。一方面，对于不同行业、场景、产品类型的智能工厂，两者耦合的程度、作用方式不同，耦合产生价值的条件也不同，因此其组织制造资源和生产活动，将原材料变为产品进而创造价值的方式与途径是不同的。另一方面，运作管理对应人的能力，信息技术对应机器的智能化水平，智能工厂中的人机关系不再是单纯的指令与被指令的关系，而是更复杂的相互协作的价值共创关系。为此，需要合理地定量化度量智能制造生产运作管理与ICT耦合产生的价值，并研究不同智能制造系统中二者耦合形成的价值创造途径与条件。此外，人在智能工厂中的作用方式变化，人的智力工作会更重要。在复杂的制造场景下，通过可穿戴设备或人机交互设备，人与机器交互及与环境交互，深度融合进行决策，为生产运作管理与ICT耦合提供更好的决策支持。具体来看，首先，要从运营管理能力和数字化水平多维度定量建立智能制造企业成熟度和多维价值衡量体系，针对不同的耦合环节，提取涉及资产效率、资源利用率、质量、经济效益、安全性和可持续性、客户满意度、竞争力等方面的价值指标。其次，需要研究生产运作管理与ICT耦合的智能制造多维度价值增值路径与影响因素，依据两者的关联形态，定量刻画两者在生产配置、运行及产出等多环节上耦合产生的价值作用要素、作用途径、影响指标与影响强度。此外，研究复杂人机关联形态与价值协同机理，利用形式化方法定义人类智能与计算机智能的协同场景，包括对人类知识与智能算法在不同生产场景的关联形态、协同途径的形式化描述。

(2) 动态环境下的制造资源敏捷化重构方法：智能制造环境下市场需求的动态变化、制造企业自身能力的变动、内部不确定性的增大，传统面向稳定的产品生产的资源配置与生产组织优化方法无法支撑智能制造实际场景的高度动态变化与系统的不确定性，即便是柔性制造系统(在实现确定的柔性方案中根据情况和需求变化选择或切换)也不足以适应。一方面动态变化和不确定的内外部制造环境对生产资源制造和配置提出新的要求，需要自适应并实时或近实时地学习新的环境条件，自组织地完成制造资源的动态配置，实现面向变化的快速响应。另一方面，由于在智能制造系统中，物联网、大数据、人工智能等新信息技术实现制造资源、人、加工工件(通过装载的智能托盘)互联且具有自主决策功能，使资源和系统高效、动态组织和重构成为可能。为此需要从产品制造需求特征、生产系统特征与外部条件出发，研究动态环境下的制造资源敏捷化重构方法。

具体来看，面对智能工厂动态变化的制造环境，包括产品种类的变化、需求量的变化、设备能力的变化等，研究制造系统动态重构架构与重组机制，提出描述基于制造资源自主参与、系统自动重构的智能生产单元重构过程的逻辑描述模型，用于系统分析和运行控制执行。为实现复杂制造系统敏捷与实时的重构，满足高端动态变化的产品制造需求，需要研究考虑可重构的智能制造资源自组织动态配置决策优化方法。

(3) 网络化协同生产计划与自适应前瞻性调度：网络化制造、全球运维、服务型制造等场景提高了智能制造网络各环节横向集成、计划调度跨层次纵向集成等要求，催生了企业间协同式计划调度决策的新需求。此外,互联的制造主体和资源具有自主交互和决策能力,使其以自治的方式参与计划调度决策成为可能。同时,为应对高度动态变化环境与系统不确定性,需要发展前瞻性及学习型计划与调度新方法。因此,研究协同式、前瞻性、数据驱动及学习型生产计划调度体系,实现比传统调度模式更好的扰动响应能力和异常解决能力是生产运作管理未来的发展方向之一。

具体来看,智能制造面对的是由企业内部供应链及其外部上下游工厂和并行工厂形成的供应链网络,产品需求高度变化,需要研究定型产品智能制造网络的生产计划分布式协同决策方法。另外,针对定制化产品制造模式下,产品的BOM结构和提前期不确定,需要研究考虑这些关键参数不确定的渐进式生产计划方法。此外,需要利用智能制造实时获取数据的优势,研究基于自主决策和协调机制研究实时自适应重调度方法,以便发生新的变更和扰动时能够及时调整调度计划。考虑到复杂制造环境中人的智能和经验优势,需要研究考虑人的智能并借鉴人的调度经验的基于人机协同混合增强智能的调度方法。

(4) 敏捷与自适应物流系统运行管理方法:物流是智能制造生产组织过程中不可或缺的部分。由于智能制造资源动态重组、面向多种产品甚至定制产品生产计划与调度的高度动态变化,以及生产过程的大量不确定性,工厂物流结构必须从传统的刚性、封闭的物流系统结构向开放式、敏捷性、可重构体系转变;从集中决策到互联的物流系统资源(生产机器、制造单元、智慧托盘、AGV、智能移动机器人、协同机器人、自动分拣、存储系统等构件以及附加了RFID的工件)自主和分散式决策控制模式转变;从按照事先制订的计划执行到视情况而变,甚至超前预判的自适应调度控制转变。因此,需要研究敏捷与自适应物流系统运行管理方法。

具体来看,为适应智能工厂开放式、敏捷性、可重构物流系统与控制架构需要,需要研究面向产品加工制造任务的智能工厂车间物流开放式敏捷化重组与控制系统架构,以及与之相配合的基于自治与协调的智能工厂物流决策优化方法。此外,智能制造物流运行计划要通过根据场景和任务派遣及调度具体的物流活动来实现,为了应对上述物流计划执行过程中不可避免出现的变化(生产数量增减、时间变更、制造工艺变更等)和干扰(物流设备故障、系统锁死、路径拥堵等),需要研究基于自治和协调的物流系统运行自适应调度控制方法。

5) 智能制造生产计划制订与运作管理若干研究新进展

(1) 面向智能制造的服务型制造供应链绩效研究:制造服务化是制造企业为实现业务差异化、增加收益流,并推动产业转型升级而采取的关键战略与商业模式,制造服务化如何影响企业供应链的总体绩效是重要的研究方向。一是研究制造服务化对于企业财务绩效、组织效率、创新能力和客户价值增长等的正面影响;二是研究制造服务化对企业财务绩效的负面影响。近几年,有学者采用田野实验的方法研究物流运输服务中引入人经验的算法后人机协同的效率、员工激励、物流成本等绩效的变化,得出在物流运输服务中人机协同的最佳节点,并进一步研究服务化对传统制造企业"牛鞭效应"的影响,揭示制造商提供的服务对需求可变性和公司内部"牛鞭效应"(需求扭曲)的影响。研究发现,制造企业的产品互补型服务和产品替代型服务对降低"牛鞭效应"的不同方面有不同效果,产品互补型服务(例如维修服务)利于帮助企业降低下游传导来的需求波动性,而产品替代型服务(例如租赁服务)则利于降低企业内生产波动性对需求波动性的偏差,即企业内部的"牛鞭效应"。此外,以上研究揭示,制造服务化带来的客户信息共享是平滑下游需求的机制,而制造服务化带来的生产效率提升是降低企业内"牛鞭效应"的机制。该研究的结论揭示了制造服务化在供应链层面带来的优势,即通过不同的服务解决供应链上的低效率问题。

(2) 智能制造可重构制造系统配置优化研究:在可重构的智能制造系统中,生产线和设备可以根据产品种类、批量大小等需求快速变化而进行灵活的调整和重新配置。面向典型的可重构制造流水线系统,有研究考虑需求不确定性,建立最小化配置成本、重构成本、期望库存和延期成本的随机整数规划模型,以进行可重构流水线配置优化与生产计划的联合决策优化。由于可重构机床的模块化特性,重构决策不仅涉及机床配置的转移,还要将配置变化后的机床转移到新的工序,使整数规划模型中包含大量的配置和重构决策,且这些变量均为整数变量,随着工序数、配置数和规划周期的增多,问题规模和求解难度急剧增大,导致常规的商用求解器求解效率降低。该研究通过对新模型进行线性松弛,利用列生成算法求得松弛后模型的最优解,并将该最优解中包含的变量重新约束为整数变量,进而大大缩减原模型中包含的变量数,提高求解速度。结果表明,在需求不确定的情况下,该模型能较好地降低配置、重构成本及总成本。同时,研究提出的列生成算法在求解该类整数规划问题时有较大的效率优势。

(3) 定制产品智能制造网络的生产计划与交付协同优化决策研究:随着工业 4.0 的不断发展,智能工厂通过采用网络化生产模式,实现多工厂生产的响应速度快、成本低、灵活性和弹性高等优点。然而在多工厂生产环境下,制造商在收到来自不同地区的订单后必须将多个订单分配给具有不同生产能力、处理时间、生产和库存成本以及地点的异质工厂,同时安排生产完成后的运输交付。目前很多学者研究生产与运输集成调度问题,以便快速、有效地组织生产和运输,实现需求的快速响应。为解决智能制造供应链网络生产和交付集成调度的难点,有学者针对按订单生产的复杂的生产分销网络,考虑订单的可拆分性,聚焦多工厂协同生产、库存和两阶段交付的集成问题,目标是最小化生产成本、运输成本、延期成本和库存成本,完成生产和交付综合调度决策。首先研究将问题建立为一个混合整数规划模型,并通过证明该问题为 NP 难且不存在近似算法,具有恒定的最坏情况比率来分析其求解难度。而后基于为每个作业选择一个可行调度的思想,将该问题重新构建为带约束的集合划分问题,其为一个二元整数线性规划模型。为解决此二元整数线性规划模型,研究提出列生成和迭代两次列枚举结合的算法,以应对大规模整数规划中变量和约束数量巨大引起计算困难的问题。算法首先通过松弛部分复杂约束并利用列生成求解松弛问题,其次进行第一次列枚举并在第一次列枚举的集合下求原问题并进行第二次列枚举,而后对最终的列集求整数规划问题。最后,基于中国一家定制家具企业实际数据,进行了大量的数值实验,并将提出的算法与 4 种方法进行对比以证明算法的优越性,并分析各种参数对算法和各种成本的影响。

(4) 智能柔性装配系统的排产与零部件投料联合调度优化研究:生产物流是智能制造系统的重要组成部分,是对工厂内部原材料、半成品、在制品、成品等所有物料全过程的流动管理,旨在保障生产各环节的物料满足既定时间、数量和质量要求。在智能工厂中,通常采用自动导向车(AGV)替代传统人力执行物料搬运任务。理论上,AGV 替代人工,可以大幅降低人力成本,减少人导致的不确定事件,提高供料的稳定性。但很多企业智能装配线的生产和物料配送活动各自为政,导致生产和物流活动脱节,出现因物料配送不及时而导致停线的情况。已有文献研究流水线或装配线车间的生产与物料配送协同计划,但这些研究没有考虑 AGV 的充电过程。当前很多实际工厂都采用阈值策略进行 AGV 充电管理,当低于某一阈值时必须访问充电站充电,直至充满才可离开。该规则会降低 AGV 的使用率,容易造成投料不及时。由于不同的订单对于产品的定制化程度和需求数量不同,AGV 的一次投料能完成的产品数量是不同的。目前有研究通过构建单装配线多工作站与多投料机器人协同调度优化模型,以所有订单的总完工时间最短为目标,以订单生产顺序、物料配送作业的分解、各投料机器人的物料配送作业执行顺序、各投料机器人的开始和结束充电时间为决策,并考虑供料机器人的载重量和电池容量约束。基于该模型,提出最优供料数量决策,分析最优充电决策的结构性质以及生产和物料配送活动的耦合机理,并提出基于"分解-合并"的启发式迭代求解算法。该算法以拉格朗日松弛技术为基础,通过对生产与物流耦合约束的松弛,将复杂的协同调度优化问题分解为易于处理的排产子问题和物流配送子问题,设计合并子问题解的局部搜索算子以提升解的质量,并在次梯度算法框架下迭代搜索高质量的原问题解。

6.2　制造过程优化

在全球化、信息化和变革创新主导的新经济时代,企业管理面临许多新挑战,如何快速响应市场需求,建立客户导向的业务流程,已经成为企业制度创新中的一个关键性课题。

6.2.1　生产流程优化方法

流程优化是指在流程设计及实施过程中,通过对流程进行改进,取得一个最优效果,是对现有的工作流程进行梳理、完善及改进的过程,被统称为流程优化。

对于流程优化,不管是对流程整体的优化还是对中间部分的改进,例如减少环节、改变时序等,都是通过提高工作质量、提高工作效率、降低成本、降低劳动的强度、节约能源消耗,保障产品的安全生产并减少污染。流程优化的基本方法分为五种。

1）标杆瞄准法

标杆瞄准(bench-marking)是指企业将自己的产品、服务、成本和经营实践,与那些相应方面表现最优秀、最卓有成效的企业(并不局限于同一行业)进行比较,以改进本企业经营业绩和业务表现的一个不间断的精益求精的过程,如图 6-1 所示。标杆瞄准是将本企业经营的各方面状况和环节与竞争对手或行业内外一流的企业进行对照分析的过程,是一种评价自身企业和研究其他组织的手段,是将外部企业的持久业绩作为自身企业的内部发展目标并将外界的最佳做法移植到本企业的经营环节中的一种方法。实施标杆瞄准的公司必须不断对竞争对手或一流企业的产品、服务、经营业绩等进行评价以发现优势和不足。

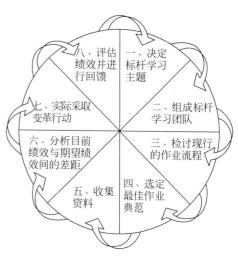

图 6-1　标杆瞄准法管理示意图

标杆瞄准法的类型包括战略与战术的标杆瞄准法，管理职能的标杆瞄准法，跨职能标杆瞄准法。

2）DMAIC 模型

DMAIC 模型是实施 6sigma(6σ)的一套操作方法，它由五个阶段组成：定义（define）、测量（measure）、分析（analyze）、改进（improve）和控制（control），这些阶段共同构成了一个基于数据的改进循环，旨在改进、优化和维护业务流程与设计。

（1）定义：这一阶段主要是识别客户的需求，确定影响客户满意度的关键因素，明确需要解决的问题，并组建一个有力的团队来应对这些问题。

（2）测量：在这一阶段，通过对关键质量指标进行量测，为后续的分析和改进提供数据支持。

（3）分析：运用多种统计技术方法找出存在问题的根本原因，为改进提供依据。

（4）改进：根据分析结果，实施具体的改进措施，实现目标。

（5）控制：将主要变量的偏差控制在许可范围内，确保改进效果的持续性和稳定性。

DMAIC 模型广泛应用于各种流程的改进，包括制造过程、服务过程以及工作过程等。其实施流程如图 6-2 所示。DMAIC 是 6σ 管理中最重要、最经典的管理模型，主要侧重已有流程的质量改善。所有 6σ 管理涉及的专业统计工具与方法，都贯穿在每个 6σ 质量改进项目的环节中。

图 6-2　DMAIC 模型实施流程

3）ESIA 分析法

所有企业的最终目的都应该是提升客户在价值链上的价值分配。重新设计新的流程以替代原有流程，其根本目的就是以一种新的结构方式增加客户价值，并反映其价值增加的程度。反映到具体的流程设计上，就是尽一切可能减少流程中非增值活动，调整流程中的核心增值活动。其基本原则就是 ESIA，基本原则是通过消除（eliminate）、简化（simplify）、整合（integrate）和自动化（automate）四个步骤来优化流程。

（1）消除：删除流程中的非增值活动，如无效活动、等待时间和故障缺陷等。

（2）简化：简化流程中的复杂环节，减少不必要的步骤和任务。

（3）整合：将分散的流程步骤整合在一起，使流程更加顺畅和连贯。

（4）自动化：利用自动化工具和技术来简化流程，减少人工操作和提高效率。

ESIA 分析法是建设流程中非增值活动的一个实用性原则。

4）ECRS 分析法

ECRS 分析法其实是取消（eliminate）、合并（combine）、调整顺序（rearrange）、简化（simplifu）的一个缩写形式。

（1）取消："完成了什么？是否必要？为什么？"

（2）合并：如果工作或动作不能取消，则考虑能否与其他工作合并。

（3）重排：对工作的顺序进行重新排列。

（4）简化：指工作内容和步骤的简化，亦指动作的简化、能量的节省。

在进行 5W1H 分析的基础上，可以寻找工序流程的改善方向，构思新的工作方法，以取代现行的工作方法。运用 ECRS 四原则，即取消、合并、重排和简化的原则，可以帮助人们找到更优效能和更佳工序方法。

5) SDCA 循环

SDCA 循环是指标准化维持,即"标准(standard)、执行(do)、检查(check)、总结(调整)(action)"模式,包括所有与改进过程相关的流程的更新(标准化),并使其平衡运行,然后检查过程,以确保其精确性,最后做出合理分析和调整,使过程能够满足愿望和要求。

(1) S 是标准,即企业为提高产品质量编制出的各种质量体系文件。

(2) D 是执行,即执行质量体系文件。

(3) C 是检查,即质量体系的内容审核和各种检查。

(4) A 是行动,即通过对质量体系的评审,做出相应处置。

6.2.2 智能工厂中的智能调度与生产计划优化

生产调度是生产管理的核心问题,是提升生产效率的关键技术,尤其是在当前的新兴智能制造环境下,充分利用生产数据,对生产车间进行及时、全面的调度是制造系统智能化的关键。

智能工厂作为工业 4.0 时代的典型代表,致力于通过数字化、物联网等新技术的运用,实现生产过程的自动化、智能化和高效化。而在智能化的生产过程中,智能调度与生产计划优化显得尤为重要。

1) 智能调度的概念与作用

智能调度是指利用计算机技术和智能算法,根据生产车间的实际情况,对生产任务进行合理的分配和调度,以实现生产过程的高效运行。智能调度可以根据设定的优先级、实时生产情况、设备状态等因素,动态地进行任务分配和调度,以最大限度地提升生产效率。

智能调度的作用不仅体现在提高生产效率方面,还包括以下方面。

(1) 提升资源利用率:通过智能调度可以有效地利用各类生产资源,优化生产过程中的资源分配,从而提高资源利用效率。

(2) 缩短生产周期:智能调度可以根据生产车间的实际情况和生产任务的优先级,合理安排生产流程,缩短产品从开始生产到交付的时间。

(3) 减少生产成本:通过智能调度,可以降低生产过程中的浪费,如减少设备闲置时间、减少物料消耗等,从而降低生产成本。

2) 智能调度的关键技术

要实现智能调度,需要运用以下几种关键技术。

(1) 数据采集与处理技术:智能调度需要获取生产车间的实时数据,如设备状态、生产任务等。因此,数据采集与处理技术是实现智能调度的关键技术之一。

(2) 智能算法:智能调度需要利用各类智能算法,如遗传算法、模拟退火算法等,对生产任务进行优化分配和调度,以实现高效的生产过程。

(3) 人工智能技术:人工智能技术可以为智能调度提供强大的决策支持,如基于规则的推理、机器学习等,可以帮助智能调度系统更好地理解生产场景和任务需求。

3) 生产计划优化的概念与意义

生产计划优化是指根据市场需求、资源状况等因素,对生产计划进行调整和优化,以实现生产过程的最佳安排。生产计划优化的目标是在保证产品质量和交付时间的前提下,最大限度地提升生产效率和资源利用率。

生产计划优化的意义主要体现在以下方面。

（1）提高客户满意度：通过优化生产计划，可以更好地满足客户需求，及时交付满足客户期望的产品。

（2）降低库存风险：生产计划优化可以将生产与销售紧密结合，避免过多的库存积压，降低库存风险。

（3）提升生产能力：通过优化生产计划，可以有效地提升生产车间的生产能力，实现生产过程的高效运行。

4）智能调度与生产计划优化的关系

智能调度与生产计划优化密切相关，二者相辅相成，相互促进。

（1）智能调度作为一种调度手段，可以在实际生产过程中根据生产计划进行任务的合理分配和调度，最大限度地提高生产效率和资源利用率。

（2）生产计划优化可以为智能调度系统提供合理的生产任务指导，以确保生产过程的顺利进行。理想的生产计划应该是基于全面的市场需求分析和资源评估，最大限度地匹配生产能力和销售需求，为智能调度提供明确的任务目标。

综上所述，智能工厂中的智能调度与生产计划优化是实现生产过程高效、智能运行的重要手段。通过运用相关的技术和方法，可以在智能工厂中实现生产计划的优化和智能调度的高效运行，进一步推动工业生产的转型升级和提升。

本章小结

生产计划制订及制造过程优化是智能车间与工厂中重要组成部分。通过合理的生产计划制订及制造过程优化，可以有效地提升生产效率、降低生产成本、优化资源配置，为企业的可持续发展提供有力支持。本章重点介绍了智能制造中的生产计划制订，以及智能调度与生产计划优化。

习题

1. 简述生产计划制订的基本概念及其在企业生产管理中的重要性。
2. 分析生产计划制订的主要目的，并举例说明。
3. 列举并解释生产计划制订的主要步骤。
4. 阐述需求预测在生产计划制订中的作用，并介绍几种常见的需求预测方法。
5. 解释产能分析的意义，并说明设备利用率分析和人力资源分析在产能分析中的应用。
6. 讨论智能制造生产的主要特征，并举例说明。
7. 描述智能制造系统的主要特征，并解释这些特征对生产计划制订的影响。
8. 分析智能制造生产计划制订面临的挑战，并提出相应的解决策略。
9. 讨论智能制造生产计划制订与运作管理的关键研究方向，并解释其重要性。
10. 结合本章内容，阐述智能制造背景下生产计划制订与运作管理的新进展，并举例说明。

第 7 章

智能运维技术

运维是技术类运营维护人员根据业务需求规划信息、网络、服务,通过网络监控、事件预警、业务调度、排障升级等手段,使服务处于长期稳定、可用的状态。早期的运维工作大部分由运维人员手工完成,这种运维模式不仅低效,而且消耗大量的人力资源。

利用工具实现大规模和批量化的自动化运维,能极大地减少人力成本,降低操作风险,提高运维效率。但是自动化运维的本质依然是人与自动化工具相结合的运维模式,人类自身的生理极限及认识局限,导致无法持续地面向大规模、高复杂性的系统提供高质量的运维服务。

智能运维(artificial intelligence for IT operations,AIOps)是指通过机器学习等人工智能算法,自动地从海量运维数据中学习并总结规则,并作出决策的运维方式。智能运维能快速分析处理海量数据,并得出有效的运维决策,执行自动化脚本以实现对系统的整体运维,能有效运维大规模系统。

7.1 智能运维技术概述

运维包括"运行"和"维修"两个层面的含义,是指制造企业或用户对其设备进行运行监测和维修优化的总称。三种运维模式的比较如表 7-1 所示。

表 7-1 三种运维模式的比较

	手工运维	自动化运维	智能运维
运维效率	受限于人为因素,运维效率较低	部分操作自动化后,运维效率较高	自动分析处理事件,实现多种自动化工具联动,运维效率高
系统可用性	手工运维时处理异常效率低,系统可用性相对较低	得益于自动化工具,异常处理与恢复速度较快,系统可用性相对较高	采用智能分析、预警、决策等手段,异常处理效率高,甚至可规避异常,系统可用性高
系统可靠性	手工运维时系统的可靠性较低	将重复性操作实现为自动化工具,采用自动化运维时系统可靠性较高	结合自动化工具,并采用多种策略使用工具,可靠性高
学习成本	需掌握多个系统的运维知识和操作指令,学习难度高、成本高	需对自动化工具有一定掌握,学习难度较大、成本较高	故障分析、预警及异常处理可由智能运维自动实现,学习难度低、成本低

续表

	手工运维	自动化运维	智能运维
建设与使用成本	建设运维的工具成本低,可采用系统自带的运维命令。但对复杂系统的运维需投入大量的人力,人力成本高	建设自动化运维的成本较高,投入运维的人力成本相对较低	建设智能运维的成本较高,投入运维的人力成本低
应用范围	运维基础手段,应用广泛,但不适用于分布式、大规模系统运维	在互联网企业、金融行业得到广泛应用,适用于集群系统、服务器数量一般的分布式系统运维	新技术,目前有部分金融企业、互联网企业开展研究与实践,适用于大规模分布式系统运维

智能运维的概念最早由 Gartner 提出,它将人工智能科技融入运维系统,以大数据和机器学习为基础,从多种数据源中采集海量数据(包括日志、业务数据、系统数据等)进行实时或离线分析,通过主动性、人性化和动态可视化,增强传统运维的能力。

尽管智能运维是运维领域的最新技术,其应用的人工智能产业目前也是朝阳产业,但在技术成熟度上仍有待提升。

7.1.1 数字化运维现状

数字化运维现状体现在以下方面。

(1) 被动救火式运维模式,业务风险高、运维人员疲于奔命。

(2) 随着技术及企业信息化与数字化的迅猛发展,给 IT 运维带来了全新的挑战,规模更大,要求更高,变化更快,排障更难。

(3) 企业对数字化运维提出新的需求。如图 7-1、图 7-2 所示。

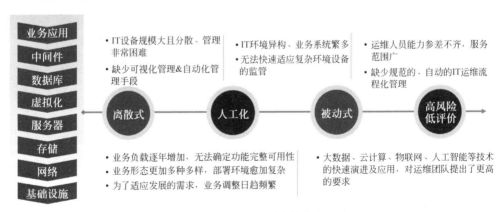

图 7-1 数字化运维面临的挑战与要求

因此,构建智能化、主动式的 IT 监控与运维体系将成为企业的必然选择。随着业务对 IT 运维提出的要求越来越高,原来传统的被动救火式的 IT 运维模式已无法满足企业的要求,无法为业务的发展提供保障。只有借助当前先进的技术,构建主动巡防式的 IT 监控与运维体系,提前预防并智能化处理系统的各类故障,才能为业务的快速发展保驾护航,满足企业对 IT 的要求。如图 7-3 所示。

图 7-2 智能运维面临的挑战

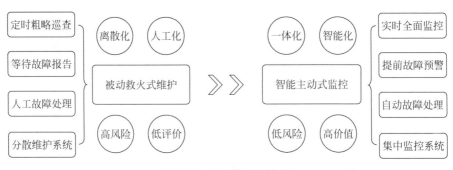

图 7-3 运维模式的转变

7.1.2 智能运维主要内容

智能运维涉及的内容很宽泛，主要包括设备状态数据感知、状态数据处理、状态特征提取、状态评价与预测、故障诊断与预测、运行维修决策、车间维修管理等方面，如图 7-4 所示。

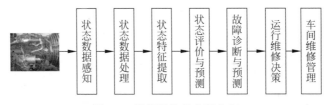

图 7-4 智能运维的主要内容

（1）状态数据感知：利用各类传感器获取设备的状态数据。

（2）状态数据预处理：对原始数据进行降噪和清洗，去除原始测试数据中的噪声，填补测试数据中的缺失部分，保持原始测试数据的完整性，以提高测试数据的质量及后续数据分析和建模的准确性。

（3）状态特征提取：利用现代信号处理理论与技术，识别并提取状态数据中的有用特征信息，便于建立设备故障与故障征兆之间的关联关系，具体包括特征表达、特征选择与提取、模式识别与分类等。

（4）状态评价与预测：评价设备的健康状态，确定重点监控的设备对象清单，并根据设备状态数据的变化规律预测设备状态的变化趋势，据此计算设备的剩余使用寿命，为预测性维修时机确定提供支持。

（5）故障诊断与预测：在状态监测和特征提取的基础上，对设备的运行状态和异常情况作出判断,查找设备或系统的故障。当设备发生故障时,对故障类型、故障部位及故障原因进行诊断和定位。

(6) 运行维修决策:根据设备的实际健康状态及其变化趋势,确定设备什么时候维修以及维修什么,同时对设备维修需要的资源和成本做出规划。

(7) 车间维修管理:对车间维修工作进行规划。

7.1.3 智能工厂运维

智能制造是当今工业领域的重要发展方向,而智能工厂运维与设备管理则是智能制造中至关重要的一部分。

1) 智能工厂运维的概念及特点

智能工厂运维是指在智能制造环境下,对工厂生产设备进行运营和维护管理的过程。智能工厂运维与传统的工厂运维相比,具有以下特点。

(1) 数据驱动:智能工厂运维依托于大数据、物联网等技术,实时采集、分析和处理设备运行数据,通过数据驱动的方式进行设备故障预测和预防性维修,提高设备的可靠性和生产效率。

(2) 自动化程度高:智能工厂运维借助自动化技术,实现对设备的远程监控、故障诊断和维修。通过自动化程度的提升,减少人工操作的工作量,提高工作效率。

(3) 实时监控与优化:智能工厂运维通过实时监控设备运行状态和生产数据,可以及时发现设备故障和生产异常,并采取相应措施进行调整和优化,以减少生产线停机时间,保证生产的连续性和稳定性。

2) 智能工厂运维的创新技术

智能工厂运维借助多种创新技术,以提高设备的运行效率和生产效益。以下是几种常见的创新技术。

(1) 人工智能:将人工智能技术应用于智能工厂运维,可以通过机器学习和数据分析,预测设备故障,并提前采取维修措施,避免生产线停机和生产损失。

(2) 物联网:通过物联网技术,将设备与互联网连接,实现设备的远程监控和远程维修。同时,物联网技术还可用于设备之间的信息交互和协调,提高整个生产系统的智能化水平。

(3) 虚拟现实和增强现实:通过虚拟现实和增强现实技术,可以对设备进行虚拟仿真和实时显示。操作人员可以通过虚拟现实技术进行设备操作和维护培训,提高工作效率和安全性。

(4) 无线传感器网络:通过无线传感器网络技术,可以实现对设备运行状态的实时监测。无线传感器网络可以将设备之间的信息传输和处理集成化,提高设备的自动化程度和运维效率。

3) 智能设备管理的概念及创新模式

智能设备管理是指在智能工厂环境下,对生产设备进行全生命周期的管理和优化,以提高设备的利用率和效能。智能设备管理主要采用以下创新的模式和方法。

(1) 预测性维护:利用大数据和机器学习等技术,对设备运行数据进行分析和挖掘,预测设备故障发生的概率和时间,并进行预防性维修。预测性维护能够最大限度地减少设备故障对生产的影响,提高设备的可靠性和可用性。

(2)远程监控与控制:通过物联网技术和远程监控系统,实现对设备的远程监控和控制。远程监控系统可以实时收集设备的运行数据和状态信息,及时发现问题并进行干预,提高设备的稳定性和生产效率。

(3)数据驱动的优化:通过数据分析和优化算法,对设备生产数据进行挖掘和分析,找出设备运行中的瓶颈和问题,并提出合理的优化方案。数据驱动的优化能够帮助企业降低生产成本,提高产品质量和生产效率。

(4)自主维护和服务:智能设备管理模式中,设备具备自主监测、故障诊断和维修能力,可以通过自身感知和分析,主动发现并解决设备问题。同时,设备还可以主动申请维修和保养,减少人工干预的成本和时间。

4)智能工厂运维与设备管理的优势和挑战

智能工厂运维与设备管理在提高工厂生产效率和产品质量方面具有重要的优势,但也面临一些挑战。

(1)优势:

① 提高设备利用率和效能,降低生产成本;

② 缩短生产周期,加快产品上市速度;

③ 实现设备的智能化和自动化,减少人工操作;

④ 通过数据分析和优化,提高生产质量和效率;

⑤ 减少设备故障停机对生产的影响。

(2)挑战:

① 技术和设备的投入成本较高;

② 对运维人员的技术水平和综合能力提出更高要求;

③ 对信息安全和隐私保护提出更高要求;

④ 厂商之间的数据与设备存在兼容性问题;

⑤ 智能工厂运维与设备管理的推广和应用还存在一定的局限性。

智能制造中的智能工厂运维与设备管理创新具有重要的意义和价值。通过应用创新技术和管理模式,提高设备的运行效率和生产效益,将为工业企业的可持续发展提供强有力的支撑。然而,智能工厂运维与设备管理的发展仍然面临一些挑战和问题,需要各方共同努力解决。只有持续推进智能工厂运维与设备管理的创新,才能使智能制造更好地发展。

7.1.4 设备维修策略的主要类型

设备维修策略是指组织在设备出现故障或需要维护时采取的一系列措施和方法,为保持、恢复或改善设备的规定技术状态采用的维修方式或维修模式。基于设备健康状态的发展变化(图7-5),实施合理的设备维修策略可以有效延长设备的寿命,提高设备的可靠性,降低维修成本,保障生产正常进行。

一个维修决策一般包括三个方面。

(1)维修时机优化:根据设备的运行状态合理确定什么时候维修。

(2)维修级别确定:根据设备的当前状态和维修目标确定设备维修什么。

(3)维修资源规划:根据设备的维修时机和维修级别确定备件需求计划和维修费用等

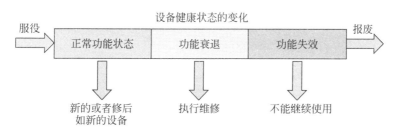

图 7-5 设备健康状态的发展变化

资源。

实际应用中常见的维修策略主要包括计划维修、预防维修、改善性维修、生产维修、事后维修、定时维修、预测维修、基于状态的维修、以可靠性为中心的维修、以利用率为中心的维修、主动维修等。这些维修策略在技术内涵上既有区别，也有交叠。为了理解和使用方便，可以粗略地归纳为四大类：事后维修策略、定时维修策略、基于状态的维修策略和预测性维修策略。

1) 事后维修策略

事后维修策略是指设备出现故障后才进行维修的一种被动性维修策略，它是一种非计划性的维修策略。

(1) 优点：充分利用设备系统、子系统或零部件的使用寿命，较好地避免过度维修，产生的消耗及直接费用一般远小于其他类型的维修策略。

(2) 不足：①无法预测设备的维修时机；②备件数量难以提前估算；③对安全、环境、生产、维修成本的影响较大，当多台设备同时发生故障时，可能延误维修时机，难以满足设备智能保障和维修优化的需求。

2) 定时维修策略

定时维修策略是一种以时间为基础的预防性维修策略，又称为硬时限维修策略。它是一种为降低设备故障率或防止设备的功能退化按照事先规定的维修时间间隔或累计工作时间、日历时间、里程或次数等进行的计划性维修策略，所以又称为周期性维修策略。

定时维修理论认为，部件的可靠性与使用时间有直接的关系，随着使用时间的增加，部件的可靠性会随之下降，当可靠性下降到一定水平后，设备使用的安全性和经济性会受到较大的影响。

根据设备的失效规律，可以将设备的使用生命周期分为如下三个阶段：早期失效期、偶然失效期（随机失效期）和耗损失效期。设备失效率与时间的关系曲线如图 7-6 所示。

3) 基于状态的维修策略

为避免定时维修策略维修间隔不合理造成的"维修不足"或"维修过度"的问题，人们又提出了另一种维修策略，即基于状态的维修策略。顾名思义，基于状态的维修就是视设备的当前状态情况确定设备是否需要维修。这种维修方式没有规定设备维修的硬时限，只是根据规定的维修状态标准对设备整机或子系统进行周期性检查，并根据检查结果决定是否需要进行维修。当设备出现"潜在故障"时进行调整、维修或更换，从而避免"功能故障"发生。

基于状态的维修策略的实施应该满足以下条件。

(1) 设备昂贵且使用可靠性要求高，发生故障后影响恶劣，后果严重。

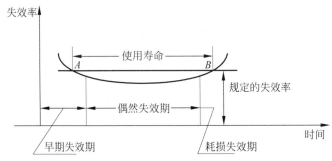

图 7-6 设备失效率与时间的关系曲线

（2）设备必须具备一定的健康状态监控手段。准确、及时地感知设备的健康状态与故障信息，必须预先安装合适的健康状态检测装置，准确、及时地获取其健康状态与故障信息。

（3）设备必须按单元体设计，且每个单元体具有相对独立的功能，这样一方面便于根据健康状态信息进行故障隔离，另一方面可以在设备故障发生后快速作出维修决策。

4）预测性维修策略

预测性维修策略是一种基于数据分析的维修策略，通过收集和分析设备运行数据，预测设备的潜在故障或性能下降趋势，从而提前进行维护操作，以避免设备故障导致的生产中断或安全事故。这种策略侧重于设备的故障预测和预防性维护，旨在优化运维成本，最大限度地减少意外停机时间，延长设备寿命，并降低维护成本。

预测性维修策略的核心在于其数据分析能力。它通过持续监测设备的运行状态，收集各种传感器数据，如振动、温度、压力等，并利用机器学习和数据分析技术对这些数据进行处理，以识别设备的潜在故障模式和性能下降趋势。基于这些分析结果，预测性维修策略可以提前制订维护计划，确保在设备实际发生故障之前进行干预，从而避免生产中断和潜在的安全风险。

在实际应用中，预测性维修策略具有显著的优势。首先，它能够显著提高设备的可靠性和生产效率，因为通过提前发现并解决问题，可以避免突发故障导致的生产停滞。其次，预测性维修有助于降低成本，因为它减少了不必要的维修和更换部件的需求，从而降低了维护成本。此外，这种策略还提高了设备的整体可用性，因为通过预防性维护减少了计划外的停机时间。

然而，预测性维修策略的实施也面临一些挑战。首先，需要大量的初始投资来部署必要的传感器和数据收集系统。其次，数据分析的复杂性和对专业技术人员的依赖也是实施过程中的难点。最后，预测模型的准确性和可靠性也需要不断优化和验证，以确保维修计划的准确制订。

7.1.5 智能运维技术的组成

智能运维是基于机器学习等人工智能算法，分析挖掘运维大数据，并利用自动化工具实施运维决策的过程。因此，智能运维技术的主要组成为运维大数据平台、智能分析决策组件、自动化工具，如图 7-7 所示。

运维大数据平台如同人眼，能采集、处理、存储、展示各种运维数据。智能分析决策组件如同大脑,以眼睛感知的数据为输入,作出实时的运维决策,从而驱动自动化工具实施操作。自动化工具如同手,能根据运维决策,实施具体的运维操作,如重启、回滚、扩缩容等。

1) 运维大数据平台

(1) 运维大数据:运维大数据平台是指对各种运维数据进行采集、处理、存储、展示的统一平台。运维数据包括监控数据、日志数据、配置信息等,其组成如表 7-2 所示。

图 7-7 智能运维的技术主要组成

表 7-2 运维大数据组成

运维数据种类	具 体 数 据
监控数据	设备监控数据
	系统监控数据
	数据库监控数据
	中间件监控数据
	应用监控数据
	安全监控数据
	动环监控数据
	环境监控数据
	统一告警事件
日志数据	系统日志
	应用日志
	网络日志
	设备日志
	安全日志
配置信息	CMDB
	变更管理

大数据平台存储的数据,按照所更新的频率可分为静态数据和动态数据。静态数据主要包括 CMDB 数据、变更管理数据、流程管理数据、平台配置信息数据等。

一般情况下此类数据在一定时间范围内固定不变,主要是为动态数据分析提供基础的配置信息。对此类数据的查询操作较多、增删改操作较少。

当智能运维平台启动时,部分静态数据可直接加载到内存数据库中,因此静态数据一般保存在结构化数据库或者 Hive 平台中。

动态数据主要包括各类监控指标数据、日志数据及第三方扩展应用产生的数据。此类数据一般是实时生成并被获取,作为基础数据,需要通过数据清洗转换为可使用的样本数据。

动态数据一般根据不同的使用场景保存在不同大数据组件中,如用于分析的数据保存在 Hive 数据库中,用于检索的日志数据保存在 ES(Elasticsearch,搜索服务器)中。

(2) 运维大数据平台:参考大数据平台的架构,运维大数据平台由数据采集层、数据存储层、数据计算层、数据展示层等组成,其逻辑架构如图 7-8 所示。

数据采集处理层是整个大数据平台的数据来源,接入的运维数据类型包括日志数据、性

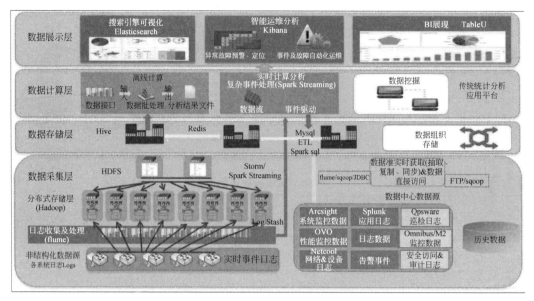

图 7-8 运维大数据平台逻辑架构

能指标数据、网络抓包数据、用户行为数据、告警数据、配置管理数据、运维流程类数据等,其格式包括系统中的结构化数据、半/非结构化数据及实时流数据。

采集方式可分为代理采集和无代理采集,其中代理采集一般为拉的方式,在采集端部署 agent 进行采集,无代理采集一般利用 logstash、flume 等组件直接获取运维数据。在该层也会对数据进行预处理,使其满足定义的格式,从而在数据存储层落地。

2) 智能分析决策组件

在智能运维平台中,如果将大数据运维平台比喻成"眼睛",用于直接感知运维数据,将自动化工具比喻成"手",用于直接处理运维操作,那么智能运维组件相当于"大脑",用于对运维事件进行分析、处理,并作出决策。

智能运维组件是利用人工智能算法,根据具体的运维场景、业务规则或专家经验等构建的组件,类似程序中的 API 或公共库,它具有可重用、可演进、可了解的特性。智能运维组件按照功能类型可分为两大类,分别是运维知识图谱类和动态决策类。

(1) 运维知识图谱类组件:运维知识图谱类的组件是通过多种算法挖掘运维历史数据,从而得出运维主体各类特性画像和规律,以及运维主体之间的关系,形成运维知识图谱。

其中,运维主体是指系统软硬件及其运行状态,软件包括操作系统、中间件、数据库、应用、应用实例、模块、服务、微服务、存储服务等,硬件包括机房、机群、机架、服务器、虚机、容器、硬盘、交换机、路由器等,运行状态主要由指标、日志事件、变更、Trace 等监控数据体现。运维知识图谱的组件示意图如图 7-9 所示。

以故障失效传播链构建为例,故障失效传播链构建是对失效现象进行回本溯源的分析,查找引起该失效的可能的故障原因。一种对故障失效传播链进行智能分析的方法是基于故障树的分析方法,通过模块调用链获得模块之间的逻辑调用关系,以及配置信息获得的物理模块的关联关系,构成可能的故障树,用以描述故障传播链。

利用机器学习的方法,对该故障树进行联动分析与剪枝,形成最终的子树,即故障失效

图 7-9 运维知识图谱的组件示意图

传播链。其他算法包括 FP-Growth、Apriori、随机森林、Pearson 关联分析、J-Measure、Two-sample test 等。

（2）动态决策类组件：动态决策类组件（图 7-10）是在已经挖掘好的运维知识图谱的基础上，利用实时监控数据作出实时决策，最终形成运维策略库。实时决策主要包括异常检测、故障定位、故障处置、故障规避等。

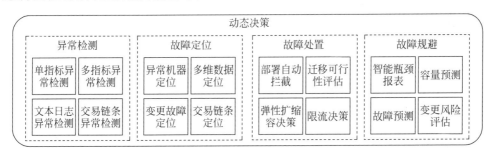

图 7-10 动态决策类组件的示意图

动态决策类组件一般是对当前的日志或事件进行分析，作出及时响应与决策，甚至判断未来一段时间内的系统运行状态进行预测。可以将异常发现、故障定位、异常处置作为一种被动的运维，异常规避则是一种主动的异常管理方式，准确度高的预测能提高服务的稳定性。

以故障预测为例，预测是基于历史经验的基础，使用多种模型或方法对现有的系统状态进行分析，判断未来某一段时间内失效的概率。

预测是一种主动的异常管理方式，准确度高的预测能提高服务的稳定性。通过智能预测的结果，运维人员可采用多种运维手段（如切换流量、替换设备等方式）规避系统失效。

基于故障特征的预测是在离线状态下从历史系统日志中通过机器学习算法提取出异常特征，对模型进行训练。在在线预测阶段，将实时的运行状态信息与模型中的异常特征进行匹配，从而确定未来某时间段系统失效的概率。

3）自动化工具

自动化工具是基于确定逻辑的运维工具，对技术系统实施运行控制、监控、重启、回滚、版本变更、流量控制等系列操作，以维护技术系统的安全、稳定、可靠运行。自动化工具是自动化运维的产物，也是智能运维组件作出决策后，实施具体运维操作依赖的工具。

自动化工具按照功能可分为两类：监控报警类、运维操作类。监控报警类自动化工具是对各类 IT 资源（包括服务器、数据库、中间件、存储备份、网络、安全、机房、业务应用、操作系统、虚拟化等)进行实时监控,对异常情况进行报警,并对故障根源告警进行归并处理,以解决特殊情况下告警泛滥的问题,例如机房断网造成的批量服务器报警。

运维操作自动化工具主要是把运维一系列手工执行的烦琐工作,按照日常正确的维护流程分步编写成脚本,然后由自动化运维工具按流程编排成作业,自动化执行,如运行控制、备份、重启、版本变更与回滚、流量控制等。

7.1.6 智能运维的关键技术

1) 状态数据监测

随着设备结构的复杂化和运行工况的恶劣化,组成设备的子系统的故障模式复杂多样且相互耦合,设备及子系统的寿命分布描述更为困难,运维管理和维修决策所需的状态数据越来越多,同时对状态数据的精确性和实时性要求也越来越高。

2) 状态数据预处理

现实世界中没有不存在噪声的信号。在高端设备状态数据监测中,由于运行工况恶劣、干扰因素众多,加之传感器质量、监测工艺和人为操作等原因,往往使原始测试数据信号中含有噪声或误差。这就需要对状态数据进行预处理。

3) 状态特征提取

在实际故障诊断过程中,为提高故障诊断的准确性,总是要求尽可能多地采集状态参数和积累故障样本,最后造成设备状态数据的规模越来越大。此时需要对大量的原始状态信息进行特征提取,从状态数据中提取对设备诊断贡献大的有用信息,也就是用大大少于原始状态参数数量的特征充分、准确地描述设备的实际运行状态,同时还要使它们较好地保持原有状态的可分性,实现基于较少的特征进行故障诊断的目的。

4) 状态评价与预测

(1) 状态评价。状态评价是指根据设备的状态数据和评价准则综合评价设备的健康状态,据此决定目前设备是否需要维修,所以状态评价是基于状态进行维修决策的基础。

设备的综合评价是一个复杂的系统工程,特别是复杂设备的综合评价,是一个多目标、多指标的综合评价,这也增加了设备评价的难度。评价指标体系的确定、评价信息的获取、评价结果的综合利用等是进行设备综合评价的关键。

(2) 状态预测。状态预测是指根据设备的历史状态和当前状态,分析其变化趋势并预测其未来的状态,据此决定设备未来某一时刻是否需要维修。状态预测大致可以分为两种:基于物理模型的预测、数据驱动的预测。

5) 故障诊断与溯源

(1) 故障诊断:故障诊断是指利用传感器测量参数和信号处理获得的特征参数,分析设备发生故障的原因、部位、类型、程度、寿命及其变化趋势等,以制订科学的维护或维修计划,保证设备安全、高效、可靠地运行。

故障诊断方法归纳为基于人工智能的方法、基于信号处理的方法和基于动态数学模型的方法。

根据故障分析手段,可将故障诊断方法归纳为模型驱动的诊断方法、数据驱动的诊断方法和联合驱动的诊断方法。

(2) 故障溯源:故障溯源是指通过分析诱发零件、部件或设备系统发生故障的物理、化学、电学与机械过程,建立设备典型故障与故障根源之间的关联关系,实现服务数据驱动的故障原因分析、设计制造缺陷识别和缺陷部位推断,支持产品设计制造的改进和优化。

6) 基于状态的维修决策

维修决策是根据设备的运行状态及其变化趋势,确定设备什么时候维修(维修时机)、维修什么(维修工作范围),以及需要多少维修费用和备件需求(维修资源)。它是设备智能运维的重要内容,主要包括维修时机优化、维修计划优化、维修工作范围确定和备件需求规划。

7.2 远程运维

远程运维是指通过远程技术手段对设备进行实时监测、故障诊断、报警处理和维护保养等工作。这项技术可以有效地减少维修专业人员到现场的时间和成本,同时利于不同地域、不同公司之间的协同工作。另外,通过对大量数据进行搜集和分析,远程运维技术可以更好地理解和预测设备的健康状态,从而提高设备使用寿命和安全性。因此,在智能制造中,远程运维技术的应用越来越广泛。

7.2.1 远程运维技术概述

1) 远程运维技术模式

(1) 云平台远程运维:云平台运维是一种基于云计算的运维方式,在这种模式下,设备的传感器和互联网模块将设备的数据发送至云端,维修人员再通过远程控制平台完成对设备的抑制维护工作。

(2) 机器人远程运维:利用机器人进行简单的维护和调试操作,对于一些危险的维修工作来说,利用机器可避免人员暴露在危险的环境中。

(3) 物联网远程运维:物联网运维是指通过互联网连接设备、人员和服务,采集各种数据,并将其传入云端,以便远程分析、比较、管理相关设备和应用。现在普及应用的智能家居也是一种物联网应用。

(4) 虚拟现实远程运维:利用虚拟现实技术,将远程控制和操作视为现实场景中的实时进程来实现,这种模式可以帮助操作人员获得更真实的体验感,缩短对设备的故障排查时间。

2) 远程运维技术在智能制造中的应用优势

(1) 降低维修成本:传统的维护方式在设备维修和调试时,常常需要专业人员亲自上门作业。然而,远程运维技术的应用却摆脱了这个"瓶颈",通过互联网远程抑制和管理设备,维护和修理设备成本明显降低,操作效率大大提高。

(2) 提升操作效率:应用远程运维技术可以通过及时的设备监测和数据跟踪,在实时情况下获取设备运营状态的相关情况,比如温度、水压、转速等。这种方法可以帮助操作人员发现问题并提前处理,从而避免机器停工,同时也为问题的解决提供及时、准确的解决方法。

(3) 提高设备的可靠性:大部分设备故障往往是潜在的设计难点,利用远程运维技术可实现对设备的局部监测和预测性维护管理,可以及时地预防和消除潜在问题,从而提高设备的可靠性和可维护性,降低生产停顿的风险。

总的来讲,远程运维技术的应用在智能制造领域意义非凡。它可通过互联网的远程交流提高设备的管理和运行效率和效果,进一步提高对整个生产的贡献。可以预见,这些技术的不断创新和完善将为未来更高效、便捷、稳定的工业环境带来广泛和深远的影响。

7.2.2 远程运维解决方案

随着企业业务的不断扩张,IT基础设施规模日益庞大,运维工作面临诸多挑战。传统现场运维方式难以满足企业对IT系统高效、快速的响应需求。远程运维解决方案成为解决这些问题的关键。

1) 定义与特点

远程运维解决方案是一种通过远程技术手段对网络设备、服务器、应用等进行监控、管理和维护的方法。它具有以下特点。

(1) 高效性:通过远程方式进行运维,可以减少现场维护的时间和人力成本,提高工作效率。

(2) 安全性:远程运维可以降低现场维护的风险,同时通过数据加密等手段保障信息安全。

(3) 灵活性:远程运维不受地理位置限制,运维人员可以随时随地进行操作和维护。

2) 解决方案的目标和价值

解决方案的目标是提高运维效率、降低运维风险、提升服务质量、保障信息安全、降低运维成本。

(1) 提高运维效率:通过远程集中管理,降低现场维护成本,提高故障处理速度;通过远程方式进行运维,可以快速定位和解决问题,减少故障时间。

(2) 降低运维风险:减少现场维护人员数量,降低安全风险,减少人为操作失误。

(3) 提升服务质量:提供24小时不间断的监控和维护,确保IT系统的稳定运行。可以提供更专业、高效的服务,提高客户满意度。

(4) 保障信息安全:通过数据加密、权限管理等手段,保障运维过程中的信息安全。

(5) 降低运维成本:远程运维可以降低现场维护的人力、物力和时间成本,进而降低整体运维成本。

3) 远程运维解决方案的关键技术

(1) 远程监控技术:通过远程监控技术,运维人员可以实时获取设备运行状态、系统资源使用情况等信息,及时发现和解决潜在问题,实现实时监控;远程监控技术还支持远程控制功能,运维人员可以远程对设备进行操作,执行维护和修复任务,实现远程控制;通过设置预警和报警机制,远程监控技术能够及时发现异常情况,并向运维人员发送警报,提高故障处理的及时性。

(2) 自动化运维技术:自动化运维技术可以实现软件的自动化部署,大大提高部署效率,减少人工干预和错误;自动化运维技术能够对系统进行实时监控,自动收集和分析数据,提供决策支持,实现自动化监控;在系统出现故障时,自动化运维技术能够自动检测问题并修复,从而降低人工干预的需求,实现自动化修复。

(3) 安全防护技术:安全防护技术包括防火墙配置,能够有效地阻止未经授权的访问和恶意攻击；通过数据加密技术，可以保护数据传输和存储过程中的安全，防止数据泄露和被篡改。安全防护技术还包括安全审计功能，能够对系统进行全面的安全检查和评估，及时发现和修复安全漏洞。

（4）数据备份与恢复技术：数据备份技术能够定期对重要数据进行备份，确保数据安全可靠；在数据丢失或损坏的情况下，数据恢复技术能够快速恢复数据，保证业务的连续性。数据备份与恢复技术还支持数据迁移功能，能够将数据从一个平台迁移到另一个平台，满足业务发展需求。

4）技术发展趋势

（1）随着人工智能和机器学习技术的不断发展，远程运维将更依赖自动化工具，实现故障自动检测、预警和修复，提高运维效率。

（2）云计算平台将提供更灵活、可扩展的远程运维环境，容器化技术将进一步简化应用部署和管理，降低运维复杂度。

（3）随着微服务架构的普及，远程运维将更注重服务间的通信、监控和管理，确保系统稳定性和可用性。

（4）随着物联网设备的普及，远程运维将应用于更多类型的设备，包括智能家居、工业控制等领域的设备管理。

（5）随着边缘计算的发展，远程运维将涉及更广泛的地域和节点，实现分布式系统的统一管理和监控。

（6）云游戏产业的兴起将推动远程运维在游戏领域的应用，提供高效、低延迟的游戏服务。

5）面临的挑战与机遇

（1）安全风险：远程运维涉及敏感数据和系统操作，需加强安全防护措施，防止数据泄露和恶意攻击。

（2）跨地域协同：在全球化背景下，远程运维需应对跨地域协同的挑战，实现高效、实时的运维管理。

（3）技术更新与维护成本：随着技术的快速发展，远程运维需不断更新技术和工具，同时考虑成本与效益的平衡。

（4）市场需求增长：随着数字化转型的加速，远程运维解决方案的市场需求将进一步增长，为企业提供更多的商业机会。

本章小结

本章主要介绍了智能运维技术的概念、内容、应用场景及其关键技术。在描述智能运维技术基本概念的基础上，指出其为运维领域的最新技术，依托大数据和机器学习，能够实时或离线分析多种数据源，增强传统运维能力。详细阐述了智能运维的主要内容，包括状态数据感知、预处理、特征提取、状态评价与预测、故障诊断与预测、运行维修决策及车间维修管理等环节，形成了一个完整的运维体系。分析了设备维修策略的主要类型，包括事后维修、定时维修、基于状态的维修和预测性维修等，每种策略都有其优缺点和适用场景。展示了其在提升运维效率、保障系统稳定性方面的巨大潜力，并为智能制造的发展提供有力支持。

习题

1. 智能运维的定义是什么？解释其与传统运维模式的区别。
2. 简述智能运维技术的主要组成部分及其作用。
3. 解释状态数据感知、状态数据预处理和状态特征提取在智能运维中的作用。
4. 比较事后维修策略、定时维修策略和基于状态的维修策略的优缺点。
5. 描述运维大数据平台的逻辑架构及各层的主要功能。
6. 智能分析决策组件中的运维知识图谱类组件和动态决策类组件各有什么作用？
7. 举例说明状态评价与预测在智能运维中的应用。
8. 远程运维技术有哪些主要模式？简述其在智能制造中的应用优势。
9. 相比传统工厂运维，智能工厂运维有哪些特点？
10. 结合本章内容，谈谈你对智能运维技术在未来工业发展中作用和前景的看法。

第 8 章

智能车间与工厂管理

智能车间与工厂管理是一个企业的灵魂,企业产品的优劣主要取决于生产过程中的管理与控制。智能化管理系统,通过布置在生产现场的专用设备,对从原材料上线到成品入库的生产过程进行实时数据采集、控制和监控。通过控制包括物料、仓库设备、人员、品质、工艺、流程指令和设施在内的所有工厂资源提高制造竞争力,从而实现企业实时化的信息系统。本章重点介绍智能物流和供应链管理及智能调度。

8.1 企业商务管理

企业商务管理在现代商业环境中扮演着至关重要的角色。它不仅是对企业日常商业活动的简单组织和管理,还是企业实现战略目标、提升市场竞争力、确保可持续发展的关键驱动力。随着信息技术的飞速发展,商务管理正在经历一场深刻的变革,向着数字化、智能化的方向不断前进。

在市场营销管理方面,企业可以利用大数据和人工智能技术分析消费者行为和市场趋势,制定更为精准的市场营销策略。通过社交媒体、搜索引擎优化、内容营销等多种渠道,企业可以更高效地推广产品和服务,与消费者建立紧密的联系。

在客户关系管理方面,企业可以利用先进的客户关系管理系统管理客户信息,包括客户的基本信息、购买历史、反馈意见等。通过深入分析这些数据,企业可以更好地理解客户需求,为其提供更为个性化的服务,从而增强客户忠诚度和满意度。

在供应链管理方面,企业可以借助物联网技术实现对供应链各环节的实时监控和数据采集。这不仅可以提高供应链的透明度,还可以帮助企业优化库存管理,降低运营成本,提高交付效率。此外,企业还可以利用区块链技术确保供应链信息的真实性和可追溯性,进一步提升供应链的安全性。

在财务管理方面,企业可以利用云计算和人工智能技术实现财务数据的自动化处理和分析。这不仅可以提高财务工作的效率,还可以帮助企业更好地管理风险、制订更合理的预算和资金计划。

在人力资源管理方面,企业可以利用大数据和人工智能技术优化招聘、培训、绩效管理等环节。通过分析员工数据,企业可以更准确地评估员工的能力和潜力,制订更为个性化的培训计划,提高员工的满意度和忠诚度。

此外,企业商务管理还要关注企业的战略规划和文化建设。一个清晰的战略规划可以为企业指明发展方向,确保企业在竞争激烈的市场中保持领先地位。而积极、健康的企业文化可以激发员工的创造力和凝聚力,为企业的发展提供源源不断的动力。

综上所述,企业商务管理是一个复杂而重要的领域。随着信息技术的不断发展,企业需要不断创新和适应变化,才能确保在激烈的市场竞争中立于不败之地。

8.2 智能物流与供应链管理

智能物流与供应链管理是现代制造企业的核心管理环节,它涵盖从原材料到最终销售的整个流程。随着物联网、大数据、云计算、人工智能和区块链等智能化技术的应用,这一管理过程变得更高效、精准和可视化。这些技术不仅能提升供应链的透明度、响应速度和灵活性,还能优化资源配置,降低成本,并为企业提供强大的计算和存储能力,确保企业更好地管理风险,提高市场竞争力。如图 8-1 所示。

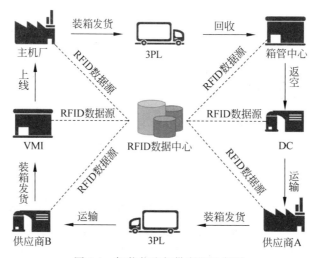

图 8-1　智能物流与供应链示意图

8.2.1　智能物流与供应链的特点和功能

智能物流与供应链的特点为现代物流管理带来了革命性变化,这些特点包括实时数据采集和分析、自动化操作、智能决策支持和全流程可视化等。其具体特点如下所示。

(1)实时数据采集和分析:通过物联网传感器和无线射频识别技术,智能物流与供应链系统能够实时采集货物位置、温度、湿度等大量数据。同时,实时数据分析功能可以迅速识别潜在问题,如运输延误、库存过剩或短缺,从而及时采取措施。结合历史数据和当前市场趋势,系统还可以为企业提供更准确的业务洞察和决策支持。

(2)自动化操作:自动化仓储设备(如 AGV、自动化堆垛机等)不仅能提高仓库的操作效率,还能降低人为错误的风险。自动化分拣系统能够根据预设规则或机器学习算法快速、准确地将货物分类和打包,减少人力成本。自动化运输工具,如无人驾驶卡车和无人机,可以 24 小时不间断地工作,进一步提高物流效率。

（3）智能决策支持：利用大数据和人工智能技术，智能物流与供应链系统可以根据实时数据和历史数据为管理者提供决策支持。例如，系统可以自动调整运输路线以避开拥堵路段，或者预测某个地区的货物需求并提前进行库存调整。机器学习算法还可以持续优化库存管理和运输计划，实现长期的成本节约和效率提升。

（4）全流程可视化：通过先进的物流信息系统和可视化工具，企业可以实时查看货物的位置、状态及整个物流过程的进度。这有助于企业及时发现问题并采取解决措施，确保物流过程顺利进行。全流程可视化还可以提高客户满意度和信任度，因为客户可以随时查询货物的位置和状态。

同时，智能物流与供应链还具有如下功能。

（1）自动化仓储管理：除使用智能仓储设备和系统外，自动化仓储管理还具有智能库存控制、自动补货等功能。系统可以根据销售数据和库存水平自动调整补货计划，确保库存始终保持在最佳水平。

（2）实时监控和追踪：除物联网技术外，实时监控和追踪还可以利用 GIS 和 GPS 技术精确定位货物位置。无论是海运、陆运还是空运，系统都可以实时跟踪货物的运输情况并为客户提供准确的预计到达时间。

（3）智能调度与优化：智能调度与优化不仅包括运输路线和调度方案的优化，还包括对物流资源的合理调配和利用。例如，系统可以根据不同地区的需求和运输能力自动分配运输任务向合适的运输车辆或司机。

（4）需求预测与库存管理：除利用大数据分析和机器学习技术进行需求预测外，系统还可以根据预测结果自动调整生产计划和采购计划。通过与供应商和分销商进行紧密合作，系统可以实现供应链的协同管理和优化。

综上所述，智能物流与供应链的特点和功能为企业带来了更高的效率、更低的成本和更好的客户体验。随着技术的不断进步和应用场景的拓展，智能物流与供应链将在未来发挥更重要的作用。

8.2.2 智慧供应链的层次

智慧供应链的建设是一个分层的、逐步深化的过程，可以细分为以下三个层次。

1）基础层

（1）物联网设备与自动化：基础层是智慧供应链建设的基石，主要依赖物联网设备、传感器和 RFID 等技术。这些技术能够实时采集物流环节中的关键数据，如货物位置、温度、湿度等，实现物流过程的自动化。例如，通过 RFID 技术，可以实现对货物的快速识别和跟踪，提高货物管理的效率和准确性。

（2）数据化与标准化：在基础层，还要对数据进行标准化处理，以确保不同系统之间的数据互通互用，包括使用统一的数据格式、数据接口和数据传输协议，以便在不同环节和部门之间实现数据的无缝对接。

2）数据层

（1）数据采集与集成：在数据层，通过物联网设备和传感器采集的数据将被集成到统一的数据库中。这些数据包括货物位置、运输状态、库存水平等，为后续的数据分析和决策支持提供基础。

(2) 大数据分析与挖掘：在数据集成的基础上，利用大数据分析技术对海量数据进行深度挖掘和分析。通过分析，可以发现物流过程中潜在的问题和优化点，为管理层提供决策支持。例如，通过对历史销售数据进行分析，可以预测未来的市场需求，从而指导生产计划和库存控制。

(3) 数据可视化：为了方便理解和使用这些数据，数据层还要具有数据可视化功能。通过图表、报表等形式展示数据，使管理层能够更直观地了解物流过程的状态和趋势。

3) 应用层

(1) 智能化管理：在应用层，利用人工智能、区块链、云计算等先进技术实现供应链的智能化管理。这些技术可以应用于供应链的各环节，如智能采购、智能库存、智能运输等。

(2) 智能采购：通过分析历史采购数据和市场需求预测，自动制订采购计划，实现精准采购，降低库存成本。

(3) 智能库存：通过实时库存监控和预测模型，自动调整库存水平，避免库存积压和缺货现象的发生。

(4) 智能运输：利用 AI 算法优化运输路线和调度方案，提高运输效率并降低运输成本。同时，通过物联网技术实时监控运输过程的状态和进度，确保货物安全准时送达。

(5) 协同与整合：在应用层，还要实现供应链各环节的协同与整合。通过统一的平台和信息共享机制，促进供应链各参与方之间的沟通和协作，提高整个供应链的响应速度和效率。

综上所述，智慧供应链的建设需要从基础层开始逐步深化，通过数据层的支持和应用层的创新应用，实现供应链的智能化管理和优化。这将有助于提高物流效率、降低成本、提升客户满意度并增强企业的市场竞争力。

8.2.3 供应链与区块链双链融合

供应链与区块链的双链融合，是近年来供应链领域的一项重要创新。这种融合不仅能为供应链管理带来前所未有的透明度和安全性，也能促进供应链各环节的协同与高效运作。其具体内容如下。

1) 技术融合

区块链的去中心化特性可打破传统供应链中信息集中的模式，使供应链中的各环节都能直接参与到数据的记录和验证中，从而增强整个供应链的信任基础。同时，区块链的不可篡改特性可确保供应链中数据的真实性和可信度，即使数据在传输过程中被截获，也无法被篡改，为供应链中的各方提供强大的数据安全保障。此外，区块链的可追溯特性使供应链中的每个环节都能被清晰地追踪和回溯，从而确保产品的质量和安全。

2) 供应链溯源

利用区块链技术，可以详细记录产品从原材料采购、生产加工、物流配送到最终销售的每个环节，形成完整的产品生命周期数据链。一旦出现产品质量问题或假冒伪劣产品，可以迅速追溯到问题的源头，及时采取措施，减少损失。消费者也可以通过扫描产品上的二维码或查询区块链平台，了解产品的生产过程和来源，增强消费者的信任度和购买意愿。

3) 智能合约

智能合约是区块链上的自动执行程序，可以在满足一定条件时自动执行合同条款，无须人工干预。在供应链中,智能合约可以自动处理订单、付款、物流等流程,提高交易效率,降低人力成本。同时,智能合约还可以降低违约风险,因为一旦合同条款被写入区块链并达成共识,就无法被篡改或单方面解除。

4) 数据共享与协同

区块链技术可以打破传统供应链中的信息孤岛现象,实现各环节之间的数据共享和协同。通过区块链平台,供应链中的各方可以实时查看和更新数据,确保信息的准确性和一致性。这不仅能提高供应链的整体效率和响应速度,还有助于供应链中的各方更好地协作和配合,共同应对市场变化和风险挑战。

5) 安全性与隐私保护

在双链融合的过程中,还要注意安全性和隐私保护的问题。虽然区块链技术具有强大的数据安全保障能力,但也需要采取适当的安全措施,以保护用户的隐私和数据安全。例如,可以采用加密技术保护敏感信息的传输和存储;同时,还要建立完善的安全管理制度和应急预案以应对各种安全风险和挑战。

总之,供应链与区块链的双链融合为供应链管理带来了革命性变革和机遇。通过充分利用区块链技术的优势并创新应用模式,可以推动供应链管理的升级和发展,实现更高效、更透明、更安全的供应链管理目标。

8.2.4 供应链金融

供应链金融作为现代金融服务的重要组成部分,其重要性日益凸显。金融机构通过深入分析供应链上下游企业的交易数据,为企业提供定制化的融资服务,从而帮助企业解决生产经营过程中遇到的资金问题。而智能供应链金融的引入,更是将大数据和人工智能技术融入其中,可极大地提升融资效率和风控水平。供应链金融应用示意图如图 8-2 所示。

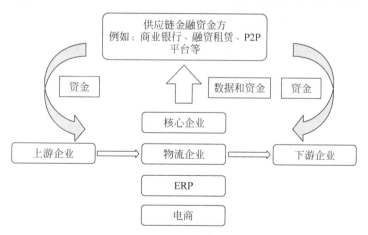

图 8-2 供应链金融应用示意图

智能供应链金融不局限于传统的融资模式,而是利用先进的数据分析技术,对企业的信用状况进行更全面、准确的评估。通过对企业的历史交易数据、市场表现、行业趋势等多维度数据进行分析,金融机构能够更精确地把握企业的还款能力和风险水平,从而为企业提供更符合其实际需求的融资方案。

在主要模式方面,智能供应链金融可进一步细化和优化传统模式,使其更加适应现代企业的需求,具体如下。

1) 应收账款融资

基于企业的应收账款,金融机构为企业提供短期融资。智能供应链金融通过自动化处理和实时分析应收账款数据,快速评估其质量和风险,为企业提供更便捷的融资服务。同时,金融机构还可以协助企业实现应收账款的自动化管理和催收,降低坏账风险。

2) 库存融资

基于企业的库存货物,金融机构为企业提供融资支持。智能供应链金融通过物联网、传感器等技术手段,实时获取企业的库存数据,包括库存数量、种类、质量等。基于这些数据,金融机构可以更准确地评估企业的库存价值,并为企业提供相应的融资支持。此外,智能供应链金融还可以帮助企业实现库存的智能化管理,降低库存成本,提高库存周转率。

3) 订单融资

基于企业的订单数据,金融机构为企业提供融资服务,帮助企业提前获取生产资金。智能供应链金融通过分析企业的订单数据,了解其销售情况、客户信用状况等信息,从而为企业提供更精准的融资方案。同时,智能供应链金融还可以协助企业实现订单的自动化管理和风险预警,降低订单违约和纠纷发生风险。

除以上三种主要模式外,智能供应链金融还可以根据企业的实际需求进行定制化服务。例如,金融机构可以根据企业的采购计划、生产计划等提供预付账款融资、生产融资等服务,帮助企业更好地应对资金压力,优化运营流程。

总之,智能供应链金融通过大数据和人工智能技术的应用,为供应链上下游企业提供更高效、便捷、安全的融资服务。未来随着技术的不断进步和应用场景的不断拓展,智能供应链金融将在供应链管理发挥更重要的作用。

8.2.5 绿色供应链

绿色供应链(图 8-3)不仅是一种理念,更是一种实践,它要求供应链的所有参与者在各环节深入考虑并实现环境影响和资源利用效率的最大化。

其主要内容如下。

1) 绿色采购

绿色采购不仅包括选择环保材料和供应商,还包括评估供应商环境绩效。这要求企业建立绿色采购标准和体系,将环境因素纳入供应商的评价和选择过程。此外,企业还应与供应商建立长期、稳定的合作关系,共同推动供应链的绿色化。

在绿色采购过程中,企业还应关注产品的生命周期评估,确保采购的产品在其生命周期内对环境的影响最小化。同时,企业还应推动绿色产品的设计和开发,以满足市场需求并推动行业的绿色化发展。

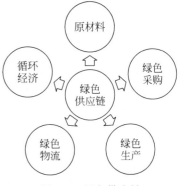

图 8-3 绿色供应链

2) 绿色生产

绿色生产不仅要求企业采用清洁生产技术,降低能耗和排放,还涉及生产设备的更新和改造。企业应引进先进的环保设备和技术,提高生产效率和资源利用率。此外,企业还应加强生产过程中的环境管理,确保生产活动符合环保法规和标准。

绿色生产还需要企业加强员工的环保意识和相关培训,提高员工对环保工作的重视程度和参与度。同时,企业还应建立绿色生产的激励机制,鼓励员工积极参与绿色生产活动,共同推动企业的绿色化发展。

3)绿色物流

绿色物流不仅要求优化运输路线和方式,减少物流过程中的碳排放,还涉及包装和仓储等方面的绿色化。企业应采用环保包装材料,减少包装废弃物。同时,企业还应优化仓储管理,提高仓储效率,减少库存积压和浪费。

在绿色物流的实施过程中,企业还应加强物流信息的透明度,实现物流信息的共享和协同。这有助于企业更好地掌握物流情况,提高物流效率,降低物流成本。此外,企业还应推动绿色物流的标准化和规范化,促进绿色物流的可持续发展。

4)循环经济

循环经济不仅要求通过废物回收和再利用减少资源浪费,还涉及资源的节约和替代。企业应积极推广循环经济的理念和实践,加强废弃物的分类和回收工作,提高资源的利用率。同时,企业还应探索新的资源节约和替代技术,降低对自然资源的依赖。

在循环经济的构建过程中,企业还应加强与其他企业的合作和交流,共同推动产业链的绿色化和循环化。此外,企业还应积极参与政府和社会组织的环保活动,推动全社会的绿色化发展。通过多方合作和共同努力,构建一个更加绿色、可持续的供应链体系。

8.3 智能调度

智能调度是智能制造系统的核心组成部分,其管理系统示意图如图 8-4 所示。在现代工业生产中,随着设备自动化程度的提高和生产需求的多样化,如何高效、准确地调度生产资源,以最大化生产效率并满足市场需求,成为一个迫切需要解决的问题。

图 8-4 智能调度管理系统示意图

智能调度可通过集成先进的算法和技术,实现对生产资源的智能化管理和优化。它不仅对设备和人力进行简单的分配,还通过深入分析生产数据,理解生产过程的复杂性和动态性,从而做出更精准、高效的调度决策。

8.3.1 智能调度概述

智能调度是现代制造业的关键技术之一,它利用人工智能、机器学习、数据分析等先进技术对生产任务、资源分配、加工顺序等进行智能化优化和管理。通过实时生产数据和预测模型,智能调度系统能够自动调整生产计划和调度方案,以应对生产过程中的变化和不确定性,提高生产系统的灵活性和效率。该系统不仅能实时监控生产现场,根据实时数据快速响应生产需求,还能通过预测模型预测未来的生产情况,并采取相应的预防措施。此外,智能调度系统还具备自动化决策的能力,能够减小人工调度的负担,提高调度效率和准确性。通过直观的可视化界面和操作工具,用户可以方便地查看生产数据、计划和调度方案,并进行相应的操作和调整。

智能调度是一个持续学习和优化的过程,随着生产数据的积累和算法的优化,其调度能力和效率将不断提高。未来智能调度将在制造业中发挥更重要的作用,为企业带来更高的生产效率和更低的成本。

8.3.2 智能调度问题的表示方法

智能调度问题在制造业和服务业中都发挥着至关重要的作用,它要求有效地分配和管理各种资源以满足复杂的生产或服务需求。为了精确地描述和解决这些问题,数学家和工程师常常采用数学模型表示智能调度问题。常见的表示方法如下。

1) 作业调度模型

作业调度模型(job scheduling model)是智能调度中常见的表示方法之一。它将整个生产任务分解为一系列的作业或任务,每个作业都有特定的加工顺序和时间要求。这些作业可能需要在不同的设备上进行处理,也可能依赖其他作业的输出作为输入。作业调度模型的目标是确定这些作业的执行顺序和时间,以优化整体生产效率。

(1) 考虑优先级:在实际应用中,某些作业可能比其他作业具有更高的优先级。作业调度模型可以扩展为包含作业优先级,以确保高优先级的作业优先被处理。

(2) 柔性作业调度:在某些情况下,作业的加工顺序并不是固定的,而是可以灵活调整的。柔性作业调度模型允许在满足一定约束条件的情况下改变作业的加工顺序,以进一步优化生产效率。

2) 资源约束模型

资源约束模型(resource-constrained model)关注资源的限制,如设备、工人、物料等。在智能调度中,资源的分配和使用是一个关键问题。资源约束模型的目标是优化资源的分配和使用,以最大化生产效率或满足其他目标函数。

多资源类型:在实际生产环境中,可能存在多种类型的资源,如不同类型的设备、工人技能等。资源约束模型可扩展为考虑多种资源类型的情况,以更准确地描述生产过程中的资源需求。

动态资源调整:在某些情况下,资源的可用性可能会随时间变化。例如,设备可能发生故障,工人可能请假。资源约束模型可扩展为考虑资源的动态可用性,并允许在调度过程中进行动态的资源调整。

3) 目标函数

目标函数(objective function)是智能调度中的另一个重要组成部分。它设定优化的目标,如最小化总生产时间、最大化设备利用率、最小化生产成本等。通过选择合适的目标函数,确保智能调度系统满足企业的实际需求。其具体内容包含以下两个方面。

(1) 多目标优化:在实际应用中,企业可能同时关注多个目标,如既希望最小化生产时间,又希望最大化设备利用率。多目标优化方法允许在调度过程中同时考虑多个目标,并找到一种平衡方案以满足所有目标的需求。

(2) 动态目标:在某些情况下,目标可能会随时间变化。例如,当市场需求发生变化时,企业可能需要调整生产目标以适应新的需求。动态目标函数允许在调度过程中根据实际需求调整优化目标,以实现更灵活、高效的调度。

8.3.3 单机智能调度问题及其智能优化

单机智能调度问题是一个在制造业、服务业及许多其他领域常见的问题,它关注如何在一个设备上有效地安排多个任务以最小化完成所有任务的总时间或延迟时间。这类问题具有广泛的实际应用,如生产线的任务调度、服务器的任务分配等。单机智能调度的解决方案主要包括启发式算法和智能优化算法。

1) 启发式算法

启发式算法(heuristic algorithms)是一种基于直观或经验构造的算法,能够在可接受的时间和空间内给出待解决组合优化问题的每个实例的一个可行解,但不一定保证所得解的可行性和最优性。在单机智能调度问题中,常用的启发式算法如下。

(1) 最短加工时间优先(shortest processing time,SPT):该算法优先安排加工时间最短的任务。通过减少短任务的总等待时间,降低整体的生产时间。

(2) 最早截止时间优先(earliest due date,EDD):当任务有特定的截止时间要求时,该算法优先安排截止时间最早的任务。这有助于确保高优先级的任务及时完成,减少延迟。

2) 智能优化算法

智能优化算法(intelligent optimization algorithms)通过模拟自然界的进化过程或群体行为寻找问题的最优解。在单机智能调度问题中,这类算法能够有效地处理复杂的约束条件和目标函数,找到高质量的调度方案。

8.3.4 并行机智能调度问题及其智能优化

并行机智能调度问题是一个制造业、数据中心管理及许多其他领域广泛存在的问题,它关注如何有效地将任务分配给多台机器,以优化整体性能。这通常涉及任务的优先级、处理时间、机器的可用性及可能存在的约束条件等因素。并行机智能调度的解决方案主要包括分支定界法和智能优化算法。

1) 分支定界法

分支定界法(branch and bound)是一种用于解决组合优化问题的搜索算法。在并行机智能调度问题中,该方法通过构建搜索树探索所有可能的任务分配方案。在搜索过程中,算法会逐步排除那些不满足约束条件或不可能得到最优解的分支,从而缩小搜索范围。通过不断迭代和剪枝,最终找到问题的最优解或近似最优解。

分支定界法的关键在于如何有效地进行分支和剪枝操作。在实际应用中,可以根据问题的具体特点设计合适的分支策略和剪枝策略。例如,在任务分配过程中,可以优先考虑那些具有更高优先级或更长处理时间的任务,以加快搜索速度。此外,还可以利用一些启发式信息指导搜索过程,如根据任务的截止时间或机器的负载情况选择合适的分配方案。

2) 智能优化算法

智能优化算法是一类模拟自然界进化过程或群体行为的算法,它们通过迭代优化过程寻找问题的最优解。在并行机智能调度问题中,常用的智能优化算法包括蚁群算法和禁忌搜索等。

(1) 蚁群算法(ant colony optimization,ACO):蚁群算法模拟自然界中蚂蚁觅食的行为。在并行机智能调度问题中,可以将任务视为食物源,将机器视为蚂蚁的巢穴。通过模拟蚂蚁寻找食物源的过程,算法可以逐步找到一种有效的任务分配方案。在搜索过程中,算法会根据历史信息(如之前成功找到食物源的路径)调整搜索方向,并通过信息素更新机制保持搜索的多样性。

蚁群算法的关键在于如何设计合适的信息素更新机制和状态转移规则。在实际应用中,可以根据问题的具体特点调整这些参数。例如,可以根据任务的优先级或处理时间设置不同的信息素挥发速度,以加快搜索速度。此外,还可以将蚁群算法与其他优化算法相结合,如遗传算法或粒子群优化算法,以进一步提高搜索效率和解的质量。

(2) 禁忌搜索(tabu search,TS):禁忌搜索是一种模拟人类记忆机制的优化算法。在并行机智能调度问题中,算法通过不断尝试改变当前的任务分配方案寻找更优解。为了避免陷入局部最优解,算法会设置一个禁忌表以记录最近尝试过的解或操作,并在一定时间内禁止再次尝试这些解或操作。通过不断迭代和更新禁忌表,可以逐步找到问题的最优解或近似最优解。

禁忌搜索的关键在于设计合适的禁忌表和更新策略。在实际应用中,可以根据问题的具体特点设置禁忌表的长度和更新频率。此外,还可以将禁忌搜索与其他启发式算法相结合,如模拟退火算法或遗传算法,以进一步提高搜索效率和解的质量。

8.3.5 开放车间智能调度问题及其智能优化

开放车间智能调度问题(open shop scheduling problem,OSP)是一个复杂的组合优化问题,其中每个作业可以在任何顺序的机器上进行加工,但是每台机器都可能有特定的处理时间和/或顺序要求。OSP 的目标是优化所有作业的加工顺序,以最小化所有作业的完成总时间或其他性能指标。开放车间智能调度问题的解决方案主要包括启发式算法和智能优化算法。

1) 启发式算法

启发式算法通常用于在合理的时间内找到问题的近似解。在 OSP 中,启发式算法通过搜索解的邻域空间来找到局部最优或全局近似的最优解。

(1) 启发式邻域搜索:从一个初始解(一组作业和机器的加工顺序)开始。迭代地探索解的邻域,通过改变作业的加工顺序或机器的分配寻找更好的解。通常采用邻域评估函数指导搜索,该函数用于评估每个邻域解的优劣。

(2)邻域交换:交换作业在特定机器上的加工顺序或作业在两台机器之间的顺序。通过比较交换前后解的质量,选择更优的解作为新的当前解。重复此过程,直至达到终止条件(如达到最大迭代次数或解的质量不再改善)。

2)智能优化算法

智能优化算法利用群体智能或其他自然启发式原理寻找问题的最优解。在 OSP 中,这些算法通常能够处理大规模问题和复杂的约束条件。

(1)差分进化算法(differential evolution,DE):DE 是一种基于群体差异的进化算法,通过模拟生物进化中的变异、交叉和选择过程搜索最优解。在 OSP 中,DE 可以将每个解表示为一个作业加工顺序的编码,并通过差分向量(解之间的差异)生成新的解。通过迭代地评估、选择和更新解群体,DE 能够逐步找到问题的最优解或近似最优解。

(2)改进遗传算法:改进遗传算法是一种模拟自然选择和遗传机制的优化算法。在 OSP 中,遗传算法可以将每个解表示为一个染色体(作业加工顺序的编码),并通过选择、交叉和变异操作生成新的解。为了提高算法的性能,可以采用各种改进策略,如自适应的交叉和变异概率、精英保留策略、局部搜索技术等。

8.3.6 流水车间智能调度问题及其智能优化

流水车间智能调度问题(flow shop scheduling problem,FSP 或 FSSP)是制造和运筹学领域的一个重要问题。它要求一系列作业以相同的顺序通过一组工作站(或机器),目标是找到一个最优调度方案以最小化所有作业的完成时间(制造期)。流水车间智能调度问题的解决方案主要包括 Johnson's 规则、智能优化算法、元启发式算法、精准算法、近似算法及机器学习方法。

1)Johnson's 规则

Johnson's 规则是一种启发式方法,主要用于两台机器的流水车间调度问题。它通过比较作业在两台机器上的处理时间确定最佳作业排序。这种方法虽然简单,但对于超过两台机器的问题并不适用。

2)智能优化算法

(1)遗传算法(genetic algorithm,GA):遗传算法模拟了自然选择和遗传学原理,通过迭代搜索过程来寻找最优解。它通常包括初始化种群、评估适应度、选择、交叉和变异等步骤。

(2)模拟退火算法(simulated annealing,SA):模拟退火算法是一种概率型算法,它模拟了物理退火过程,允许在搜索过程中接受较差的解以跳出局部最优解。

(3)粒子群优化算法(particle swarm optimization,PSO):粒子群优化算法是一种基于群体智能的优化算法,通过模拟鸟群觅食的行为来搜索最优解。每个粒子代表一个解,它们通过跟踪自身和群体的历史最优解来更新自己的位置和速度。

(4)混合算法:为提高搜索效率和解的质量,可以将不同的优化算法相结合。例如,可以将遗传算法和模拟退火算法相结合,利用遗传算法的全局搜索能力和模拟退火算法的局部搜索能力找到更优的解。

3)元启发式算法

除上述智能优化算法外,还有一些元启发式算法,也被广泛应用于流水车间调度问题,如禁忌搜索、蚁群优化等。

4）精确算法

对于规模较小的问题,可以使用精确算法(如分支定界法、动态规划等)找到最优解。然而,随着问题规模的增大,精确算法的计算复杂度会急剧增加,导致在实际应用中难以承受。

5）近似算法

当问题的规模较大或精确算法的计算复杂度过高时,可以使用近似算法找到接近最优解的调度方案。这些算法通常具有较低的计算复杂度,但解的质量可能略逊于最优解。

6）机器学习方法

近年来,机器学习技术也被应用于流水车间调度问题。通过训练机器学习模型预测作业的处理时间或评估调度方案的质量,以提高搜索效率和解的质量。

流水车间智能调度问题具有广泛的应用场景,如汽车制造、半导体生产、食品加工等。通过优化调度方案,可以提高生产效率、降低生产成本、缩短生产周期等。因此,研究和开发有效的流水车间调度算法和策略对于提高企业的竞争力具有重要意义。

8.3.7 作业车间智能调度问题及其智能优化

作业车间智能调度问题(Job Shop Scheduling Problem,JSP)是调度领域最复杂且最具挑战性的问题之一。这个问题要求解决如何在有限的资源(设备或机器)上安排多个作业的执行顺序,同时满足每个作业在特定设备上的加工顺序约束,并优化某个或多个性能指标,如最小化完成时间、最小化机器空闲时间等。

为应对这些挑战,研究者不断探索新的优化算法和策略,以提高JSP的求解效率和解的质量。同时,随着人工智能和大数据技术的发展,未来JSP的求解方法将更多样化、智能化。

本章小结

本章深入探讨了现代制造业中,智能车间与工厂管理的重要性、实施策略以及带来的变革;重点介绍了智能物流和供应链管理及智能调度。智能物流与供应链管理是现代制造企业的核心管理环节,它涵盖从原材料到最终销售的整个流程。随着物联网、大数据、云计算、人工智能和区块链等智能化技术的应用,这一管理过程变得更高效、精准和可视化。智能调度是现代制造业的关键技术之一,它利用人工智能、机器学习、数据分析等先进技术对生产任务、资源分配、加工顺序等进行智能化优化和管理。通过实时生产数据和预测模型,智能调度系统能够自动调整生产计划和调度方案,以应对生产过程中的变化和不确定性,提高生产系统的灵活性和效率。通过直观的可视化界面和操作工具,用户可以方便地查看生产数据、计划和调度方案,并进行相应的操作和调整。

习题

1. 请简述智能车间的定义及其主要特点。
2. 列举至少三种智能车间实现自动化生产的关键技术,并简要说明它们的作用。

3. 描述智能车间实施的主要步骤，并解释每一步骤的重要性。
4. 分析智能车间在提升生产效率方面相比传统车间的优势。
5. 讨论物联网技术在智能车间中的应用，并给出具体实例。
6. 假设你是一家工厂的经理，你需要制订一个智能车间建设的初步计划。请列出计划中包含的主要内容和步骤。
7. 简述大数据在智能工厂管理中的作用，以及如何利用大数据进行决策支持。
8. 讨论智能工厂在应对市场变化和生产需求波动方面的灵活性和适应性。
9. 分析智能车间建设中可能遇到的挑战和障碍，并提出相应的解决方案。
10. 预测未来智能车间与工厂管理的发展趋势，并讨论这些趋势对企业和行业可能产生的影响。

第 9 章

智能车间与工厂安全技术

随着我国制造走向"智造"步伐的加快,智能制造发展迅速。与传统信息系统不同,智能制造系统的高度集成、信息融合、异构网络互联互通等特性会为系统安全带来巨大的挑战。安全保障能力已成为影响工业创新发展的关键因素。智能制造系统具有不同场景,加之异构网络协议的差异性、设备的多样性,使智能制造系统的安全风险更复杂。一旦发生安全事故,不仅会造成巨大的经济损失,还会造成环境灾难和人员伤亡,危及公众生活和国家安全。

9.1 智能制造安全风险分析

智能制造与传统制造的不同之处在于创新,智能制造运用先进的物联网、IT 信息、先进设备等技术,相对传统的制造业具有技术优势,同时也会产生新的安全问题。智能制造安全根源是新技术发展应用的风险。

9.1.1 智能制造安全本源分析

1) 技术复杂

智能制造技术除人工智能外,全球最热门的 CPS、窄带互联网、大数据、虚拟现实/增强现实、OPC UA+TSN、机器视觉等前沿技术都进入了工业应用。同时,智能制造的众多需求,如数字孪生、信息贯通、柔性制造等,也需要大量新技术成果的支持。随着技术应用越来越复杂,以及大量电子设备、可编程器件、各类软件的使用,智能制造的技术融合度越来越高,故障难以预计、发现和检测,失效现象不再直观可见。

2) 技术成熟度

从技术成熟度曲线上看,新科技的成熟度演变包括 5 个阶段:科技诞生的促进期、过高期望的峰值、泡沫化低谷期、稳步爬升的光明期和实质生产的高峰期。任何新技术应用,都需要一个不断完善的过程,这个过程中存在一定风险。当前大量新技术应用进入智能制造领域,以人工智能应用为例,虽应用广泛,但还是存在一些有待解决完善的问题。如机器学习鲁棒性差、数据集自身存在缺陷、环境变化导致模型感知能力减弱等问题。

3) 应用复杂

智能制造系统包括智能设备、智能体系、智能决策,涉及智能识别、智能定位、网络通信、信息物理融合、系统协同等多方面技术应用,体系复杂,涉及面广。

4）安全体系不健全

对于智能制造新技术场景的安全体系，还有待研究，智能制造新技术应用要与安全体系融合，从政策法规、标准规范、运行机制、人才培养等方面入手，建立一套完善的智能化安全体系。

9.1.2 智能制造安全风险分析

从安全问题成因的角度，智能制造系统安全包括三个方面，即功能安全、物理安全和信息安全。根据安全风险发生区域划分，可分为内部风险和外部风险。针对新技术应用，除上述风险外，还存在关联风险和信息融合风险。以下从新技术应用角度对智能制造风险进行重点分析。

1）智能设备自身风险

智能设备自身风险是指智能工厂的设备因自身故障或缺陷导致安全事故的风险。如智能制造领域中伺服驱动器、智能 IO、智能传感器、仪表、智能产品，所用芯片、嵌入式操作系统、编码、第三方应用软件及其功能等，均可能存在漏洞、缺陷、误操作、后门等安全挑战；各类机床数控系统、PLC、运动控制器，所用的控制协议、控制平台、控制软件等方面，存在输入验证，许可、授权与访问控制，身份验证，配置维护，凭证管理，加密算法等安全挑战。

2）设备关联风险

智能制造系统是一个网络化的复杂系统，其分系统间的安全风险因素会因网络连接的作用和信息与能量的交互而发生耦合作用，互相之间存在风险依赖性，即引起故障在系统内的传播。在智能制造系统的运行过程中，系统的某个设备或子系统等局部在外因或内因的作用下出现功能失效或产生故障后，由于系统内部的耦合作用，可能引起其他设备或子系统功能失效或故障，进而引发连锁反应，最终导致整个系统的功能失效与故障。

3）信息融合风险

信息融合风险是指自动化与信息化融合、互联网与生产操作网融合、功能安全保护与信息安全防护融合等的过程中引发冲突，导致安全事故的风险。智能制造系统是关键基础设施，其信息安全不仅可能造成信息的丢失，还可能造成生产制造过程故障的发生、人员的损害、设备的损坏，造成重大经济损失，甚至引发社会问题和环境问题。

4）外部攻击风险

互联网技术逐渐应用于智能制造生产领域，将人、数据、机器连接起来，对现场设备进行管理和控制，为实现制造现场的智能化打下坚实的基础。与此同时，互联网技术这把双刃剑也为工业生产带来许多潜在的威胁。工业领域采用以太网等大量的通用信息技术，一旦遭受针对工业控制器的黑客攻击，病毒将借助便利的通信网络迅速扩散，为生产带来巨大损失。

9.2 智慧工厂的安全风险

9.2.1 设备安全风险

智慧工厂中涉及大量设备和机械装置，操作不当可能导致身体伤害或事故发生。许多攻击事件使用的还是一些大家熟悉的网络攻击手法。但由于智慧工厂的性质特殊，这类威胁带来的损害很可能轻易超越网络范畴，变成实质的破坏。因此，很重要的一点就是企业要熟悉各种威胁可能发生的情境，以及常见的网络攻击手法，如此才能进一步提升企业的安全防护。

1）漏洞攻击

一个智慧工厂通常含有数量众多的设备，全都连接到同一个网络。所以，只要其中任何一个设备含有漏洞，就可能使整个系统暴露在攻击风险中。这正是震网（Stuxnet）攻击事件发生的情况，该蠕虫会利用系统的某些漏洞在网络上散布。Stuxnet之所以受瞩目，原因在于它所攻击的是关键基础设施（如发电厂）。当然，这类专门利用系统漏洞的攻击，正凸显了安全最佳实务原则（如定期修补系统）的重要性。

2）植入恶意程序

根据过去的攻击案例，黑客最常用的手法是在系统植入恶意程序。工业网络一旦遭黑客植入恶意程序，很可能使工业控制系统遭黑客入侵，例如 Black Energy 和 Killdisk 的案例。而知名的 Triton 木马程序，就是专门攻击工业安全控制系统，它甚至可使整个工厂停摆。最近，研究人员发现，黑客已开始使用虚拟货币挖矿程序来攻击欧洲的自来水厂。

黑客会利用各种恶意程序发动攻击，例如 Rootkit、勒索病毒、木马程序等。此外，还会想尽办法有效散布这些恶意程序以造成最大损害，或者在神不知鬼不觉的情况下渗透目标防线。其运用的手法包括社交工程、鱼叉式钓鱼、水坑式攻击等。因此，制造业应提升所有员工的安全意识，而非仅针对智慧工厂设备的操作人员。

3）DoS 与 DDoS 攻击

DoS（denial of service）是一种专为瘫痪某个网络、设备或资源而进行的一种攻击。DDoS（distributed denial of service，分散式阻断服务攻击）属于 DoS 攻击的一种，但采用的是大量遭到入侵的设备，也就是僵尸网络来攻击某个目标系统以使其网络或处理器忙到瘫痪。例如，IoT 僵尸网络 Mirai 让不少知名网站和线上服务瘫痪。尽管该病毒尚未影响工业领域，但却展现了 DDoS 攻击可能带来的严重后果。而且，该病毒的原始程序码已公开在网络上，再加上所谓的 DDoS 服务开始兴起，未来势必有更多针对智慧工厂与其他 IoT 基础架构的攻击出现。同样地，遭到入侵的 ICS 系统最后很可能变成僵尸网络的成员，变成黑客用于攻击其他企业的工具。

4）中间人攻击

所谓"中间人（man-in-the-middle attack，MitM）攻击"，是指黑客侵入某企业的通信管道。一个智慧工厂需要许多通信管道来支持其运作，例如，控制系统与被控制设备之间的通信。通信管道一旦遭到入侵，黑客除了能够从中窃取资料，还能在通信中混入自己的程序码或资料。例如，无安全性的通信协定很可能让黑客篡改传输中的固件更新资料。"中间人攻击"凸显出一项事实：除了设备和网络安全外，确保通信管道安全，也是系统防护的当务之急。

5）暗中监视与窃取资料

黑客也可以采用一种更低调的做法，那就是暗中监视系统并窃取资料。例如，一些暴露在网络上的人机界面（human machine interface，HMI）系统，很可能泄露客户的资料库，使黑客趁机窃取一些个人身份识别信息。一些关键产业及其他产业暴露在网络上的工业控制系统，很可能造成一些连锁效应。因为，黑客一旦侵入某个工业网络，就能从中获得一些测量设备的行为资料，以及从工厂自动化感应器中搜集的资料。这类网络攻击凸显出高级持续性威胁的侦测及防范系统的重要性。

6)设备遭袭

尽管工厂内外联网设备的数量众多,但这并不影响个别设备对整体安全的重要性。黑客只需侵入一个设备,就可能将恶意程序散布至整个工业网络。万一黑客有机会实际接触设备,甚至还可能篡改设备,使设备发送错误的信息至整个网络,或者单纯破坏生产线的运作。

9.2.2 数据安全风险

智慧车间与工厂依赖计算机系统和互联网技术,需要保护公司和客户的数据免受黑客攻击与信息泄露的威胁。随着大数据传输技术和应用的快速发展,在大数据传输生命周期的各阶段、各环节,越来越多的安全隐患逐渐暴露。对大数据全生命周期的安全风险分析就显得尤为重要,如图9-1所示。智能车间与工厂面临的数据安全风险主要包括数据丢失风险、数据篡改风险、数据隐私泄露风险。

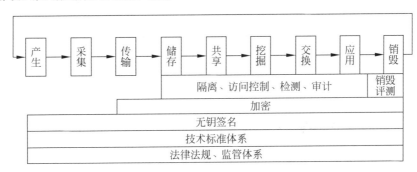

图 9-1 大数据全生命周期安全风险分析

1)数据丢失风险

智能车间与工厂产生的大量数据如果没有进行合理的备份和存储,将面临数据丢失的风险,这可能会对企业的业务和决策带来严重影响。

2)数据篡改风险

恶意攻击者可以利用智能车间与工厂的漏洞篡改生产数据,导致产品质量问题或产生虚假报告,进而损害企业声誉。

3)数据隐私泄露风险

智能车间与工厂中涉及的大量个人和企业敏感数据如果遭泄露,可能导致侵犯个人隐私权和商业机密的问题。

为应对这些风险,企业应采取一系列的安全措施并建立预警机制,包括采取完善的物理安全措施、建立合理的网络安全体系、加强员工安全培训,以及建立风险预警机制,及时发现和排除潜在的安全风险,确保生产线的顺利运行。

9.3 数据安全与隐私保护

在智能制造中,数据安全主要关注保护生产数据和系统资源免受未经授权的访问与破坏,同时也要注重隐私保护,保护企业和个人在智能制造过程中产生的敏感信息不被滥用或泄露。

1) 数据安全

数据安全是指在传输、存储和处理过程中,确保数据的完整性、可用性和机密性的过程。在智能制造中,数据安全包括以下核心问题。

(1) 网络安全:防止网络攻击和恶意软件入侵,保护生产数据和系统资源的安全。

(2) 数据加密:对敏感数据进行加密处理,确保数据在传输和存储过程中的安全。

(3) 身份认证:实现对系统资源和数据的有效控制,确保只有授权的用户可以访问和操作数据。

2) 隐私保护

隐私保护是指在智能制造过程中,确保企业和个人生产的敏感信息不被滥用或泄露的过程。隐私保护包括以下核心问题。

(1) 数据脱敏:对包含敏感信息的数据进行处理,确保数据在传输和存储过程中的安全。

(2) 数据分享:实现对敏感数据的有效控制,确保数据仅在必要时在必要人员之间进行共享。

(3) 法律法规遵守:遵守相关的隐私保护法律法规和标准,确保企业和个人在智能制造过程中的法律法规责任。

9.3.1 数据安全法律与标准

数据安全体系建设框架如图 9-2 所示。

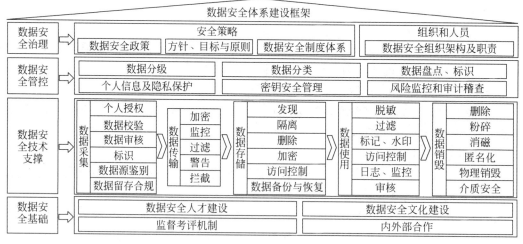

图 9-2 数据安全体系建设框架

数据安全法律法规主要包括《中华人民共和国网络安全法》和《中华人民共和国数据安全法》。

1)《中华人民共和国网络安全法》

该法对网络运营者在数据收集、使用、保护等方面的责任和义务进行了明确规定。主要包括以下几点。

(1) 网络运营者应当对其收集的用户信息严格保密,并建立健全用户信息保护制度(第40条)。

(2) 网络运营者收集、使用个人信息,应当遵循合法、正当、必要的原则,并明示收集、使用信息的目的、方式和范围,经被收集者同意后方可进行(第41条)。

(3) 网络运营者不得泄露、篡改、毁损其收集的个人信息,未经被收集者同意,不得向他人提供个人信息。同时,应采取技术措施和其他必要措施确保信息安全,防止信息泄露、毁损、丢失(第42条)。

(4) 任何个人和组织都不得窃取或以其他非法方式获取个人信息,不得非法出售或向他人提供个人信息(第44条)。

2)《中华人民共和国数据安全法》

随着数字经济的快速发展,全球进入大数据时代,越来越多的数据安全问题引起人们的注意。2021年6月10日,《中华人民共和国数据安全法》经十三届全国人大常委会第二十九次会议表决通过,这是我国第一部有关数据安全的专门法律。

该法确立了数据安全的各项基本制度,涉及数据分类分级保护、数据安全风险评估与工作协调、数据安全应急处置、数据安全审查、数据出口管制及歧视反制等方面。主要包括以下几点。

(1) 国家建立数据分类分级保护制度,根据数据的重要性和对国家安全、公共利益或个人组织合法权益的危害程度进行分类分级保护(第21条)。

(2) 国家建立集中统一、高效权威的数据安全风险评估、报告、信息共享、监测预警机制(第22条)。

(3) 国家建立数据安全应急处置机制,要求主管部门在发生数据安全事件时依法启动应急预案,采取相应措施防止危害扩大(第23条)。

(4) 国家建立数据安全审查制度,对可能影响国家安全的数据处理活动进行审查(第24条)。

(5) 国家对与维护国家安全和利益相关的数据进行出口管制(第25条)。

(6) 对于对我国采取歧视性措施的国家和地区,我国可以采取对等措施(第26条)。

综上所述,《中华人民共和国网络安全法》和《中华人民共和国数据安全法》共同构成了我国数据安全法律法规的主要框架,为数据的收集、使用、保护和监管提供了明确的法律依据。

3)《GB/T 43697—2024 数据安全技术 数据分类分级规则》

2024年3月21日,全国网络安全标准化技术委员会(以下简称"网安标委")发布《GB/T 43697—2024 数据安全技术 数据分类分级规则》(以下简称"《数据分类分级规则》")。《数据分类分级规则》作为网安标委发布的首份数据安全技术标准,涵盖数据分类分级、重要数据和国家核心数据识别等重要内容。

2023年5月,工信部发布《工业领域数据安全标准体系建设指南(2023版)》。该指南明确了工业领域数据安全标准体系的总体框架,以及基础共性、安全管理、技术和产品、安全评估与产业评价、新兴融合领域、工业细分行业六个子体系内容。基础共性、安全管理、技术和产品、安全评估与产业评价子体系聚焦工业领域具有共性的数据安全标准;新兴融合领域、工业细分行业两个子体系重点突出特定业务场景的数据安全标准。到2024年,初步建立工业领域数据安全标准体系,有效落实数据安全管理要求,基本满足工业领域数据安全需要,推进标准在重点行业、重点企业中的应用,研制数据安全国家、行业或团体标准30项以上。到2026年,形成较为完备的工业领域数据安全标准体系,全面落实数据安全相关法律法规和政策制度要求,标准的技术水平、应用效果和国际化程度显著提高,基础性、规范性、引领性作用凸显,贯标工作全面开展,有力支撑工业领域数据安全重点工作,研制数据安全国家、行业或团体标准100项以上。

9.3.2 大数据与云计算安全

云计算是一种分布式计算的模式,它通过网络提供可扩展的计算资源和服务。而大数据则是指海量的数据集合,需要通过计算进行处理和分析。云计算和大数据的关系是不可分割的。在云计算时代,大数据处理离不开云计算环境;在大数据处理过程中,需要大量的计算资源和存储空间,而传统的计算方式往往无法满足需求,云计算提供了可扩展的计算资源和存储空间,使大数据的处理更高效、便捷。同时,云计算也可以为大数据提供更强的安全保障。云计算运营商通常会提供完善的安全措施,例如物理安全、网络安全、数据加密等,这些安全措施可以为大数据的安全提供更强的保障。

1) 云计算与大数据安全的挑战

虽然云计算为大数据的处理和安全提供了便利,但是也面临一些挑战。

(1) 数据隐私和安全问题:在云计算环境下,数据需要通过网络传输,因此可能会被黑客攻击和窃取。同时,如果云计算运营商的数据加密和存储措施不够完善,也可能造成用户数据泄露或被滥用的情况。

(2) 云计算和大数据技术的更新换代速度很快,这就要求企业不断地投入人力和资源,不断应对各种新的安全挑战和威胁。

2) 保障云计算与大数据安全的方法

(1) 数据需要加密传输:可以使用TLS或者SSH等协议加密数据以保障传输过程中的数据安全。此外,用户需要确保其对数据进行适当的加密和授权,以保证云计算平台安全。

(2) 需要对云计算运营商进行严格的选择:确保云计算运营商提供相应的安全措施,并且明确其数据隐私和安全政策。此外,可以考虑使用多个云计算运营商分散风险,并使用多云安全解决方案确保数据安全。

(3) 需要加强企业内部管理和安全意识:除了加强技术防范,还要强化企业员工的安全意识,包括加强密码管理、设立权限控制、提升员工教育和培训等。

云计算与大数据结合,给企业带来了更高的效率和更多的商业机会。但也面临着安全挑战,需要企业和云计算运营商通力合作,共同保障数据安全,实现云计算与大数据的安全发展。

9.3.3 数据安全管理

1) 建立实时监测系统

智能车间与工厂需要建立安全监测系统,对入侵行为等网络攻击进行实时监测和预警。

通过及时发现和应对安全威胁,能够最大限度地降低潜在的安全风险。

2) 强化网络安全

智能车间与工厂应采取多层次防御措施,包括网络防火墙、入侵检测系统、数据加密等,以保护自动化系统的网络连接安全。同时,定期进行网络安全评估和漏洞扫描,及时修复潜在的安全漏洞。

3) 建立权限管理机制

智能车间与工厂中的自动化系统应根据不同用户的角色和权限,对系统进行访问限制。这样可以防止未经授权的人员对系统进行恶意访问或误操作,提高整体的安全性。

4) 培训和教育

智能车间与工厂应加强员工的安全培训和教育,提高他们对自动化系统的认识和安全意识。需要告知员工安全措施和最佳实践,以降低出现误操作和人为错误的风险。

5) 定期备份与恢复

为防止数据丢失或被破坏,智能车间与工厂应定期进行数据备份,并建立完善的数据恢复机制。这样可以最大限度地保障数据的安全性和可靠性。

大量新技术的应用对智能制造的安全产生了一定的影响,但只要认清风险本源、分析风险特征、建立完善的安全防护体系、认真执行针对性的预防措施,就能将安全风险降低到可控范围。

本章小结

本章主要聚焦智能车间与工厂的安全技术,全面剖析了智能制造在安全领域的复杂性及挑战。随着我国制造业向智能制造的转型加速,智能制造系统因其高度集成、信息融合及异构网络互联互通的特性,面临着前所未有的安全威胁。分析了智能制造的安全风险本源,包括技术复杂性、技术成熟度、应用复杂性以及安全体系不健全等问题。详细阐述了设备安全风险,如漏洞攻击、植入恶意程序、DoS 与 DDoS 攻击、中间人攻击、暗中监视与窃取资料以及设备遭袭等,并指出了数据安全风险,包括数据丢失、数据篡改和数据隐私泄露等风险。为应对这些风险,本章还提出了数据安全与隐私保护的重要性,并介绍了数据安全法律法规,如网络安全法和数据安全法等关键内容。同时,强调大数据与云计算安全面临的挑战及解决方法,以及数据安全管理中的实时监测系统、网络安全强化、权限管理机制、员工培训与教育、数据备份与恢复等关键措施。为智能车间与工厂的安全保障提供全面的指导和建议,强调构建完善安全防护体系、执行针对性预防措施的重要性,以确保智能制造系统能够在可控的风险范围内高效运行。

习题

1. 解释智能制造与传统制造在安全方面的主要区别。
2. 分析智能制造系统中"技术复杂"这一风险源的具体表现。
3. 简述新技术成熟度曲线对智能制造安全风险的影响。

4. 阐述智能制造系统中的"设备关联风险"是如何产生的，并给出防范策略。

5. 解释"信息融合风险"在智能制造中的具体含义，并举例说明可能发生的安全事故。

6. 分析外部攻击风险（如黑客攻击）对智慧工厂可能的影响，并提出防护措施。

7. 阐述智能车间与工厂在数据安全方面面临的主要风险。

8. 简述《中华人民共和国网络安全法》和《中华人民共和国数据安全法》在智能制造数据安全方面的主要规定。

9. 解释数据分类分级保护制度在智能制造中的重要性，并说明其实施方法。

10. 讨论云计算和大数据在智能制造安全中的作用，以及面临的安全挑战和解决方案。

第 10 章

数据思维与工程伦理

随着大数据技术的发展,数据思维成为工程师和科技工作者必备的思维方式。在工程设计和实施过程中,数据思维帮助工程师更好地理解和分析问题,通过数据驱动决策,提高工程的效率和质量。这种思维方式强调对数据的收集、处理和应用,以优化工程方案,确保工程的科学性和有效性。然而,数据思维的应用并非没有伦理考量。在工程实践中,数据的使用和处理必须遵循伦理原则,保护个人隐私和数据安全,避免歧视和不公平现象发生。例如,在大数据技术的应用中,需要关注数据收集的合法性、数据使用的透明度以及数据保护的隐私性,确保技术的发展和应用不会侵犯个人权利与社会公平正义。

工程伦理则是工程技术活动中道德规范和原则的体现,它关注技术的社会影响、人类福祉及公平正义。工程伦理强调技术的开发和应用应以人民为中心,保障人民的安全和福祉,避免技术发展以牺牲人民的利益为代价。在工程实践中,伦理治理要求建立科学合理、健全完善的法律法规体系,对技术和工程行为进行有效监管与约束,确保技术发展不会偏离社会发展的方向。

因此,数据思维促进工程技术的进步和发展,而工程伦理则确保这种进步在符合道德和伦理的框架内进行。二者共同作用,旨在推动技术的健康发展,保障人类福祉和公平正义,同时避免技术滥用和数据隐私侵犯等问题。这种关系体现了技术在现代社会中的双重角色——既是推动社会进步的工具,也是需要严格遵守伦理原则的责任所在。

10.1 数据思维

思维最初是人脑借助语言对客观事物进行概括和间接反应的过程。思维以感知为基础,又超越感知的界限。通常意义上的思维,涉及所有的认知或智力活动。它探索与发现事物的内部本质联系和规律性,是认识过程的高级阶段。按照思维形式,可以将思维分为感性思维、逻辑思维和理性思维。

(1)感性思维:是一种本能性的思考方式,更多地受到情感和直觉的驱使。人们往往更容易受到外界因素的影响,做出冲动和情绪化的决策。

(2)逻辑思维:逻辑思维也叫抽象思维,它主要依靠概念、判断和推理进行思维,是人类最基本也是运用最广泛的思维方式。

(3)理性思维:一种有明确的思维方向、有充分的思维依据,能对事物或问题进行观察、比较、分析、综合、抽象与概括的一种思维。说得简单些,理性思维就是一种建立在证据和逻辑推理基础上的思维方式。

10.1.1 数据思维概述

在数字经济中,数据已经成为关键生产要素,网络基础设施构成了新的生产关系,而云计算、大数据、人工智能已经成为数字经济的重要生产力,数据对生产力的提升,呈现出指数级效应。因此,每个人都应该建立起用数据思考、用数据说话、用数据管理、用数据决策的思维模式,培养用数据发现问题、解决问题的能力。

1. 数据

在数据科学中,各种符号(如字符、数字等)的组合、语音、图形、图像、动画、视频、多媒体和富媒体等统称为数据。

数据包括结构化、半结构化和非结构化数据,其中,非结构化数据逐渐成为数据的主要部分。结构化数据也称行数据,是用二维表结构进行逻辑表达和实现的数据;非结构化数据是与结构化数据相对的,不适用于数据库二维表表现;半结构化数据是"无模式"的,可以随时间在单一数据库内任意改变,适于描述包含在两个或多个数据库(这些数据库含有不同模式的相似数据)中的数据。

数据是构成数字化业务世界的原子材料,是企业运营变革和竞争优势塑造的核心动力,是实现数字化转型的坚实基础。通过恰当的连接和分析,内部和外部生态系统的结构化与非结构化数据能够为企业提供突破性的可改善业绩的洞察。因此,企业亟须实现思维转型,坚持以数据为中心,驱动企业开展管理运营和研发生产业务。

从文明之初的"结绳记事",到文字发明后的"文以载道",再到近现代科学的"数据建模",数据一直伴随着人类社会的发展变迁,承载了人类基于数据和信息认识世界的努力及取得的巨大进步。以电子计算机为代表的现代信息技术,为数据处理提供了自动的方法和手段,人类掌握数据、处理数据的能力实现了质的跃升,数据概念逐渐被大数据概念取代。

2. 工业大数据

1) 工业大数据的起因

大数据是智能时代的一个重要特征,大数据在工业领域中的兴起主要由以下因素决定。

(1) 设备自动化过程中,控制器产生了大量的数据,然而这些数据蕴藏的信息和价值并没有被充分挖掘。

(2) 随着传感器技术和通信技术的发展,获取实时数据的成本已经不再高昂。

(3) 嵌入式系统、低耗能半导体、处理器、云计算等技术的兴起使设备的运算能力大幅提升,具备了实时处理大数据的能力。

(4) 制造流程和商业活动变得越来越复杂,依靠人的经验和分析已经无法满足如此复杂的管理和协同优化的需求。

通过万物互联与数据高度融合,可实现包括设备与设备、设备与人、人与人、服务与服务的万物互联(internet of everything),使设备数据、活动数据、环境数据、服务数据、公司数据、市场数据和上下游产业链数据等能够在统一的平台环境中流通,这些数据将原本孤立的系统相互连接,使设备之间可以通信和交流,也使生产过程变得透明。

2) 工业大数据来源

工业大数据主要来源是企业信息化数据、工业物联网数据和外部跨界数据,多样、实时、海量的数据需要依赖大数据技术进行数据管理并产生价值,如表 10-1 所示。

(1) 企业信息化数据包括产品研发数据、生产性数据、经营性数据、客户信息数据、物流供应数据以及环境数据,以上均属于工业领域的传统数据资产。

(2) 工业物联网数据指工业设备和产品快速产生的且存在时间序列差异的大量数据,也是新的、增长最快的数据来源。

(3) 外部跨界数据是源自企业外部互联网的数据,如环境法规、宏观社会经济数据等。

表 10-1　多样、实时、海量的数据需要依赖大数据技术进行数据管理并产生价值

供应商数据	机器数据	控制数据	人员数据	物料数据	质量数据	客户数据	物流数据
产品质量 服务信息 信用数据 位置数据 原料来源 Web 信息 业务信息 行为信息	多种类型 时间序列 数据真实 数据海量 并发较高	数据多样 时间戳 程序数据 结果数据	基本信息 行为信息	基本信息 计量信息 位置信息 物流信息 加工信息 装配信息 追踪信息	检验数据 随机性 概率特征 相关性	需求数据 产品数据 位置数据 竞争对手 信用数据 业务数据 Web 信息 行为信息	位置数据 计量数据 时间数据

3) 工业大数据的特征与属性

工业大数据是指在工业领域中,围绕典型智能制造模式,从客户需求到销售、订单、计划、研发、设计、工艺、制造、采购、发货和交付、售后服务、运维、报废或回收再制造等整个产品全生命周期各环节产生的各类数据及相关技术和应用的总称。

工业大数据除具有一般大数据的特征(数据容量大、多样性、快速和价值密度低)外,还具有时序性、强关联性、准确性、闭环性等特征。

(1) 数据容量大(volume):数据的大小决定所考虑数据的价值和潜在的信息;工业数据体量比较大,大量机器设备的高频数据和互联网数据持续涌入,大型工业企业的数据集将达到 PB 级甚至 EB 级别。

(2) 多样性(variety):指数据类型多样和来源广泛;工业数据分布广泛,分布于机器设备、工业产品、管理系统、互联网等各环节;并且结构复杂,既有结构化和半结构化的传感数据,也有非结构化数据。

(3) 快速(velocity):指获得和处理数据的速度。工业数据处理速度需求多样,生产现场级要求时限时间分析达到毫秒级,管理与决策应用需要支持交互式或批量数据分析。

(4) 价值密度低(value):工业大数据更强调用户价值驱动和数据本身的可用性,包括提升创新能力和生产经营效率,以及促进个性化定制、服务化转型等智能制造新模式变革。

(5) 时序性(sequence):工业大数据具有较强的时序性,如订单、设备状态数据等。

(6) 强关联性(strong-relevance):一方面,产品生命周期同一阶段的数据具有强关联性,如产品零部件组成、工况、设备状态、维修情况、零部件补充采购等;另一方面,产品生命周期的研发设计、生产、服务等不同环节的数据之间需要进行关联。

(7) 准确性(accuracy):主要指数据的真实性、完整性和可靠性,更关注数据质量,以及

处理、分析技术和方法的可靠性。对数据分析的置信度要求较高,仅依靠统计相关性分析不足以支撑故障诊断、预测预警等工业应用,需要将物理模型与数据模型相结合,挖掘因果关系。

(8) 闭环性(closed-loop):包括产品全生命周期横向过程中数据链条的封闭和关联,以及智能制造纵向数据采集和处理过程中,需要支撑状态感知、分析、反馈、控制等闭环场景下的动态持续调整和优化。

从经济学角度看,工业大数据具备双重属性:价值属性和资产属性。一方面,工业大数据能够为企业创造可量化的价值。通过工业数据分析等关键技术,可帮助企业提升设计、工艺、生产、管理、服务等各环节的智能化水平,满足用户定制化需求,提高生产效率并降低生产成本,为企业创造可量化的价值。另一方面,工业大数据具有明确的权属关系和资产化价值。由于工业大数据可以赋能组织转型和价值创造,作为营利性组织的企业,需要有能力、有意愿决定数据的具体使用方式和边界,为自己创造价值。那么,在数字化背景下,具有赋能和参与价值创造潜力的工业大数据,显然具有一般意义上的资产属性。

4) 工业大数据分析核心问题

工业大数据的分析技术核心是要解决以下3个重要问题。

(1) below surface——隐匿性,即需要洞悉特征背后的意义。工业大数据与互联网大数据相比,最重要的不同在于对数据特征的提取。工业大数据注重特征背后的物理意义及特征之间关联性的机理逻辑,而互联网大数据倾向于仅依赖统计学工具挖掘属性之间的相关性。

(2) broken——碎片化,即需要避免断续、注重时效性。相对于互联网大数据的"量",工业大数据更注重数据的"全",即面向应用要求具有尽可能全面的使用样本,以覆盖工业过程中的各类变化条件,保证从数据中提取出反映对象真实状态的全面信息。然而,从大数据环境的产生端看,感知源的多样性与相对异步性或无序性,导致获得的工业数据尽管量大,但在分析过程中,针对数据特征或变化要素仍呈现出遗漏、分散、断续等特点,这也是为什么大量数据分析师90%以上的工作时间都会贡献给不良数据的"清洗"。因此,工业大数据一方面需要在后端的分析方法上克服数据碎片化带来的困难,利用特征提取等手段将这些数据转化为有用的信息;另一方面需要从前端的数据获取上以价值需求为导向制定数据标准,进而在数据与信息流通的平台中构建统一的数据环境。

与此同时,工业大数据的价值具有很强的实效性,即当前时刻产生的数据如果不迅速转变为可以支持决策的信息,其价值就会随时间的流逝而迅速衰退。这也要求工业大数据的处理手段具有很强的实时性,需要按照设定好的逻辑对数据流进行流水线式的处理。

(3) bad quality——低质性,即需要提高数据质量、满足低容错性。数据碎片化缺陷来源的另一方面显示出对于数据质量的担忧,即数据的"量"无法保障数据的"质",这就可能导致数据的低可用率,因为低质量的数据可能直接影响分析过程而导致结果无法利用。

工业大数据对预测和分析结果的容错率远远比互联网大数据低。互联网大数据在进行预测和决策时,考虑的仅仅是两个属性之间的关联是否具有统计显著性,其中的噪声和个体之间的差异在样本量足够大时都可以忽略,这样给出的预测结果的准确性就会大打折扣。但是在工业环境中,如果仅仅通过统计的显著性给出分析结果,哪怕仅一次失误都可能造成严重的后果。

因此,工业大数据分析并不仅仅依靠算法工具,而是更注重逻辑清晰的分析流程和与分析流程相匹配的技术体系。因此必须对工程师进行成体系的思想和逻辑思维方式的培养,接受大量与其工作相关的思维流程训练,才能具备清晰的条理思考能力及完善的执行流程,更能胜任复杂度较高的工作。

5) 挖掘工业大数据价值的核心技术——信息物理系统

信息物理系统(cyber-physical system,CPS),从实体空间的对象、环境、活动中进行大数据的采集、存储、建模、分析、挖掘、评估、预测、优化、协同,并与对象的设计、测试和运行性能表征相结合,产生与实体空间深度融合、实时交互、互相耦合、互相更新的网络空间(包括机理空间、环境空间与群体空间的结合),进而通过自感知、自记忆、自认知、自决策、自重构和智能支持促进工业资产的全面智能化。

CPS 实质上是一种多维度的智能技术体系,以大数据、网络与海量计算为依托,通过核心的智能感知、分析、挖掘、评估、预测、优化、协同等技术手段,使计算、通信、控制(computing,communication,control,3C)实现有机融合与深度协作,实现对象机理、环境、群体的网络空间与实体空间的深度融合。

(1) 以 CPS 为核心的数据价值创造体系架构:工业 4.0 环境下的 CPS 技术体系架构,包括 5 个层次的构建模式:智能感知层、信息挖掘层、网络层(网络化的内容管理)、认知层(识别与决策层)和配置层(执行层)。在这个架构中,CPS 从最底层的物理连接到信息挖掘层,通过增加先进的分析和弹性调整功能,最终实现被管理系统自我配置、自我调整和自我优化的能力,如图 10-1 所示。

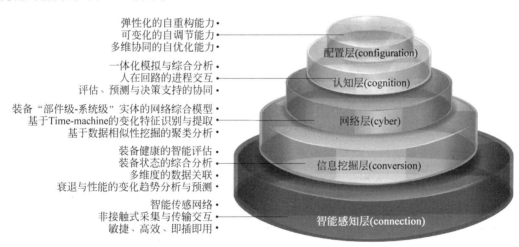

图 10-1 CPS 的 5C 技术体系架构

(2) 从数据到信息到价值的转化过程:整个 CPS 的 5C 体系要传递的概念是如何基于工业大数据创造面向客户的价值,如图 10-2 所示。

先进的传感器技术、通信技术、物联网技术等使大量原始数据的获取并非难事,然而,有了数据并不代表一定能产生价值。一方面取决于数据的利用程度,另一方面取决于数据的可用程度,因此,这对感知数据的采集与存储提出了新的要求。工业现场环境恶劣,数据质量差,数据受到设备参数设定、工况、环境等影响。对工业数据进行加工和处理时,往往需要专业的处理技术。

有了可利用的数据,必须将其转化为有用的信息。在 CPS 的框架下,能够按照信息分析的频度和重点重新进行自适应的、动态的"数据-信息"转换,并解决海量信息的持续存储、多层挖掘、层次化聚类调用,进而实现从数据到信息的智能筛选、存储、融合、关联、调用,这样才是有效的信息提取过程。

从信息中产生价值。在实时的动态过程中,多源数据的多维度关联、评估及预测,可实现多问题、多环节乃至全产业链的协同优化。由此才能解决针对用户需求的规模化与定制化的矛盾,进而创造更大的应用价值。

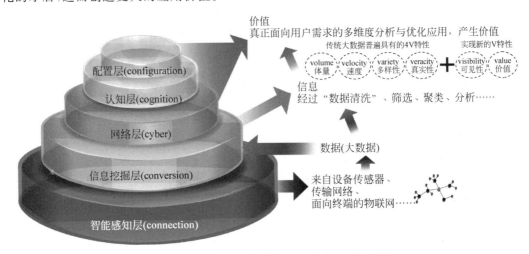

图 10-2　CPS 从数据到信息再到价值的创造过程

3. 数据思维

数据思维是用数据来探索、思考事物的一种思维模式,用数据来发现问题、洞察规律、探索真理。通过对事物涉及的一系列数据进行收集、汇总、对比、分析、研究而形成结论。

数据思维可以体现在"用数据说话""用数据管理""用数据决策""用数据创新"等观念中,如图 10-3 所示。数据思维的主要特征包括尊重事实、推崇理性、强调精确、注重逻辑等。数据思维重视基于客观数据做量化验证、预测与判断,与传统的经验思维相对立。

图 10-3　数据思维示意图

（1）用数据思考，就是实事求是、坚持以数据为基础理性思考，避免情绪化、主观化，避免负面思维、以偏概全、单一视角。

（2）用数据管理，就是对客观、真实的数据进行科学分析，并将分析结果运用于生产、营运、销售等各环节的业务管理过程。

（3）用数据说话，就是要杜绝"大概、也许、可能、差不多……"，而是要以真实的数据为依据，基于合理、有逻辑的"推论"，去说服别人，汇报工作。

（4）用数据决策，就是要以事实为基础、以数据为依据，通过数据的关联分析、预测分析、事实推理获得结论，避免通过直觉做决定和情绪化决策。

数据思维不同于数据知识和数据技能，数据思维的强弱，不基于掌握数据技能和数据知识的多少，而是基于对数据技能和数据知识的认知。数据思维是用数据提出问题并找到解决问题的办法。

面向企业复杂的业务问题，运用数据思维方式，通过实际数据收集和分析，准确定位业务的核心诉求，并找到影响核心诉求的相关因素，将实际问题转化为数据可分析的问题，再进一步通过多种形式的数据研究，找到解决实际业务问题的恰当方法，还可以继续深入挖掘改善、优化业务能力的潜在机会，从而促进业务变革。

4. 工业大数据带来的思维变革

（1）从抽样到全局数据分析：由于小数据时代缺乏获取全体样本的条件与手段，往往通过"随机采样"的方法获取分析所需的数据，要求样本具有代表全局数据的能力。大数据时代，泛在传感器强大的数据采集能力使获取足够大的样本数据乃至全体数据成为可能。直接获取全局数据进行分析，成为大数据时代的标志之一。海量的数据具备缺失值、异常值、非正态等特点。针对这些特点，对大数据进行预处理，得到可靠、可复用、易分析的数据，是工业大数据分析的前提保障。

（2）从因果建模到关联分析：辨识系统模型以拟合系统状态参数与性能指标之间的关系，是实现制造系统优化控制的关键。传统的方法主要通过系统运行过程的因果关系，建立运行过程模型，以描述系统输入与输出参数间的关系。然而，在规模大、约束复杂的制造系统中，构建系统运行的因果模型是极为困难的。大数据方法把制造过程的因果关系当作黑箱，基于数据拟合状态参数与系统响应之间的关联关系，表征制造系统的运行规律，为数据驱动的工业系统建模提供新思路。

（3）从精确求解到近似推演：在系统运行优化中，传统的方法通过确定目标与约束，进行运筹优化以精确计算系统决策的最优解。随着系统规模与复杂度的增加，实现精确求解的代价越来越高，其运行规律越来越难以精确刻画，精确的方法在复杂系统的运行优化中举步维艰。通过对海量的系统状态数据进行学习，依靠系统反馈逐步学习、推演调控策略，从而实现调控性能的近似优化，可为解决工业系统的运行优化问题提供新思路。

（4）从数据的量变到分析的质变——不平衡工业大数据分析：与理想环境下的数据不同，工业环境中的数据往往具有不平衡特性，正常数据远远多于异常或缺陷数据。在数据分析过程中，数据的量变会引起分析过程中的质变，数据分析模型会在学习过程中偏向数量多的类别，导致模型对少数类别样本的识别精度较低。针对工业实际数据的不平衡特性，设计符合工业领域的不平衡数据分析方法,是工业大数据分析的热点之一。

(5)从数据孤岛到多源融合——多源数据协同处理:工业数据具有典型的多来源特性,从产品的全生产周期看,工业大数据包括产品的设计、加工、装配、营销、运维等多阶段的数据。在产业链深化合作的环境下,产品制造的各环节通常由不同的企业、部分完成,通过产业链协作完成产品的制造全流程,这使工业大数据具有典型的多来源特性,不同来源的数据具备异构特性。且工业数据作为一种新的生产要素,源数据具备高私密性与易复制性。如何在多源数据下进行安全可控的数据分析,是工业大数据分析的难点之一。

5. 数据思维的特点

1)抓重点、善于简化

数据思维要抓重点、善于简化。在当下这个信息浩繁庞杂的时代,身边充斥着各种正面的、负面的、片面的、真实的、虚假的信息,一不小心就会被纷繁复杂的因素干扰。在纷繁的信息中思考问题要善于简化,抓住重点、抽丝剥茧。聚焦核心问题,从结果或最终目标出发,收集信息、评估情况、寻找多种视角,可找到高效解决方案。

2)求精确,注重量化

数据思维一般更注重量化,善于用定量的方式思考和决策。量化的思维能够帮助人们制订计划,从而将工作、生活安排得井井有条。求精确,注重量化的数据思维,强调具体和准确,强调能力聚焦、问题聚焦,在一个个具体的点上解决问题。大数据本身没有任何价值,只有聚焦到具体的问题、具体的应用场景,才能发挥出大数据真正的价值。所以,真正有数据思维的人都是求精确、注重量化的。

3)知不知,追求真理

拥有数据思维的人,知道数据不是万能的,知道世界万物的关系非常复杂,知道简化可能带来很多误差,也知道再大的数据都是历史的数据,而万物是动态变化的,现有的知识都是有真伪的,追求真理永无止境。生活在一个数据爆炸的时代,数据的作用被无限放大。然而,这也带来了一个问题:数据也许是客观的、科学的,但是分析和处理数据的方法有时却是华而不实、迷惑不清且过分简单的。同一现象,同样的数据,分析方法不同,导致结论不同的情况也较为常见。不仅需要量化地思考问题,更要探究数据的真实性、客观性,不断探寻隐藏在数据背后的真相。

在当今的大数据时代,数据不是太少而是太多,数据纷繁复杂,数据质量无法保障,数据价值密度低下。在繁杂的大数据中,如何能够快速找到价值数据,并依靠数据发现问题、分析问题、解决问题、跟踪问题,就需要建立数据思维模式。

10.1.2 数据思维的建立与培养

1)培养对数据的敏感度

对一种东西具有敏感度是思维形成的基础。数据敏感度是对数据的感知、计算、理解能力,是通过数据的表象理解事物本质的程度。对数据敏感的人,看到数据能够找出问题,找到规律,发现机会或做出决断;对数据不敏感的人,看到数据只会问这是什么,这反映了什么,这能说明什么;对数据毫不敏感的人,"数据就是数据",甚至不会想到任何问题。

人并非天生就对数据产生敏感度,人对数据的敏感度来源于经验的积累,看的数据越多,种类越丰富,处理的问题越多,敏感性就越强。因此,数据敏感度是可以培养的。

把过去用定性的方式思考、谈论和使用一个东西的习惯,有意识地转变为用定量的方式思考、谈论和使用。从量的方面抓住事物的本质,将这个事物与其他事物区别开来,就是数据思维最基本的认知之一。在此基础上,为事物确定一个明确的量的标准。这是数据思维培养的基本要求。

2) 培养理解和使用数据的能力

"数据为王,业务是核心",与其说培养理解数据的能力,不如说是理解业务的能力。只有将数据置于业务场景中,数据才会变得有意义。企业数据化转型过程中,要求数据管理和数据分析人员懂业务,理解数据对业务的价值;要求业务人员懂数据、会使用数据。通过数学推断、逻辑推理、切换视角等方法发现已知数据背后隐藏的信息,是一种重要的能力。

(1) 对于数据管理或数据分析人员,要能看懂数据并理解数据背后的业务含义。作为数据管理或数据分析人员,首先,需要摸清企业的核心业务价值链,甚至企业所处行业的整个产业链业务情况。其次,需要逐步了解企业涉及哪些业务域,每个业务域包含哪些业务流程,每个业务流程之间的衔接关系,以及每个业务的输入输出等。最后,在理清楚业务域以及业务流程的输入输出后,需要详细列出每个业务的绩效考核指标,再对每个指标进行更细致的拆分,最终落地的内容是数据分析所需的报表、指标、维度、明细等。

(2) 对于业务人员,要懂数据,会使用数据指导业务开展。数据源于业务,并服务于业务。作为业务人员,首先要知道数据对业务的重要性,清楚数据的标准,按标准规范输入数据,并确保数据结果的正确输出。其次,要能够识别业务数据的真伪,判断数据质量的优劣,并能够为数据质量的改善提供必要的改进建议。最后,要掌握数据管理和数据分析工具,利用数据管理工具将数据合理、正确、规范地管理起来;利用数据分析工具自助进行分析建模、场景设计、数据探索、价值挖掘。

3) 培养问题拆解的能力

数据思维的核心在于用数据发现并解决问题,学会用结构化、量化的思维方式分析问题、拆解问题、解决问题,从而事半功倍。

4) 培养用数据说话的习惯

数字化时代,每个人都应该具有量化思维,习惯用数据说话。用数据说话不是单纯地使用"数字",而是用数据来支持观点,做到有理有据。

(1) 在一定程度上,数据就是证据和事实,用数据说话,能够增强说服力。任何观点都会有破绽,但数据摆在那里却难以让人反驳。

(2) 数据可以揭露问题,发现本质,用数据说话,可以辅助做出正确的决策。数字化下,企业管理不仅需要管理者丰富的管理经验,还需要多维数据的支撑。

(3) 用数据说话要有量化思维,简化思维,还要尽量避免使用太专业的术语。量化有利于给出一个事物(业务)的判断标准,例如,提高产品销量,提升用户活跃度,到底销量多少算是提高?怎样的用户才算活跃用户?只有将指标进行量化,才能推动达成共识。

10.2 智能制造中的工程伦理

10.2.1 工程伦理概述

"伦理"这一概念在当代社会中被广泛讨论,但其内涵远比表面所见更为深刻。在中华优秀传统文化中,"伦理"的"伦"是天伦的伦,即人与人、人与自然之间的和谐关系;"伦理"的"理"则指天理,即宇宙的自然法则。遵循伦理,即意味着"循天理、去人欲"。工程伦理一般包括广义工程伦理和狭义工程伦理。

广义工程伦理不仅包括与工程活动有关的制度伦理、政府伦理、政策伦理,也包括与工程活动相关的企业伦理、协会伦理、区域伦理等,还包括工程师伦理。从这个角度而言,工程伦理不仅要关注工程师面临的道德困境,也要探讨其他主体(如企业家共同体、政府官员、工人等)面对的道德领域;既包括工程计划、工程设计、工程决策和工程评估等整个工程活动过程中涉及的伦理问题,也包括工程伦理教育、计算机、生态环境甚至军事领域涉及的伦理问题。

狭义工程伦理研究的主要是工程活动各环节的伦理问题,即研究工程选择、工程设计、工程决策和工程评估、工程实施等整个工程活动过程中涉及的伦理问题。工程伦理至少是一种职业伦理,如何制定合理的伦理原则规约工程师的行为,以推进工程师的职业化进程,是工程伦理学研究的主要问题。以不同的标准审视工程伦理,会有不同的内容和分类,但是随着工程活动规模的扩大,工程活动成为多个共同体共同参与的活动过程,仅仅将研究的视域局限于工程师的伦理已不能满足工程活动与时代发展的要求。工程伦理必然实现由个体伦理向团体伦理的转变,研究内容也会由单纯研究工程师伦理转向研究所有与工程活动相关的伦理。

10.2.2 智能制造中的伦理挑战

智能制造技术的广泛应用引发了一系列伦理问题。以下是工程伦理在智能制造中可能面临的主要挑战。

1) 数据安全和隐私保护

智能制造过程中产生的大量数据往往涉及商业机密、个人隐私等敏感信息。如何保护这些数据的安全和隐私成为一个重要的伦理问题。

数据安全是智能制造的基石之一。在智能制造过程中,各种设备、传感器和系统产生大量的数据,并通过云计算和边缘计算等技术进行存储和分析。这些数据包含企业的核心资产和商业机密,保护数据安全成为智能制造的首要任务。首先,企业应建立完善的数据安全管理体系,包括对数据进行分类、加密和访问控制等措施。其次,企业应定期进行数据备份和恢复演练,以应对可能的数据丢失和灾难恢复。最后,企业应加强网络安全防护,采取防火墙、入侵检测和反病毒等技术手段,确保数据在传输和存储过程中不被黑客与恶意软件攻击。

隐私保护是智能制造中的另一个重要问题。智能制造涉及个人和企业的隐私信息,包括客户订单、员工薪资和生产工艺等敏感数据。为了保护隐私,企业需要制定隐私保护政策,并通过技术手段实施。首先,企业应该对隐私信息进行合法、正当的收集和使用,避免过度收集和滥用个人信息。其次,企业需要对隐私信息进行合理的存储和处理,确保数据在整个生命周期中得到保护。再次,企业需要对隐私信息进行加密和匿名处理,在数据共享和交流中尽量减少个人身份的暴露。最后,企业需要为用户提供选择和控制自己信息的机会,以增加其对隐私的认知和参与。

除了企业内部的数据安全和隐私保护,智能制造还需要进行跨界合作,共同应对数据安全和隐私保护的挑战。在供应链和伙伴关系中,各方应建立信任和合作,共同制定和执行相关的安全标准与协议。同时,政府和监管机构也应加强对智能制造领域的监督与管理,推动相关法律法规的制定和执行,加强对侵权行为的打击和制裁。只有通过企业、社会和政府的共同努力,才能实现智能制造中的数据安全与隐私保护。

总结起来,智能制造中的数据安全与隐私保护是一个复杂且关键的问题。企业需要建立完善的数据安全管理体系,加强网络安全防护,确保数据在传输和存储过程中的安全。同时,企业还需要制定隐私保护政策,并通过合法、正当的手段收集、使用和处理隐私信息。此外,跨界的合作和监管也是确保智能制造数据安全与隐私保护的重要手段。只有通过全社会的共同努力,才能在智能制造领域构建安全、可靠的数据环境,实现智能制造的可持续发展。

2) 人与机器的关系

人与机器的关系主要体现在两个方面:一方面,智能制造技术的发展带来失业与就业危机;另一方面,人机融合引发巨大担忧。

(1) 失业与就业危机:智能制造技术的发展可能导致工人就业机会减少,人工智能是否会取代人类工作岗位成为一个备受争议的伦理问题。

法兰克福学派代表性人物马克斯·韦伯曾提出"工具理性"这一概念。工具理性之核心在于对效率的追求,然而过度膨胀下的工具逻辑使工具理性僭越于价值理性之上,不仅造成人性的扭曲和异化,也使人类丧失主体性而沦为机器的附庸。在智能科技与工具理性的相互作用及功利主义的冲刷下,人类新一轮的危机不是沦为工具,而是逐渐被智能产品替代而产生失业问题与就业危机。

早在 20 世纪 50 年代,人类学家维纳就曾预测,"某些机器,即伴有机器人附属物的数字计算机,将在工厂中参与劳动,替代数以千计的蓝领和白领工人"。事实也的确如此,无所不在、无所不能的智能产品渗透到各行各业:工厂、服务、卫生、医疗等,原来只有依靠人类才能完成的烦琐工作逐渐被智能产品取代,智能扫地机器人代替了家庭清洁人员的工作,智能炒菜机器人代替了厨师的工作,智能搬运机器人代替了搬运工的工作,清扫绿化、餐厅服务等都由智能机器人完成。据不完全统计,50%以上的职业会受到智能科技与智能产品的影响。越来越多的智能产品及其应用软件给社会带来巨大的冲击,造成"越来越多的人失去自己乃至父辈赖以生存的工作……更因为机器(智能产品)对技能的取代,(使他们)永远失去再次就业的机会"。如此将带来一系列的社会不公平问题。

(2) 人机融合引发巨大担忧:从人机融合的社会属性看,人机融合是要实现制造的"人性"。人工智能的快速发展开辟了众多全新的产品、产业和业态,大大提升了生产效率,改善了人们的生活,但也引发了巨大担忧。人机融合制造的技术研发和实际应用,必须同步推进相关的伦理研究和制度建设,保障人在未来制造现场处于绝对主导地位,而机器必须服从人的指挥并积极配合人的工作。

3) 算法偏见和公平性

智能制造中使用的算法和人工智能系统是否存在偏见与歧视，是否能够保证公平性，是一个具有挑战性的工程伦理问题。

有学者认为，"算法偏见"是"算法程序在信息生产与分发过程中失去客观中立的立场，造成片面或者与客观实际不符的信息、观念的生产与传播，影响公众对信息的客观全面认知"。也有学者认为，"算法偏见"是指在看似客观中立的算法程序的研发中，其实带有研发人员的偏见、歧视等，或者采用的数据带有偏见或歧视。

(1) 算法偏见的溯源。

① 算法操纵：政治内嵌、资本介入与"技术公平"的幻象。智能技术赋予权力复合体更先进的统治方式，传播技术手段越复杂，就越有能力和效率过滤那些对抗权力复合体不良的信息，从而巩固自身的权力。为了实现某种利益追求，利益集团人为操纵算法程序及其结果，有意识地制造具有偏见态度的信息，继而操控舆论及公众对事实真相的客观认知。政治内嵌与资本操纵是算法背后强大的操控力量，共同完成对算法技术的塑造。持有偏见的决策者利用算法技术掩盖他们的真实意图，为传统形式的偏见注入新的活力。在智能算法"客观、中立、准确"的光环下，意识形态内嵌成为技术政治的工具。

② 偏见循环：社会结构性偏见的智能复制。第一，原始数据库的偏见复制。用于训练、学习和数据挖掘的原始数据是算法程序的基石，其客观与中立程度直接影响算法的决策结果。在算法程序中，数据样本边缘化某些群体或者隐含社会偏见，导致样本不全或数据库污染，将会无限循环与强化社会的结构性偏见。第二，程序设计中的偏见循环。算法程序无法"有意识"地抵制社会偏见，根本原因在于算法模型设计的每一步都很难独立于程序员的控制。算法进行数据挖掘的步骤包括定义"目标变量"和"类标签"、标记和收集训练数据、使用特征选择，并根据结果模型做出决策，而这些标准的预设与模型的建构都取决于操作者。第三，人机互动的偏见习得。现有的人工智能机器尚不具备自动识别并抵制人类偏见的能力，因此，在人机互动的过程中，机器会无意识且不加选择地习得人类的一切伦理与喜好。因此，算法与社会的互动在无形中增加其继承人类偏见的风险，而当人类恶意地利用算法制造偏见时，算法更是毫无抵抗能力。

③ 算法遮蔽：量化计算对现实的"理想化"建构，"社交手势"对用户行为与情感的简化；信息热度的测量对"伪数据"的遮蔽。

(2) 算法偏见常见的类型。

① 按损害的主体范围和利益范畴划分：损害公众基本权利的算法偏见、损害竞争性利益的算法偏见和损害特定个体权益的算法偏见。

② 按算法自身的运行问题划分：互动偏见指在算法系统与用户互动过程中使算法产生的偏见；潜意识偏见指算法将错误的观念与种族和性别等因素连接起来；选择偏见指受数据影响的算法，导致过于放大某一族群或群组，从而使该算法对其有利，而代价是牺牲其他群体；数据导向的偏见指用于训练算法的原始数据已经存在偏见了。

③ 美国学者巴蒂娅·弗里德曼和海伦·尼森鲍姆认为算法存在三种类型的偏见："先存偏见"，通常存在于系统创建之前，根源于社会制度；"技术偏见"，源于技术限制；"突发偏见"，主要源于社会知识、人口或文化价值观的改变。

4）社会影响和责任

智能制造技术对社会经济、环境和人类生活方式等方面都产生着深远影响,相关的伦理问题涉及社会责任和可持续发展。

(1) 人类生活方式的伦理困境:智能制造从提高生产效率、提高产品质量、改善工作方式、降低制造成本、减少环境污染等多方面,对人们现实的社会生活产生普惠效应。与此同时,智能制造的普及也在改变生产链条的劳动组织形式,并推动着整个社会结构发生翻天覆地的变化。在现代高新技术的生存环境中,智能制造还会使人际关系陷入荒漠化的伦理困境。除去劳动者数量上的减少,流媒体、虚拟现实等技术更使人与人的真实接触不再是必须。比如,偌大的全自动化车间,除了机器的轰鸣,只剩一两人在设备旁边监控,以应对紧急故障;新员工入职培训,不再需要老师傅手把手教导,带上 AR 眼镜就可以在虚拟课堂反复练习;现场人员解决不了的问题,远程诊断系统就能搞定并且多快好省。这意味着生产效率的提升,意味着制造成本的降低,也意味着人际关系可能趋于淡漠。

(2) 责任划分困境:还引申出另一个伦理冲突的困境,即现实的人与智能之间基于决策错误的责任划分困境。智能算法决策的正确性是存在概率的,既存在本应为真却判为假的情况,也存在本应为假却判为真的情况,误判是系统性的,是算法无法避免的。那么决策错误时,责任如何划分?智能机器的设计师又该如何面对机器使用时产生的伦理问题?因而,随着智能制造的演进,现实中人的自我肯定或否定的责任划分困境同样不可避免。

智能制造引发的责任困境主要在于责任归因难题。人工智能是以纯粹的技术逻辑为行动指引,按照程序的预置指令感知对象并做出相应的判断和决策,对于行为结果带来的效应影响,它根本无法事先感知并提前规避。人工智能完全无自我意识,它是由程序设计和编码构建而成的系统,只能按照人设计的程序进行工作,因此,权责明晰对于人工智能的应用和未来良好发展具有非常重要的意义。

智能制造中存在多元主体间伦理责任分配困境。人工智能越自主,内在的技术系统与运作机制越复杂,使相应的责任分配问题愈加尖锐。智能制造系统关涉不同的利益者,当智能制造系统发生风险时,责任确实归因于人,而这么多相关者应如何分配责任?在多数情形下,几乎不能实现完全均分的责任共担,必定存在主要责任和次要责任及无责任问题。

10.2.3 智能制造工程伦理规范

为实现工程伦理和智能制造的和谐发展,以下几个方面需要引起重视。

1）加强伦理教育和培训,提升应对智能制造伦理冲突的思维能力

工程师和相关从业人员应该接受全面的伦理教育和培训,以提高对伦理问题的敏感度和处理能力。通过优化思维方法体系,增强认知主体的思维能力,实现思维能力体系的能级提升。应对智能制造伦理冲突,尤其需要建构并提升多种能力要素构成的能力体系。这些能力要素,主要包含辩证思维能力、战略思维能力、底线思维能力及创新思维能力。

2）建立伦理指导原则,实现伦理重构再构,强化应对智能制造伦理冲突的规则规范

制定适用于智能制造领域的伦理指导原则,引导工程师和企业在实践中遵循道德规范。应对智能制造带来的伦理冲突,实现伦理重构再构,离不开伦理规则健全、伦理范式构建和伦理精神培育。伦理规则健全就是要基于智能制造新的技术系统和环境条件,不断"扬弃"传统技术制造的伦理规则,汲取其内容和形式的精华,剔除其陈旧不适的部分,推陈出新创

构、完善适应智能制造新技术、新环境,以及有利于消解智能制造伦理冲突的科学、合理的规则体系;伦理范式构建就是基于智能制造的技术系统和环境条件,从智能制造的情境和具象中,寻求有利于实现人与自身、人与自然、人与社会的伦理和解、伦理和谐的典型范例,并加以凝练、创塑,由此建构能够引领未来世界智能制造、消除智能制造伦理冲突的主要范式;伦理精神培育就是要将人类伦理追求的精神元素渗透于智能制造的各环节,使之承载契合时代的道德理想、道德情感、道德人格、道德责任感、道德使命感等内容,呈现有益于新时代伦理重构再构的丰富精神内质。

3) 增强价值导向,传输应对智能制造伦理冲突的正向能量

应对智能制造带来的伦理冲突,必须增强价值导向。一方面,通过确立激励机制,对秉持人本原则、公正原则、公开透明原则、知情同意原则、责任原则的企业和个人给予荣誉鼓励与经济鼓励。在政策和舆论上进行引导,使企业和个人在智能制造方面的价值取向倾向于伦理和谐。另一方面,通过建立惩罚机制,对违背人本原则、公正原则、公开透明原则、知情同意原则、责任原则的企业和个人给予舆论、经济甚至法律上的处罚,使企业和个人在智能制造体系设计、开发、维护过程中有所制约。

4) 社会参与和知情同意,促进责任分担基础上的责任共担

在智能制造技术的研发和应用过程中,应加强与公众的互动和沟通,确保公众参与和知情同意的权益。在多元主体责任共担模式下,不同主体基于自身特点、功能、资源、经验等,发挥各方的积极性和优势,避免因某个或某些主体出现责任逃避而产生责任真空的追责困境。

5) 建立监管机制,完善规范人机关系的制度保障体系

建立适当的法律法规和监管机制,加强对智能制造技术的监管,保护公共利益和个人权益。基于智能制造过程中不同主体的利益差异,必须引入相应的应对制度,在允许不同利益主体实现自身需求的基础上,要求各主体的利益追求严格遵循一定的制度框架,避免利益差异的无限扩张威胁社会整体秩序的失范。应当从法律法规、公共政策、社会规范等多领域共同发力,不仅强调传统的以人为主体的道德关系,推动道德治理模式的与时俱进,还应增加调节规范"人-机"间道德关系的制度保障体系。基于人工智能技术应用过程中带来的一系列道德风险,需要强化法治保障机制,建构和完善法律法规体系,通过制度的强制约束力,有效约束相关主体的行为,降低或消除道德风险。

工程伦理与智能制造之间存在紧密联系和相互影响。促进工程伦理和智能制造的和谐发展对于实现可持续发展和人类社会的进步至关重要。

本章小结

本章深入探讨了数据思维在智能车间与工厂中的核心作用及其与工程伦理的紧密关系。阐述了数据思维的定义、特征及其在工业领域中的具体应用,包括从抽样分析到全局数据分析的转变、从因果建模到关联分析的转变,以及从精确求解到近似推演等思维变革。在智能车间与工厂中,工业大数据的兴起为数据思维的应用提供了丰富的数据来源,包括企业信息化数据、工业物联网数据和外部跨界数据。这些数据具有数据量大、多样、快速、价值密度低、时序性、强关联性、准确性和闭环性等特征,为企业的智能化转型提供了坚实基础。通

过信息物理系统等核心技术,企业能够实现对工业大数据的采集、存储、建模、分析、挖掘、评估、预测和优化,从而创造面向客户的价值。

数据思维的应用并非无边界,其必须遵循工程伦理的原则。工程伦理关注技术的社会影响、人类福祉和公平正义,要求数据的使用和处理必须合法、透明且保护隐私,避免技术滥用和侵犯个人权利。通过建立健全的法律法规体系,对技术和工程行为进行有效监管和约束,确保技术发展不偏离社会发展的方向,保障人类福祉和公平正义。

习题

1. 数据思维在智能车间与工厂中的作用是什么?请举例说明。
2. 简述工业大数据的主要来源,并解释每种来源的重要性。
3. 分析工业大数据的五个主要特征(多样性、快速、价值密度低、时序性、强关联性)是如何影响智能制造的。
4. 什么是CPS的5C技术体系架构?请简要描述其在数据转化中的应用。
5. 阐述数据思维建立与培养过程中,如何培养对数据的敏感度?
6. 在工业大数据的应用中,数据安全与隐私保护面临哪些挑战?企业应如何应对?
7. 智能制造技术的发展为何可能导致失业与就业危机?社会应如何应对这种变化?
8. 算法偏见在智能制造中如何体现?其对公平性有何影响?
9. 举例说明智能制造中可能发生的责任划分困境,并探讨解决这一困境的途径。
10. 在智能制造工程中,加强伦理教育和培训的重要性体现在哪些方面?请提出具体的教育内容和方法。

参考文献

[1] 唐敦兵.智能制造系统及关键使能技术[M].北京:电子工业出版社,2022.
[2] 钟诗胜,张永健,付旭云.智能制造系统及关键使能技术[M].北京:清华大学出版社,2022.
[3] 朱海平.数字化与智能化车间[M].北京:清华大学出版社,2022.
[4] 尹静,杜景红,施灿涛.智能工厂制造执行系统(MES)[M].北京:化学工业出版社,2024.
[5] 李方园.智能工厂关键技术应用 第十讲 智能工厂的智能供应链应用[J].自动化博览,2019(9):74-76.
[6] 李辉.工厂智能化转型的关键:专访德国人工智能研究中心"智能工厂"主席Martin Ruskowski教授[J].中国工业和信息化 2019(12):12-18.
[7] 李伟,海本禄,易伟.智能制造关键使能技术发展及应用[J].制造技术与机床,2020(4):26-29.
[8] 孟庆宇,尚勇,高世凯.智能制造技术在工厂生产中的运用和思考探究[J].中国设备工程,2021(8):18-19.
[9] 唐明明.工业物联网技术在智能制造中的应用[J].电子技术,2023,52(9):378-379.
[10] ZHOU Z,SHIN L,GURUDU S,et al. Active,continual fine tuning of convolutional neural networks for reducing annotation efforts[J]. Medical Image Analysis,2021,71(6),101997.
[11] 蒋昊松,肖洋.电气设备制造行业智能工厂研究[J].智能制造,2022(3):34-36.
[12] 陈明,梁乃明,方志刚,等.智能制造之路:数字化工厂[M].北京:机械工业出版社,2022.
[13] 朱铎先,赵敏.机智:从数字化车间走向智能制造[M].北京:机械工业出版社,2018.
[14] 刘继红.人工智能:智能制造[M].北京:电子工业出版社,2020.
[15] 马玉山.智能制造工程理论与实践[M].北京:机械工业出版社,2021.
[16] 陈岩光,于连林.工业数字孪生与企业应用实践[M].北京:清华大学出版社,2024.
[17] 武迪,王妮,张文雯.基于MES系统的智能工厂研究应用[J].中国设备工程,2021(6):26-27.
[18] 魏丛文.智能生产线布局与设计[M].北京:化学工业出版社,2024.
[19] 赵世英,王朝华,武淑琴,等.智能制造车间与调度[M].北京:化学工业出版社,2023.
[20] 党争奇.智能生产管理实战手册[M].北京:化学工业出版社,2022.
[21] 王进峰,张兴辉,金林茹,等.智能制造系统与智能车间[M].北京:化学工业出版社,2020.
[22] 彭启.数字化工厂建设及其关键技术的探索研究[J].中国管理信息化,2022,25(17):119-122.
[23] 谢力志,张明文,何泽贤,等.智能制造技术及应用教程[M].哈尔滨:哈尔滨工业大学出版社,2021.
[24] 张洁,吕佑龙,汪俊亮,等.智能车间的大数据应用[M].北京:清华大学出版社,2020.
[25] 张晶,徐鼎,刘旭,等.物联网与智能制造[M].北京:化学工业出版社,2019.
[26] 刘安,杨建新,王坤,等.现代商务管理[M].2版.北京:清华大学出版社,2018.
[27] 张洁,秦威,高亮.大数据驱动的智能车间运行分析与决策方法[M].武汉:华中科技大学出版社,2020.
[28] 周华.智能工厂建设及典型案例[M].北京:化学工业术出版社,2023.
[29] 李俊杰,李仲涛,武凯.智能工厂从这里开始:智能工厂从设计到运行[M].北京:机械工业出版社,2022.
[30] 惠记庄,张富强,丁凯.智能产线运行优化理论与技术[M].北京:清华大学出版社,2024.
[31] 肖雷,张洁.智能运维与健康管理[M].北京:清华大学出版社,2023.
[32] 李新宇,张利平,牟健慧.智能调度[M].北京:清华大学出版社,2022.
[33] SON J,BUYYA R. Latency-aware virtualized network function provisioning for distributed edge clouds[J]. Journal of Systems and Software,2019(152):24-31.

［34］ WADHWA D. Review of data storage and security in cloud computing［C］//Integrated Emerging Methods of Artificial Intelligence & Cloud Computing. Springer,Cham,2022：458-463.

［35］ KUMAR S,SRIVASTAVA P K,SRIVASTAVA G K,et al. Chaos based image encryption security in cloud computing［J］. Journal of Discrete Mathematical Sciences and Cryptography,2022,25(4)：1041-1051.